低渗透油田扩大波及体积新技术新方法研讨会论文集

主　编：郑明科
副主编：罗健辉　杨海恩

石油工业出版社

内 容 提 要

本集收录了"低渗透油田扩大波及体积新技术新方法研讨会"代表性论文 52 篇，以低渗透油藏为对象，分析扩大波及体积存在的关键难题，深入探讨了近年在稳产方面的新理论、新认识、新思路、新方法、新产品、新技术及新成果等。

本书可供从事堵水调剖调驱、提高采收率等相关研究工作的科研人员、管理干部及大专院校相关专业师生参考使用。

图书在版编目（CIP）数据

低渗透油田扩大波及体积新技术新方法研讨会论文集/郑明科主编 . — 北京：石油工业出版社，
2019.4
　　ISBN 978-7-5183-3166-6

　　Ⅰ . ①低… Ⅱ . ①郑… Ⅲ . ①低渗透油层-油田开发-文集 Ⅳ . ①TE348-53

中国版本图书馆 CIP 数据核字（2019）第 035478 号

出版发行：石油工业出版社
　　　　　（北京安定门外安华里 2 区 1 号楼　100011）
　　　　　网　　址：www. petropub. com
　　　　　编辑部：（101）64523710
　　　　　图书营销中心：（010）64523633
经　　销：全国新华书店
印　　刷：北京中石油彩色印刷有限责任公司

2019 年 4 月第 1 版　2019 年 4 月第 1 次印刷
787×1092 毫米　开本：1/16　印张：26
字数：630 千字

定价：158.00 元
（如发现印装质量问题，我社图书营销中心负责调换）
版权所有，翻印必究

《低渗透油田扩大波及体积新技术新方法研讨会论文集》

编 委 会

主　　编：郑明科

副 主 编：罗健辉　杨海恩

编　　委：（按姓氏笔画排序）

王大创　令永刚　李建雄　李宪文

张　钊　张富畋　罗　凯　周志平

赵　文　赵振峰　高永荣　黄战卫

前　言

我国低渗透油藏储量占 60%~70%，低渗透油藏将是我国未来油气田开发的主力。长庆油田是中国第一油气生产大户，以长庆油田为代表的低渗透油藏开发是中国石油实现长期稳产的重要基础。但随着超低渗透和致密油油藏开发规模不断扩大，油藏类型的不断增多，不同类型油藏开发矛盾不断凸显，部分低渗透、特低渗透油藏进入中高含水期，控水稳油难度大、超低渗透油藏有效驱替系统建立困难。面对诸多问题，常规材料的稳产技术效果逐渐变差，主要原因是由于储层先天的低渗透条件及孔喉和裂缝特征，使得常规材料的适用性和经济性受到限制，特别是特低渗透、超低渗透油藏表现出常规注水困难。因此，立足于低渗透储层特征，扩大波及体积技术是确保油田长期可持续稳产的重要途径。

近年来，面对低渗透油田注水复杂、采收率低的现实，长庆油田在堵水调驱方面进行了有益探索，特别是在聚合物微球方面取得了阶段性成果，通过技术科研攻关和产品研发生产，实现了规模应用，在特低渗透、超低渗透Ⅰ类油藏效果明显，调驱区域自然递减实现了大幅下降，有效提升了油田开发水平，为油田稳产技术的提升做出了贡献。但仍需进一步加深油藏优势通道认识，研究形成针对不同油藏类型的扩大波及体积技术系列，丰富治理手段。

为了进一步明确低渗透油田存在的关键技术难题，深入探讨低渗透油田扩大波及体积的新技术、新方法，为低渗透油藏长期稳产提供方向，由中国石油长庆油田分公司油气工艺研究院、中国石油勘探开发研究院和中国石油学会工程专业委员联合主办，中国石油纳米化学重点实验室、低渗透油气田勘探开发国家工程实验室增产稳产室联合承办召开"低渗透油田扩大波及体积新技术新方法研讨会"。中国石油、中国石化及中国海油三大国内石油公司所属科研院所、兄弟油田的资深专家与技术骨干，以及来自国内外著名高校的学者、教授共130 余人参会。会议收到论文近 137 篇，反映了近年在稳产方面取得有苗头的新理论、新认识、新思路、新方法、新产品、新技术和新成果，包括相关基础理论研究、油藏工程研究、材料合成研究、工艺设计方法、矿场试验等。通过会议交流，集思广益，博取众家之长，为扩大波及体积新技术的发展起到了积极推动作用。

本论文集收录了"低渗透油田扩大波及体积新技术新方法研讨会"的代表性论文，旨在为油田开发系统的工程技术人员和管理决策人员提供参考，期望低渗透油田扩大波及体积技术的研究成果、实践经验得以共享、推广、改进，有力支撑低渗透油田持续稳产。

编委会
2018 年 7 月

目　　录

第一部分　基 础 研 究

第二部分　体系研发、评价及试验

第三部分　综合应用及矿场试验

第一部分　基础研究

第一部分　表面的表现

长庆超低渗透油田二次超前注水技术的思考

王锦芳[1,2]　王正茂[3]　田昌炳[1]　李保柱[1]　焦军[4]　高建[1,2]

（1. 中国石油勘探开发研究院；2. 低渗透油气田勘探开发国家工程实验室；
3. 中国石油勘探与生产分公司；4. 中国石油长庆油田公司勘探开发研究院）

摘　要：长庆超低渗透油藏的有效动用，得益于初次超前注水的顺利实施。水驱开发至今，部分油藏表现出一些开发矛盾：油藏压力保持水平偏低，注水效果较差，注入水要么不见效，要么见效后即见水，过早形成裂缝性水淹水窜，造成注入水无效循环，难以建立有效压力驱替系统。不注水，地层能量衰竭快；注水则水淹水窜风险大。因此，长庆超低渗透老油田的稳产及提高采收率亟须转变开发方式，形成新的能量补充技术。矿场实践分析表明，以西部某区块为代表的转变注水开发方式试验区，通过对油井和注水转采井整体体积压裂后投产，见到了好的苗头。然而，由于储层压力保持水平低（50%~70%），造成产液量低，稳产基础薄弱，仍需完善能量补充方式，并更大程度地发挥渗吸作用。为此，建议在体积压裂和吞吐开采之前先进行二次超前注水补充地层亏空，并针对超低渗透老油田采用"二次超前注水+体积压裂+吞吐"的技术思路进行了探索研究，优化了二次超前注水时机和注水量，量化了注水技术政策。二次超前注水对改善开发效果起到三方面作用：一是能有效补充地层能量；二是延长油水置换时间，加大了渗吸作用的发挥；三是减弱地层压力下降造成储层应力敏感带来的渗透率伤害，对超低渗透老油田提高单井产量和采收率具有重要的指导意义。

关键词：超低渗透油藏；初次超前注水；二次超前注水

超前注水技术是指在采油井投产之前，对周围注入井进行注水，使地层压力高于原始地层压力，以建立起有效驱替系统的一种注水方式。

在我国，超前注水技术已在很多油田得到应用。超前注水技术因在提前的时间内，只注不采，提高了地层压力，所以便于建立有效的压力驱替系统。超前注水提高了驱替压力、驱油效率、波及体积，可提高最终采收率[1,2]。

超前注水开发方式具有时效性，实验结果表明其作用时间约占总生产时间的30%，同时期采油速度更高，更有利于经济效益。在合理压力下，超前注水初期产液量高，见水早，对含水率上升有一定抑制作用。超前注水过程中储层渗透率越低，最终采收率提升的比例越大，在能够注入的前提下，渗透率越低越适合超前注水开发方式[3]。根据实际油田地应力、储层压力资料和实际地层水资料，针对低渗透储层超前注水开发过程中应力敏感现象，模拟实际储层岩石受力情况，进行了超前注水应力敏感实验[4-6]。实验选用某油田储层天然岩心，分别模拟超前注水阶段、降压开采阶段和压力恢复阶段应力敏感现象。实验数据处理中，考虑轴向应力和径向应力对岩心共同作用[7]。

1 初次超前注水效果分析

为了区分本文后面提到的二次超前注水，这里把采油井投产之前，对其周围注入井进行提前注水从而补充地层能量的做法称为初次超前注水，也就是传统意义上的超前注水。长庆油田超低渗透油藏注水开发，通常都采用了初次超前注水，并且取得较好的开发效果（图1）。

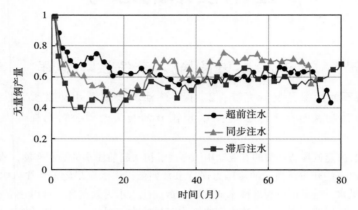

图 1　不同注水方式开发效果

通过大规模人工压裂水平井，以及周围直井超前注水进行水驱开发，初期取得了较好的效果。然而，经过5~10年的开采，超低渗透油藏暴露出了一定的矛盾。对某区块水平井生产特征进行了分类评价，根据产油量和含水率的高低，分为低油低水、高油低水、中油中水和低油高水四种特征（图2至图5），分别对应弹性开采、见效稳产、部分见效、水淹水窜

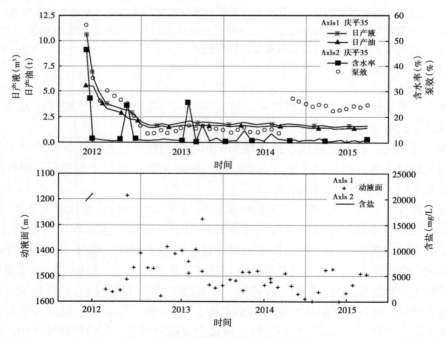

图 2　"低油低水"型水平井生产特征

四种见效方式。

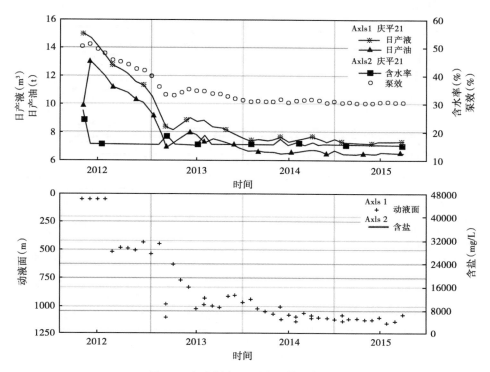

图 3 "高油低水"型水平井生产特征

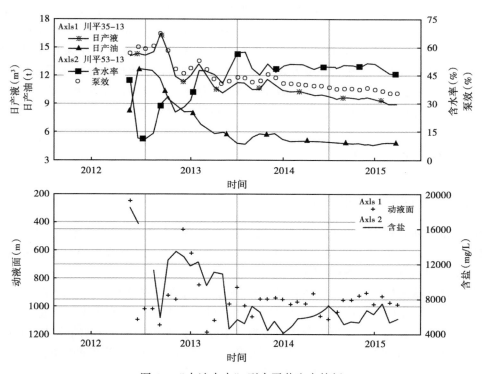

图 4 "中油中水"型水平井生产特征

5

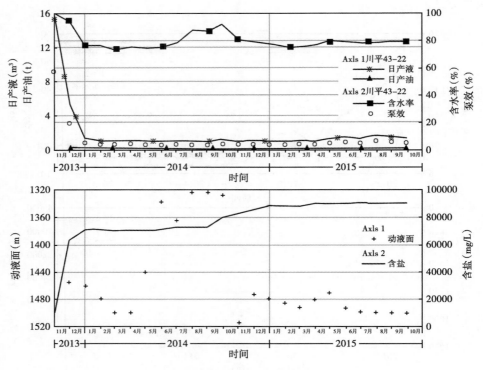

图5 "低油高水"型水平井生产特征

其中，见效稳产占比12%，生产特征表现为高产油量低含水；水淹水窜占比21%，生产特征表现为低产油量高含水；部分见效占比31%，生产特征表现为中产油量中含水；弹性开采占比36%，生产特征表现为低产油量低含水。说明目前井网和注采政策并不能建立有效的压力驱替系统，需要转变开发方式。开发矛盾表现为：油藏压力保持水平偏低，注水效果较差，注入水要么不见效，要么见效后即见水，过早形成裂缝性水淹水窜，造成注入水无效循环，难以建立有效的压力驱替系统。不注水，地层能量衰竭快；注水则水淹水窜风险大。

2 二次超前注水研究

2.1 目前开发存在的主要问题

初次超前注水提高了油井初期产量，地层压力升高的同时，水的渗流速度增加。目前，长庆超低渗透油藏超前注水油井已经到了开发的中后期，表现出了不一样的生产特征。中后期开发含水上升加快，影响最终开发效果[8]。

超低渗透油藏无量纲产液产油曲线表明（图6），含水率在20%以前，产油量下降很快；注水见效后产油量保持稳定；含水50%以后，产油量下降加快；注水见效后产液量保持稳定；含水70%以后提液能力不足，超低渗透油藏进入中高含水期，进行提液增油效果不明显。

超前注水开发方式具有时效性，实验结果表明其作用时间占总生产时间的30%左右，同时期采油速度更高，更有利于经济效益[3]。进入中高含水阶段以后，初次超前注水带来的效果已经不在，需要提供新的能量补充方式。

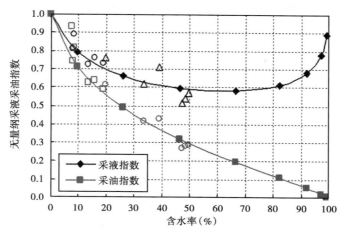

图 6　超低渗透油藏无量纲产液产油曲线

2.2　转变注水开发方式试验分析

为了进一步提高水驱采收率，改善开发效果，在我国西部某区块开展了转变注水开发方式重大开发试验。先导试验区储层有效厚度 21.2m，渗透率 0.37mD，孔隙度 11.5%，含油饱和度 56.7%，试验区含油面积 9.9km²，定向井区单井日产油 0.53t，含水 70.2%，水平井区单井日产油 1.9t，含水 36.8%（图 7）。

通过借鉴致密油体积压裂的理念，对油井和周围水井进行体积压裂后投产，试验初期采取整体体积压裂及宽带压裂后准自然能量开发方式。注水井采用宽带压裂后转采，单段砂量 40~60m³，排量 4~6m³/min，单段液量 600~800m³，砂比 10%~25%；定向采油井采取"宽带压裂+压裂液补充能量"的方式，提高初期单井产能，确保后期的稳产，单段砂量 60~80m³，排量 6~8m³/min，单段液量 800~1200m³，砂比 10%~25%；水平井以原缝压裂为主、加密布缝为辅，采取大规模分段体积压裂补充能量的方式，单段砂量 50~70m³，排量 6~8m³/min，单段液量 1000~1400m³，砂比 10%~25%。投产初期

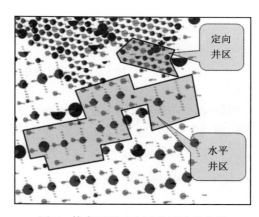

图 7　体积压裂重大开发试验井位图

见到了好的苗头，生产过程中也暴露出大规模压裂液补充能量不足，油藏压力水平下降快的问题。试验区油井测压完成 11 口，其中压裂前测试 10 口，地层压力保持水平 52.6%~146.8%，平均地层压力 12.8MPa，平均地层压力保持水平 81.1%，除去 2 口水淹井低液量井，平均地层压力仅有 10.7MPa，压力保持水平 67.9%，表明试验区能量基础较弱。

2.3　二次超前注水的必要性

对于低压的超低渗透油藏，注水依然十分必要。为了对比分析不同注入条件下超低渗透储层渗透率的变化情况，按照下述步骤开展了实验：

（1）岩心烘干，测试孔隙度、渗透率、干重；

（2）抽真空，饱和煤油，测饱和重量；

（3）加压饱和煤油，测试加压饱和重量；

（4）放入岩心夹持器中，施加围压 40MPa；

（5）试验压力为 5MPa、8MPa、11MPa、14MPa、17MPa、20MPa、23MPa、26MPa、29MPa、32MPa，每个压力测试点流量稳定 2 小时后再改变下一压力；

（6）绘制相应渗流曲线，计算饱和程度。

根据渗流曲线，绘制了渗透率与孔隙流体压力关系曲线（图 8），随着孔隙流体压力增加，岩石的渗透率增加，渗透能力有所增强。

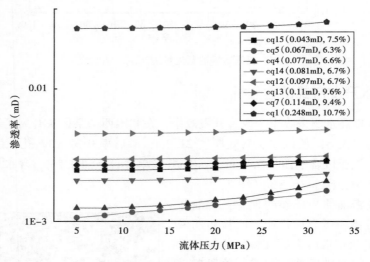

图 8　长庆超低渗透储层渗透率与流体压力关系曲线

根据渗流曲线，绘制了渗透率保持率与孔隙流体压力关系曲线（图 9），以最大孔隙压力对应渗透率为基础，随着孔隙流体压力降低，岩石的渗透率降低，在孔隙压力由 32MPa

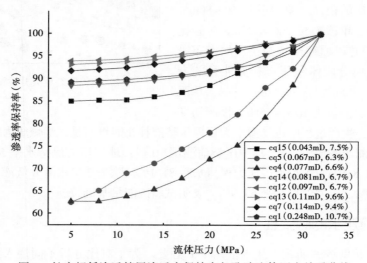

图 9　长庆超低渗透储层渗透率保持率与孔隙流体压力关系曲线

下降至5MPa过程中，渗流能力下降至初始值的62%～95%。

选择12块有代表性的岩心进行衰竭式开采实验，孔隙流体压力由20MPa线性降至5MPa，根据岩心采出体积，计算衰竭式采出程度曲线（图10）。一维岩心衰竭开采采出程度为5.2%～9.6%。考虑到平面和纵向非均质性，衰竭式开采采收率在2%～4%。因此，应该及时地补充超低渗透油藏的地层能量，本文仅就针对水驱开发进行了探索。

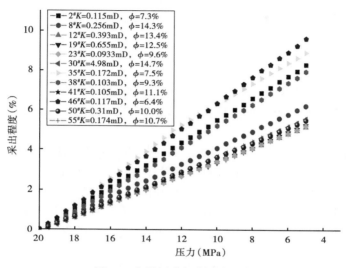

图10 衰竭开采方式采出程度

实验研究表明，超低渗透油藏保持较高的压力水平，能够取得更高的采收率，因此，超低渗透油藏开发过程中，还是要保持较高的压力。

先导试验区注水转采井动液面851m，投产初期日产液7.11t，返排液期间日产油1t；采油井动液面1498m，投产初期日产液1.19t，返排液期间日产油0.3t，与投产前效果相当。转采井和采油井产量差异的原因主要是地层压力差异，地层压力越高，产液量越高，产油量也越高。

先导试验区借鉴了致密油体积压裂的做法，致密油表现的生产规律可以借鉴到先导试验区。致密油水平井体积压裂后能大幅度提高单井产量，采用衰竭式开发，第一年开发效果较好，开采一年后单井产液量、油量递减大，必须及时补充能量[9]。为了经济有效的补充地层能量，建议对先导试验区再一次进行超前注水提升地层压力，保持压力水平后再投产，这里的超前注水在开发阶段上有别于初次超前注水，可称作二次超前注水。

2.4 二次超前注水的优势分析

二次超前注水对改善开发效果起到三方面作用：一是能有效补充地层能量。足够的地层能量保持压力水平，有助于体积压裂缝网的形成。部分油井区域，地层压力水平维持不足50%，体积压裂过程中，压裂液的一部分能量将首先弥补地层能量的亏空。并且，体积压裂的压裂规模毕竟有限，如果通过增加压裂规模来提升油层压力，势必增加成本，经济性差。二是延长油水置换时间，加大了渗吸作用的发挥。体积压裂后进行投产，油水置换时间有限，渗吸作用不能得以充分发挥，通过二次超前注水，可以延长油水置换过程，将孔隙中的油更多地渗吸出来。三是减弱地层压力下降造成储层应力敏感带来的渗透率伤害。二次超前注水能够保证较高的地层压力，保持储层渗透率下降幅度小。

2.5 二次超前注水技术政策

地层压力保持水平较高的井重复改造后增油效果相对较好。对试验区压力保持水平低于80%的7口定向采油井、6口水平井，进行二次超前注水，提升地层压力使其保持水平后再投产。建议二次超前注水后，地层压力保持水平为110%～130%，超前注水时间40～60d，水平井区二次超前注水3000～4000m³，定向井二次超前注水2000～3000m³。

3 结论

（1）根据产油量和含水率的高低，可将超低渗透油藏水平井生产特征分为高油低水、低油高水、中油中水和低油低水四种特征，分别对应见效稳产、水淹水窜、部分见效、弹性开采四种见效方式。

（2）通过借鉴致密油体积压裂的理念，对油井和周围水井进行体积压裂后投产，试验初期采取整体体积压裂及宽带压裂后准自然能量开发方式，见到了好的生产苗头。

（3）实验研究表明，超低渗透油藏保持较高的压力水平，能够取得更高的采收率，因此，超低渗透油藏开发过程中，注水有其必要性。转采井和采油井产量的差异原因主要是地层压力差异，地层压力越高，产液量越高，产油量也越高。进行二次超前注水，提升地层压力保持水平后再投产。

（4）二次超前注水对改善开发效果起到三方面作用：一是能有效补充地层能量；二是延长油水置换时间，加大了渗吸作用的发挥；三是减弱地层压力下降造成储层应力敏感带来的渗透率伤害。对超低渗透老油田提高单井产量和采收率具有重要的指导意义。

（5）建议二次超前注水后，地层压力保持水平合理范围为110%～130%，超前注水时间40～60d，水平井区二次超前注水3000～4000m³，定向井二次超前注水2000～3000m³。

参 考 文 献

[1] 李道品. 低渗透砂岩油田开发 [M]. 北京：石油工业出版社，1997.

[2] Holditch S，Jennings J，Neuse S，et al. The Optimization of Well Spacing and Fracture Length in Low Permeability Gas Reservoirs [J]. SPE7496.

[3] 张明科，和英，崔荣军，等. 影响特低渗透油藏超前注水效果的因素 [J]. 勘探开发，2016，23（3）：176-176.

[4] 刘向君，夏宏泉，赵正文. 砂泥岩地层渗透率预测通用计算模型 [J]. 西南石油学院学报：自然科学版，1999，21（1）：1012.

[5] 侯连华，王京红. 滩坝相水淹层测井评价方法 [J]. 石油大学学报：自然科学版，1999，23（1）：2730.

[6] 王永兴，刘玉洁，卢宏，等. 高孔隙度砂岩储层中砂体成因类型、孔隙结构与渗透率的关系 [J]. 大庆石油学院学报，1997，21（1）：12-16.

[7] 高文喜. 低渗透油藏超前注水应力敏感性模拟实验 [J]. 大庆石油地质与开发，2016，35（2）：52-55.

[8] 车起君，蒋远征，周小英，等. 长庆特低渗透油藏超前注水开发规律研究 [J]. 石油化工应用，2016，35：（8），28-31.

[9] 李忠兴，屈雪峰，刘万涛，等. 鄂尔多斯盆地长7段致密油合理开发方式探讨 [J]. 石油勘探与开发，2015，42（2）：217-221.

低压超低渗透油藏线性水驱
提高采收率技术探索

王锦芳[1,2]　郑兴范[3]　平义[4]　谭习群[4]　高建[1,2]

(1. 中国石油勘探开发研究院；2. 低渗透油气田勘探开发国家工程实验室；
3. 中国石油勘探与生产分公司；4. 中国石油长庆油田公司勘探开发研究院)

摘　要：我国超低渗透油藏压力普遍偏低，注水效果差。地层能量的快速衰竭导致产量递减很大、波及范围有限，如何补充地层能量和提高采收率成为其中的一个重要技术瓶颈。常规注水方式难以建立有效压力驱替系统，造成超低渗透油藏长期处于准自然能量或衰竭开采状态。由于超低渗透储层一般存在应力敏感性，吞吐和衰竭开采过程中压力的下降导致储层渗透率下降，进一步降低了油藏的生产能力。文中实验资料表明，有效应力范围内渗透率损失率高达11.1%~25.1%，相应地，油井生产能力则会下降20%左右。文中为了探索有效的补充地层能量方法，减弱储层应力敏感带来的渗透率伤害，通过线性水驱方式扩大波及体积，开展了直井和水平井两个方案的物理模拟。实验测试结果显示，束缚水条件下，水平井产量大致是直井产量的5倍，采出程度是直井的2倍；直井水驱采油速度降低非常快，束缚水时直井油流动速度是水平井的1/6。油藏数值模拟显示，采用线性驱替的水平井较平面径向渗流的直井单井产量提高3~4倍，采收率提高5~10个百分点。实验测试和油藏数值模拟结果在大庆油田外围超低渗透油藏开发中得到了验证，为超低渗透油藏扩大波及体积方法提供了借鉴。

关键词：超低渗透油藏；线性水驱；实验研究；油藏数值模拟

近年来，我国新增储量的品质有降低的趋势，年新增探明储量中超低渗透油藏比例越来越大，超低渗透油藏产量占总产量的比例也逐年提高。超低渗透油藏对油田的增储上产起着越来越重要的作用。超低渗透油田最大的特点是储层裂缝发育[1]，其中包括天然裂缝以及水力压裂的人工裂缝[2,3]。由于裂缝的存在，低渗透油田开发效果对注水开发井距和排距大小就极为敏感。同时，超低渗透油藏层间、层内和平面非均质性更强，非均质差异性更大，砂体展布形态方向对注入水的均匀推进影响更大。如果注采井网布置合理，使注水驱油时的面积扫油系统处于最优化的状态，就可以取得很好的开发效果；如果注采井网布置不合理，注入水就会沿裂缝系统快速推进，使油井很快见水甚至暴性水淹，注入水无效循环严重，难以建立有效的压力驱替系统。因此，井网井距优化是超低渗透油藏有效开发的核心。该技术还关系到超低渗透油藏的规模开发和有效动用，本文就不同的超低渗透油藏地质特征提出了井距的合理计算方法以及不同的合理井网型式，结合油藏工程方法和正交优化设计方法优化出了不同井网型式、不同渗透率、不同裂缝发育程度下的井排距和油水井的压裂规模，提出了超低渗透油藏水井压裂的观点。

1　井网的发展历程

自低渗透油藏动用以来，其井网的发展历程大致可分为五个阶段。

第一阶段：20 世纪 80 年代，低渗透油藏沿用中高渗油藏的井网型式，多采用正方形反九点井网（300m×300m）。

第二阶段：随后由于认识到存在方向性见水、水窜、水淹问题，将井网注采井排方向与裂缝方向错开不同角度，以避免方向性见水的矛盾。

第三阶段：20 世纪 90 年代以后，拉大注采井排上的注采井距以减缓方向性见水时间、逐渐缩小排距以建立有效的压力驱动系统，正方形井网演变成菱形或者矩形井网。

第四阶段：21 世纪以来，低渗透油藏的主要工作对象为以长庆油田 0.3mD 类储层为代表的超低渗透油藏，由于采油速度低、采收率低，出现了小井距的试验区，向密井网演变。

第五阶段：开发后期，裂缝方向水淹，最终将注采井排上的生产井转为注水井，调整成线状注水。

井网的发展历程以及矿场实践表明，线状注水开发是低渗透油藏有效开发的井网型式，经过井网的历次演变，低渗透油田的开发效果逐渐改善，开发水平日益提高，同时还暴露出一些与井网紧密相关的矛盾和问题：方向性见水、水淹水窜时间早；垂直于裂缝方向的注采井排见效慢；整个区块有效的压力驱替系统难以建立，注采平衡难以有效实现；储层非均质严重，注入水单方向推进、无效循环严重，采收率低。

针对这些问题，还需要对井距排距以及井网型式进行优化，以有效地建立整个区块的压力驱替系统。

2　线性水驱实验研究

为了对比研究线性井网与直井井网水驱效果，开展了水平井注水平井采和直井注水平井采两种井网形式的实验。实验结果表明，直井井网采出程度为 16%，水平井井网采出程度为 41%（图 1）。直井见水快，水平井水驱见水速度慢（图 2）。

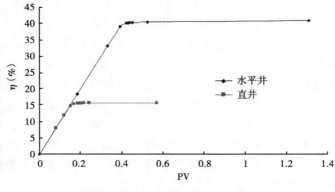

图 1　直井与水平井水驱采出程度

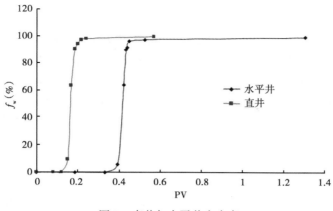

图 2 直井与水平井含水率

直井注水压力主要消耗在近井地带,水平井补充能量较好。直井水驱采油速度降低非常快,水平井降低为束缚水油流动速度的 0.3 倍,直井降为 0.05 倍,如图 3 所示。

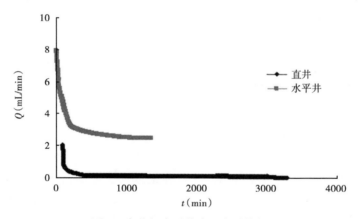

图 3 直井与水平井水驱产量特征

3 井网型式实例分析

本文以西部超低渗透油田为例,该油田的矿场实践表明,不同地质特征的超低渗透油藏对应不同的合理井网型式[4]。

3.1 正方形反九点井网

对于天然微裂缝不发育、平面渗透率各向异性不明显的储层,用正方形反九点井网,正方形对角线与最大地应力方向平行。这种井网的优点在于延长了人工裂缝方向油井见水时间。西部某油田两个主力区块储层非均质性不强,采用的是 300~350m 井距的正方形反九点井网。见效程度为 86%;地层压力保持水平为 93%;采油速度为 1.5%;采收率大于 25%。

3.2 菱形反九点井网

在天然裂缝较发育的地层，为了延缓裂缝方向上油井的见水时间，将注水井和角井连线平行裂缝走向，放大裂缝方向的井距。这种井网的优点是：有利于加大压裂规模、提高导流能力；加大了裂缝方向上的注采井距，减缓角井见水速度；缩小了排距，提高了侧向油井受效程度。西部某油田四个主力区块天然裂缝较发育，均采用的是菱形反九点井网，其中井距为 520~540m，排距 100~200m。主向井、侧向井见效均匀；开发一年内见效程度为 73%；地层压力保持水平为 109%；采油速度 1.8%；采收率 22%。

3.3 五点井网

对于储层物性差、裂缝发育的油藏，适合于采用五点井网或者矩形井网，井排与裂缝平行。如果裂缝很发育而且方向性明确，则可以考虑抽稀水井，变成不规则矩形井网。这种井网的优点是：注采井数比高，可实施大强度注水；可加大压裂规模，增加人工裂缝长度；抽空了注水井排裂缝线上的油井，避免了早期水淹报废。西部某油田三个主力区块裂缝发育，采用五点井网。其中某区块的 Zj60 井区，采油井井间距为 480m，注水井井间距为 960m，排距为 165m。见效程度为 100%，比邻区高 15.4%，压力保持水平为 90%，采油速度为 1.2%，采收率大于 25%。

4 不同渗透率下的井排距

4.1 油藏工程方法研究

对于超低渗透油藏，从能量的补充和利用角度看，油藏常常处于一种"注不进、采不出"的矛盾中[5]。从油藏工程角度考虑，注采井距过大，是难以建立有效压力驱替系统的主要原因之一[6]。本文的井网井距优化计算从便于应用角度出发，通过国内外科学的样品设计和大量的实验[7]，找出了可以宏观反映储层特性参数的渗透率和流体特性参数的黏度与启动压力梯度的关系，并进行了规律统计和量化研究。

4.1.1 单相非达西渗流启动压力梯度的分析方法

通过选取中国石油不同区块的大量天然岩心作为研究对象，通过大量室内试验统计，得到非线性流动段端点的驱替压力梯度为：

$$\left(\frac{\Delta p}{L}\right)_a = 0.1458\left(\frac{K}{\mu}\right)^{-0.4406} \tag{1}$$

在实际低渗透油藏中，油井三种流态可以通过稳态理论推导。

假设圆形均质油藏中心有一口油井，稳态渗流，以定产量稳态生产，存在启动压力梯度时，可以建立如下的关系：

$$\frac{\mathrm{d}p}{\mathrm{d}r} = \frac{1}{r}\frac{(p_e - p_w)\left[1 - \frac{\gamma(r_e - r_w)}{(p_e - p_w)}\right]}{\ln\frac{r_e}{r_w}} + \gamma \tag{2}$$

14

式中 $\dfrac{\mathrm{d}p}{\mathrm{d}r}$——压力梯度，MPa/m；

    γ——启动压力梯度，MPa/m；

    p_e——油藏外边界压力，MPa；

    p_w——井底流压，MPa；

    r——距井底径向距离，m；

    r_e——油藏外边界，m；

    r_w——井径，m。

从上式可以看出，当储层处在刚性渗流条件下，驱替压力梯度 $\mathrm{d}p/\mathrm{d}r$ 等于最小驱替压力梯度 γ_a，油井的产量等于零，液体质点不再流动，这时对应的半径 r 为油井的极限控制半径，考虑室内实验得到的最小启动压力梯度，得到极限控制半径公式：

$$r_{极限} = 6.8587(p_e - p_w)\left(\frac{K}{\mu}\right)^{0.4406} \tag{3}$$

4.1.2 正交优化设计

根据统计，把渗透率分为 0.25mD，1mD 和 5mD 三个级别分别模拟。对于 0.25mD 储层，可以计算其单相极限半径为 74.6m。因此排距可以取值 60m，注采技术极限井距则为 150m。初步考虑裂缝的沟通半径为 100m，为了防止注入水的水窜，井距一般要大一点，为了便于模拟，把井距定为 250m、300m、350m 和 400m，排距则为 60m、80m、100m 和 120m 四个级别。同理，1mD 储层的井距定为 300m、350m、400m 和 450m，排距为 80m、100m、120m 和 140m 四个级别；5mD 储层的井距定为 300m、350m、400m 和 450m，排距为 80m、100m、120m 和 140m 四个级别。考虑裂缝的影响，将角井、边井和水井的穿透比定为 20%、40%、60% 和 80% 四个级别，利用正交优化设计方法（表1），在模拟过程中考虑 16 种不同井排距和穿透比[8]的方案，本文重点介绍超低渗透油藏（0.25mD）油藏数值模拟结果。

表 1　0.25mD 储层菱形反九点井网油藏数值模拟正交表

因素	角井穿透比（%）	边井穿透比（%）	水井穿透比（%）	排距（m）	井距（m）
方案 1	20	20	20	60	250
方案 2	20	40	40	80	300
方案 3	20	60	60	100	350
方案 4	20	80	80	120	400
方案 5	40	20	40	100	400
方案 6	40	40	20	120	350
方案 7	40	60	80	60	300
方案 8	40	80	60	80	250
方案 9	60	20	60	120	300
方案 10	60	40	80	100	250
方案 11	60	60	20	80	400

因素	角井穿透比 （%）	边井穿透比 （%）	水井穿透比 （%）	排距 （m）	井距 （m）
方案 12	60	80	40	60	350
方案 13	80	20	80	80	350
方案 14	80	40	60	60	400
方案 15	80	60	40	120	250
方案 16	80	80	20	100	300

4.2 超低渗透油藏井网优选

菱形反九点井网与五点法井网的模拟单元选取井组的四分之一（图4、图5），采用局部网格加密技术和用等效导流能力方法处理水力裂缝。为了消除不同井网密度的影响，采用有效采出程度（采出程度×控制面积）比选开发 15 年后的各种方案。

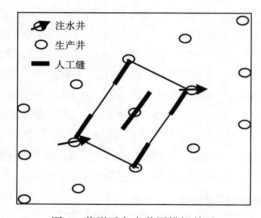

图 4 菱形反九点井网模拟单元

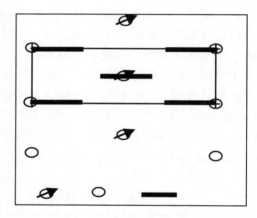

图 5 五点井网模拟单元

图6至图9给出了菱形反九点井网0.25mD 储层的开发指标。对于0.25mD 储层的油藏，根据不同方案下的含水率与有效采出程度关系曲线可以看出，方案4为最优方案。参考正交优化设计表，方案4对应的参数是角井穿透比20%，边井和水井的穿透比为80%，排距为120m，井距为400m。

采用类似的论证的过程，我们优化得到1mD 储层油藏的最优井网井距参数为：水井穿透比为20%，边井的穿透比为80%，角井的穿透比为80%，其排距和井距分别为140m 和450m。对于5mD 储层油藏的最优井网井距参数：水井穿透比为20%，边井的穿透比为80%，角井的穿透比为80%，其排距和井距分别为160m 和550m。

对于五点井网而言，同样可以优化出不同渗透率下的井网井距参数。0.25mD 储层油藏：边井和水井的穿透比为80%，排距为120m，井距为400m。1mD 储层油藏：边井和水井的穿透比为80%，其排距和井距分别为140m、450m。5mD 储层油藏：边井和水井的穿透比为80%，其排距和井距分别为160m、550m。

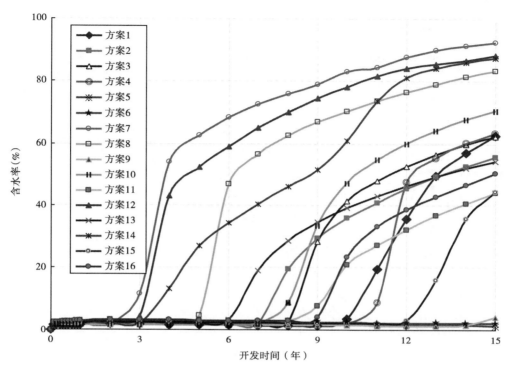

图 6 不同方案含水率与开发时间关系曲线

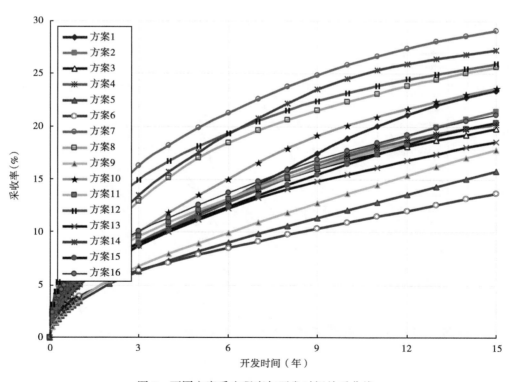

图 7 不同方案采出程度与开发时间关系曲线

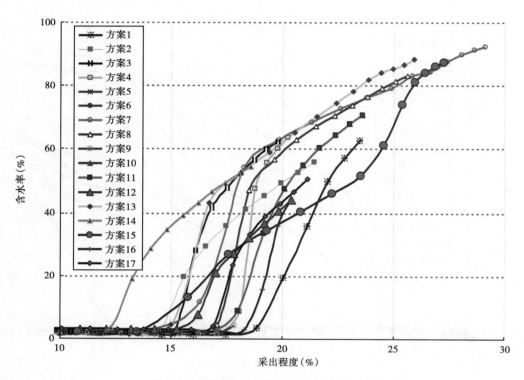

图 8　不同方案含水率与采出程度关系曲线

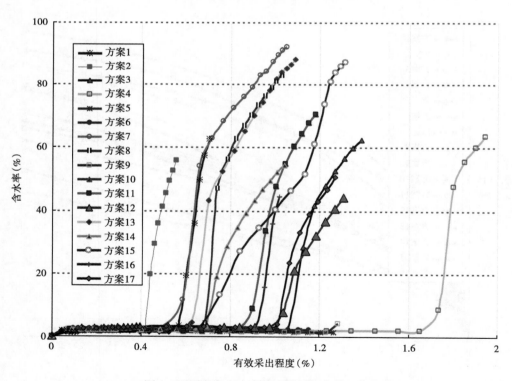

图 9　不同方案含水率与有效采收率关系曲线

5 不同裂缝发育程度下的井排距

上面论证的是裂缝不发育时，最优的井排距和压裂穿透比参数组合。利用方向渗透率的差异来考虑不同的裂缝发育程度。对于裂缝一般发育和裂缝较发育的储层，方向渗透率分别为3倍和9倍。

通过优化研究，菱形反九点井网在裂缝一般发育和裂缝较发育的储层条件下，最优的井排距参数相同。0.25mD储层油藏：角井穿透比为20%，边井和水井的穿透比为80%，排距为120m，井距为400m。1mD储层油藏：水井穿透比为20%，边井的穿透比为80%，角井的穿透比为80%，其排距和井距分别为140m、450m。对于5mD储层油藏：水井穿透比为20%，边井的穿透比为80%，角井的穿透比为80%，其排距和井距分别为160m、550m。

五点井网在裂缝一般发育和裂缝较发育的储层条件下，最优的井排距参数相同。0.25mD储层油藏：油井和水井的穿透比为80%，排距为120m，井距为400m。1mD储层油藏：油井和水井的穿透比为80%，其排距和井距分别为140m、450m。对于5mD储层油藏：油井和水井的穿透比为80%，其排距和井距分别为160m、550m。

对于超低渗透油藏，菱形反九点井网水井和边井的穿透比达到80%，可以形成线性排状水驱；角井穿透比为20%，可以防止水井与角井的沟通，而且匹配较大的排距和井距，开发效果最佳。

随着渗透率越来越低，水井和边井的穿透比达到80%，角井穿透比为20%，这样的匹配，其优势越来越明显。因此，对于渗透率越低的油藏，应该加大水井和边井的压裂规模，缩短角井的压裂规模，后期井网调整，可以考虑加大角井的压裂规模。

随着裂缝越来越突出，水井和边井的穿透比达到80%，角井穿透比为20%，这样的匹配，由于裂缝的沟通作用，其优势越来越不明显，可以考虑减小压裂规模。

水井压裂后，直井水井类似于水平井段较段的水平井注水，具有了短水平井段的优势，能够扩大吸水面积，增加了吸水量，能够保持较高的地层能量，并且能避免方向性水淹的矛盾。水井压裂后，有利于注入水线性驱替的形成，使得水线推进更加均匀，扩大注入水波及体积，最终提高采收率。

我国东部某重大开发试验区，空气渗透率为1.2mD，平均储量丰度为$40×10^4 t/km^2$。将本文的研究成果应用于该试验区，取得很好的效果。水井压裂前，吸水能力弱，憋压严重。水井大规模整体压裂后（水井压裂穿透比70%~90%），吸水强度增加到2.7倍，单位有效厚度视吸水指数增加到2.6倍。投产2年来，采油速度保持在2%，综合含水14.5%。

6 结论

通过超低渗透油藏实验分析、油藏工程方法研究和油藏数值模拟研究，得到以下几点认识：

（1）超低渗透油藏的发展历程和实验研究表明，线状注水有利于水线的均匀推进，是超低渗透油藏有效的开发井网型式。

（2）超低渗透油藏地质特征差异大，不同的储层对应不同的井网型式。储层非均质性越强、裂缝越发育，井网越扁，井排距比越大。

（3）在实验的基础上，建立了极限控制半径与流度之间的关系，形成了考虑启动压力梯度影响下研究井排距的油藏工程方法。

（4）结合油藏工程方法和正交优化设计方法基础，通过油藏数值模拟技术，优化了不同井网型式、不同渗透率、不同裂缝发育程度下的井排距和油水井的压裂规模，提供了最优的井网参数组合。

（5）最优井网井距参数组合突出整体大规模压裂的特点，认识到水井压裂的优势，并得到矿场实践的证实。为了克服注入水沿单个方向推进和波及体积小的矛盾，超低渗透油藏应先对注水井和油井进行大规模整体压裂后再注水，建立注入水流动渠道，拉成水线，以保证线状注水水线的均匀推进，进而提高超低渗透油藏的采收率。

参 考 文 献

［1］李道品. 低渗透砂岩油田开发 ［M］. 北京：石油工业出版社，1997.

［2］Holditch S，Jenningss J，Neusess，et al. The Optimization of Well Spacing and Fracture Length in Low Permeability Gas Reservoirs ［J］. SPE7496.

［3］Lemon R F，Patel H J，Dempsey J R. Effects of Fracture and Reservoir Parameters on Recovery from Low Permeability Gas Reservoir. SPE5111.

［4］史成恩，李健，雷君鸿，等. 特低渗透油田井网形式研究及实践 ［J］. 石油勘探与开发，2002，29（5）：59-61.

［5］李永太，宋晓峰. 安塞油田三叠系延长组特低渗透油藏增产技术 ［J］. 石油勘探与开发，2006，33（5）：638-642.

［6］裴怿楠，刘雨芬. 低渗透砂岩油藏开发模式 ［M］. 北京：石油工业出版社，1998.

［7］Settari A，Cleary MP. Three-Dimensional Simulation of Hydraulic Fracturing ［J］. JPT，1982，36（7）：1177-1190.

［8］Soliman M Y. Numerical Model Estimates Fracture Production Increase ［J］. Oil &Gas Journal，1986，84：41（41）：70-74.

超低渗透油藏水平井渗吸吞吐采油优化研究

秦勇

（中国石油勘探开发研究院）

摘　要：超低渗透油藏储层物性差，常规注水难以建立有效驱替系统。为探索"水平井体积压裂注水吞吐采油"新方式，利用数值模拟技术，考虑毛细管力滞后效应模拟油水逆向渗吸机理，建立了三区体积改造渗吸数值模拟模型，在此基础上开展了水平井渗吸吞吐采油优化研究，明确了储层类型及压裂改造参数对渗吸效率的影响规律，提出了水平井注水吞吐合理开发技术政策。研究表明：常规压裂形成的简单双翼缝无法进行渗吸吞吐采油，需要通过体积压裂改造形成复杂裂缝网络为油水逆向渗吸提供空间，压裂缝网范围越大、越复杂，渗吸作用可交换出的油量越多，但渗吸作用主要发生在近井地带，随着吞吐轮次的增加，吞吐效率、增油量逐渐下降。注水时地层压力上升、裂缝导流能力部分恢复是渗吸吞吐增油机理之一，每轮次合理注水量为地层亏空体积，综合考虑注入水保压、渗吸效率、吞吐采油时效性、油田生产时率等因素，应采用高压快注，合理闷井时间为30天。针对无法建立有效驱替系统的超低渗透—致密储层，转变开发方式，采用"体积压裂+渗吸吞吐采油"可有效扩大波及体积、提高基质动用程度，吞吐过程产生压力激动可有效恢复油井产能，与常规水驱相比预测可提高采收率3%~4%。

关键词：压裂水平井；渗吸；注水吞吐；扩大波及体积；数值模拟

超低渗透油藏储层物性差，"注不进、采不出"的现象普遍存在，常规注水难以建立有效驱替系统，地层能量补充困难、产量递减大；同时受小井距、超前注水、高强度注水、大规模压裂等综合影响，造成水平井投产即水淹、多方向水淹的比例增加，严重影响了水驱开发效果[1-4]。特别是采用直井注水—压裂水平整体开发的区块，水平井见水后井网、注采关系调整困难，注入水沿裂缝突进。注水井停注，地层能量下降快，单井产量递减加大，继续注水有效波及体积无法扩大、注入水无效循环。因此探索新型能量补充方式对超低渗透油藏高效开发具有重要意义。

渗吸吞吐采油技术是适合于油田后期开发需要而发展起来的一项新技术。渗吸吞吐是向生产井地层注水恢复地层压力，在毛细管力的作用下油水发生逆向渗吸，将基质小孔隙中原油置换到裂缝系统[5]。与体积压裂改造相结合，渗吸吞吐采油可有效扩大动用范围、提高基质动用程度，吞吐过程产生压力激动恢复油井产能，是低产、低效及水淹井的有效接替开发手段。目前国内仅有大庆油田头台油田、长庆油田安83井区、吐哈油田马56块开展了小规模的矿场实践[6,7]，而没有对注水吞吐采油效果影响因素、开发技术政策进行系统的研究。

采用数值模拟方法，根据实验室数据并综合考虑润湿滞后、毛细管力滞后、岩石孔隙结构复杂程度等因素，建立了考虑润湿滞后和毛细管力滞后的渗吸数值模拟模型，实现了对毛细管力作用下的油水逆向渗吸的模拟。利用渗吸数值模拟模型研究了渗吸吞吐采油方式对不同储层类型和压裂改造方式的适应性，以及储层改造参数对渗吸效率的影响，并进一步优化了渗吸吞吐采油开发技术政策。

1 渗吸数值模拟模型的建立

油水逆向渗吸是在毛细管力的作用下注入水被吸入到小孔隙中，将油排除到裂缝中的一种逆向油水交换过程。模拟逆向渗吸需要满足两个基本条件：（1）采用双重介质模型，实现基质系统和裂缝系统的油水交换；（2）岩石亲水，在毛细管力的作用下油水逆向流动。数模中油水毛细管力定义为：

油水毛细管力：
$$p_{cow} = p_o - p_w \tag{1}$$

油相压力差：
$$dp_{oMF} = p_{oM} - p_{oF} - \rho_{oMF} G (D_M - D_F) \tag{2}$$

水相压力差：
$$dp_{wMF} = p_{wM} - p_{wF} - \rho_{wMF} G (D_M - D_F) \tag{3}$$
$$= p_{oM} - p_{oF} - \rho_{oMF} G (D_M - D_F) - p_{cowM} + p_{cowF}$$

式中　p_{cow}——油水毛细管力，MPa；

$\quad\quad p_{cowM}$——基质中油水毛细管力，MPa；

$\quad\quad p_{cowF}$——裂缝中油水毛细管力，MPa；

$\quad\quad p_o$——油相压力，MPa；

$\quad\quad p_w$——水相压力，MPa；

$\quad\quad p_{oMF}$——油相压力差，MPa；

$\quad\quad p_{oM}$——基质中油相压力，MPa；

$\quad\quad p_{oF}$——裂缝中油相压力，MPa；

$\quad\quad p_{wM}$——基质中水相压力，MPa；

$\quad\quad p_{wF}$——裂缝中水相压力，MPa；

$\quad\quad \rho_{oMF}$——油相密度，kg/m³；

$\quad\quad \rho_{wMF}$——水相密度，g/m³；

$\quad\quad D_M$——基质网络格深度，m；

$\quad\quad D_F$——裂缝网格深度，m；

$\quad\quad G$——重力项，m/s²。

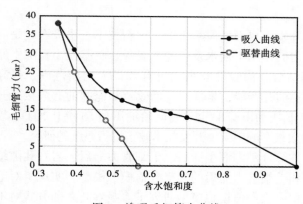

图1　渗吸毛细管力曲线

当基质网格与对应裂缝网格油相压力差 dp_{oMF} 大于 0 时，在毛细管力项（$p_{cowF} - p_{cowM}$）作用下使水相压力差 dp_{wMF} 小于 0，实现基质与裂缝系统间的油水逆向流动。基质系统毛细管力考虑毛细管力滞后效应，输入驱替曲线和吸吮曲线两条毛管力曲线（图1），裂缝系统导流能力高、孔喉半径大，毛细管力大小可忽略不计。

2 渗吸吞吐采油对不同类型储层适应性研究

2.1 储层类型及改造方式对渗吸效率的影响

为了研究储层裂缝发育程度及改造方式对渗吸效率的影响，设计了三种渗吸吞吐模型：（1）天然裂缝发育储层压裂简单双翼缝渗吸吞吐模型；（2）天然裂缝不发育储层压裂简单双翼缝渗吸吞吐模型；（3）天然裂缝不发育储层体积压裂渗吸吞吐模型。针对天然裂缝不发育通过体积压裂改造能形成复杂裂缝网络的储层，设计了三区缝网改造数值模拟模型（图2），进行单井渗吸吞吐采油优化研究，其中①区为主裂缝区，模拟高导流能力的压裂支撑缝；②区为改造区，模拟压裂水平井改造体积（SRV）内的微裂缝连通区，主体为低导流能力的未支撑缝，采用 Warren-Root 双重介质模型，考虑 SRV 体积内渗透率各向异性；③区为未改造区域，采用单孔单渗模型模拟基质渗流。

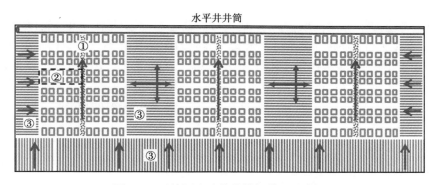

图 2　三区缝网改造数值模拟模型示意图

不同渗吸吞吐模型基质渗透率均为 0.3mD，计算结果如图 3 所示，由对比结果可以看出：（1）对于裂缝不发育储层，常规压裂形成的简单双翼缝无法进行渗吸吞吐采油，注入

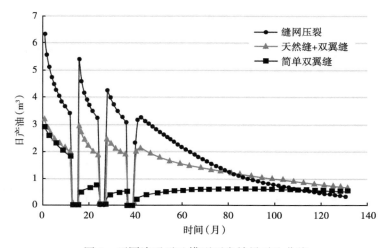

图 3　不同渗吸吞吐模型开发效果对比曲线

水无法迅速扩散，反而将裂缝附近原油驱向地层深部，造成近井地带含水饱和度上升、油相渗透率降低、单井产能降低；（2）对于天然裂缝发育的储层，地下裂缝空间为油水逆向渗吸提供了空间，常规压裂形成的简单缝可以扩大渗吸吞吐的波及体积，对于水淹水窜井、低压低产井渗吸采油是一种有效的增油手段；（3）针对裂缝不发育的超低渗透储层，体积压裂可大幅提高单井产量，同时形成的复杂缝网为油水渗吸交换提供空间，渗吸吞吐采油方式适用于难以建立有效驱替系统储层，注水过程驱替作用较弱、吞吐效果好。

2.2 储层应力敏感性对渗吸效率的影响

超低渗透油藏由于储层致密，应力敏感效应对开发效果影响更为显著。压裂水平井改造体积（SRV）内包括未支撑裂缝、支撑裂缝、基质岩块三种油气渗流区域。在生产过程中地层压力不断下降，支撑剂在裂缝内发生蠕变、破碎、嵌入等结构性变形，大大降低裂缝导流能力[8]。室内实验研究表明：未支撑裂缝应力敏感性最强，其次是支撑裂缝，最后是基质，当有效覆压超过一定值后，基质渗透率下降幅度趋缓，而支撑裂缝渗透率仍大幅下降。

本文在三区缝网改造模型基础上设计了四种渗吸吞吐模型：（1）不考虑应力敏感；（2）基质与裂缝应力敏感性一致；（3）基质与裂缝应力敏感性不一致、支撑缝与未支撑缝应力敏感性一致；（4）基质、支撑缝、未支撑缝应力敏感性均不一致。由计算结果（图4）可以看出，应力敏感显著影响单井产能，在不考虑应力敏感条件下渗吸效率较低，表明注水

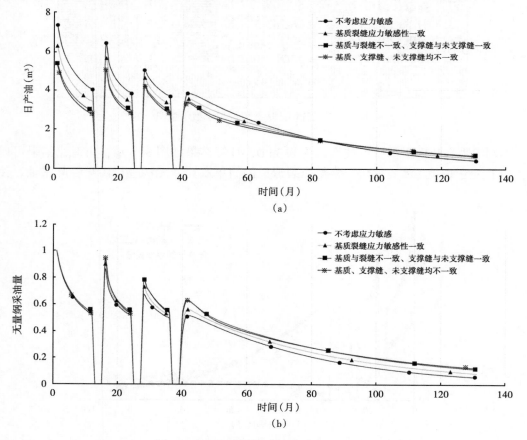

图 4 不同应力敏感性储层渗吸采油曲线

过程地层压力上升、裂缝导流能力部分恢复是渗吸吞吐增油机理之一；支撑缝和未支撑缝应力敏感性一致模型开发效果略好于不一致模型，这是由于未支撑缝对 SRV 内导流能力贡献较小，主要起增大油水交换空间的作用。计算结果表明可通过提高支撑剂性能、增大铺砂范围来减弱人工裂缝应力敏感性，进一步改善开发效果。

3 储层改造参数对渗吸效率的影响

3.1 压裂改造体积对渗吸效率的影响

为了研究压裂改造规模对渗吸效率的影响，设计了 5 个对比方案：水平井单条裂缝 SRV 带宽 70m，长度分别为 110m、170m、230m、290m、350m。模拟结果（图 5）表明，增大压裂改造体积可提高单井初期产量，但受主裂缝导流能力限制，产量增加幅度逐渐减小。压裂改造体积越大、缝网范围越大，可通过渗吸作用交换出的油量越多，压裂改造体积过小，多轮次吞吐后，注入水波及整个改造范围，渗吸作用减弱、增油量减小。以 350m 长裂缝带为例，第一轮注水 SRV 体积内波及系数为 15.8%、第二轮波及系数为 29.9%、第三轮为 60.5%，随着吞吐轮次的增加，渗吸波及体积逐渐扩大。波及体积受压裂改造体积、主裂缝导流能力、油水黏度比、吞吐技术政策等因素限制，虽然波及体积逐渐扩大，但远井地带渗吸作用减弱。定义渗吸采油效率为：

$$渗吸采油效率 = \frac{渗吸增油量}{衰竭式开采产油量} \times 100\%$$

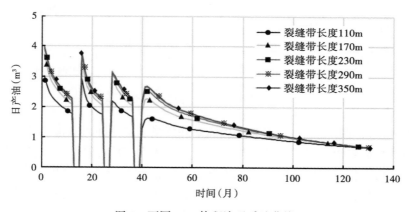

图 5 不同 SRV 体积渗吸采油曲线

从不同 SRV 体积注水吞吐三轮次后渗吸采油效率对比结果（图 6）可以看出：随着改造体积增加，渗吸效率增幅逐渐减小。油水流度比远大于油气流度比，注水吞吐无法像注气吞吐一样迅速扩散，渗吸增油主要发生在近井地带。

3.2 主裂缝导流能力对渗吸效率的影响

进一步研究了 SRV 内主裂缝导流能力对渗吸效率的影响，设计了 5 个对比模型：裂缝导流能力分别为 15D·cm、20D·cm、25D·cm、30D·cm、35D·cm。模拟结果曲线如图 7 所示。

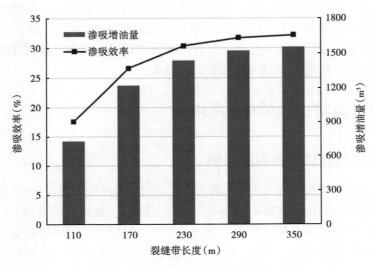

图 6　不同 SRV 渗吸效率（三轮吞吐后）对比图

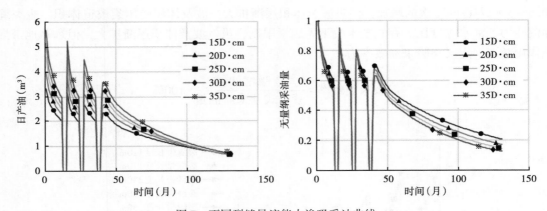

图 7　不同裂缝导流能力渗吸采油曲线

一方面增大主裂缝导流能力，可显著提高单井产量、扩大注入水波及体积；另一方面由无量纲采油曲线可以看出产量递减速度加大，这是因为在基质渗透率不变的条件下，虽然增加了裂缝导流能力，但基质向裂缝供油能力没有增加。裂缝导流能力越大，采油速度越大，而渗吸作用主要发生在近井地带储层，随着吞吐轮次的增加，吞吐效率、增油量逐渐下降。为有效提高渗吸吞吐采油效率，体积压裂改造的重点是形成复杂裂缝网络、有效增大铺砂范围，为油水逆向渗吸提供空间，而不必追求高裂缝导流能力。

4　开发技术政策对渗吸效率的影响

4.1　合理注水量

模拟一轮次吞吐，单条裂缝带第一轮注水前累计产油 $1210m^3$，在相同注入压力下，模拟不同注水量，设置注采比为 0.6、0.8、0.9、1.0、1.2 模型。计算结果见表 1，相同注入压力条件下，注水量越大注水时间越长，随着注采比增加，相同生产时间内累计产油增幅减小、替油效率降低，注采比在1.0左右开发效果较好。注水过程与压裂液挤入地层过程有着本质区别，注入水进入地层是逐渐扩散波及的过程且无新裂缝生成，单次吞吐注水量过大，注水驱替作用增大，会将剩余油驱向地层深部，不利于基质储层向SRV内供油。

表1　单条裂缝带一轮吞吐数据表

注采比	累计注水量（m³）	注水时间（d）	轮次内累计产油量（m³）	累计产油增量（m³）
0.6	871	42	2111	
0.8	1161	58	2167	56
0.9	1308	67	2208	41
1.0	1597	75	2241	33
1.2	1742	91	2267	26

4.2　注入压力对渗吸效率的影响

注入压力对渗吸效率的影响主要体现在两方面，一方面注入压力越高近井地带孔隙压力越高、裂缝导流能力恢复幅度越高，转采后产液量恢复较高；另一方面，在相同注水量情况下，注入压力越高、注水时间越短，吞吐生产时效性越高，同时高注入压力可以使注入水沿裂缝系统迅速扩散。因此注水渗吸采油注入压力越高越好，在地面管线允许的条件下可采用近破裂压力注水。

4.3　合理闷井时间优化

闷井时间是渗吸吞吐采油的重要参数，直接影响油水置换效率及油井生产时率，本文设计了5个对比方案：注采比1.0、注水压力50MPa，闷井时间分别为10天、20天、30天、40天、50天。计算结果如图8所示，相同注水量和注入压力条件下，闷井时间越短开井产量越高，这是由于模型中闷井时间越短地层压力保持水平越高，裂缝导流能力损失小造成开井产量高同时产水量也高；闷井时间由10天增加到30天返排水量减少，表明地下油水渗吸交换充分，进入基质内部水量增加，注入水保压作用增强，但当闷井时间超过30天时，返排水量增加。

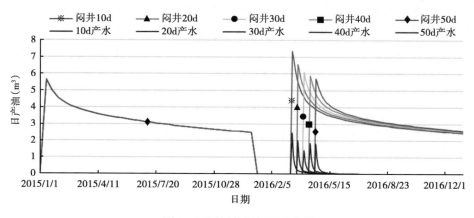

图8　不同闷井时间采油曲线

进一步研究了返排水量增加的原因，由近井网格压力、含油饱和度变化曲线（图9）可以看出，闷井期井底压力逐渐下降，油水交换裂缝网格含油饱和度上升，随着压力进一步下降，基质孔隙压力下降导致孔隙体积减小、原油体积膨胀，当油水流度比大于S_o/S_w时水流出的多，同时裂缝孔隙体积远小于基质，导致闷井时间长返排水量增加。综合考虑注入水保压作用、渗吸效率、吞吐采油时效性、油田生产时率等因素，优化闷井时间为30天。

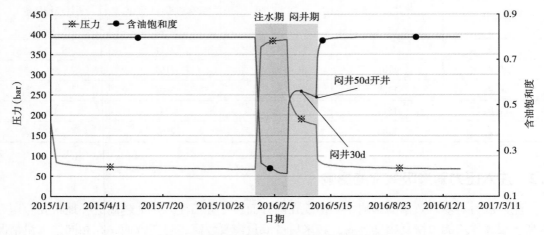

图9　近井网格压力、含油饱和度变化曲线

5　结论

（1）对于裂缝不发育储层，常规压裂形成的简单双翼缝无法进行渗吸吞吐采油，需要通过体积压裂改造形成复杂裂缝网络为油水逆向渗吸提供空间。针对难以建立有效驱替系统的储层，注水渗吸吞吐是一种有效的采油方式，注水过程驱替作用较弱、吞吐效果好。

（2）超低渗透—致密储层应力敏感性显著影响单井产能，注水过程地层压力上升、裂缝导流能力部分恢复是渗吸吞吐增油机理之一。通过提高支撑剂性能、增大铺砂范围来减弱人工裂缝应力敏感性，可进一步提高渗吸吞吐采油效果。

（3）压裂改造缝网范围越大单井初期产量越高，渗吸作用可交换出的油量越多，但渗吸作用主要发生在近井地带储层，随着吞吐轮次的增加，吞吐效率、增油量逐渐下降。渗吸采油体积压裂改造的重点是形成复杂裂缝网络、有效增大铺砂范围，为油水逆向渗吸提供空间。

（4）渗吸吞吐采油每轮次合理注水量为地层亏空体积，注水压力越高且注水时间越短、生产时效性越高，同时裂缝导流能力恢复幅度越高。综合考虑注入水保压作用、渗吸效率、吞吐采油时效性、油田生产时率等因素，合理闷井时间为30天。

（5）针对无法建立有效驱替系统的超低渗透—致密储层，转变开发方式采用"体积压裂+渗吸吞吐采油"可有效扩大动用范围、提高基质动用程度，吞吐过程产生压力激动恢复油井产能，与常规水驱相比预测可提高采收率3%~4%。

参 考 文 献

[1] 李彦兰，章长钤，武若霞，等．安塞油田坪桥区注气可行性研究［J］．石油勘探与开发，1998，25（4）：69-70.

［2］胡书勇，李勇凯，马超，等 . 低渗、特低渗油藏极限井距计算新方法 ［J］. 新疆石油地质，2015，36（4）：480-481.

［3］王文环，袁向春，王光付，等 . 特低渗透油藏分类及开采特征研究 ［J］. 石油钻探技术，2007，35（21）：72-75.

［4］庄建全 . 低渗透油田有效动用方式研究 ［D］. 青岛：中国石油大学（华东），2008：1-5.

［5］孟庆帮，刘慧卿，王敬 . 天然裂缝性油藏渗吸规律 ［J］. 断块油气田，2014，21（3）：330-331.

［6］王平平，李秋德，张博，等 . 胡尖山油田安 83 区长 7 致密油藏水平井地层能量补充方式研究 ［J］. 石油工业技术监督，2015（9）：1-3.

［7］李晓辉 . 致密油注水吞吐采油技术在吐哈油田的探索 ［J］. 特种油气藏，2015，22（4）：144-146.

［8］罗瑞兰，雷群，范继武，等 . 应力敏感对致密压裂气井生产的影响 ［J］. 重庆大学学报，2011，34（4）：96-97.

马西油田低渗透油藏稳产方法研究

王艳丽　冯超　何占强　王晴

（中国石油大港油田分公司第一采油厂）

摘　要：我国低渗透油藏储量占 60%~70%，低渗透油藏开发将是我国未来油气开发的主力，但由于储层先天的低渗透条件及孔喉和裂缝特征，特别是特低、超低渗油藏连常规注水都困难。随着近年来对低渗透油藏的深入开发，对低渗透油藏存在的问题有更深刻的认识，同时也总结出了一套治理思路，主要阐述总结低渗透油田扩大波及体积的有效做法，为其他低渗透油田区块的开发提供借鉴意义。

关键词：低渗透；裂缝；波及体积

马西油田位于黄骅坳陷北大港断裂构造带中部，为一受港东主断层控制的较为完整的穹隆背斜构造，断层少，构造简单，主要含油层系沙一下亚段，沙二段滨三滨四为凝析气藏。

1　马西油田特征分析

1.1　地质特征

马西深层油田构造上位于黄骅坳陷北大港构造断裂带中部，是一个较完整的逆牵引穹隆背斜构造，开发层系为古近系沙河街组，油层埋藏深度 3785~4030m，属低孔、低渗透、异常高温高压油藏。含油层为沙一下亚断段板桥油组，属深水流沉积。板桥组的板 2 油组、板 3 油组为本区的主力油层，板 3 油组为正旋回沉积，板 2 油组为复合旋回沉积。根据沉积韵律特征，将板 2 油组、板 3 油组又细分为 10 个小层、16 个单砂层。

1.2　储量规模

含油面积为 8.1km^2，地质储量为 678×10^{4}t，可采储量为 256×10^{4}t。主要油层为板 2、板 3 油组，2012 年储量复算地质储量为 724×10^{4}t，对比原有地质储量增加 46.08×10^{4}t。

1.3　投入开发初期高产

马西油田自 1978 年钻探，1979 年试采，1980 年投入开发，1981 年 1 月开始实施开发方案，到当年年底共完钻 14 口井，投产油井 13 口，采用负压射孔技术保护油层，通过先期压裂改造后全部自喷投产，平均单井初期日产油 50t 以上，油田日产油 474.52t，年产油 15.74×10^{4}t，采油速度 2.32%。开发初期，利用弹性能量降压开采（仅港深 4-5 井注水）。截至 1982 年，依靠弹性能量累计采油 43.90×10^{4}t，弹性采出程度 6.47%，比开发方案中理论预测值高 0.17%。

1.4　通过一定的技术手段能获得高产

马西油田有 24 口井投产后进行过压裂改造，20 口井又实施过 2~5 次压裂。共实施压裂

措施 49 口井，108 井次。压裂有效率 81.9%；压裂累计增油量 60.3×10⁴t，平均单井日增油
12.68t，单井平均有效期 16 个月。

马西油田借助精细油藏描述成果，开展老区综合治理，低动用区井网加密，油田产量呈
上升趋势，2012 年港深 8-5 井组治理，油田日产油由 6.07t 上升至 21.63t；2014 年港深 21
井区井组治理，日产油上升至 36.32t。

2 马西低渗透油田稳产方式研究

马西油田相对于联盟、六间房地区深层油田开发初期产量较高，中期稳产时间长，采出
程度高，本文主要总结马西油田的稳产原因。马西油田中期稳产主要是在扩大波及体积上的
一些改变，即立体注采井网研究、重建注水波及体系及调整注水波及强度。立体注采井网研
究是根据沉积微相、裂缝与注水的关系及层系调整来进行平面上注水井点的选择调整；重建
注水波及体系以精细地质研究为前提，辅以油藏工程分析，对低动用区储量扩边建产。

2.1 立体注采井网研究

2.1.1 沉积微相研究

马西油田沙一下亚段为深水重力流沉积，两个方向上的物源分别为北东向的燕山物源和
北西向的港西隆起。依据岩性、沉积及同生变形构造、粒度资料、电测曲线形态综合分析，
将马西油田深水重力流水道细分为水道主体、水道漫溢、湖盆泥三种微相[1-2]。顺物源方
向，物源供给充足，多发育水道主体沉积，砂体厚度较大，连续性较好。水道漫溢砂体厚度
薄，规模较小。垂直物源方向相变较快，水道主体剖面上成顶平底凸状，砂体侧向和垂向相
互叠置，砂体连续性相对较差，水道漫溢毗邻水道主体发育，物性相对较差。

在注水开发的过程中，注入水往往优先沿高渗带方向驱油。因此沿重力流主水道方向注
水容易驱替，对应的油井容易见效（图 1）。采油井位于水道主体，注水井位于水道漫溢，
见效时间长，含水上升慢；采油井、注水井均位于水道主体，含水上升快。

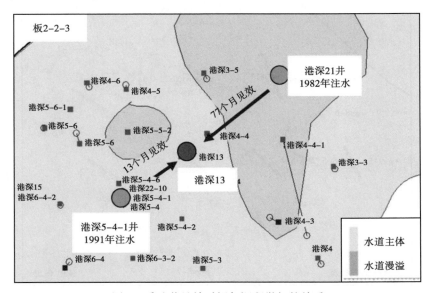

图 1　采油井见效时间与沉积微相的关系

位于水道漫溢的受益井注水见效后，含水上升慢，稳产期长。当注水井位于水道主体部位时，见效时间短，效果相对更好（图2）。

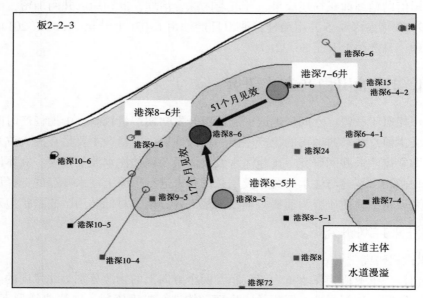

图 2　采油井见效时间与沉积微相的关系

2.1.2　裂缝性油藏注水研究

马西油田发育构造裂缝（宏观裂缝）和微裂缝。构造裂缝的发育程度在不同的构造部位、不同方向、不同的岩层发育不同，地层曲率越大，则裂缝密度越大。天然裂缝的发育方位大致与主断裂走向平行，一组为东北 70°~100°，另一组为北东 30°~35°；人工裂缝的发育方位为北西 45°~52°（图3）。

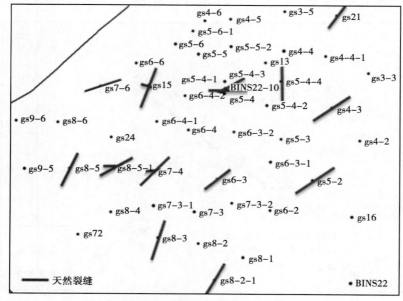

图 3　板 2 油组注水前缘监测显示的裂缝发育方位

裂缝对注水的影响主要表现为裂缝发育方向上油井见水快，很快水淹，有效期短；与裂缝发育主方向呈一定夹角的油井见效慢，或不见效，低压生产[3]。

　　1998年曾进行过示踪剂测试，测试结果较好地反映了这种规律，如与主断层（港东大断层）平行的方向上注水推进速度是垂直于断层方向的近两倍，最快达到10.3m/d。考虑到天然裂缝属于构造裂缝，其发育的规模要远远大于人工裂缝，因此判断其裂缝发育的主方向应该为天然裂缝的发育方向，即北东向。因此，可以调整注水井排方向为北东向，以提高注入水的驱油效率。

2.1.3　层系调整

　　马西油田注水初期，在油层发育的主体部位采用一套注水井网，板2、板3油组合注，采油井分两套井网，板2、板3油组分采，从合注井吸水状况看，有75.52%的注水量注入板Ⅲ油组。如注水井港深21井，吸水强度明显受到物性的控制，其中板31单砂层平均渗透率为5mD，渗透性最好，吸水量占该井吸水总量的18.2%；板22单砂层平均渗透率为4.7mD，渗透性次之，吸水量占该井吸水总量的14.1%；板341单砂层平均渗透率为2.45mD，渗透性最差，几乎不吸水；很明显，物性的差异决定着吸水能力的差异，影响注水波及体积。

　　如果长期以这种方式开发，有可能在油井上造成板3油组的未开采层水淹。另外板2油组储量占油田总储量的52.51%，而物性又比板3差，井距相同的条件下，板3油组采出程度是板2油组的1.80倍，板2油组储量动用程度低。针对油田这种开发状况，需要分层注水解决注采矛盾。1987年开始，采用一级两段的分注工艺，先后在港深6-3井、港深5-2井试验成功。板2分注管柱采用偏心配水器，板3采用中心配水器。到1991年，分注井达到了5口（港深6-3井、港深5-2井、港深4-3井、港深7-4井、港深7-6井）。其中港深6-3井分注后，受益井港深6-3-2井7个月后日产油由15.60t上升为22.97t，含水由15.30%降到9.20%，当年增油1134t。5口分注井均为一级两段注水。

　　低渗透油田合理的注采井网调整方式应综合考虑砂体的展布规律、裂缝的发育程度，以实现最大程度提高水驱面积波及系数和剩余油的动用[4,5]。注采井网调整时机要有利于地层压力保持在合理水平，建井网水线沟通后，由于老注水井压力扩散范围大，新注水井注水时间短，压力扩散范围小，为平衡地层压力，新注水井注水强度应该大于老注水井；同时，为避免老方向过早见水，老注水井采取层段周期注水，适当降低注水强度，新方向加强注水，促进均衡动用。

2.2　重建注水波及体系

　　马西深层经历多年注水开发，中部地区主力砂体水淹较为严重，港深21井区与中部地区之间存在岩性变化带，水淹程度低，大部分井初期产量高，末期低能停产。港深21井区主要受边部井试油试采效果差的影响，未进行井网调整，井距大井网控制程度低，平均井距为632m，井网密度为2.5口/km²，港深21井区地质储量为177×10⁴t，可采储量为62×10⁴t，目前油田累计采油20.3×10⁴t，剩余可采储量41.7×10⁴t。板2、板3油组剩余可采储量分别为30.4×10⁴t和11.3×10⁴t。

　　港深21井区定量测试2口井吸水剖面78井次，其中板2油组、板3油组测试层数48层、厚度233m，吸水层数27层、厚度137.5m，吸水剖面计算动用程度：层数56.3%，厚度59%。动用程度较低。2014年对港深21井区的板2油组、板3油组进行精细地质研究。

地质研究表明：板 2 油组、板 3 油组主力层与非主力层物性差异较大，存在较强的层间矛盾。剩余可采储量主要分布在主力层上；板 2 油藏、板 3 油藏类型不同，板 3 以构造油藏为主，板 2 以构造岩性油藏为主，板 2 多为低能停产，板 3 油藏多为高含水停产；合注井反映，板 3 油组吸水能力远大于板 2 油组。由此，马西油田应采取分层系开发。但通过动态分析及边部井钻遇情况，港深 21 井区剩余可采储量主要集中在板 2 主力层，板 3 主力层剩余可采储量低，且板 3 油藏构造油藏低部位水淹程度高，不具备两套层系开发的潜力，采用一套层系开发，根据钻遇油层情况，两套层系接替开采。

以主力油层为目的层，采用行列式注采模式，减缓含水上升速度，油水井同时压裂改造。断块目前实施新井 5 口，投产新井初期的日产能力为 97.35t，目前日产能力为 18.9t。截至 2016 年年底，累计生产原油 1.28×10⁴t，马西油田采收率已经提高 0.2%。后期港深 3-7 井转井注，新建 1 注 4 采的注水波及体系。

2.3 调整注水波及强度

根据生产数据中的地层压力测试结果，统计历年各井测试的地层压力，并根据测压时单井的生产井段，换算出折算到统一的深度处的折算压力，再将多井同时测的结果平均从而得到油藏的地层压力，进一步可以得到地层压力随时间变化的曲线（图 4）。

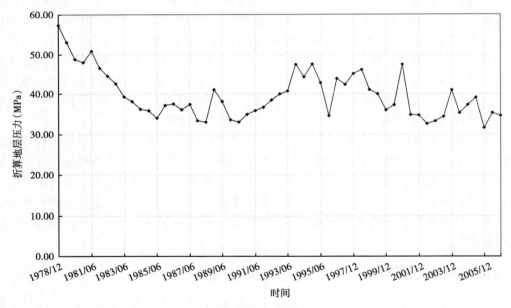

图 4 马西深层历年压力变化曲线

从图 4 中可以看出，马西深层地层压力下降较快，从投产到 1983 年年底地层压力已经下降到饱和压力附近，至 1993 年地层压力几乎均在 40MPa 以下，有时略低于饱和压力。1996—2000 年压力多数时间上升至 40MPa 以上，主要原因是注水强度的调整，加大注水量，从 1988—1994 年月度注采比一直在 2 以上，即注入量远远大于采出量，给地层补充了一定的能量，且 1996 年以后月度注采比也一直保持在 1.5 左右，使地层能量得到一定程度的恢复。

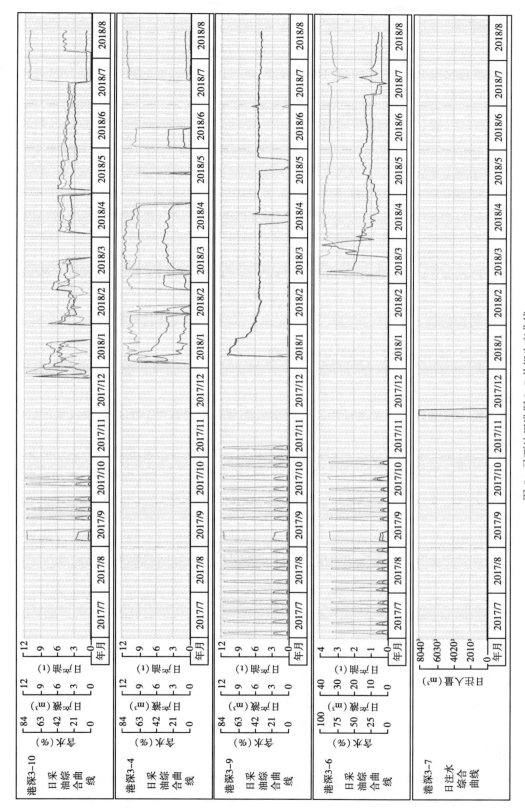

图 5　马西油田港深 3-7 井组生产曲线

35

2.4 增能注水

由于油层堵塞、渗透率下降或者油层压力回升，在原注水压力下不能满足配注要求，或为了启动低渗透层段的注水，可进行增压注水。

增压注水提高了注水压差，使在低注入压力下不吸水的油层吸水。高压注水可使油层产生微小裂缝，以提高吸水能力。提高注水压力后，可使一些低渗透层吸水而增加吸水厚度，但并不能保证各层吸水能力均衡。在高注水压力下，高渗透层的吸水能力也要增大。在裂缝性灰岩中采取高压注水，常导致油井暴性水淹。所以要根据油层的具体情况选择注入压力，保证得到最好的注入效果。

马西油田港深 3-7 井组含油面积 0.59km^2，地质储量 33.6×10^{4}t，可采储量 13.6×10^{4}t，剩余可采储量 12×10^{4}t，累计采油 1.65×10^{4}t，累计产水 1.55×10^{4}m^3，累计注水 1.24×10^{4}m^3，累计亏空 3.98×10^{4}m^3，属低孔、低渗透、异常高温高压油藏。在注水井港深 3-7 井、采油井港深 3-6 井实施增能注水。港深 3-7 井 2017 年 11 月 8 日作业，11 月 13 日到 11 月 21 日注入，累计注水 40542m^3；港深 3-6 井 2017 年 11 月 30 日到 12 月 3 日注入，累计注水 10000m^3。实施增能注水前，受益井停喷，实施后，受益井的压力均有明显上升，均自喷生产，截至目前井组累计增油 2596t（图 5）。

3 马西低渗透油藏注气适应性研究

低渗透油田目前油藏开发方式主要以注水和衰竭式开发为主，有些低渗透油藏由于注水困难，无法投入正常开发或无法动用，有的则采用衰竭式开发[6]。为提高开发水平，需通过改变驱替介质，以保持地层能量、改善开发效果。低渗透油藏吸气能力大于吸水能力，水敏影响小，注气比注水更容易建立有效压力驱替系统，起到有效补充和维持地层能量的作用。注水开发后期高含水油藏由于油水、油气密度差异，减氧空气能够驱替注水波及小的油层上部，从下部水驱转为上部气驱，"疏通"被贾敏效应"封闭"的死油，起到控水增油稳产的作用。

对马西油田的孔隙度、储层特征、盖层和断层封闭性评价进行综合分析[7]。从盖层密封性和剩余油分布来看，在马西油田注气提高采收率具有良好的地质和油藏条件：（1）油藏有较大的剩余地质储量；（2）油藏盖层和断层的密封性较好，可以保证有效气驱；（3）油井单井生产能力强；（4）井网完善。在马西深层开展天然气混相驱可行性论证，以探索适合深层低渗油藏提高采收率的新方法。

3.1 剩余油潜力分析

马西油田沙一下亚段探明动用地质储量 714×10^{4}t，选取胡—陈模型预测采收率 46.7% 作为最终采收率值，可采储量 354×10^{4}t，目前油田累计采油 288×10^{4}t，油田剩余可采储量 66.6×10^{4}t。单砂体剩余可采储量主要在板 2 油组、板 3 油组。

3.2 油藏特征分析

从构造上看，马西油田为独立完整的背斜圈闭构造，相比联盟构造更有优势，相比马东边水活跃。整个港东下降盘来看马西油田板 2、板 3 油组的油层，地层厚度大，砂体厚度大，物性好，单井产能高。

3.3 油井生产能力强

马西油田油井初期产量平均为 37.1t，含水为 24.4%。1995 年以前投产井初期产量平均为 43.9t，含水为 6.5%，1995 年之后钻新井、初期产量平均为 24.4t，含水为 58.6%。

3.4 井网分析

马西油田有完善的开发井网，六间房、联盟深层油田虽然井数也不少，但多是在开发井网以外的探井，开发井网内的井数很少。

参 考 文 献

[1] 曹广华，胡亚华，张奇文，等．利用测井资料识别沉积微相方法研究 [J]．科学技术与工程，2007，7 (15)：75-76.

[2] 程立华，吴胜和，宋春刚，等．黄骅凹陷马东地区古近系重力流水道相储层特征研究 [J]．西安石油大学学报，2008，23 (6)：33-35.

[3] 张威，梅东，李敏，等．裂缝性低渗透油藏注采调整技术研究．大庆石油地质与开发，2006，25 (6)：43-46.

[4] 鲜成钢，程浩，郎兆新，等．低渗透油田井网模式研究 [J]．石油大学学报：自科学版，1999，2 (2)：53-54.

[5] 曲瑛新．低渗透砂岩油藏注采井网调整对策研究 [J]．石油钻探技术，2012，40 (6)：85-88.

[6] 郭平，李士伦，杜志敏，等．低渗透油藏注气提高采收率评价 [J]．西南石油学院学报，2002，24 (5)：46-47.

[7] 杜玉洪，孟庆春，王皆明．任 11 裂缝性底水油藏注气提高采收率研究 [J]．石油学报，2005，26 (2)：81-82.

深层低渗透油藏气驱提高
采收率可行性研究

张志明　张津　孟立新　邹拓　李健　李佩敬

（中国石油大港油田勘探开发研究院）

摘　要：大港油田深层低渗透油藏均存在注水开发困难、枯竭式开发产量递减快、采收率低的难题，本文以 LJF 油田 G2025 断块为对象，研究气驱实现其效益开发的可行性。研究表明 G2025 断块原油在 45MPa 压力下可实现天然气混相驱，天然气混相驱最终采收率可达 33.48%，N_2 气驱最终采收率达 22.31%，分别比枯竭式开发提高 21.96 个百分点和 10.79 个百分点。采用阶梯油价对两种气驱方案进行经济评价，天然气驱和 N_2 气驱内部收益率分别为 32% 和 21.9%，均有较好的经济效益。

关键词：低渗透油藏；混相压力；储层敏感性；天然气驱；N_2 气驱

大港油田的深层低渗透油藏是指埋藏深度大于 3500m、渗透率小于 10mD 的油藏，主要分布在中北部油田的沙河街组及南部油田的孔店组储层。实践表明，深层低渗透油藏已经很难利用常规水驱方法进行有效开发，能否通过改变驱替介质有效开发低渗透油藏是目前亟待解决的问题，同时该类油藏如何实现效益开发对大港油田持续发展意义重大。

1　基本概况

G2025 断块位于 LJF 油田西北部，地势整体呈西北高，东南低，主要含油层系是沙三段一油组，目的层为 Es_3^{1-2} 小层，包含 2 套上下叠置的单砂体，如图 1 所示。构造深度为 3370～3840m，地层倾角为 16°，共发育北东向和南西向 19 条正断层，断层规模较小，圈闭面积 7.1km^2，为构造岩性油气藏。

通过室内岩心分析，测得油层段平均渗透率为 0.83mD，平均孔隙度为 13.4%，属于低孔—特低渗透油藏。油藏中深 3605m，原始地层压力为 49.86MPa，饱和压力为 26MPa。原始地层压力系数为 1.41，属于异常高压系统。

G2025 断块于 1979 年 7 月投入开发，采油井压裂投产，初期产量较高（平均单井日产油 14.8t），但递减快。截至 2016 年 12 月共有井 25 口，其中采油井 10 口，开井 9 口，日产水平 23.15t，平均单井日产油 2.57t；注水井 3 口，均因注入压力高不能正常注水而停注；断块投入开发近 40 年，累计产油 5.08×10^{4}t，采出程度只有 3.24%，开发效果很差。

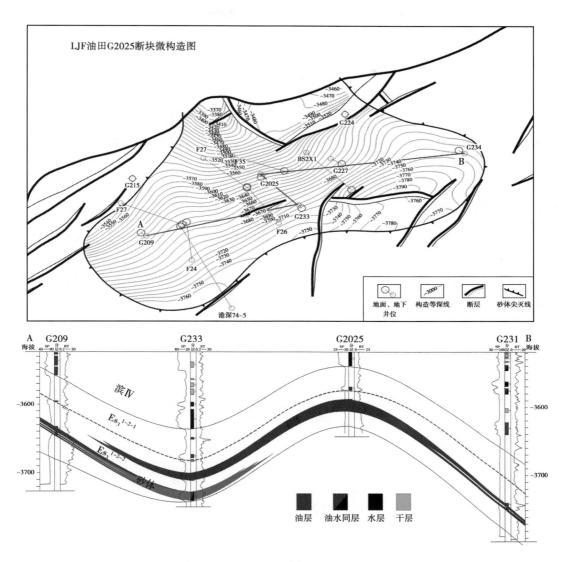

图 1 G2025 断块构造图及油藏剖面图

2 储层特征及渗流特征

2.1 储层敏感性室内实验研究

利用 G2025 断块的 F24 井岩心开展储层敏感性室内实验研究。结果表明，该断块储层具有中等偏强的应力敏感性，说明低渗透储层枯竭式开发对渗透率损害较大，宜补充地层能量开发；同时储层具有较强的水敏性和盐敏性，说明若注入水与地层水配伍性差将导致储层渗透率大幅降低，导致注水困难；储层具有较弱的酸敏性，在酸性溶液的作用下储层渗透率有所增加，有利于储层的酸化改造，见表 1。

表 1　储层敏感性研究

渗透率 （mD）	水敏实验		盐敏实验		碱敏实验		酸敏实验	
	水敏损害率 （%）	水敏强度	盐敏损害率 （%）	盐敏强度	碱敏损害率 （%）	碱敏强度	酸敏效果	酸敏程度
0.3~0.4	66.10	中等偏强	54.73	中等偏强	51.25	中等偏强	增强 11.41%	弱
0.7~0.9	76.15	强	61.29	中等偏强	37.75	中等偏弱	增强 29.06%	弱
1~1.2	76.73	强	59.15	中等偏强	44.06	中等偏弱	增强 20.02%	弱
1.7~1.8	78.78	强	64.62	中等偏强	—	—	—	—

2.2　驱油实验研究

利用 G2025 断块的 F24-27 井岩心开展水驱油、气驱油等驱替实验研究。结果表明，水驱油条件下驱油效率与渗透率呈正相关线性关系，气驱油条件下驱油效率与渗透率呈负相关线性关系，当渗透率小于 1.25mD 时，注气开发比注水开发效果好，当渗透率不小于 1.25mD 时，注水开发比注气开发效果好，如图 2 所示。G2025 断块储层平均渗透率为 0.83mD，因此宜采用注气开发。

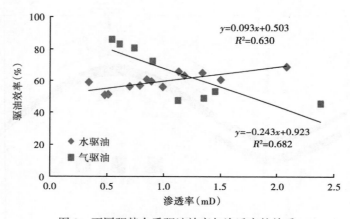

图 2　不同驱替介质驱油效率与渗透率的关系

3　相态拟合及混相压力研究

气体注入时，地层流体的组成、组分、密度、体积系数等都会发生变化，因此 PVT 实验及相态拟合是研究天然气驱替机理及其影响因素的重要步骤[1]。

为确保组分模拟计算结果的精确性和可靠性，采用 CMG 数值模拟软件 WINPROP 模块根据 PR 状态方程（$p = \dfrac{RT}{V_m - b} - \dfrac{a(T)}{V_m(V_m + b) + b(V - b)}$）对相态进行拟合[2]，井流体组分组成及注入气组分组成见表 2、表 3。对油藏流体相关参数进行拟合，通过回归计算使模拟计算结果与实验测得结果相一致，见表 4。根据 PVT 拟合结果，研究了地层原油注天然气饱和压力与组成（p-x 相图）的关系，如图 3 所示，从图中可以看出注天然气与地层原油一次接触混相压力高于地层压力。

表 2　G2025 断块井流体组分、组成数据表

组分	摩尔组成（%）	组分	摩尔组成（%）	组分	摩尔组成（%）	组分	摩尔组成（%）
N_2	4.436	C_7	2.887	C_{17}	0.81	C_{27}	0.295
CO_2	0.682	C_8	3.649	C_{18}	0.859	C_{28}	0.294
C_1	57.617	C_9	3.001	C_{19}	0.743	C_{29}	0.297
C_2	2.927	C_{10}	3.013	C_{20}	0.567	C_{30}	0.279
C_3	0.863	C_{11}	2.186	C_{21}	0.56	C_{31}	0.316
iC_4	0.121	C_{12}	1.934	C_{22}	0.509	C_{32}	0.408
nC_4	0.254	C_{13}	1.602	C_{23}	0.494	C_{33}	1.089
iC_5	0.115	C_{14}	1.482	C_{24}	0.429	C_{34}	0.415
nC_5	0.821	C_{15}	1.582	C_{25}	0.36	C_{35}	0.366
C_6	0.428	C_{16}	0.983	C_{26}	0.327		

表 3　G2025 断块注入天然气组分组成表

组分	甲烷	乙烷	丙烷	正丁烷	异丁烷	异戊烷	氮气	二氧化碳
体积含量（%）	88.55	6.58	1.9	0.19	0.2	0.07	0.98	1.53

表 4　G2025 断块 PVT 相态拟合情况统计表

项目	实验	拟合	误差
气油比（m^3/t）	251	240	4.30%
地层压力地层温度下原油黏度（mPa·s）	0.277	0.293	5.70%
地面脱气油密度（g/cm^3）	0.791	0.804	1.60%
饱和压力（MPa）	27.16	26.83	1.20%

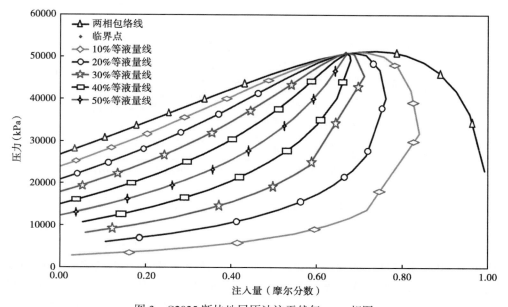

图 3　G2025 断块地层原油注天然气 p—x 相图

对于给定地层原油、油藏温度以及注入气类型的情况下，驱替压力是影响能否混相的主要因素。在细管模型提供的多孔介质条件下，通过改变驱替压力，获得驱油效率、气油比与注入孔隙体积倍数以及驱油效率与驱替压力的关系曲线。曲线拐点所对应的压力即为最小混相压力[3]。

最小混相压力是油藏注气方案研究的一个重要参数，在确定最小混相压力方面，细管实验是实验室测定最小混相压力的一种常用方法，它是在细管模型中进行的模拟驱替实验[4]。细管模型内径 4.4mm，长度 20m，常压下细管孔隙体积为 93cm³。

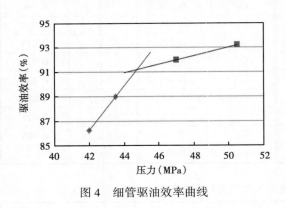

图 4　细管驱油效率曲线

根据最小混相压力的预测值和目前地层压力值，分别选取了 4 个驱替压力点，其中有 2 个点采收率小于 90%，另外 2 个点的采收率大于 90%，曲线拐点所对应的压力 45MPa 即为最小混相压力。混相后驱油效率能到 90% 以上，如图 4 所示。

4　气驱提高采收率数值模拟研究

4.1　注采井型、注采井距优选

利用数值模拟方法，分别对注采井型、注采井距进行优选，研究结果表明水平井采油时有较高的日产水平，但气体突破时间较早，气体突破后日产油量快速下降；直井采油时气体突破较晚，突破前日产油先上升后迅速下降，如图 5 所示，水平井采油时 20 年末累计产油量较高，开发效果较好，如图 6 所示，因此建议采用水平井采油，直井或水平井注气。

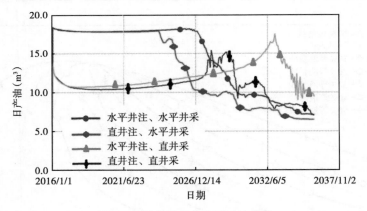

图 5　不同井型日产水平对比曲线

对不同井距气驱效果进行对比，研究结果表明，对于渗透率为 0.83mD 的储层，注采井距为 600m 时 20 年末累计产油最高，如图 7 所示。同样，分别对不同渗透率储层最佳注采井距进行优选，研究表明，当渗透率小于 2mD 时，最佳注采井距与渗透率关系为：最佳注采井距 = 555.67K+90.92，渗透率超过 2mD 时，最佳注采井距不再增大，为 900m 左右，如图 8 所示。G2025 断块渗透率为 0.83mD，经计算最佳注采井距为 550m 左右。

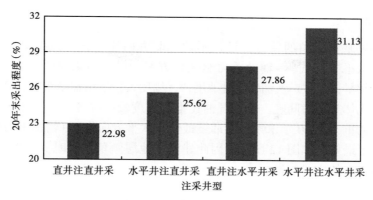

图 6 不同注采井型 20 年末采出程度对比图

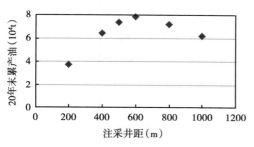

图 7 不同注采井距累计产油量对比图 （0.83mD）

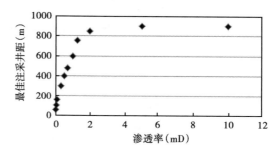

图 8 不同渗透率最佳注采井距

4.2 注采比优选

设计 8 种不同注采比 （0.6、0.8、0.9、1.0、1.1、1.2、1.4、1.6），对比不同注采比气驱开发效果。研究结果表明，注采比越高，气体突破时间越早，生产气油比上升速度越快，从累计产油量来看，注采比 1.0~1.2 时 10 年末累计产油量最高，如图 9 所示，当注采比超过 1.0 后，20 年末累计产油量快速下降，如图 10 所示，因此注采比应控制在 1.0~1.2。

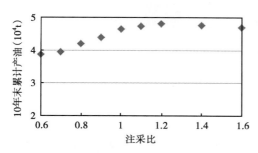

图 9 不同注采比 10 年末累计产油量对比图

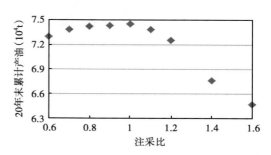

图 10 不同注采比 20 年末累计产油量对比图

4.3 气驱方向优选

利用 G2025 断块高倾角的特点，设计不同气驱方向注气方案，分别为水平方向气驱、辅助重力驱以及水平方向气驱+辅助重力驱 3 种方案，研究结果表明，采用水平方向气驱时，气体突破时间早，且生产气油比上升速度快、幅度大；采用辅助重力驱和水平方向气驱+辅助重力驱时，气体突破时间晚，生产气油比上升速度慢、幅度小，如图 11 所示。从累计产油量来看，辅助重力驱 20 年末累计产油量最低，水平方向气驱+辅助重力驱 20 年末累计产油量最高，效果最好，如图 12 所示，因此建议在地层倾角较大时，宜采用水平方向气驱与辅助重力驱相结合的方式开发。

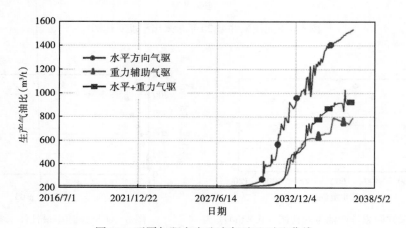

图 11　不同气驱方向生产气油比对比曲线

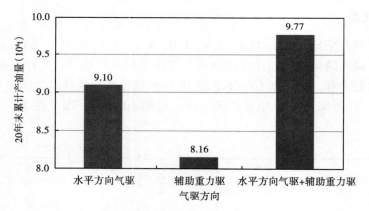

图 12　不同气驱方向 20 年末累计产油量对比图

4.4 注气方式优选

在年注采比不变的情况下，分别设计连续注气和间歇注气两种注气方式，其中间歇注气是指每年 12~2 月停止注气、3 月开始正常注气，研究结果表明，连续注气方式 10 年末和 20 年末累计产油量分别比间歇注气多 $0.14×10^4$t 和 $0.24×10^4$t，连续注气比间歇注气效果好，但两种注气方式效果相差不大，见表 5。因此对于气源紧张地区，可考虑采用间歇注气的方式。

表 5　不同注气方式累计产油量对比

方案名称	10 年末累计产油量 （10^4 t）	10 年末累计增油量 （10^4 t）	20 年末累计产油量 （10^4 t）	20 年末累计增油量 （10^4 t）
天然能量开发	3.20	—	6.02	—
连续注气	4.95	1.75	10.17	4.15
间歇注气	4.81	1.61	9.93	3.91

5　G2025 断块气驱开发可行性研究

5.1　气驱方案预测

在以上研究的基础上，G2025 断块设计以水平井采油为主，水平方向采用水平井注气，构造高部位部署 1 口直井注气，形成一套 3 注 6 采注气井网，采用连续注气的方式，注采比为 1.0，分别对天然气驱和 N_2 气驱效果进行对比，天然气驱控制地层压力保持在 45MPa 以上以实现混相驱，预测生产 20 年。

天然气驱和 N_2 气驱方案预测结果见表 6，N_2 气驱最终采收率为 22.31%，比枯竭式开发提高 10.79 个百分点；天然气驱最终采收率为 33.48%，比枯竭式开发提高 21.96 个百分点，从预测结果可以看出，天然气驱和 N_2 气驱均能大幅提高低渗透油藏采收率，其中天然气驱开发效果更好。

表 6　天然气驱和 N_2 气驱开发指标对比

方案	20 年末累计产油量 （10^4 t）	采出程度 （%）	采收率 （%）	提高采收率 （%）
天然能量	16.42	10.48	11.52	—
N_2 气驱	32.50	20.74	22.31	10.79
天然气驱	47.84	30.53	33.48	21.96

5.2　经济评价

采用阶梯油价（第 1 年 40 美元/bbl、第 2~3 年 50 美元/bbl、第 4~5 年 60 美元/bbl、第 6 年以后 70 美元/bbl）对两种气驱方案进行经济评价，天然气驱工艺复杂，主要成本为气源费用；N2 气驱工艺简单，主要成本为电费，20 年运营总成本分别为天然气驱 5.45 亿元、N_2 气驱 6.72 亿元，评价结果表明天然气驱和 N_2 驱内部收益率分别为 32% 和 21.9%，均有较好的经济效益，见表 7。

表 7　经济评价指标

评价指标	天然气驱	N_2 驱	行业要求
财务内部收益率（%）	32.0	21.9	10
财务净现值（万元）	8912	2388	0
投资回收期（a）	3.99	4.09	8

6 结论

对于深层低渗透油藏采用天然气驱或 N_2 气驱均能大幅提高其采收率，具有较好的经济效益，其中天然气驱效果更佳。对于天然气源匮乏的地区，采用 N_2 气驱同样能够大幅提高低渗透油藏采收率。深层低渗透油藏可以通过改变驱替介质，利用气驱能够大幅提高其采收率，且有较好的经济效益，因此利用气驱提高深层低渗透油藏采收率是可行的。

参 考 文 献

[1] 张艳玉，崔红霞，韩会军，等．低渗透油藏天然气驱提高采收率数值模拟研究．油气地质与采收率 [J]．2005, 12（3）: 61-63.

[2] Christensen J R, Larsen M, Nicolaisen H. Compositional simulation of water-alternating-gas processes [J]. Hydrological Research Letters, 2000, 23（5）: 245-248.

[3] 张广东，李祖友，刘建仪，等．注烃混相驱最小混相压力确定方法研究 [J]．钻采工艺，2008, 31（3）: 99-102.

[4] 郑强，张秀丽，高立群，等．低孔低渗油田注天然气提高采收率可行性研究—以哈国 NN 油田侏罗纪 J_2ds 层为例 [M]．石油工业出版社，2016: 323-329.

吉木萨尔凹陷芦草沟组致密储层流动界限研究

唐红娇　寇根　安科　刘勇　周伟　刘翔　周波

（中国石油新疆油田公司　实验检测研究院）

摘　要：针对致密储层物性特点以及储层孔喉流动下限的确定是以经验为主，缺乏足够的理论和实验支撑的问题，在核磁共振、流动实验、压汞实验、孔喉扫描电镜、Abrams 架桥理论的基础上，利用宏观微观相结合的方法建立了致密储层流动界限的确定方法。应用该观方法确定了吉木萨尔凹陷二叠系芦草沟组致密储层理论孔喉流动下限为 60nm，衰竭式开采流动下限为 100nm；可动流体饱和度为 10%~40%，平均可动流体饱和度为 24%。

关键词：致密储层；核磁共振；孔喉流动下限；可动流体饱和度

储层孔喉流动下限指低于该下限的孔喉半径孔隙空间对渗透率无贡献，赋存在低于该下限孔隙空间的流体也不参与流动[1]。对于常规储层，孔喉流动下限的确定主要依靠压汞实验结合经验判断完成[1,2]。该方法缺乏足够的理论和实验支撑，且应用于微纳米级孔喉发育的致密储层具有一定的局限性。针对这一问题，利用核磁共振、流动实验、高压压汞和离心等实验手段，结合 Abrams 架桥理论[3]与边界层理论[4]，综合分析，建立了致密储层流动孔喉下限的确定方法，并在此基础上对吉木萨尔凹陷二叠系致密储层流动孔喉下限进行了相关探讨和研究。

1　地质概况

吉木萨尔凹陷位于准噶尔盆地东部隆起，顶面构造形态整体上表现为一东高西低的西倾单斜。目前，芦草沟组完钻探井、评价井 42 口，开发试验水平井 10 口，如图 1 所示。芦草沟组在整个凹陷内均有分布，岩性以粉细砂岩为主。芦草沟组自下而上划分为两段（P_2l_1、P_2l_2），根据储层物性和含油性特征纵向上存在两个油层集中发育段，为上甜点体（$P_2l_2{}^2$）和下"甜点"体（$P_2l_1{}^2$）。覆压物性分析资料表明，上"甜点"体平均孔隙度为 10.99%，平均渗透率为 0.012mD，渗透率小于 0.1mD 样品占比为 90.9%；下"甜点"体平均孔隙度为 11.62%，平均渗透率为 0.010mD，渗透率小于 0.1mD 样品占比为 92%。总体上芦草沟组属于典型的致密油储层。

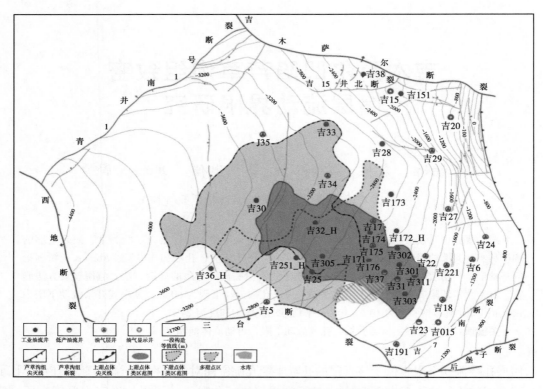

图 1 吉木萨尔凹陷二叠系芦草沟组勘探成果图

2 可动流体饱和度确定

2.1 核磁共振—离心法

2.1.1 方法原理

NMR 主要测量氢核的磁化强度及撤掉外磁场后的弛豫过程。信号的强度主要与岩石孔隙中氢核的数量有关，因此可以反映岩石的孔隙度[5,6]。孔隙体积与氢核横向弛豫时间 T_2 关系见（1）式[7,8]：

$$\frac{1}{T_2} = \frac{1}{T_{2S}} + \rho\frac{s}{V} + \frac{D(\gamma GT_E)^2}{12} \tag{1}$$

式中 T_2——横向弛豫时间；

         T_{2S}——表面弛豫时间；

         D——扩散系数；

         γ——旋磁比；

         G——磁场梯度；

         T_E——回波间隔；

         ρ——岩石表面弛豫率；

         S——孔隙表面积；

         V——孔隙体积。

将岩心样品洗油后饱和地层水，进行核磁共振测量，可获得样品有效核磁孔隙体积 V_e；对测量后岩样进行气驱—离心处理（压力梯度70MPa/m），再次进行核磁共振测量，可获得样品束缚水体积 V_0，通过计算即可确定该方法下岩样可动流体饱和度 S。利用核磁共振—离心法获得的可动流体饱和度可表征气驱开采条件下储层的可动用程度。

2.1.2　测试结果及分析

按照核磁共振—离心法测量吉174井不同岩性代表性密闭取心样品32块，典型岩样 T_2 谱图及核磁共振孔隙度如图2所示，计算得出各岩心的可动流体饱和度（表1）。

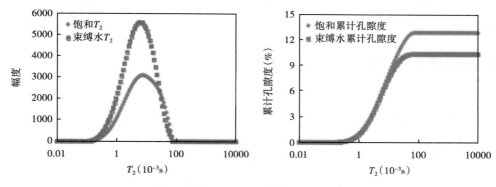

图2　吉174井典型岩心 T_2 谱图及核磁共振孔隙度

表1　吉174井岩心可动流体饱和度

分类	岩性	孔隙度（%）	渗透率（mD）	可动流体饱和度（%）
I 类储层	灰色灰质粉砂岩	4.1~5.5	<0.010	17.11~21.32
	灰色灰质粉砂岩	5.4~15.5	0.01~0.1	8.97~29.97
	灰色灰质粉砂岩	13.2~16.2	0.1~0.3	14.26~41.86
	灰色泥质粉砂岩	8.2	<0.010	19.39
	灰色泥灰岩	5.3~15.1	0.01~0.1	25.74~40.19
非 I 类储层	深灰色灰质泥岩	5.1~6.9	<0.010	8.02~8.25
	灰色灰质泥岩	4.5~8.4	0.01~0.05	21.18~29.86
	深灰色泥岩	9.2~11.3	0.01~0.1	25.74~26.74
	灰色泥岩	13.1	0.063	38.74

从表1中可以看出：岩性较好的粉砂岩 I 类储层可动流体饱和度为9%~42%，平均为24.23%；岩性较差的非 I 类储层可动流体饱和度为8%~38%，平均为23.51%，与 I 类储层相差不大。总体来看，吉木萨尔凹陷致密储层由于源储一体、无长距离运移，孔隙度与渗透率较低，储层致密，可动流体饱和度普遍较低，平均可动流体饱和度为24%，流体流动能力差，这也意味着储层采出程度较低。

2.2　流动实验法

2.2.1　方法原理

利用岩心驱替装置，模拟地层压力条件，对岩心样品进行衰竭式开采实验，弹性采收率即为实验条件下岩心可动流体饱和度。对于致密储层，目前多采用衰竭式开采方式，因此，该方法获得的可动流体饱和度可表征无能量供应、仅靠储层弹性能量释放条件下储层的可动用程度。

2.2.2 测试结果及分析

采用流动实验法，模拟地层压力条件，在初始压差 30MPa 下（初始压力梯度 400MPa/m）进行衰竭式开采实验。实验条件下，衰竭式开采弹性采收率低于 15%，即可动流体饱和度低于 15%。

综合以上两种方法确定吉木萨尔致密储层可动流体饱和度为 8%~42%，平均可动流体饱和度为 24%。

3 孔喉流动下限确定

3.1 毛细管压力曲线法

3.1.1 方法原理

毛细管压力曲线是毛细管压力与进汞饱和度的关系曲线，一定的毛细管压力对应一定的孔喉半径[9,10]。但是单个样品的毛细管力曲线受到渗透率、孔隙度等因素的影响，仅能代表油藏范围内某一点的性质。为了消除渗透率、孔隙度等因素的影响，将多块样品的毛细管力曲线进行无量纲处理，可得到油藏的平均 J 函数曲线，进而获得可代表整个油藏特征的平均毛细管力曲线。

利用毛细管压力曲线，可动流体饱和度所对应的毛细管半径即为油藏开发的孔喉流动下限。核磁共振—离心法可动流体饱和度对应气驱孔喉流动下限，流动实验法可动流体饱和度对应衰竭式开采孔喉流动下限。

3.1.2 测试结果及分析

利用毛细管压力曲线计算 j 函数分布，得出吉 174 井综合毛细管压力曲线，如图 3 所示。根据流体饱和度与毛细管压力关系，当流体饱和度为 24% 时，毛细管压力为 12.64MPa，对应孔隙半径约为 60nm，即气驱流动下限；当流体饱和度为 14% 时，对应孔隙半径为约为 100nm，即衰竭式开采流动下限。

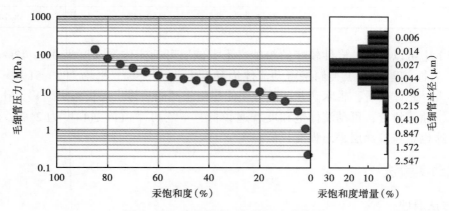

图 3　吉 174 井综合毛细管压力曲线图

3.2 理论计算法

3.2.1 方法原理

1977 年，Abrams 首次提出了 1/3 架桥规则。理论指出，流体分子尺寸与其孔喉中流动状态存在一定关系（图 4），即当微粒直径大于平均孔喉直径的 1/3 时，微粒无法进入孔喉，在孔喉外部架桥形成"外滤饼"，1/3–1/10 时微粒可以侵入到孔喉内部，但不能自由移动，通过架桥等作用形成"内滤饼"，而当微粒直径小于平均孔喉直径的 1/10 时可以在孔喉内自由移动。

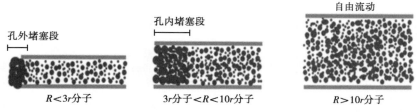

图 4　微粒流动状态与孔喉关系示意图

致密性储层渗透率低下，孔隙半径与原油尺寸处于同一数量级，边界层效应不可忽略，边界层的存在会进一步降低流体的流动通道。因此，孔喉中流体的流动既要遵循架桥规则又要克服边界层的厚度，可动流体半径下限为：

$$r_{可动} > 10r_{分子} + h_{边界层} \quad\quad （2）$$

通过理论计算，结合边界层流动实验，可获得最小可动毛细管半径即为油藏开发的理论孔喉流动下限。即在不改变原油分子结构的前提下，低于该理论孔喉流动下限的孔隙空间无法实现开采。

3.2.2 测试结果及分析

利用 B—L 法计算得到吉木萨尔凹陷致密储层原油的结构参数数据，利用 Chenoffice 软件模拟构建平均分子结构获得吉 174 井原油分子尺寸为 1.232~4.026nm，见表 2。实验将取自新疆吉木萨尔区块的岩样，用氮气进行驱替，采用张磊等提出的毛细管岩石模型，计算边界层厚度。从图 5 可以看出，边界层厚度为 15~30nm。

表 2　吉 174 井原油分子尺寸

参数	甲烷	馏分段			
		IBP~200℃	200~350℃	350~500℃	>500℃
相对分子质量	16	128	238	750	1072
分子式	CH_4	C_9H_{20}	$C_{17}H_{34}$	$C_{55}H_{90}$	$C_{79}H_{110}N$
分子直径（nm）	0.38	1.232	1.675	2.295~3.619	2.498~4.026

依据 Abrams 架桥理论及边界层理论，致密储层在开发过程中，原油要克服边界层的影响才能实现可动，被驱替出来。因此，按照原油分子半径为 2nm，边界层 30nm 计算，理论最小可动半径至少为 50nm。

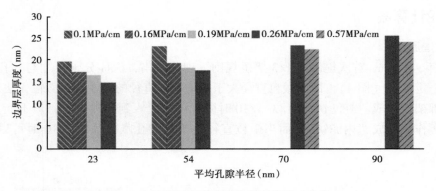

图5 边界层厚度随孔隙半径变化关系曲线

4 结论

（1）利用核磁共振—离心法、流动实验、高压压汞等实验手段，结合 Abrams 架桥理论与边界层理论的宏观微观相结合的方法适合致密储层流动界限的制定。

（2）吉木萨尔凹陷二叠系芦草沟组致密储层孔喉流动下限为 60nm，可动流体饱和度为 8%~42%。

参 考 文 献

［1］李道品. 低渗透砂岩油田开发［M］. 北京：石油工业出版社，1997.

［2］万文胜，杜军社，佟国章，等. 用毛细管压力曲线确定储集层孔隙吼道半径下限［J］. 新疆石油地质，2006，27（1）：104-106.

［3］Abrama A. Mud design to minimize rock impairment due to particle invasion［J］. Journal of Petroleum Technology［J］. JPT，1977，29（5）：586-592.

［4］王献孚，熊鳌魁. 高等流体力学［M］. 武汉：华东科技大学出版社，2003.

［5］夏显佰，施泽进，孙德杰. 核磁共振测井在准噶尔盆地应用研究［J］. 成都理工大学学报：自然科学版，2003，30（6）：593-596.

［6］阙洪培，累卞军. 核磁共振 T_2 谱法估算毛管压力曲线综述［J］. 西南石油学院学报，2003，25（6）：9-11.

［7］Kenyon W E. Nuclearmagnetic resonance as a petrophysical measurement［J］. Nuclear Geophysics，1992，6（2）：153-171.

［8］TimurA. Pulsed nuclear magnetic resonance studies of porosity movable fluid and permeability of sandstones［J］. Journal of Petroleum Technology，1969，21（6）：775-786.

［9］运华云，赵文杰，刘兵开，等. 利用 T_2 分布进行岩石孔隙架构研究［J］. 测井技术，2002，26（1）：18-21.

［10］杨胜来，魏俊之. 油层物理学［M］. 北京：石油工业出版社，2004.

玛湖凹陷低渗透砂砾岩渗流
实验及其特征研究

吕道平　周波　杨龙　冷严　魏云　郭慧英　刘翔

(中国石油新疆油田公司)

摘　要: 玛湖凹陷百口泉组油藏为低孔、低渗透的砂砾岩储层，注水压力高、油井不见效，微观渗流规律及受控因素有待明确。研究表明: 建立在达西定律基础上的 JBN 算法处理低渗透砂砾岩相渗数据使得油、水相对渗透率均降低，利用 EnKF 法处理低渗透砂砾岩的非达西渗流更为准确; 渗透率越低，启动压力越大，初始渗透率低于 5mD 的低渗透、特低渗透砂砾岩表现出强应力敏感性; 考虑启动压力梯度后的相对渗透率曲线更符合实际驱替情况; 百口泉组物性差异只是孔隙结构差异的宏观表现，岩石学特征、润湿性、储层物性、黏土矿物含量及产状、油水黏度比等综合影响相渗曲线特征，孔隙结构为影响驱油效率的主要因素; 黏土矿物的水敏反应造成相渗曲线的水相凸起。人工定量造缝及地层温度下实验更符合现场生产实际，双重介质下注水开发见水快、稳产期短、后期注水压力高。

关键词: 玛湖; 低渗透渗流

1　研究背景

玛湖凹陷百口泉组发育湖侵退积型扇三角洲，古地貌控制了相带界限、砂体分布和油气分布; 发育原生—次生孔隙复合型储层，前缘相带有利; 优质储层分布控制因素复杂; 主要岩石类型为含泥含砂中砾岩 (泥石流)、砂质细砾岩 (颗粒流)、泥质粉砂岩 (浊流)、砂岩及含细砾砂岩 (水下河道)、棕色 (粉砂质) 泥岩 (洪泛)[1-3]。不同的岩石类型与特定的沉积微相对应。砂砾岩储层储集空间可划分为剩余粒间孔、黏土收缩孔、次生溶蚀孔和微裂缝四种，不同沉积成因段储层表现出不同的储集空间组合。

玛湖凹陷百口泉组砂砾岩储层表现出以下特征: (1) 储层物性差，天然裂缝不发育; (2) 储层应力敏感性强，中强水敏; (3) 室内相渗实验成功率低，仅 16.7%; (4) 直井产量普遍偏低，受控因素负责; (5) 相渗曲线呈现典型低渗透油藏特征，水相相渗不抬头 (艾湖 1 井为 X 型曲线——气渗均大于 10mD); 渗流规律不清，受控机理不明。

玛 18—艾湖 1 井区为新疆油田近两年重点产能建设区块 (图 1)，相关低渗透砂砾岩储层渗流规律研究成果较少。开展玛湖地区低渗透油田油水两相渗流机理研究，综合考虑沉积微相、孔隙结构、启动压力梯度、油水黏度比等因素，明确低渗透砂砾岩油藏特有的渗流规律，绘制出适合环玛湖地区百口泉组低渗透砂砾岩储层的评价图版。同时，对比已成熟开发区块生产开发效果，对玛 18—艾湖 1 井区开发设计做出一定指导，对油田的可持续开发、储层保护和提高采收率具有重要的实验和理论指导作用。

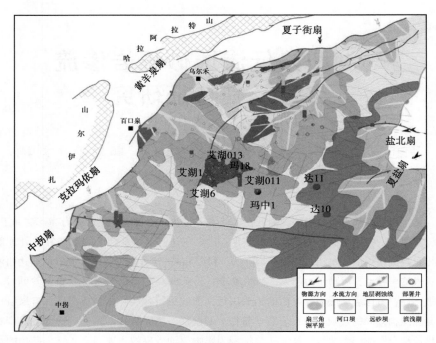

图 1　研究区区带图

2　室内渗流实验评价

不同沉积成因段储层相渗曲线特征表现不同（图 2）。玛 603 井百一段 A 岩样为牵引流水下分流河道发育的灰色含砾粗砂岩，黏土矿物总量为 3.91%，以伊/蒙混层为主，表现出中等偏弱水敏特征，中性润湿；玛 606 井百一段 B 岩样为重力流颗粒流沉积的褐灰色砂质细砾岩，黏土矿物总量为 4.96%，伊/蒙混层占 53%，绿泥石占 32%，表现出中等偏强水敏特征，中性润湿。艾湖 1 百一段 C 岩样（3853.83m）为重力流泥石流微相发育的绿灰色砂砾岩，黏土矿物总量为 7.23%，以伊/蒙混层为主，绿泥石占 17%，表现出中等偏弱水敏特

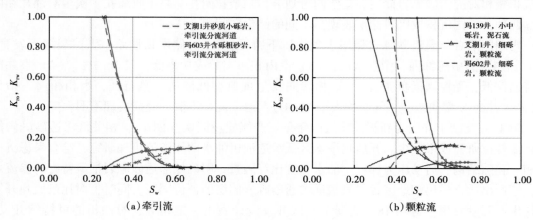

图 2　不同沉积成因下相对渗透率曲线对比

征，中性润湿；艾湖 1 井百一段 C 岩样（3859.45m）为重力流洪泛沉积微相发育的绿灰色砂砾岩，黏土矿物总量为 4.63%，以伊/蒙混层、绿泥石（25%）为主，表现出中等偏弱水敏特征，中性润湿。

整体来看，水相凸型仅存在于牵引流沉积（水敏相对弱），共渗区宽窄不一（分流河道、颗粒流共渗区宽，为有利水驱开发相带），泥石流束缚水饱和度高（注水难），残余油饱和度低（注水波及面小）。

董大鹏、冯文光等[4]指出，岩心的基准渗透率应为束缚水条件下油相的渗透率。再由含水率公式推导出水相相对渗透率：

$$K_{rw} = K_{ro} \frac{f_w}{f_o} \frac{\mu_w}{\mu_o} \frac{\Delta p - G_o L}{\Delta p} \tag{1}$$

由 Jones S C 的推导，岩心出口含水饱和度为：

$$S_{w2}(Q_i) = \overline{S_w}(Q_i) - Q_i \frac{d \overline{S_w}(Q_i)}{d(Q_i)} \tag{2}$$

这便是考虑启动压力梯度的油水相对渗透率计算公式，当启动压力梯度为零时，式（1）、式（2）与 JBN 公式相同，可看作是 JBN 公式的推广。

用上述方法处理实验数据，作相对渗透率曲线，并将未考虑启动压力梯度即用 JBN 公式计算的情况绘制在同一张图上，若不考虑岩心的启动压力梯度，而用 JBN 方法去计算低渗透岩心的相对渗透率，得出的结果将偏大（图 3），表明 JBN 公式对低渗透储层并不适用。

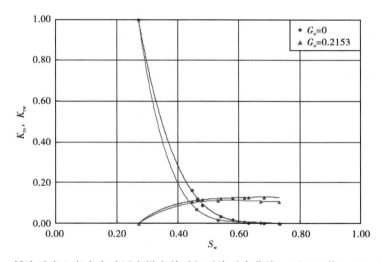

图 3　低渗透岩心考虑启动压力梯度前后相对渗透率曲线（玛 603 井，3880.64m）

卡尔曼滤波法与 JBN 法处理低渗透砂砾岩相渗实验原始数据的结果显示：卡尔曼滤波法处理结果的束缚水饱和度、残余油饱和度偏差小；水相变化区别较大；自动历史拟合方法采用 Corey 幂率模型，得到的相渗曲线形状更规则，曲线更光滑（图 4）。

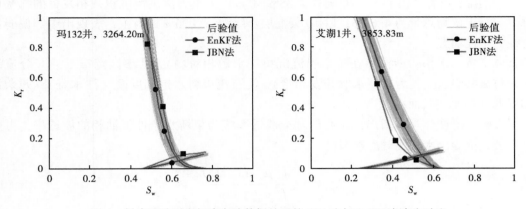

图 4   低渗透砂砾岩相渗实验数据处理的 JBN 法与 EnKF 滤波法对比

3   特征曲线影响因素分析

沉积特征、润湿性、启动压力梯度、黏土矿物含量及产状、油水黏度比综合影响相渗曲线特征。

不同沉积成因段储层孔隙结构不同。牵引流水下分流河道沉积段储层相渗曲线表现出水相凸型；束缚水饱和度低，两相共渗区宽；含水率"慢—快—慢"；水驱油效率高的特征。重力流颗粒流沉积段储层相渗曲线表现出水相凸型；束缚水饱和度中高，两相共渗区宽；含水率"慢—快—慢"；水驱油效率中高的特征。

黏土矿物含量随沉积微相呈现明显的变化规律（图 5）。具体来看，伊利石与高岭石矿物含量在纵向上差异不大，但伊/蒙混层和绿泥石矿物则呈现截然不同的规律，伊/蒙混层矿物含量自下而上逐渐降低，而绿泥石相对含量则自下而上逐渐增加。结合其平面展布规律，表明伊/蒙混层矿物和绿泥石矿物的含量分布明显受控于沉积环境的平面与垂向展布规律。

玛湖凹陷环带百口泉组储层杂基多为泥质，其含量不同，表现出不同的敏感性特征。黏土矿物种类不同，敏感性特征也表现不同：玛北斜坡带百口泉组储层黏土矿物中伊/蒙混层比明显较玛西斜坡带高，向伊利石转化现象明显，储层表现出的水敏敏感性特征也较玛西斜坡弱（图 6）。玛湖凹陷环带百口泉组储层胶结物种类及含量也有所差异，硅质胶结相对方解石胶结的储层段，酸敏敏感性较弱。同时，黏土矿物微观产状对储层抗伤害能力也有影响，毛发状的伊/蒙混层遇水后更易膨胀并运移堵塞喉道。

黏土矿物的水敏反应造成相对渗透率曲线中水相凸起（图 7）。黏土矿物（特别是蒙皂石）遇水膨胀，形成双电层，与富含矿物质的注入水发生复杂的作用，使固液表面性质发生变化，导致水相渗透率下降，流动能力降低，表现在相对渗透率曲线上，水相渗透率发生明显降低，水相渗流能力减弱，出现"驼背"凸起现象。

共渗点相对渗透率大小及残余油下水相渗透率大小与油水黏度比有密切关系。玛 18 井选择低黏度原油进行驱替实验，所得相渗曲线与艾湖 1、玛 603、玛 606 等井实测结果相比，残余油下水相渗透率值明显偏高，共渗点对应的相对渗透率值也偏大（图 8）。

玛湖凹陷百口泉组储层均表现低渗透特征，自然产能低下，现场均采用大型压裂进行储层改造。室内选取两块渗透率小于 0.5mD 的岩样，进行人工定量造缝，对比造缝前后压汞

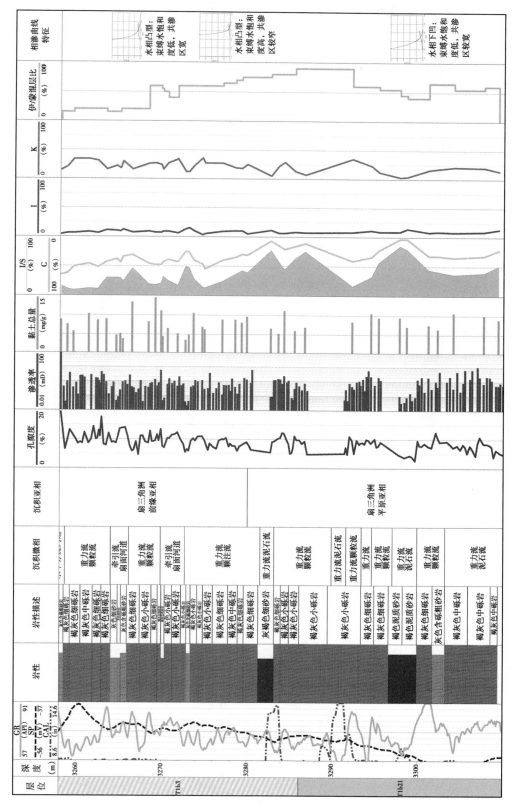

图 5 玛 139 井不同沉积成因段储层黏土矿物变化曲线

57

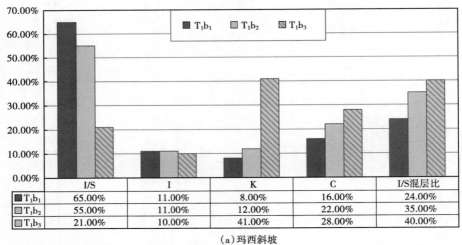

（a）玛西斜坡

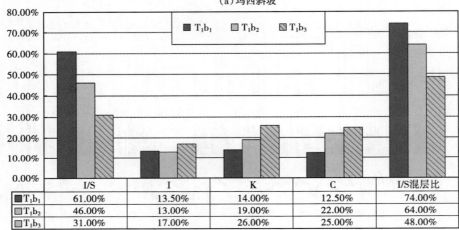

（b）玛北斜坡

图 6　百口泉组黏土矿物含量对比

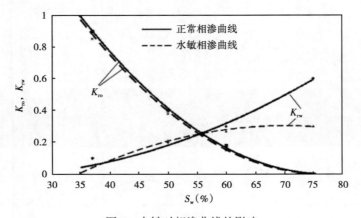

图 7　水敏对相渗曲线的影响

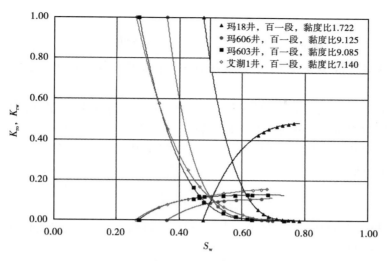

图 8　不同原油黏度比下相对渗透率曲线

曲线特征，可根据进汞曲线识别裂缝贡献率，剔除裂缝贡献后即可评价储层改造后基质贡献情况（低渗透岩样基本无大孔喉贡献）。而后评价剔除裂缝贡献后的水驱油效率曲线及油水相渗曲线，探寻大型压裂后双重介质中油、水渗流规律。

实验结果表明，双重介质表现出以下油水渗流规律：（1）共渗区大（油水同产期长）；（2）低含水期油相渗透率下降快（稳产期短）；（3）高含水期水相渗透率有下降趋势，油相渗透率低（中长期注水压力高）；（4）驱油效率明显提高，相同压裂规模下基质孔隙高的产量高（图 9，图 10）。

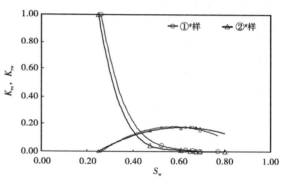

图 9　人造缝岩心相对渗透率曲线

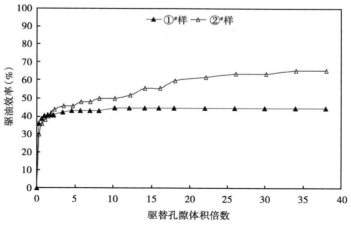

图 10　剔除裂缝贡献后岩心水驱效率曲线

4　结论

（1）JBN 法处理低渗透砂砾岩相渗曲线有误差；未考虑启动压力梯度得到的油、水相对渗透率均偏高。

（2）低渗透砂砾岩储层的沉积特征、岩石学特征、黏土矿物含量及产状、启动压力梯度、油水黏度比对相对渗透率曲线有明显的影响。

（3）低渗透砂砾岩储层经大型压裂后双重介质表现出油水同产气长、稳产期短、中后期注水压力高的特征。

参 考 文 献

［1］于兴河，瞿建华，谭程鹏，等．玛湖凹陷百口泉组扇三角洲砾岩岩相及成因模式［J］．新疆石油地质，2014，35（6）：620-628.

［2］唐勇，徐洋，瞿建华，等．玛湖凹陷百口泉组扇三角洲群特征及分布［J］．新疆石油地质，2014，35（6）：628~635.

［3］孟元林，高建军，牛嘉玉，等．扇三角洲体系沉积微相对成岩的控制作用——以辽河坳陷西部凹陷南段扇三角洲沉积体系为例［J］．石油勘探与开发，2006，33（1）：36-39.

［4］董大鹏，冯文光，赵俊峰，等．考虑启动压力梯度的相对渗透率计算［J］．天然气工业，2007，27（10）：95-96.

关于影响超低渗透油藏深部调驱效果几个关键因素的探讨

曹涛[1]　段骁宸[1]　古亮[2]　李峰[1]　高磊[1]

（ 1. 中国石油长庆油田公司第十二采油厂；

2. 中国石油长庆油田公司长庆实业集团有限公司）

摘　要：从深部调驱的机理入手，将建立和保持有效压力驱替系统作为出发点，以 Z230 水平井区为研究对象，探讨了影响超低渗透油藏深部调驱效果的几个关键因素。对调驱的前期油水井生产情况、调驱选井、工作制度选择、动态监测等方面进行了分析，提出了改进方向，以期探索和形成更全面、更系统的调驱技术手段。

关键词：超低渗透油藏；有效驱替压力；关键因素；全面系统

长庆油田随着注水开发时间的延长，注水井调驱技术已日益成为稳油控水、提高水驱波及体积的重要技术手段。目前注水井调驱主要着眼于堵剂选择、施工过程等方面。笔者认为油田开发政策是环环相扣的，在开展任何重要技术政策的同时应当考虑其他影响因素。基于这种理念，本文深入剖析了深部调驱的理论基础，探讨了影响调驱效果的几个关键因素，包括前期油水井生产情况、油水井工作制度调整、动态监测、调驱选井等，并初步提出了解决方案，期望能为今后深部调驱提供一些借鉴和参考，并一步探索最终能够形成全方位、立体、系统的调驱技术手段。

1　深部调驱机理剖析

在注水井进行调驱的目的是使对应采油井降低含水率，提高产油量。这就要求注水对于采油井的生产有重要影响，而注水的目的是为了使边界油藏保持地层能量，对于长庆油田来讲，主要是靠弹性水驱动。注调驱剂改变油水流度比是为了使注入水均匀地、像活塞式地挤压剩余油，避免指状水驱和尖峰状水驱。

超低渗透油藏存在非达西渗流和最小启动压力梯度，要建立有效的压力驱替系统就要使注采井距间的最小驱替压力梯度大于油藏最小启动压力梯度。考虑油藏变形系数和启动压力的超低渗透油田合理压差的确定，就是要考虑岩石变形时对油层造成的伤害以及启动压力对油藏产量影响下，获得最大采油指数。启动压力越大合理生产压差越大，变形系数越大合理生产压差越小。存在一个最小井底流压和经济目标产量，使油井获得较高产量和较高采油指数。

由定义及目前的理论研究可知有效驱替压力系统建立的判别式可以用下式表达[1]：

$$p_{wf} = p_i - \Delta p \geq p_{wf\,min}$$

$$q_L \geq q_l$$

$$\frac{\mathrm{d}p}{\mathrm{d}r} \geqslant \lambda$$

式中　　p_{wf}——井底流压；

$\qquad$ p_i——原始地层压力；

$\qquad$ Δp——油井周围地层压降；

$\qquad$ $p_{wf\,min}$——克服启动压力的最小井底流压限制；

$\qquad$ q_L——单井产量；

$\qquad$ q_1——单井极限经济产量；

$\qquad$ $\frac{\mathrm{d}p}{\mathrm{d}r}$——油藏驱替压力梯度；

$\qquad$ λ——油藏启动压力梯度。

对于判别式中 $\frac{\mathrm{d}p}{\mathrm{d}r} \geqslant \lambda$ 通过最小井底流压 $p_{wf\,min}$ 来体现，即在考虑启动压力的情况下取最小 $p_{wf\,min}$ 能使油井获得较高的采油指数。由判断式可知要进行判断必须要清楚影响此系统的因素，并且确定出油井最小井底流压和单井经济极限产量。

因此注水井调驱应充分考虑要能建立有效驱替压力，并保持能建立有效驱替压力的最小井底流压和油藏变形系数引起的地层伤害。同时还需注意油井压裂改造规模。

2 影响深部调驱效果的影响因素

2.1 已知影响因素

2.1.1 堵剂选择

堵剂选择除了保证能深部运移和封堵，还有地层配伍性，包括与地层流体配伍、地层敏感性、润湿性，力求最大限度地不伤害地层孔隙和喉道，不发生堵塞。

2.1.2 施工参数选择

包括注入量、排量、段塞设计，在超低渗油藏多设计小排量、多段塞，防止沟通水线，使堵剂更容易进入地层深部。

2.1.3 施工质量

影响施工质量的因素有：堵剂质量、是否按方案施工、施工队伍素质等人为因素，还有天气情况、道路状况等不可抗力。

2.1.4 油藏自身物性

具有以下特点的油藏适合聚合物驱：

（1）陆相沉积砂岩油藏，砂体连片，防止聚合物吸附，不发育裂缝和气顶；

（2）较低的原油黏度，一般在 20~100mPa·s；

（3）低温油藏，不超过 70℃；

（4）低矿化度，不超过 6000mg/L，防止聚合物分子链过度蜷曲。

2.2 待探讨影响因素

主要有两种影响：一是决定调驱是否见效；二是保证调驱的长期效果。

2.2.1 调驱前油水井生产动态

油水井是否正常生产，注水是否正常、地层能量是否充足，调驱过程中油井生产动态进行了什么重大措施，如解堵、酸化等。压力传导是调驱的基础。

调驱前注水井应正常注水，至少保证油水井间通道畅通、井间有压力传导，否则注水井将失去对生产井的压力影响，甚至所有水线和通道全部闭合，调驱将完全失去意义，没有任何效果。图1和图2是长庆油田HS油藏两口调驱前停井240d以上的注水井的施工压力曲线，分别于施工34d、28d后压力才上升1MPa。

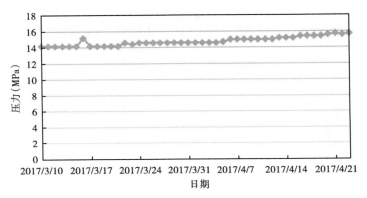

图1　G212-83调驱压力曲线

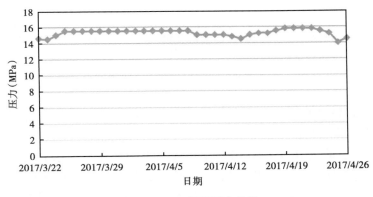

图2　G225-80调驱压力曲线

对比同油藏同期调驱前正常注水的油井，正常注水的油井调驱施工压力上升快且高。压力曲线如图3、图4所示，压力对比见表1。

表1　HS油藏2017年调驱井注入压力情况表

井号	最低压力（MPa）	最高压力（MPa）	爬坡压力（MPa）	调驱前注水情况
G212-83	14.2	15.7	1.5	停注9个月
G225-80	14.6	15.8	1.2	停注8个月
X77-8	14.1	19.5	5.4	正常注水
X38-50	14.0	16.0	2.0	正常注水

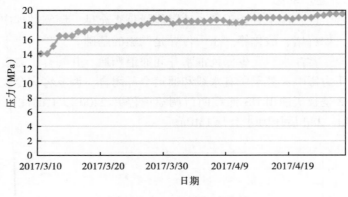

图 3   X77-8 调驱压力曲线

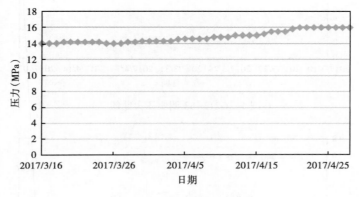

图 4   X38-50 调驱压力曲线

调研 WQ 油藏调驱期间实施了酸化、测压等有解堵作用的部分对应油井，发现该类井不仅无效反而会降低原有产能。

Q013-36 井调驱前 2016 年 6 月 10 日至 6 月 23 日对应注水井 Q013-35 井配合钻井停注，导致含水、油量都有所下降，说明该井注采对应。调驱期间，8 月 12 日至 8 月 19 日油井暂堵酸化，8 月 18 日至 8 月 29 日调大参数抽汲（冲次由 3 增至 7），8 月 29 日至今冲次由 7 降至 5.1，调驱前后含水上升 31%，油量下降 0.3t。分析认为 Q013-35 井是主要见效水井，但调驱期间酸化导致大量水流向油层，含水上升主要由酸化引起，所以调驱没有起到效果。目前含水缓慢上升、液量上升、油量平稳。该井调剖前后生产曲线如图 5 所示，开采现状图如图 6 所示。

在油藏生产过程中，油井由于持续生产，井底周围地层能量亏空从而造成生产井井底周围地层压力下降快。在注水井周围地层由于注水井持续注入，井底周围地层压力上升快。在注水井和油井附近地层形成两个压降漏斗，随着生产时间的推移压降漏斗会向地层深部延伸，如果生产制度不变的话，会在某一个时刻达到平衡。这时整个地层由于能及时补充能量地层压力保持稳定，油井产量也将保持稳定，同时注采达到一个新的稳定，所以油水井的井底压力也会随之保持稳定，油井产量也将保持稳定，这个时候就能形成有效驱替压力系统（图 7）。

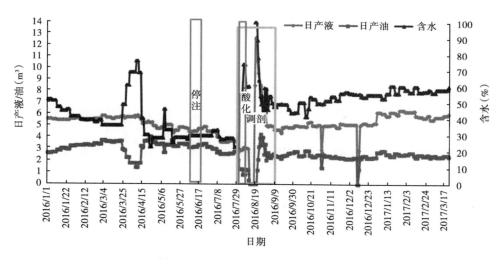

图 5　Q013-36 井调驱前后生产曲线

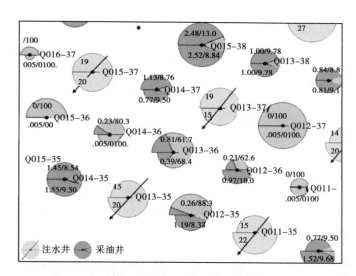

图 6　Q013-36 井开采现状图

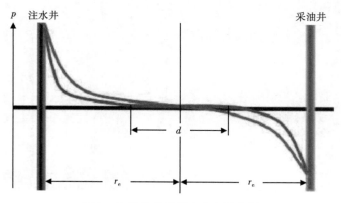

图 7　注采井井间压力分布示意图

实施酸化或压裂等有解堵作用措施的采油井，井底压力会先升后降，而注水井注入大量调驱剂时压力会上升，最后会使压力达到平衡的时刻延长。

2.2.2 油水井对应关系

油水井对应关系越好，调驱效果越好。对应关系包括沉积相发育情况、层位对应、井网对应、注水能见效或见水。

调驱选井前应充分研判沉积带展布情况，如是否有砂体切割、油水井是否在同一个砂体、是否有天然裂缝发育、是否有水线沟通等。

受古河道发育影响，G55-53 井只与周围 3 口油井连通，其余 4 口都位于河道以外，砂体不连通（图 8）。

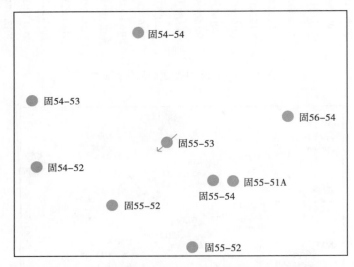

图 8　G55-53 井组示踪剂响应特征推断沉积微相展布图

根据不同井网条件下水平井大规模体积压裂后的人工裂缝分布情况，总结注水开发致密油藏水驱变化规律认识（图 9，图 10）。

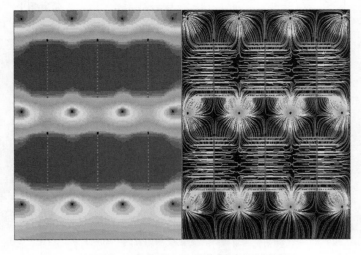

图 9　Z230 水平井区压裂场及流线场模拟

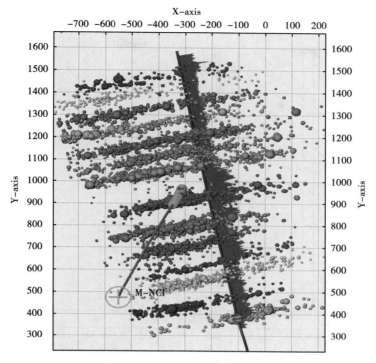

图 10　G 平 41-58 井压裂裂缝微地震监测图

调驱前应充分调查动态监测数据，根据不同的动态监测情况开展措施。通过动态验证、动态监测等手段，明确了 G204-89 井对周围水平井见水的影响，示踪剂监测图如图 11 所示，对应水平井产液剖面图和图 12 所示，确定对 G204-89 井实施调剖措施、同时对对应水平井 G41-58 进行化学堵水。

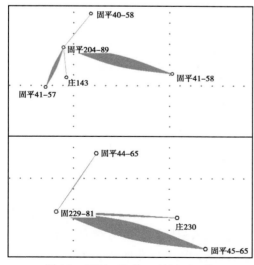

图 11　G204-89 井、G229-81 井
示踪剂监测玫瑰图

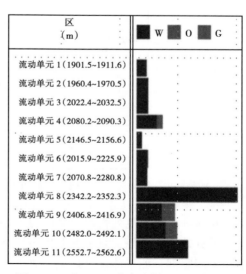

图 12　G 平 41-58 井产液剖面测试成果图

G52-50A 井于 2014 年 8 月吸水剖面测试显示尖峰状吸水（图 13），同期示踪剂监测显示注入水与 G52-52 油井单向贯通（图 14）。

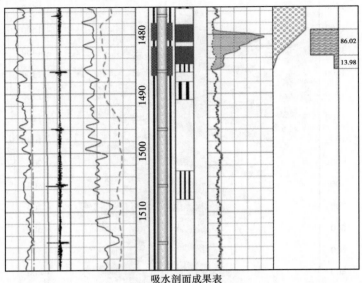

吸水剖面成果表

层位	超始深度 （m）	终止深度 （m）	厚度 （m）	相对注入量 （%）	绝对注入量 （m³/d）	注入强度 [m³/(d·m)]
chang3	1479.22	1483.64	4.41	86.02	8.60	1.95
chang3	1483.65	1485.93	2.28	13.98	1.40	0.61

图 13　G52-50A 吸水剖面图

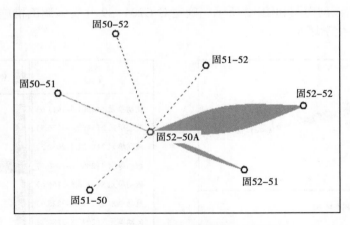

图 14　G52-50A 示踪剂监测注入水玫瑰图

选井前分析注水见效情况，若明显有注水单一向突进的井组，应实施油水井双向调堵。油井若无见效见水特征，且油井井底流压下降迅速，甚至大量脱气，此时对应注水井大规模液量注入调驱剂，如果能注进地层，则注水强度大大提高，压力漏斗向地层深部移动，此时应提高生产井生产压差，但井底流压不能小于最小合理流压，尽快使有效驱替压力达到平衡。但对于超低渗透油藏而言，即使提高注水量也无法达到迅速提高注水强度深部运移的效果，更多是在近井地带堆积，因此若对应注水井没有见效见水特征调驱不易见效。

2.2.3 油井工作制度的调整

调驱后应提高生产井生产压差（井底流压不能小于最小合理流压），使有效驱替压力尽快达到平衡，一般来讲，应在一段时间内调大生产井工作参数。

2.2.4 Z230 区调驱选井对象的选择

（1）对应油井含水较高，但不大于 80%。

（2）油层厚度较大（一般要求大于 5m）。

在一定的地层厚度下（油藏渗透率为一定值，裂缝半长和排距不变），极限井距随着油井目标产量的增大而减小；在同一地层渗透率下，地层油层厚度越大，极限井距便越大；在一定的排距和裂缝半长下，有效油层厚度越小，油井目标产量越小。

（3）岩石润湿性为亲水—弱亲水，长庆油田绝大多数油藏适用。

（4）吸水和注水状况良好。

（5）纵向渗透率差异较大，具有高吸水层段。

注水井调驱其中一个重要作用是封堵高渗层段，使调驱剂按压力从低到高逐级封堵。油藏非均质性决定了油层渗透率的变异系数，非均质性越强，渗透率变异系数越大。油藏的非均质性为调驱剂的层（段）间提供了压力梯度。

（6）与井组内油井连通情况好。

（7）井组或区块油井产量差异大，说明有措施潜力，存在水驱不均的情况。

（8）对应油井采出程度较低、有较多的剩余可采储量，有增产潜力。

（9）固井质量合格，无窜槽和层间窜漏。

2.2.5 调驱见效评价

措施后 G204-89 注水井注水压力由 14.0 增至 16.0MPa，注水量满足配注要求；压降曲线显示压力降幅较小且平缓（图 15），吸水指示曲线斜率变化小（图 16），说明高渗层得到了一定程度封堵。

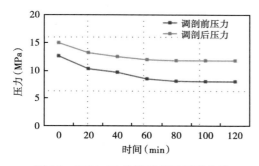

图 15　G204-89 井措施前后压降曲线

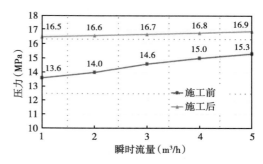

图 16　G204-89 井措施前后吸水指示曲线

Z230 区增油效果：调驱与 G204-89 类似的井共 4 口，当年累计增油 1691t，累计降水1730t，效果好。

3　认识

（1）调驱前注水井必须保证正常注水、吸水情况良好。

（2）对应生产井，尤其目标井避免实施酸化、测压等具有解堵作用的措施。

（3）确定调驱方案前应充分研判沉积相发育情况、层位对应情况、井网对应情况，为选井提供依据。

（4）调驱前应充分分析压裂裂缝展布特征，总结注入水沿油藏平面、剖面的分布规律，这一点对于水平井更为关键。

（5）调驱前应充分分析油井见水见效情况，对单向突进水井重点治理，避免无见效见水特征的对应注水井。

（6）调驱后在一段时间内适当增大对应生产井的工作参数，提高生产压差。

（7）通过动态验证、动态监测等手段，明确见水特征是保证调驱有效的关键。

（8）水平井区域深部调驱在 Z230 区调剖前注水正常的井组效果明显，深部调剖对该区水平井有明显优势。

参 考 文 献

［1］户海胜 . 超低渗油藏有效驱替压力系统及开发技术政策研究 ［D］. 青岛：中国石油大学（华东），2012.

纳米级聚合物微球运移封堵机理研究

易萍[1,2]　李宪文[1,2]　周广卿[1,2]　薛芳芳[1,2]　程辰[1,2]

(1. 中国石油长庆油田公司油气工艺研究院；
2. 低渗透油气田勘探开发国家工程实验室)

摘　要：为了明确纳米聚合物微球深部液流转向机理，通过理论分析研究，并开展纳米微球室内性能评价及填砂管封堵实验，研究了纳米级微球在多孔介质中的运移封堵机理。研究表明：纳米级微球因其尺寸微小、体系黏度小等特征可顺利地选择性进入地层高渗层深部，在运移过程中不断水化团聚，产生水化粒径分级，形成以多个纳米微球为节点的三维网络结构，滞留于多孔介质孔隙中，通过物理封堵和增大比表面积等降低高渗层渗透率，迫使深部液流转向，驱动弱水洗、未水洗低渗层基质中的剩余油，达到增油降水的目的，实现深部调驱，提高油藏最终采收率。

关键词：纳米聚合物微球；封堵机理；渗透率；深部调驱

由于储层的非均质性强，随着油田注水开发的深入，常常造成注入水沿高渗透层突进，人工水驱控制程度较低，层间层内干扰严重，剩余油高度分散，大大降低了水驱采收率，因此，提高注入水波及体积是提高原油采收率的重要方法[1-3]。传统的调剖技术封堵作用半径小，封堵强度有限，增产有效期短，且多轮次效果越来越差，近井剩余油已波及殆尽，不能满足提高最终采收率要求[4]。为此，各种深部调剖（驱）技术相继被提出，并得到广泛应用，其中，聚合物微球深部调剖技术以提高油层深部剩余油富集区的波及体积为目标，是一种具有广阔发展前景的新型提高采收率技术[5-7]。

目前对聚合物微球的封堵机理研究多以封堵孔喉为目标，研究了聚合物微球粒径与岩心孔喉的匹配关系[8-12]，该研究成果以单个微球膨胀后封堵孔喉降低高渗层渗透率，在现场应用效果不太理想，本文通过纳米聚合物微球室内性能评价及填砂管封堵实验对其运移封堵机理进行研究。

1　实验部分

1.1　实验药剂及仪器

实验药剂：丙烯酰胺（AM）、2-丙烯酰胺基-2甲基丙磺酸（AMPS）、N，N-亚甲基双丙烯酰胺、过硫酸铵（APS）、表面活性剂、工业白油。实验药剂均为分析纯试剂。

实验用水：模拟地层水——$CaCl_2$ 型，矿化度 53219mg/L，含 $Na^+ + K^+$ 14329mg/L、Ca^{2+} 5803mg/L、Mg^{2+} 180mg/L；

填砂模型：长 50m，内径 30mm，由 60~100 目和 160~200 目石英砂按不同比例填制。

71

实验仪器：Nano-ZS90 型激光粒度仪（英国马尔文公司）；Bettersize2000B 型激光粒度分布仪（丹东百特仪器有限公司）；ECLIPSE Ci-POL 型光学显微镜（日本尼康公司）；JSM-6510LV型（SEM）扫描电子显微镜（日本电子株式会社）；SY011 型采油化学剂评价装置（中国石油大学（华东）石仪科技实业发展公司）；2PB00C 平流泵（北京卫星制造厂），量程范围 0~10mL/min，40MPa）；电子天平（精度 0.001g）；恒温箱及常规玻璃器皿等。

1.2 WQ 系列聚合物微球的制备

称取一定量的白油和表面活性剂搅拌均匀，配置成油相溶液。再称量一定量的丙烯酰胺（AM），2-丙烯酰胺基-2 甲基丙磺酸（AMPS）和交联剂 N，N-亚甲基双丙烯酰胺，用一定量的水将其溶解配成水相溶液。将上述油相溶液加入四口烧瓶中，搅拌 0.5 h 后缓慢地加入水相溶液，进行乳化，乳化 0.5h。乳化完成后，将水浴锅温度设置为一定温度，通入氮气 0.5h。待体系混合均匀后，加入一定量刚配置好的偶氮二异丁腈（AIBN）或过硫酸铵（APS）引发剂的水溶液，引发反应。待反应升温阶段结束后，在 50℃保温 3~4h，通过不同转数得到淡黄色、乳白色不同粒径的 WQ 系列聚合物微球。

1.3 实验方法

1.3.1 乳液粒径测定

用 Nano-ZS90 型激光粒度仪测试 WQ100 微球原始粒径分布；利用模拟地层水配制浓度为 5000mg/L 的 WQ100 微球乳液，用 Bettersize2000B 型激光粒度仪测试 50℃下养护不同时间后乳液的粒径分布。

1.3.2 光学显微镜分析

用蒸馏水配制浓度为 5000mg/L 的 WQ100 聚合物微球分散溶液，采用 ECLIPSE Ci-POL 型光学显微镜观察分散溶液中聚合物微球的形貌。

1.3.3 扫描电子显微镜分析

称取一定量的 WQ100 乳液微球，用无水乙醇破乳、沉淀、减压抽滤，放入烘箱里，在 80℃条件下烘干 12h，得到聚合物微球的白色固体粉末，将粉末撒在模板的导电胶片上，用干净的玻璃片稍压实，在试样表面喷金处理，放入试样室中抽真空，设定参数进行 SEM 测定，得到初始粒径分布。

用洁净滴管吸取不同水化时间的 WQ100 微球溶液 1~2 滴滴于洁净的盖玻片上，在超净工作平台上自然干燥得到水化后的微球干片，喷金处理后进行 SEM 测定，得到水化后的粒径分布。

1.3.4 封堵实验

采用单砂管模型，利用地层模拟污水配制不同粒径的 WQ 系列微球溶液，进行不同渗透率的多组填砂管驱替实验，对比注入前后水驱渗透率变化幅度，考察微球的封堵性。

2 实验结果及分析

2.1 WQ100 微球乳液水化粒径分级变化规律

聚合物微球在水化过程中具有团聚黏结作用，存在水化粒径分级现象，从以下几个方面进行系统检测得以证实。

2.1.1 激光粒度仪对 WQ100 微球水化粒径的表征结果

利用模拟地层水配制浓度为 5000mg/L 的WQ100 微球溶液（微球初始粒径约 100nm），将溶液在 50℃下进行烘烤，用激光粒度仪对其不同水化时间阶段的粒径分布进行测试。

由图 1 至图 4 可以看出，聚合物微球样品初始平均粒径基本在 100nm 左右（以白油为介质测定），水化后出现粒径分级，一部分颗粒团聚形成大颗粒，分散的小颗粒 20d 后由 100nm 膨胀至 500~600nm，大颗粒团聚融合成数微米。

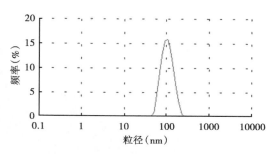

图 1　微球初始粒径分布（100nm）

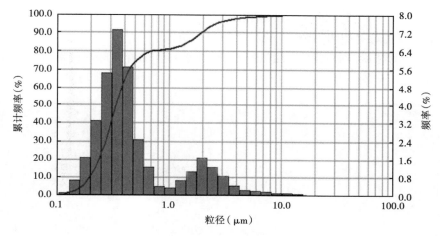

图 2　微球水化 5d 后粒径分布

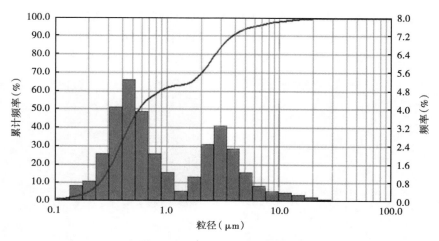

图 3　微球水化 10d 后粒径分布

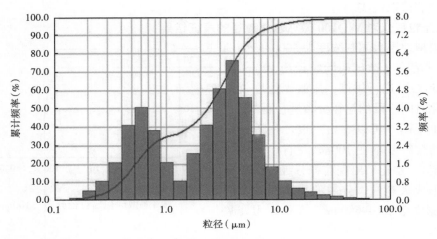

图 4　微球水化 20d 后粒径分布

2.1.2　光学显微镜对 WQ100 微球水化粒径的表征结果

用光学显微镜对不同水化阶段的粒径分布进行观察，随着微球水化膨胀，部分相邻的小颗粒逐渐融合，形成多个团聚的数微米聚合物微球颗粒（图 5 至图 7）。

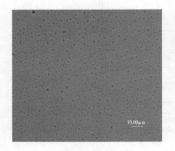

图 5　微球水化 5d 后粒径

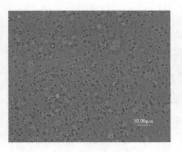

图 6　微球水化 10d 后粒径

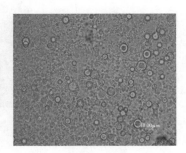

图 7　微球水化 20d 后粒径

2.1.3　扫描电子显微镜（SEM）对 WQ100 微球水化粒径的表征结果

用扫描电子显微镜（SEM）对不同水化阶段的粒径形态进行观察，随着微球水化膨胀，同样可以看出纳米微球出现了水化粒径分级，一部分微球团聚成数微米（图 8 至图 11）。

图 8　微球初始粒径分布（100nm）

图 9　微球水化 5d 后粒径分布

图 10 微球水化 10d 后粒径分布

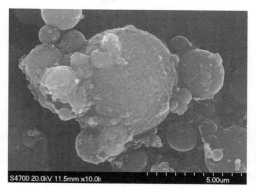
图 11 微球水化 20d 后粒径分布

2.2 WQ 系列微球封堵性能评价

2.2.1 实验流程

通过多组填砂管驱替实验评价微球封堵性能（图 12），首先将填砂管抽真空、饱和地层水、测孔隙体积和孔隙度，以 2mL/min 的注入速度注入水至压力稳定，记录压力并计算填砂管堵前水驱渗透率 K_{w1}；然后以相同的注入速度注入 0.3PV 用模拟地层水配制的浓度为 5000mg/L 的 WQ 系列微球分散体系；停泵将填砂管进出口关闭，在 50℃下静置 20d 后以相同的注入速度进行后续水驱，直至压力平稳为止，记录压力并计算封堵后的水驱渗透率 K_{w2}。按下式计算 WQ 系列微球分散体系对填砂管的封堵率 P：

$$P = (K_{w1} - K_{w2})/K_{w1} \times 100\% \tag{1}$$

式中　P——封堵率，%；

K_{w1}——堵前水驱渗透率，mD；

K_{w2}——堵后水驱渗透率，mD。

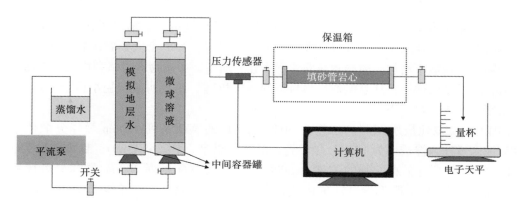
图 12 聚合物微球填砂管封堵实验流程图

2.2.2 封堵性能评价

WQ 系列不同粒径微球分散体系填砂管封堵实验的实验数据见表 1。由表 1 可见，微球初始粒径与填砂管水驱渗透率存在最优区间。

根据 K-Z 公式可计算吼道直径：

$$D = (32K/\phi)^{1/2} \qquad (2)$$

式中　D——孔喉直径，μm；

　　　K——渗透率，mD；

　　　ϕ——孔隙度，%。

当前大部分学者用微球膨胀之后的粒径以架桥封堵理论匹配孔喉，以单个微球膨胀后封堵孔喉降低高渗层渗透率，未考虑微球水化过程中具有团聚黏结作用，存在水化粒径分级现象，现场应用中匹配出的粒径偏大，导致微球未能运移到地层深部，深部调驱效果不太理想。

表 1　WQ 系列不同粒径微球分散体系填砂管封堵实验数据表

微球初始粒径（nm）	填砂管编号	堵前水驱渗透率（mD）	孔隙度（%）	堵后水驱渗透率（mD）	孔喉直径（μm）	封堵率（%）
106	1#	21	19.17	12	5.9	42.9
	2#	186	25.21	13	15.4	93.0
	3#	396	27.39	38	21.5	90.4
	4#	904	29.83	566	31.1	37.4
	5#	1284	34.03	937	34.7	27.0
289	8#	141	25.43	68	13.3	51.8
	9#	419	26.54	107	22.5	74.5
	10#	895	28.17	163	31.9	81.8
	11#	1512	34.08	131	37.7	91.3
	12#	4735	35.25	3812	65.6	19.5
4781	13#	359	26.38	133	20.9	62.9
	14#	3825	35.22	936	59.0	75.5

以 100nm 微球为例，通过激光粒度分布仪、光学显微镜、扫描电子显微镜等检测到其水化膨胀 20d 后出现水化粒径分级，大颗粒可达数微米，当一个大颗粒沉积在孔道表面上，后续的颗粒沉积概率增加，微球颗粒滞留于多孔介质中，通过物理封堵和增大比表面积等综合因素，降低了渗透率，这是微球运移封堵的主要机理。而且初始粒径小更容易进入深部，整体封堵强度大，封堵率高。

图 13 是模拟地层水配制的浓度为 5000 mg/L 的 WQ 系列 100nm 微球分散体系，以 0.3PV 注入量注入渗透率为 186mD 填砂管，后续水驱渗透率降至 13mD，封堵率为 93.0%。

图 14 是模拟地层水配制的浓度为 5000 mg/L 的 WQ 系列 300nm 微球分散体系，以 0.3PV 注入量注入渗透率为 1512mD 填砂管，后续水驱渗透率降至 131mD，封堵率为 91.3%。

图 15 是模拟地层水配制的浓度为 5000 mg/L 的 WQ 系列 5000nm 微球分散体系，以 0.3PV 注入量注入渗透率为 359mD 填砂管，后续水驱渗透率降至 133mD，封堵率为 62.9%。

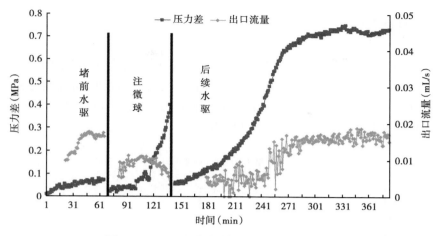

图 13　100nm 微球分散体系填砂管封堵实验

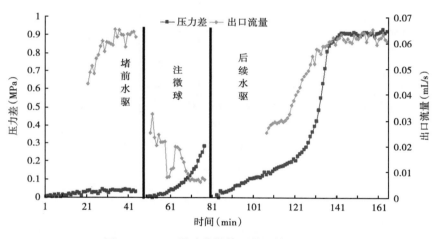

图 14　300nm 微球分散体系填砂管封堵实验

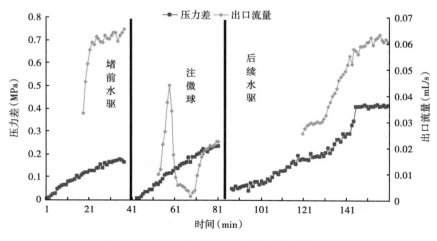

图 15　5000nm 微球分散体系填砂管封堵实验

3 现场应用情况

2016 年 10 月 19 日，在姬塬油田 B102 区块连片 5 井组试验 WQ 系列 100nm 微球注入，单井注入浓度 3000mg /L，单井注入量 3300m³，注入一月后出现明显增油降水效果，单井日产油由 2.51t 上升至 2.7t，含水由 40.8% 下降至 35.8%，截至 2017 年 3 月底累计增油 906t，累计降水 1039 m³，目前还在持续见效中（图 16）。

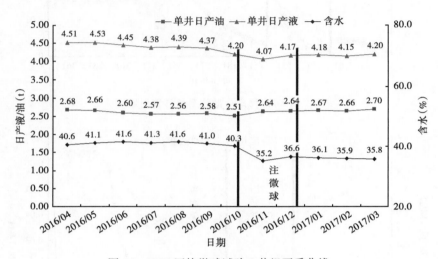

图 16　B102 区块微球试验 5 井组开采曲线

4 结论

（1）聚合物微球在水化过程中具有团聚黏结作用，存在水化粒径分级现象。

（2）实际应用中，纳米级微球进入高渗层后，团聚的大颗粒通过物理封堵沉积在孔道表面，后续小颗粒滞留于孔隙中，增大了岩石的比表面积，从而降低其渗透率，迫使深部液流转向，驱动弱水洗、未水洗低渗层基质中的剩余油。

（3）纳米级微球初始粒径小，更容易进入地层深部，且整体封堵强度大，现场应用增油降水效果明显，提高了油藏最终采收率。

参 考 文 献

［1］王鸣川，朱维耀，王国锋，等．纳米聚合物微球在中渗高含水油田的模拟研究 ［J］．西南石油大学学报：自然科学版，2010，32（5）：105-108.

［2］曹毅，张立娟，岳湘安，等．非均质油藏微球乳液调驱物理模拟实验研究 ［J］．西安石油大学学报：自然科学版，2011，26（2）：48-51.

［3］宋岱峰．功能聚合物微球深部调驱技术研究与应用 ［D］．济南：山东大学，2013.

［4］曲文驰，宋考平．低渗油藏超细聚合物微球的制备及性能评价 ［J］．油田化学，2015，32（2）：198-203.

［5］孙焕泉，王涛，肖建洪，等．新型聚合物微球逐级深部调剖技术 ［J］．油气地质与采收率，2006，13（4）：77-79.

［6］ 王涛，孙焕泉，肖建洪，等．孤岛油田东区 1-14 井组聚合物微球技术调驱矿场试验［J］．石油天然气学报，2005，27（6）：779-781．

［7］ 樊兆琪，程林松．聚合物微球调剖封堵渗流场可视化及矿场试验［J］．科学技术与工程，2012，12（29）：7543-7546．

［8］ 王涛，肖建洪，孙焕泉，等．聚合物微球的粒径影响因素及封堵特性［J］．油气地质与采收率，2006，13（4）：80-82．

［9］ 姚传进，雷光伦，高雪梅，等．非均质性条件下孔喉尺度弹性微球深部调驱研究［J］．油气地质与采收率，2012，19（5）：61-64．

［10］ Chuanjin Yao, Guanglun Lei, Lawrence M, et al. Pore-Scale Investigation of Micron-Size Polyacrylamide Elastic Microspheres (MPEMs) Transport and Retention in Saturated Porous Media［J］. Environ. Sci. Technol. , 2014, 48 (9): 5329-5335.

［11］ Chuanjin Yao, Guanglun Lei, Lei Li, et al. Selectivity of Pore-Scale Elastic Microspheres as a Novel Profile Control and Oil Displacement Agent［J］. Energy Fuels, 2012, 26 (8): 5092 – 5101.

［12］ 梁守成，吕鑫，梁丹，等．聚合物微球粒径与岩芯孔喉的匹配关系研究［J］．西南石油大学学报：自然科学版，2016，38（1）：140-145．

低流度油藏油层启动影响因素及对策研究

曾杨[1,2]　康晓东[1,2]　谢晓庆[1,2]　赵文森[1,2]

（1. 海洋石油高效开发国家重点实验室；2. 中海油研究总院）

摘　要：鉴于大型商业软件无法直接表征低流度油藏中存在启动压力梯度的情况，提出了进行等效模拟启动压力梯度的新方法。该方法运用数值模拟软件中"阀压"关键字，创新"循环回旋"的方法设置平衡分区进行等效模拟油层存在启动压力梯度的状况。较为系统地分析了流度、储层纵向非均质性、注采压差、井距对油层的启动状况的影响，给出了一些规律性的认识和结论，对进一步的深入研究和矿场实施具有重要的参考价值和指导作用。研究表明，增大注采压差、进行井距加密、合理划分注水层段有利于改善油层的启动状况，提高油层的综合启动程度。

关键词：低流度；启动压力梯度；等效模拟；平衡分区；油层启动

启动压力梯度的存在是影响低流度油藏开发的重要因素之一，杨满平、李道品等人[1,2]研究结果表明：启动压力梯度的存在使得油层渗流阻力大、压力传导能力差，导致开发时注水井吸水不均，高渗层吸入多，低渗透层吸入少甚至不吸。尽管注水井压力很高，而采油井却难以见到效果，甚至出现注不进采不出的现象，使得油层启动程度降低，采收率下降，影响油田开发效果。

部分海上注聚油田属于低流度油藏，由于注入井层数多，油层性质差异大，合注的方式层间干扰严重[3]，注聚可能会加剧干扰，导致高渗层越吸越多，低渗透层越吸越少，因此有必要研究启动压力梯度对海上低流度注聚油田开发效果的影响[4-7]。

目前国内外较为成熟的数值模拟软件都是基于达西定律开发的，没有考虑启动压力梯度的影响，无法准确模拟实际油层的吸入和启动状况[8-13]。鉴于此，本文提出了通过"阀压"以及采用"循环回旋"的分区方式实现对启动压力梯度等效模拟的新方法。运用该方法研究了影响油层启动状况的相关因素，寻找出提高油层启动程度的综合技术对策，并对渤海 A 油田 X 井组进行模拟。油田实例证明此方法较好地模拟了低流度油藏的吸入和启动状况，对提高低流度油藏启动程度给出一些具有指导性的建议，以达到合理有效地动用此类油藏。

1　启动压力梯度的等效模拟方法

在 ECLIPSE 软件中，阀压的设置是为了防止相邻平衡区间的流动，可通过 THPRES 这个关键字来实现。为了模拟启动压力梯度的影响，模型中利用两个网格块之间阀压来等效启动压力梯度，例如启动压力梯度值为 0.02MPa/m，数值模拟中网格大小是 20m，则设置 0.4MPa 为两个网格块之间阀压。当阀压小于两个网格之间的流动压力时，流体开始流动，否则流体不流动。在总网格数较少的情况下，普通的分区方法将每个网格设置为一个平衡分区，网格总的个数即为总的平衡分区数目（图 1），最后根据启动压力梯度值设置网格之间的阀压值，许多学者[14-16]均采用这种方法。

1	2	3	4	5	6	7
8	9	10	11	12	13	14
15	16	17	18	19	20	21
22	23	24	25	26	27	28
29	30	31	32	33	24	35

（a）第一层平衡分区设置

36	37	38	39	40	41	42
43	44	45	46	47	48	49
50	51	52	53	54	55	56
57	58	59	60	61	62	63
64	65	66	67	68	69	70

（b）第二层平衡分区设置

图 1 平衡分区设置（以两层为例）

但是在总网格数较多的情况下，此方法需设置大量的平衡分区，进行数值模拟则需计算机有充分的内存，一般难以满足。为此，模拟将模型每层近似为均质层，创新平衡分区设置方法，采用如图 2 所示的"循环回旋"排列方式，此为最简便的设置方式，可以使得分区的数目最少。不仅如此，对于网格数为 $m \times n \times b$ 的模型，普通分区方法 XYZ 三个方向需要设置"阀压"值数量为 $(m-1) \times n \times b + m \times (n-1) \times b + m \times n \times (b-1)$，而"循环回旋"的方法仅需要设置"阀压"值数量为 $b + 2 \times (b-1)$，可以看出这大大减少设置每个平衡分区之间"阀压"值的工作量。

1	2	1	2	1	2	1
2	1	2	1	2	1	2
1	2	1	2	1	2	1
2	1	2	1	2	1	2
1	2	1	2	1	2	1

（a）第一层平衡分区设置

3	4	3	4	3	4	3
4	3	4	3	4	3	4
3	4	3	4	3	4	3
4	3	4	3	4	3	4
3	4	3	4	3	4	3

（b）第二层平衡分区设置

图 2 简化的平衡分区设置（以两层为例）

2 油层启动影响因素分析

为了研究问题的方便，建立一个平面上具有 43×43 个均匀网格，纵向上 5 层，平面均质、纵向上非均质的三维地质模型。水平方向上每个网格的大小均是 20m×20m，垂向上每层厚度相同，都为 4m。井网为五点面积井网，上下层渗透率之比为 5，油井定液量、注入井定注入量生产。采用"循环回旋"方式设置分区，"阀压"设置完成后，其余模拟同其他常规的数值模拟方法。通过观察采收率的变化来分析流度、储层非均质性、井距、生产压差等因素的影响。

2.1 流度

对油藏中原油平均黏度分别取 10 个不同的值进行研究，对考虑和不考虑启动压力梯度的生产情况进行模拟，观察采收率随流度的变化情况，模拟结果如图 3 所示。可以看出，当流度大于 30mD/（mPa·s），启动压力梯度 λ 对采收率的影响较小，反之当流度小于 30mD/（mPa·s）时，启动压力梯度 λ 的影响较为明显。

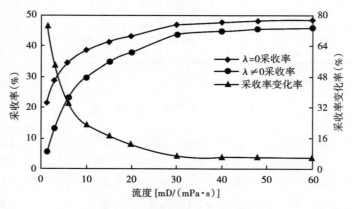

图 3　不同流度对应的采收率

2.2 储层非均质性

研究油藏纵向非均质程度对油层启动状况的影响时，主要考虑渗透率级差的影响。具体取值方法是：油藏的平均渗透率相同，渗透率级差不同。对取不同渗透率级差时，模拟启动压力梯度存在和不存在时对采收率的影响，模拟结果如图 4 所示。由图可知，考虑和不考虑启动压力梯度采收率差值随级差的增大而增大，最高达到 11.20%，采收率变化率最大为 27.97%。当不考虑启动压力梯度，级差小于 3 时，采收率几乎不变，之后随着级差增加采收率下降；当考虑启动压力梯度时，级差对采收率的影响增强，在级差为 2~7 时，采收率下降最明显。这是因为储层纵向非均性越强，层间干扰越严重，低渗透层启动压力梯度大，高渗层启动压力梯度小，高渗透层抑制了低渗透层的启动。

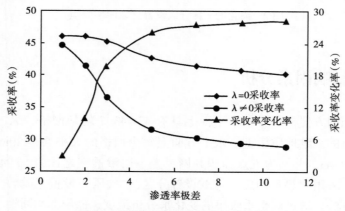

图 4　不同渗透率级差对应的采收率

2.3 井距

为了考察存在启动压力梯度时，井距对采收率的影响，在其他模拟条件与前面相同的情况下，分别取不同井距进行模拟，模拟结果如图5所示。由图可知，随着井距的增加，启动压力梯度的影响增大，考虑和不考虑启动压力梯度采收率差值增加；当井距为560m时，采收率差值达到8.59%，而井距为280m时，采收率差值只有1.35%。

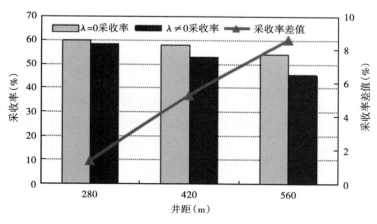

图5　不同井距下采收率对比图

2.4 生产压差

为了考察存在启动压力梯度时，生产压差对采收率的影响，注入井定注入量，生产井采取定液量限井底流压的方式，分别设置不同的井底流压值，模拟结果如图6所示。由图可知，随着井底流压的增加，生产压差降低，启动压力梯度的影响增大，考虑和不考虑启动压力梯度采收率差值从9.1%略微增加至9.4%。

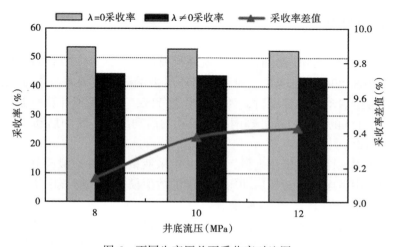

图6　不同生产压差下采收率对比图

3 提高油层启动程度对策研究

3.1 合理划分注水层段

根据前面的研究，储层的非均质性影响油层的启动状况，高渗透储层将会干扰低渗透储层的启动状况，而且储层的非均质情况越严重，这种干扰越严重。所以注水时合理地进行层段组合，减少非均质性对油层启动的影响很关键。在实际生产中，可以根据层段内启动生产压差这个量来进行注水层段的划分。

3.2 提高注采压差

通过增加注入量来提高注入端的压力，或者通过增加采油速度降低采油端的压力，均可提高注采压差。但对于注入端，压力最大值不能超过地层的破裂压力，采油端的压力也不能过低，一般不要低于泡点压力。

3.3 井网加密

井网进行加密后，油层的启动状况得到很大的改善。在实际的生产过程中，井距的选择或者说井网密度的确定不仅取决于技术因素，还要考虑经济因素。一般情况下，技术合理井网密度大于经济最佳但小于经济极限井网密度时，合理井网密度应选前者；技术合理井网密度大于经济极限井网密度时，油田没有开发价值。而且井网加密时，要综合考虑油藏原井网形式和地质因素，以及目前的剩余油分布状况。

3.4 压裂

对于渗透率太小的油层，在已经采取了其他措施而无法有效地对油层进行启动时，常采用压裂的方式来进行开发。压裂的时机和方式要结合油藏的实际地质状况和生产需要。

4 实例应用与分析

运用第 1 节的方法对渤海 A 油田 X 井组进行模拟，该区共 17 口生产井，9 口注聚井，模型网格数为 220×85×34，共 34 层。对油层启动压力的研究主要是分析油层纵向非均质的影响。因此，在考虑启动压力梯度时，为减少平衡分区，减小模拟计算所需要的内存，采用"循环回旋"平衡分区的设置方法处理网格间流动的启动压力，其中启动压力梯度大小计算参考前面的实验结论。

在拟合的过程中，注入井定注入量，采油井定采液量，以月为拟合单元，在其他条件不变的情况下，分别用考虑和不考虑启动压力梯度的数值模拟方法对该区块的生产历史进行拟合，对比其拟合结果，如图 7、图 8 所示。

从拟合结果可以看出，考虑启动压力梯度日产油量、含水率要比不考虑的更接近实际情况，整体拟合效果好。这说明运用此种近似方法来考虑启动压力梯度的作用是可行的，符合实际油田的需要，在实际低流度油藏的数值模拟研究过程中，可通过该方法来考虑启动压力梯度的作用。

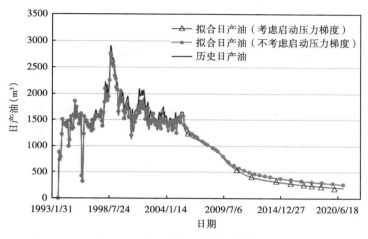

图 7　区块日产油量拟合结果对比

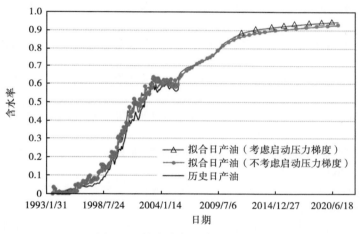

图 8　区块含水率拟合结果对比

5　结论

（1）文中给出了如何运用 ECLIPSE 数值模拟软件中"阀压"关键字以及采用"循环回旋"的分区方式实现对启动压力梯度等效模拟的新方法。

（2）对于低流度油藏，合理划分注水层段、提高注采压差、进行井网加密、实施压裂措施，可以使原来无法启动的油层得到动用，提高油层的启动程度。

（3）用考虑启动压力梯度的数值模拟新方法对渤海 A 油田 X 井组进行模拟，历史拟合效果比不考虑启动压力梯度好，这说明运用此种近似方法来考虑启动压力梯度的作用是可行的，对矿场应用该方法进行类似油田的方案分析具有重要的现实意义。

参 考 文 献

[1] 杨满平，任宝生，贾玉梅. 低流度油藏分类及开发特征研究 [J]. 特种油气藏，2006，13（4）：48-50.

［2］李道品．低渗透砂岩油田开发［M］．北京：石油工业出版社，1999．

［3］罗宪波，赵春明，武海燕，等．海上油田多层合采层间干扰系数确定［J］．大庆石油地质与开发，2012，31（5）：102-104．

［4］Blasingame T. A. The characteristic flow behavior of low-permeability reservoir systems［C］//SPE 114168 presented at the SPE Unconventional Reservoirs Conference, Las Vegas, Keystone, Colorado, 2008：163-169.

［5］Thomas L. K. Threshold pressure phenomena in porous media［J］.SPEJ, 1968, 8（2）：174-184.

［6］Hirasaki G. J. Analysis of factors influencing mobility and adsorption in the flow of polymer solution through porous media［J］.SPEJ, 1974, 14（4）：337-346.

［7］Swartzendruber D. Non-Darcy flow behavior in liquid-saturated porous media［J］.Journal of Geophysical Research, 1962, 67（13）：5205-5213.

［8］田冀，许家峰，程林松．普通稠油启动压力梯度表征及物理模拟方法［J］．西南石油大学学报，2009，31（3）：158-162．

［9］张代燕，彭军，谷艳玲，等．稠油油藏启动压力梯度实验［J］．新疆石油地质，2012，33（2）：201-204．

［10］闫栋栋，杨满平，王刚，等．低流度油藏启动压力梯度分析［J］．大庆石油学院学报，2010，34（1）：39-42．

［11］邓玉珍，刘慧卿．低渗透岩心中油水两相渗流启动压力梯度试验［J］．石油钻采工艺，2006，28（3）：37-40．

［12］汪全林，唐海，吕栋梁．低渗透油藏启动压力梯度实验研究［J］．油气地质与采收率，2011，18（1）：97-100．

［13］李爱芬，张少辉，刘敏，等．一种测定低渗透油藏启动压力的新方法［J］．中国石油大学学报：自然科学版，2008，32（1）：68-71．

［14］宋春涛．考虑应力敏感和启动压力梯度的低渗透油藏数值模拟研究［J］．科学技术与工程，2012，12（25）：6319-6326．

［15］王公昌，李林凯，王平，等．启动压力在数值模拟软件中等效模拟的新方法［J］．科学技术与工程，2012，12（1）：165-167．

［16］张俊成，杨天龙，蒋建华．考虑应力敏感效应和启动压力梯度的低渗透油藏数值模拟［J］．中外能源，2010，15（1）：64-67．

驱油体系流变性对较低渗透层波及效率的影响

胡科　张健　康晓东　薛新生　王姗姗

（海洋石油高效开发国家重点实验室；中海油研究总院）

摘　要： 为了表征驱油体系在非均质油藏中的渗流特性，经过理论推断和实验验证认为，驱油体系的残余阻力系数 RRF 能够反应提高纵向非均质严重的油藏波及体积的能力，从而实现"调剖"效果。同时，实验筛选出同一剪切速率下，剪切黏度近似相等，但流变性差异较大的三种驱油体系，并以同一剪切速率的注入方式进行层内非均质性二维可视填砂模型渗流实验。结果表明，三种驱油体系驱替后，在模型中均呈现楔形的剩余油分布状态，但透光面积和渗流规律存在较大差异。驱油体系的流变性强能够延缓注水进入无效循环的阶段，从而改善低渗透层的水驱波及效率，其能力取决于流变性强弱，表现为残余阻力系数大小。

关键词： 驱油体系；残余阻力系数；流变性；低渗透层；幂律指数；波及效率

油藏非均质性是普遍存在的，并且随着水驱的进行和聚合物驱的应用，油藏条件会变得更为恶劣。近井地带含油较少，剩余油主要分布在油藏深部及非均质性比较突出的低渗透层[1,2]。油层非均质性使水驱或化学驱波及系数降低，造成注水或注剂无效循环，低渗透层储动用少，从而导致最终采收率不高，部分井投产即见水。因此，研究驱油体系在非均质性油藏深部渗流规律及驱油效率显得尤为重要，可为化学驱油剂的研发、评价、筛选及进一步提高低渗透层原油采收率提供理论依据[3,4]。

有研究表明，在驱油剂扩大波及体积和提高驱油效率两个影响采收率的因素中，扩大波及体积对采收率的作用效果更明显[5-8]。但驱油体系，尤其是聚合物溶液的性能千差万别，在不同油藏的应用也具有一定的针对性[9-11]，如何筛选和研发能在非均质油藏中扩大波及体积的驱油体系是问题的关键。薛新生[12]通过室内岩心驱替实验发现了聚合物驱油体系纵向波及效率和流变性能（黏度、幂律指数 n、稠度系数 K）之间的关系，同时也表明仅仅依据黏度衡量聚合物驱油体系波及效率是不够的。本文在此研究成果上，专门设计了一种模拟油藏深部层内非均质性的二维可视填砂模型，并开展了相关驱油体系的渗流实验。

1　实验部分

1.1　实验材料及装置

材料：甘油，分子量 92.09，分析纯；聚合物 A 干粉，相对分子量 1550 万；聚合物 B 干粉，相对分子量 978 万；粒径筛分石英砂；实验用油为模拟油，黏度为 70mPa·s（25℃，剪切速率为 7.34s^{-1}）；实验用水为模拟地层矿化水，其离子组成见表 1。

表 1　模拟地层矿化水无机离子组成

离子组成	Na$^+$、K$^+$	Ca^{2+}	Mg^{2+}	CO$_3^{2-}$	HCO$_3^-$	SO$_4^{2-}$	Cl$^-$	TDS
含量（mg/L）	3091.96	276.17	158.68	14.21	311.48	85.29	5436.34	9374.13

装置：德国 Anton paar MCR301 流变仪；压缩机，工作压力 0～10MPa，流速控制范围 0.001～10.000mL/min；活塞式中间容器，体积 10mL；图像数据采集与处理系统，图像拍摄分辨率 1080p；JJ-1 增力电动搅拌器，功率 150W；电子分析天平，精度 0.001g；量筒、烧杯等。

1.2　实验模型设计与制备

参考某油田的非均质性储层特征，设计并制作能够在高压下模拟油藏深部层内非均质状况的可视化填砂模型。该模型的设计采用了两块亚克力板，分别用于制作模型的底板和面

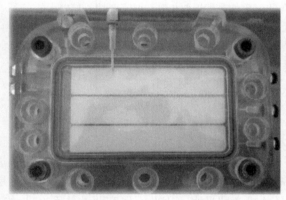

图 1　层内非均质性的二维可视填砂模型实物图

板，两块板上均设有螺纹孔。底板上刻有三个并列填砂槽，填砂后为低、中、高三种渗透层，填砂槽之间流体通道可以保证各个填砂层之间有流体交换而不会导致沙子的运移。填砂槽的一端设有一条导流槽，可以保证驱油体系沿填砂槽渗透层的横截面均匀推进，更好模拟驱油体系在油藏深部的渗流状况。导流槽的侧壁上设有一个洗液出口，可在交替注入流体时，冲洗导流槽内多余的驱油体系。在底板另一端均设有三个出液口。两个亚克力板之间放置密封胶垫、密封圈，固定螺丝后充高压气可加围压。模型设计尺寸：两块面板长宽高为 160mm×120mm×20mm，每个填砂槽长宽高为 100mm×20mm×2mm。

渗流实验装置还需要的设备有：ISCO 泵、中间容器、高清摄像头及计算机等。具体的实验模型及装置如图 1 和图 2 所示。

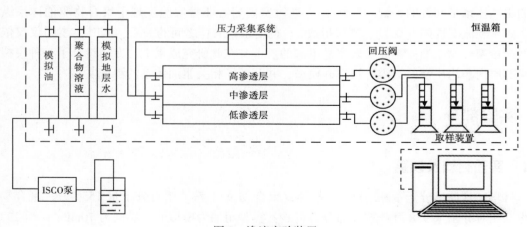

图 2　渗流实验装置

1.3 实验流程

（1）配置黏度相等的聚合物 A 及聚合物 B 溶液，连接好装置进行渗流实验，计量高、低渗透层吸液量变化。

（2）配置并选取一种浓度的甘油、聚合物 A 及聚合物 B 溶液，使三种驱油体系在同一剪切速率下，黏度近似相等。

（3）水驱测模型渗透率。饱和模拟油，控制流体在模型中的剪切速率为 γ。依据制备填砂模型及驱油体系的参数，计算渗流实验的注入流量，计算公式如下：

$$Q = \frac{4n}{3n+1}\gamma A \sqrt{\frac{1 \times 10^{-6}K}{2\phi}} \tag{1}$$

式中　Q——注入流量，mL/s；

　　　n——幂律指数；

　　　γ——剪切速率，s^{-1}；

　　　A——横截面积，cm^2；

　　　K——模型平均渗透率，D；

　　　ϕ——模型孔隙度，%。

（4）以步骤（3）中计算出的注入流量进行渗流实验，采集图片并保存图片色阶信息。

（5）模型中含油饱和度变化不明显时结束实验，注入体积不少于 0.6PV。

（6）重复上述实验步骤，进行其他驱油体系的渗流实验。

（7）根据采集图片的色阶数据，计算填砂槽内的含油饱和度变化，分析实验结果。

2 实验结果分析

2.1 驱油体系"调剖"作用的表征

聚合物溶液对中低渗透层具有较好的改善作用，在聚合物驱替过程中，提高了中低渗透层的动用能力。分析认为，聚合物溶液利用其较高的残余阻力系数增加了高渗透层的流动阻力，使中低渗透层吸液量增加[13-15]，从而提高了聚合物的驱油效果，可以用聚合物溶液的残余阻力系数表征聚合物溶液的调剖作用。

为此，考察了残余阻力系数对驱替效果的影响。分别研究了聚合物溶液黏度和阻力系数相当时，残余阻力系数不同的驱油体系，其在层间非均质模型中的驱油动态。聚合物溶液参数见表 2。

表 2　聚合物溶液性能参数

聚合物体系	黏度（mPa·s）	阻力系数	残余阻力系数
聚合物 A-3000mg/L	25.32	91	7.3
聚合物 B-1500mg/L	26.45	88	28.0

对比图 3 和图 4 可以看出，聚合物溶液黏度和阻力系数相当时，增加残余阻力系数有助于提高低渗透油层的剩余油的启动，调整了油藏吸水剖面，从而让高渗透层吸水能力下降，

达到调剖的目的。分析认为，聚合物 B 属于疏水缔合聚合物，其分子之间的缔合作用较强，使其残余阻力系数较高。由此可见，残余阻力系数能够有效地调整油藏纵向吸水能力，能够表征驱油体系的调剖作用。

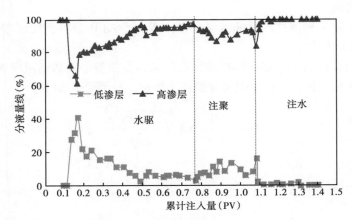

图 3　非均质模型聚合物 A 驱替动态

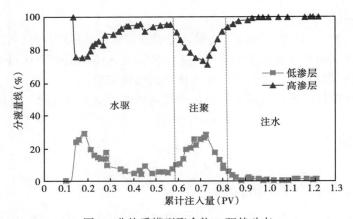

图 4　非均质模型聚合物 B 驱替动态

2.2　非均质模型中驱油体系的流变特性

实验中所选驱油体系甘油是牛顿流体，黏度只随温度变化而变化，与剪切速率无关。聚合物 A 与聚合物 B 是非牛顿流体，黏度随剪切速率变化而变化。不同的驱油体系流变性差异较大，表现为幂律指数 n 不一样，具体参数见表 3。

表 3　甘油、聚合物 A、聚合物 B 参数

驱替液	70%甘油	1750mg/L 聚合物 A	500mg/L 聚合物 B
幂律指数 n	1.008	0.754	0.528
黏度（mPa·s）	20.9	19.1	18.4

模型中各渗透层的含油饱和度变化可用吸液量表示，吸液量越大，波及效率越高。参考图 5 可知，层内非均质性的二维可视填砂模型渗流实验中，注入 0.3PV、0.6PV 时，三种驱

油体系高低渗透层及中低渗透层吸液量差异的大小顺序为：甘油>聚合物 A>聚合物 B。同一驱油体系，随着注入量的增加，三个渗透层吸液量差异进一步加剧，高渗透层由于存在明显的流动优势，吸液量相对越来越多，含油饱和度下降最快，而低渗透层由于流动阻力较大，吸液量相对越来越少，含油饱和度变化最小。而在同一注入量情况下，三种驱油体系的渗透层含油饱和度变化差异明显不同。结合表 4，如注入量为 0.3PV 时，甘油驱高低渗透层的含油饱和度变化差值为 21.30%，聚合物 A 驱高低渗透层的含油饱和度变化差值为 17.21%，而聚合物 B 驱高低渗透层的含油饱和度变化差值仅为 10.32%。当注入量增加到 0.6PV 时，对比注入量为 0.3PV 时，三种驱油体系各自的高低渗透层含油饱和度变化差幅依次为 12.23%、9.68%、7.47%，显然甘油驱的高低渗透层吸液量差变大的趋势更为严重，最终表现为三者之间的体积波及系数也不同，可见聚合物驱有更好流度控制能力。

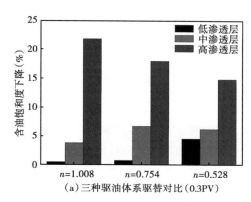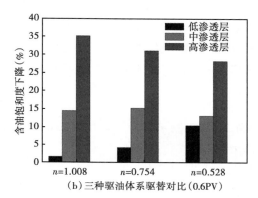

图 5　模型中各渗透层含油饱和度变化

表 4　模型中含油饱和度变化数据

驱油体系	注入量（PV）	低油降（%）	中油降（%）	高油降（%）	高低		中低		体积波及系数
					差值（%）	差幅（%）	差值（%）	差幅（%）	
甘油	0.3	0.53	3.79	21.83	21.30	12.23	3.26	9.52	0.40
	0.6	1.72	14.50	35.26	33.53		12.78		
聚合物 A	0.3	0.81	6.76	18.02	17.21	9.68	5.95	5.09	0.47
	0.6	4.29	15.33	31.18	26.89		11.05		
聚合物 B	0.3	4.53	6.23	14.85	10.32	7.47	1.70	0.95	0.57
	0.6	10.56	13.21	28.35	17.79		2.65		

注：低油降——低渗透层含油饱和度下降，高低——高、低渗透层，差值——含油饱和度差。

　　同一剪切速率下，三种驱油体系的剪切黏度近似相等，高、中、低渗透层含油饱和度变化却出现较大的差异。分析认为，驱油体系进入模型以后，首先进入流动阻力较小的高渗透层。甘油是牛顿流体，黏度是不随剪切速率变化而变化，当它进入高渗透层时，导致高渗透层内流动阻力逐渐下降，高、低渗透层流动阻力差进一步扩大，吸液量差也进一步扩大，模型水驱油整体效果较差。当注入具有非牛顿性的驱油体系时，由于非牛顿流体黏度随剪切速率变化而变化，随着驱油体系不断深入高渗透层，流动速率减慢，黏度也在不断变大，高渗层流动阻力逐渐增加，注入压力大幅度提高，使得中、低渗透层吸液压差增大，吸液量增加，即模型整体波及体积比较大。结合 2.1 的认识，分析认为聚合物 A 与聚合物 B 的类型不同，分子间作用力不同，导致二者流变性的差异。具体为前者幂律指数 n 小于后者，二者黏度随剪切速率变化幅度不同，所以聚合物 B 驱的波及效率相比聚合物 A 会更高一些。

3 结论

（1）在纵向非均质较强的油藏中，聚合物驱油体系的评价筛选不仅依据剪切黏度，残余阻力系数 RRF 是最直接的表征参数。

（2）驱油体系的流变性会影响其在非均质油藏中驱替时的波及效率。流变性越强，波及效率越大，即幂律指数 n 越小，波及效率越高。

（3）由于聚合物溶液分子间作用力强弱不同，驱油体系在非均质油藏中扩大波及体积的能力取决于自身的流变性强弱，表现为残余阻力系数 RRF 大小。所以，需结合油藏条件考察聚合物溶液的流变性能。研究具有不同分子间作用力的新型驱油体系，能够提高低渗透层波及效率，增强化学驱对非均质油藏中低渗透层的驱替效果。

参 考 文 献

[1] 赵靖康，高红立，李红英．海上缓中 36-1 稠油油田剩余油研究 [J]．石油地质与工程，2011，25（3）：79.

[2] 白玉湖，张贤松．聚合物溶液黏弹性驱油微观机理 [J]．石油学报，2011，32（5）：852-856.

[3] 张宏方，王德民，王立军．聚合物溶液在多孔介质中的渗流规律及其提高驱油效率的机理 [J]．大庆石油地质与开发，2002，26（1）：47-51.

[4] Nader M, Farshid T and Ostap Z. Developing New Corey-Based Water/Oil Relative Permeability Correlations for Heavy Oil Systems [J]. SPE165445, 2013.

[5] 廖广志，王克亮，闫文华．流度比对化学驱驱油效果影响实验研究 [J]．大庆石油地质与开发，2001，20（2）：14-16.

[6] HASS R, DURST F. Viscoelastic Flow of Dilute Polymer Solutions in Regularly Packed Beds [J]. Rheol Acta, 1981, 21: 566-571.

[7] 叶仲斌，贾天泽，施雷庭，等．疏水缔合聚合物的流度控制能力研究 [J]．西南石油大学学报，2007，29（5）：100-104.

[8] 郭兰磊，李振泉，李树荣，等．一次和二次聚合物驱驱替液与原油黏度比优化研究 [J]．石油学报，2008，29（5）：738-741.

[9] Wang J, Dong M. Optimum Effective Viscosity of Polymer Solution for Improving Heavy Oil Recovery [J]. J Petrol Sci Eng, 2009, 67: 155-158.

[10] 陈铁龙，蒲万芬．聚合应用评价方法 [M]．北京：石油工业出版社，1996.

[11] 刘振宇，许元泽．聚丙烯酰胺溶液微观流变特性的研究 [J]．油田化学，1996，13（2）：145-148.

[12] 薛新生．聚合物溶液流变性能对提高采收率的影响研究 [D]．成都：西南石油大学，2009.

[13] 郭智栋．基于高残余阻力系数的高渗透稠油油藏聚合物驱驱替液技术 [D]．成都：西南石油大学，2011.

[14] 王敬，刘慧卿，张颖．常规稠油油藏聚合物驱适应性研究 [J]．石油钻采工艺，2007，29（3）：63-68.

[15] 吴赞校，石志成，侯晓梅，等．应用阻力系数优化聚合物驱参数 [J]．油气地质与采收率，2006，13（1）：92-94.

低渗透裂缝性油藏水窜模式
识别及凝胶调剖适应性

刘广为[1]　姜汉桥[2]　唐莎莎[1]　李长勇[1]　康博韬[1]

（1. 中海油研究总院；2. 中国石油大学（北京））

摘　要： 低渗透裂缝性油藏开发中，经常会出现油井见水后含水率快速上升，甚至暴性水淹的情况，需要及时判断水窜类型，并进行相应的调剖堵水措施。目前可供选择的堵剂系列很多，但是不同的堵剂系列适合不同模式的窜流通道。如果用适合封堵裂缝型的堵剂来封堵孔道型窜流通道，成功率必然较低；反之亦然。为此本文建立了低渗透裂缝性油藏水窜模式表征及识别方法，并对不同水窜模式下凝胶调剖的适应性进行了评价。首先根据渗流类型，将低渗透裂缝性油藏窜流通道主要分为孔道型、微裂缝型和人工裂缝型三种类型。通过定义大孔道平面和纵向发育程度来对孔道型窜流进行表征；通过微裂缝走向、密度和渗透率来对微裂缝型窜流进行表征；通过裂缝条数、裂缝穿透比来对人工裂缝型窜流进行表征。以此为基础，形成了基于水油比和水油比导数的三种水窜模式判别图版。最后通过数值模拟方法，研究了不同水窜模式下的凝胶调剖适应性。结果表明，孔道型和微裂缝型窜流的凝胶调剖效果明显好于人工裂缝型窜流；微裂缝的走向对调剖效果无明显影响，而微裂缝密度和渗透率对调剖效果有较为明显的影响；增大封堵半径对提高孔道型和微裂缝型窜流的调剖效果明显，而提高封堵强度对改善水力裂缝型窜流调剖效果明显。本文建立的低渗透裂缝性油藏水窜模式表征、识别和凝胶调剖适应性评价结果可以为此类油藏调剖剂的选择和研发提供指导。

关键词： 裂缝性油藏；窜流；低渗透；凝胶调剖

我国低渗透砂岩油藏一般埋藏比较深，加之较强的成岩作用和古地应力作用，微裂缝往往发育旺盛[1-3]。低渗透油藏由于本身的地质因素，基质渗透率较低，渗流阻力很大，油井产能很小，通常采用水力压裂提高油井产量和单井注水能力。但实例证明，这种开发方式也经常会导致严重的裂缝水窜现象，即油井见水时间早，见水后含水率上升很快，油井常暴性水淹，水淹后产油量几乎为零，严重制约了低渗透油气田的开发效率[4,5]。

当低渗透裂缝性油藏出现水窜情况后，需要及时判断水窜类型，并进行相应的调剖堵水措施。由于储层改造后，油藏中同时存在由渗透率非均质引起的高渗条带、微裂缝和人工裂缝，三者均可能导致注入水窜流，导致阶段采出程度低，注水开发效果差。目前可供选择的堵剂系列很多，但是不同的堵剂系列适合不同模式的窜流通道[6-8]。如果用适合封堵裂缝型的堵剂来封堵孔道型窜流通道，成功率必然较低；反之亦然。为此，本文建立了低渗裂缝性油藏水窜模式表征及识别方法，并对不同水窜模式下凝胶调剖的适应性进行了评价。

1　低渗透裂缝性油藏水窜模式表征参数

结合现场实际情况，根据发生水窜的不同原因，水窜一般可以分为以下三种：孔道型

（高渗透条带或高渗透层）水窜、微裂缝型水窜、人工裂缝型水窜。实际生产过程中，地层中发生水窜可能为单一水窜类型，也可能是这三种类型的综合。

1.1 孔道型水窜

孔道型水窜是指由高渗透条带或高渗透层导致的注入水窜流现象，其发育程度可以由以下两个主要表征参数进行描述。

大孔道平面发育程度是指孔道在注采井之间的延伸程度，以大孔道发育面积与注采井控制面积比值表示。孔道平面发育程度越高，平面延伸距离越远，注采井之间渗流阻力就越小，注采井之间窜流就越严重。

大孔道纵向发育程度是指存在大孔道的储层地层系数与储层总地层系数的比例。大孔道在纵向上越发育，水窜就越严重。

1.2 微裂缝型水窜

天然微裂缝在低渗透油田的开发中扮演着重要的角色。虽然由于微裂缝的存在，改善了低渗透油藏的渗流条件，但高压注水可能会导致微裂缝开启，造成注入水沿裂缝水窜。微裂缝的走向、密度和渗透率是表征微裂缝发育情况的主要参数，也是表征微裂缝型水窜发育程度的主要表征参数。

微裂缝走向表示微裂缝的主要延伸方向，反映了储层各向异性，影响注水窜流方向。

由于计算时使用的资料不同，微裂缝密度 D_f 又有线密度、面密度、体积密度之分，其中线密度指单位长度内所含微裂缝的条数，反映了微裂缝的发育程度。微裂缝密度越大，注采井间发生窜流的可能性越大。

微裂缝渗透率 K_f 表征了流体在微裂缝中的流动能力。微裂缝渗透率越高，注采井连通性越强，注采井之间窜流的可能性越大。

1.3 人工裂缝型水窜

人工裂缝型水窜发育程度主要由人工裂缝系数和裂缝穿透比表征。

人工裂缝条数是指压裂后注采井间发育人工裂缝的条数。人工裂缝条数越多，窜流越严重，见水越快。

裂缝穿透比是指注采井之间裂缝长度与注采井距的比值。裂缝穿透比越大，注采井之间连通性越高，含水率上升速度越快。

2 低渗透裂缝性油藏窜流模式识别方法

目前，对低渗透裂缝性油藏窜流通道的研究已引起广泛重视，但还没有形成成熟的水窜类型识别技术[9,10]。现有通过井筒测试判别窜流的方法具有工序复杂、成本较高、耗时较长的缺陷，而单纯通过地质参数进行判别则主观性过强、精度低。目前各油田的生产历史记录都很详细，包括时间、产油量、产水量、油井套压、水井油压、注水量、动液面等数据，这些油田生产动态数据是对油水在地层中流动的直接而又真实的反映，通过生产动态数据挖掘地下水驱窜流信息则具有重要的意义。

不少国内外学者对通过生产动态数据判别水窜类型的研究已取得了一定的研究成果。

Chan 等提出了利用水油比和水油比导数曲线来判断边水和底水锥进类型[11]；姜汉桥等提出了利用含水率导数曲线判断底水油藏点状见水、多点见水和线状见水类型[12]；张贤松等提出了利用水油比和水油比导数曲线来判断水平井的水窜类型[13]。

借鉴前人研究思路，本文采用了数值模拟方法分析不同窜流型态油藏的生产动态特征，然后根据生产动态特征的差别，建立了根据水油比—采出程度曲线和水油比导数—采出程度曲线特征来识别低渗透裂缝性油藏不同窜流模式的方法。其中所用数值模拟典型模型参数见表 1。

表 1   典型模型参数

地质参数	网格数	有效厚度	平均渗透率	变异系数
	40×40×6	15m	145mD	0.5
	孔隙度	顶深	油水界面	油藏温度
	0.24	450m	468m	32℃
流体物性参数	相渗及 PVT	地下原油黏度	地下水黏度	溶解气油比
	—	25mPa·s	0.49mPa·s	17
生产参数	注入速度	产液速度	井距	井网
	32m³/d	8m³/d	270m	一注四采（五点）

由图 1 和图 2 可知，具有不同水窜类型的油藏，其水驱特征规律有其自身的特点。对于人工裂缝型窜流油藏，注水迅速突破并造成油井水淹，水油比急剧上升，水油比导数峰值出现早且峰值高。对于微裂缝型窜流，裂缝系统很快见水，初期水油比导数即到达高峰，随后由于毛细管压力的作用，基质中的油开始在自渗吸的作用下进入裂缝，从而使水油比导数出现降低的趋势；当微裂缝系统中的含水饱和度达到一定程度后，基质的自渗吸作用减弱，微裂缝的水油比导数上升势头重新变猛。而对于孔道型窜流，油藏初始见水速度较慢，水油比导数峰值出现晚且峰值较低。此外从采出程度上，一般孔道型窜流采出程度要大于微裂缝型窜流和人工裂缝型窜流。由此看来，不同类型的窜流通道，其地下的油水运动规律不同，表现在油藏含水率上升规律上也存在差异。根据上述特点，并结合静态地质参数，可以用于判断低渗透裂缝型油藏水驱窜流类型。

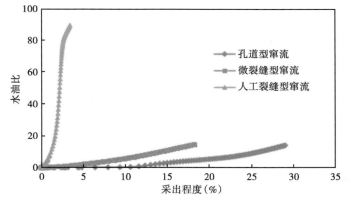

图 1   三种水驱窜流模式水油比—采出程度曲线

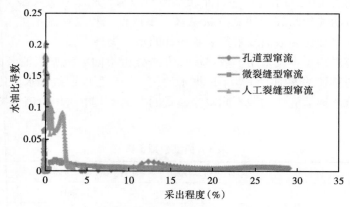

图2 三种水驱窜流模式水油比导数—采出程度曲线

3 低渗透裂缝性油藏凝胶调剖适应性

在上述研究的基础上，根据低渗透裂缝型油藏出现水驱窜流的特点，采用数值模拟方法研究了在不同水窜模式下凝胶调剖的适应性。典型模型参数与表1相同。此外凝胶体系构成为聚合物交联体系，适宜温度为30～80℃，成胶时间为60～100h，成胶黏度为10000～30000mPa·s。地质参数重点考虑了微裂缝走向、密度和渗透率对凝胶调剖效果的影响，注入参数考虑了调剖封堵半径和封堵强度对凝胶调剖效果的影响。

3.1 微裂缝走向

微裂缝走向分别设为垂直微裂缝、平行微裂缝（平行于注采方向）和水平微裂缝，由图3可以看出微裂缝走向对含水率下降幅度和采出程度影响不大。

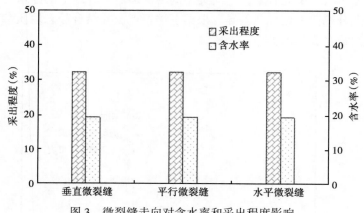

图3 微裂缝走向对含水率和采出程度影响

3.2 微裂缝密度

分别将微裂缝密度设为0.1条/m、1条/m、10条/m和100条/m，由图4可以看出，微裂缝密度超过1条/m后，调剖后含水率降幅逐渐减小，调剖效果逐渐变差。因此凝胶调剖效果对微裂缝密度敏感性较强。

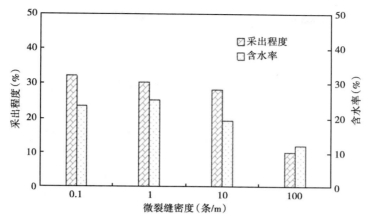

图 4　微裂缝密度对含水率和采出程度影响

3.3　微裂缝渗透率

微裂缝渗透率与基质渗透率级差设为 2、4、8、16，由图 5 可以看出渗透率级差大于 2 后，对调剖后含水率下降幅度和采出程度影响很小。

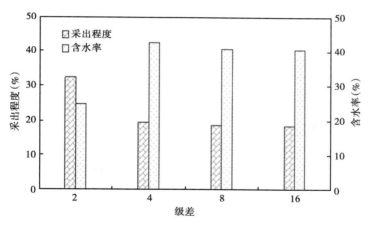

图 5　微裂缝渗透率对含水率和采出程度影响

3.4　封堵半径

调剖封堵半径是影响调剖效果的一个重要指标。下面将设计不同注入凝胶调剖剂用量，研究调剖封堵半径为 0.1、0.15、0.2、0.25、0.3、0.35、0.4 井距倍数下三种窜流模式的调剖效果。

对于孔道型窜流，随封堵半径增加，调剖堵水效果越来越好，当封堵半径大于 0.15 倍注采井距时，采收率增加速度放缓。对于微裂缝型窜流，调剖堵水效果随封堵半径增加而逐渐变好。封堵半径对水力裂缝型窜流调剖堵水效果影响较小。

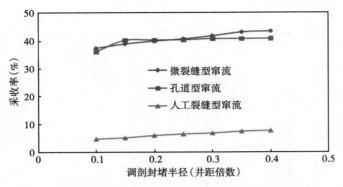

图 6　三种窜流模式下封堵半径对调剖效果的影响

3.5　封堵强度

封堵强度是指在一定时间内，堵剂封堵前油水井间平均渗透率与封堵后油水井间平均渗透率的比值：

$$B = \frac{\overline{K_q}}{\overline{K_h}} = \frac{\overline{\Delta p_h}}{\overline{\Delta p_q}} \frac{\overline{Q_q}}{\overline{Q_h}} \tag{1}$$

式中　$\overline{K_q}$——调剖前油水井间平均渗透率；

$\overline{K_h}$——调剖后油水井间平均渗透率；

$\overline{\Delta p_q}$——调剖前油水井间压差；

$\overline{\Delta p_h}$——调剖后油水井间压差；

$\overline{Q_q}$——调剖前注水井注入速度；

$\overline{Q_h}$——调剖后注水井注入速度。

堵剂封堵后注采井间渗透率降低，通过一定时间内封堵前后注采井间渗透率比值可以反映堵剂封堵的有效程度。一般来说，封堵强度值越大，堵剂封堵效果越好。下面将研究不同封堵强度下，凝胶调剖剂对三种窜流模式的调剖效果。

统计不同窜流模式和不同封堵强度下调剖后采收率，如图 7 所示。可见，对于孔道型窜

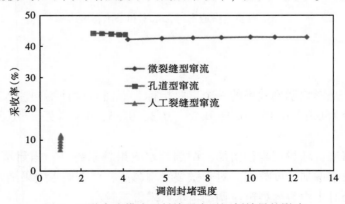

图 7　三种窜流模式下封堵强度对调剖效果的影响

流和微裂缝型窜流，封堵强度分别达到 2.58 倍和 4.2 倍以上时即可实现大孔道和微裂缝的有效封堵，再提高封堵强度，采收率增加幅度很小。对于人工裂缝型窜流，提高封堵强度对提高水力裂缝型窜流调剖堵水效果十分明显。但另一方面，凝胶体系对人工裂缝型窜流很难达到较高的封堵强度，因此可考虑复合调剖体系或颗粒类调剖体系来增大对人工裂缝型窜流的封堵强度。

4 结论

（1）提出了孔道型窜流表征参数为大孔道平面和纵向发育程度；微裂缝型窜流的表征参数为微裂缝走向、密度和渗透率；人工裂缝型窜流的表征参数为裂缝条数、裂缝穿透比。

（2）建立了基于水油比—采出程度和水油比导数—采出程度的三种低渗透裂缝性油藏水窜模式判别图版。

（3）数值模拟结果表明，微裂缝的走向对调剖效果无明显影响，而微裂缝密度和渗透率对调剖效果有较为明显的影响；增大封堵半径对提高孔道型和微裂缝型窜流的调剖效果明显，而提高封堵强度对改善水力裂缝型窜流调剖效果明显。

参 考 文 献

[1] 高丽，袁彬，周晓丹，等．天然裂缝性特低渗砂岩油藏等效连续介质模型 [J]．中国西部科技，2012，11（3）：17-18．

[2] 付静，周晓君，孙宝江，等．低渗裂缝性油藏渗透率的影响因素研究 [J]．石油钻采工艺，2008，30（2）：69-71．

[3] 张磊，陈庆栋，蒲春生，等．裂缝性特低渗油藏窜流通道识别方法研究与应用 [J]．钻采工艺，2015，38（6）：29-32．

[4] 张宏强，张永强，张晓斌，等．鄂尔多斯盆地长 6 油层组储层水驱窜流影响因素实验研究 [J]．长江大学学报（自然科学版）2016，13（29）：43-48．

[5] 赵传峰，姜汉桥，王佩华，等．裂缝型低渗透油藏的水窜治理对策——以扶余油田为例 [J]．石油天然气学报，2008，30（6）：116~120．

[6] 贾晓飞，雷光伦，贾晓宇，等．注水井深部调剖技术研究现状及发展趋势 [J]．特种油气藏，2009，16（4）：6~10．

[7] 熊春明，唐孝芬．国内外堵水调剖技术最新进展及发展趋势 [J]．石油勘探与开发，2007，34（1）：83-88．

[8] 纪朝凤，葛红江．调剖堵水材料研究现状与发展趋势 [J]．石油钻采工艺，2002，24（1）：54~57．

[9] 刘睿，姜汉桥，陈民锋，等．江苏油田复杂小断块油藏分类 [J]．新疆石油地质，2009，30（6）：680-682．

[10] 孔柏岭，刘文华，皇海权，等．聚合物驱前区块整体调剖技术的矿场应用 [J]．大庆石油地质与开发，2010，29（1）：105-109．

[11] K. S. Chan, Schlumberger Dowell. Water Control Diagnostic Plots. SPE30775, SPE Annual Technical Conference & Exhibition, Dallas, 1995.

[12] 姜汉桥，李俊键，李杰．底水油藏水平井水淹规律数值模拟研究 [J]．西南石油大学学报：自然科学版，2009，31（6）：172-176．

[13] 张贤松，丁美爱，张媛．水平井水窜类型识别方法及适应性分析 [J]．特种油气藏，2012，19（5）：78-81．

高盐低渗透油藏低矿化度水驱
开发可行性评价

李南　谭先红　刘新光　杨依依　焦松杰
（中海油研究总院开发研究院）

摘　要： 通过对比注入不同矿化度水、不同注入量下岩心渗透率变化，初步认识高盐低渗透油藏注低矿化度水驱油机理。从低渗透储层的应力敏感特征和相渗特征入手，对比了注入不同矿化度水后岩心应力敏感性和相渗端点值的变化，并有效结合矿场先导试验，分析了注低矿化度水对注入井井底压力、油井累产油量及递减率的影响。结果表明，低矿化度水驱可以有效提高高盐低渗透储层渗透率，并有效降低低渗透储层应力敏感性；目标油田注入矿化度小于 4g/L 的水能明显扩大相渗曲线两相区的范围，改善驱油效率，同时降低注水井井底流压，在提高单井累产油的同时，有效避免油井过早出现盐堵现象。

关键词： 低矿化度水驱；高盐低渗透储层；应力敏感；驱油效率

目前长庆、新疆、吉林、大庆等低渗透油田普遍采用注水进行开发，并取得了较好的开发效果[1]。但是低渗透油藏水驱开发还存在一些突出的问题[2]，如针对含盐量较高的低渗透储层，由于地层水矿化度较高（一般在 200g/L 以上），采用注地层水开发，不但注水困难，生产井见水后很快出现盐析现象，使得开发效果十分不理想。选择何种开发方式能有效改善高盐低渗透储层的开发效果已经成为亟待解决的问题。通过调研发现[3]，一些低渗透油田低矿化度水驱现场试验已取得较好效果，但是低矿化度水驱室内物理实验尚未在高盐低渗透储层中开展。国内普遍认为低矿化度水驱提高采收率的机理为对储层润湿性的改变，而针对低渗透油藏渗透率低、储层应力敏感性强及驱油效率低等特点，低矿化度水驱能否有效解决这些问题还没有进行系统的研究[4]。本文通过低矿化度水驱室内物理模拟实验，更为清楚地认识到了这种开发方式下的驱油机理，有效评价了高盐低渗透油藏低矿化度水驱开发的可行性。

1　不同矿化度水驱岩心渗透率变化研究

通过设计注入不同矿化度水的岩心驱替实验[5]，可以直观反映储层岩心的物性变化，有助于认清低渗透高盐储层注入不同矿化度水的微观驱替特征。首先对不同渗透率下的岩心进行饱和油处理，并进行地层水（矿化度 C 为 387.8g/L）下的岩心驱替实验。在注入 1.5PV 地层水后，测量其渗透率，随后再注入低矿化度水（矿化度 C 为 0.1 g/L），并不断测量其渗透率。其中，各个岩心的矿物组成相差不大，大部分岩心黏土矿物含量不超过 3%，可溶性矿物含量超过 5%。

通过实验发现，如图 1 所示，所有岩心在注入地层水条件下渗透率没有任何变化，而当注入矿化度为 0.1g/L 的低矿化度水后，岩心渗透率出现了不同程度的提高，最大提高幅度接近 100 倍，平均在 5~10 倍。

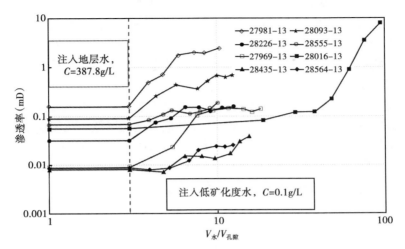

图 1　注入低矿化度水（$C=0.1g/L$）与地层水下岩心渗透率变化

在此基础上采用相似的方法，注入地层水后注入矿化度相对较高的低矿化度水（$C=2g/L$）。通过分析岩心渗透率发现，如图 2 所示，注入低矿化度水后，岩心渗透率也呈明显上升趋势，但上升幅度相对较低，最大提高幅度接近 10 倍，平均在 3~5 倍。

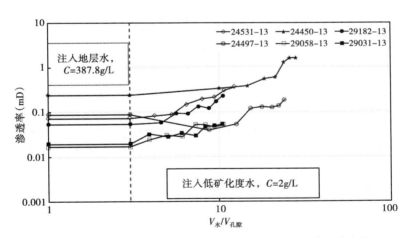

图 2　注入低矿化度水（$C=2g/L$）与地层水下岩心渗透率变化

通过实验发现，注低矿化度水相比注地层水可以有效提高储层渗透率，矿化度越低，提高的幅度也越明显。由此可见，低矿化度水驱可以有效改善高盐低渗透储层的渗流能力。通过分析岩心的矿物组成发现，图 1 中岩心 28435-13 和岩心 28564-13 的黏土含量相对较大，约为 7%。与黏土矿物含量较小的岩心相比（黏土含量小于 3%），这两块岩心低矿化度水驱的储层改造效果较差，分析认为在注入相同矿化度水的前提下，储层中黏土矿物的含量将直接影响低矿化度水驱的储层改造效果。

2 不同矿化度水驱岩心应力敏感性研究

国内外学者的研究表明[6]，低渗透储层岩心在有效覆压增大的过程中会表现出较强的应力敏感性。由于应力敏感现象的存在，低渗透油藏一般采取保压开发，但由于低渗透油藏注水见效慢，因此局部区域存在明显的渗透率下降现象。如何有效降低低渗透储层应力敏感性是低渗透油田开发过程中面临的重要问题。

基于物理模拟实验，对不同矿化度水驱替后的岩心进行应力敏感实验，分析注入低矿化度水对储层应力敏感性的影响，从而有效洞悉高盐低渗透储层低矿化度水驱的开发机理。

选取渗透率相似的两块岩心（$K = 0.68mD$、$0.73mD$），将两块岩心分别用地层水和低矿化度水进行岩心驱替。驱替结束后洗油并将岩心烘干，分别进行应力敏感实验。对比不同矿化度水驱替后，储层应力敏感性的变化，如图 3 所示。

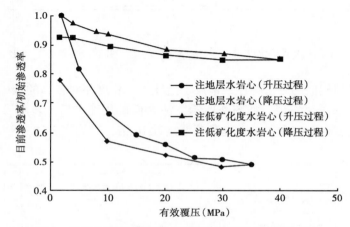

图 3 地层水及低矿化度水驱替后岩心应力敏感性变化

通过实验发现，初始渗透率相似的岩心被不同矿化度水驱替后，应力敏感性发生了一定变化。使用地层水驱替的岩心，当有效覆压增加到 35MPa 时，渗透率下降 50%。使用低矿化度水驱替的岩心，当有效覆压增加到 35MPa 时，渗透率仅下降 13%。注低矿化度水驱可以有效降低低渗透储层的应力敏感性，削弱了由于地层压力下降造成的渗透率损失，有效提高了开发效果。

3 不同矿化度水驱岩心相对渗透率研究

通过调研发现[7,8]，低矿化度水驱提高采收率的主要机理为类碱驱、微粒运移以及多组分离子交换引起的储层润湿性改变。对不同矿化度水驱替后储层相对渗透率的变化认识不够清楚，需要对同一块岩心进行不同矿化度水驱油实验，定量表征不同矿化度水驱对相渗形态的影响。研究结果如图 4 所示。

采用地层水（$C = 387.8g/L$）对实际岩心进行水驱油实验，测得束缚水饱和度为 0.157，残余油饱和度为 0.42，驱油效率为 42.3%；当采用矿化度为 4.0g/L 的水驱替时，测得束缚

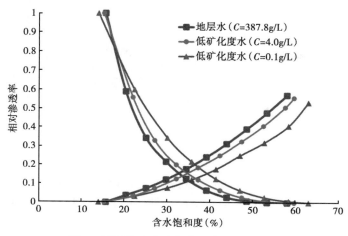

图4 不同注入水矿化度下岩心相渗变化

水饱和度为0.153，残余油饱和度为0.404，驱油效率为44.3%；当采用矿化度为0.1g/L的低矿化度水驱替时，测得束缚水饱和度为0.14，残余油饱和度为0.37，驱油效率为49%。

实验结果表明，注低矿化度水可以有效改善储层微观驱油效率，注入水的矿化度越低，改善效果越明显。注入水矿化度从387.8g/L降为4.0g/L时，驱油效率可以提高2.0%；当注入水矿化度从4.0g/L降为0.1 g/L时，驱油效率进一步提高4.7%。高盐低渗透储层采用低矿化度水驱时，注入水矿化度低于4.0g/L时，对微观驱油效率的提高效果比较明显。

4　注不同矿化度水现场实施效果对比

以俄罗斯QN区块为例，该油田为高盐低渗透储层，地层水矿化度高达387.8 g/L，2011年开始采用井距为800m的定向井反九点井网进行注地层水开发。目标区块开发几个月就出现注水困难的现象，截止到2015年年底，平均单井累产油不足5000m³，开发效果不理想。2013年，开始有3个井组进行低矿化度水驱现场试验，通过陆上水处理设施将地层水矿化度从387.8g/L处理到5.0g/L，并进行回注。这3个井组开发到2015年年底，平均单井累计产油为9400m³，相比周围注地层水开发的井组，开发效果明显提高。选取该区块两个井组（1个井组注地层水开发，1个井组注低矿化度水开发）进行对比分析。

通过分析这两个井组注水井的井底压力发现，在储层物性相似的前提下，低矿化度水驱的注水井日注入量略高于注地层水的井，见表1。同时低矿化度水驱的注水井井底流压也略低，充分反映出低矿化度水驱可以有效改善高盐低渗透储层注水困难的状况，从而有效保持地层压力[9,10]。

表1　两个井组开发效果对比

井组名	日注水量（m³）	注入井压力（MPa）	渗透率（mD）	单井累计产油（10⁴m³）
Q34-Z8（注地层水）	76	27.3	0.74	0.7
Q34-Z25（注低矿化度水）	91	26.1	1.05	1.2

采用低矿化度水驱可以有效提高高盐低渗透油藏单井累计产油。从两个井组油井的递减规律可以发现，采用注地层水开发油井递减规律为指数递减，而采用低矿化度水驱的油井递减规律为调和递减。

截至 2015 年年底，采用低矿化度水驱的井组中未出现盐堵现象，而采用注地层水开发的井组中已有 6 口井出现盐堵现象。结合室内物理模拟实验和矿场试验的结果，认为低矿化度水驱能够有效改善高盐低渗透储层的微观驱油效率，提高此类油藏的开发效果。

5 结论

（1）通过对比注入不同矿化度水的岩心实验，发现低矿化度水驱可以有效提高高盐低渗透储层渗透率，从而为产能的提高奠定基础。储层中黏土矿物与可溶性矿物的含量将直接影响低矿化度水驱的储层改造效果。

（2）通过应力敏感物理模拟实验，发现低矿化度水驱有效降低了储层应力敏感性，从而降低了由于压力下降造成的储层伤害。

（3）通过对比不同矿化度水驱后的岩心相渗曲线，发现低矿化度水驱可以有效改善微观驱油效率，同时针对目标油田采用矿化度小于 4.0g/L 的水，驱油效率改善效果较佳。

（4）通过矿场试验，发现注低矿化度水开发可以降低注水井井底流压，有效改善高盐低渗透储层注水困难的状况，有效提高单井累计产油，并避免油井过早出现盐堵。因此高盐低渗透油藏采用低矿化度水驱开发是可行的。

参 考 文 献

[1] 王光付，廖荣凤，李江龙，等．中国石化低渗透油藏开发状况及前景 [J]．油气地质与采收率，2007，14（3）：84-87.

[2] 闫健，张宁生，刘晓娟．低渗透油田超前注水增产机理研究 [J]．西安石油大学学报：自然科学版，2008，23（5）：43-46.

[3] 王平，姜瑞忠，王公昌．低矿化度水驱研究进展及展望 [J]．岩性油气藏，2012，24（2）：107-109.

[4] K. Skrettingland, T. Holt, MT. Tweheyo, et al. Low Salinity Water Injection-Core Flooding Experiments And Single Well Field Pilot [J]. SPE Reservoir Evaluation & Engineering, 2013, 14（2）：182-192.

[5] A. Emadi, M. Sohrabi. Visual investigation of oil recovery by low salinity water injection: Formation of water micro-dispersions and wettability alteration [J]. Analyst, 2013, 128（6）：773-778.

[6] E. Shalabi, K. Sepehrnoori, M. Delshad. Mechanisms behind low salinity water injection in carbonate reservoirs [J]. Fuel, 2014, 121（121）：11-19.

[7] C. Callegaro, M. Bartosek, F. Masserano, et al. Opportunity of Enhanced Oil Recovery Low Salinity Water Injection-From Experimental Work to Simulation Study up to Field Proposal. SPE-164827, 2013.

[8] 吴晓燕，吕鹏，王成胜，等．转注时机对低矿化度水驱效果的影响研究 [J]．科学技术与工程，2016，16（4）：12-16.

[9] 吴剑，常毓文，李嘉，等．低矿化度水驱技术增产机理与适用条件 [J]．西南石油大学学报自然科学版，2015，37（5）：144-147.

[10] 高永利，邵燕，张志国，等．特低渗透油藏水驱油特征实验研究 [J]．西安石油大学学报自然科学版，2008，23（5）：53-56.

低渗透油藏启动压力梯度的实验研究

张雪娇　丁冠阳　董平川

（中国石油大学（北京）石油工程学院）

摘　要：随着油气资源的利用，越来越多的低渗透油藏投入开发，低渗透油藏由于渗透率低，孔隙结构复杂，在实际生产中的启动压力不可忽略，启动压力梯度对开发有不可忽视的影响，它是流体边界层性质异常和流体塑性的综合表现形式。根据所得启动压力梯度，分别讨论了启动压力梯度与渗透率、流体黏度、流度的关系。研究表明，低渗透油藏启动压力梯度与渗透率、流度成反比，与流体黏度成正比，并且与渗透率和流度之间有较好的乘幂关系。针对低渗透油藏的特点，在实验室通过稳态法测定了岩心在纯油相、含水饱和度和束缚水下的启动压力梯度。结果表明，束缚水下的启动压力梯度大于含水饱和度下的启动压力梯度，它们都小于纯油相下的启动压力梯度。在黏度相同的情况下，这三种情况下的启动压力梯度都随着渗透率的增大而减小；当渗透率相同时，它们的启动压力梯度都是随着黏度的增大而增大。由于启动压力梯度的存在，在设计生产压差时必须将这一因素考虑进去，才能保证油藏生产过程中原油的流动，因此该实验结果对油田的实际生产具有重要的指导意义。

关键词：低渗透油藏；边界层；纯油相；含水饱和度；束缚水饱和度

随着油气资源的利用，越来越多的低渗透油藏投入开发。低渗透油藏由于渗透率低，孔隙喉道细小，渗流环境复杂，流体在多孔介质中的流动特征和机理受到流体性质、多孔介质性质以及二者之间的相互作用等因素的影响和控制，因而其油水渗流特点、规律要比中高渗透储层复杂得多。而且我国低渗透油藏的面积十分广阔[1-3]，因此低渗透油藏启动压力的研究十分重要。本文对低渗透油藏的启动压力梯度进行研究，通过测定不同渗透率，不同黏度岩心在纯油相、不同含水饱和度和束缚水下的启动压力梯度来进行分析[4,5]，了解岩心在不同情况下启动压力梯度变化的规律。

1　低渗透油藏启动压力梯度产生机理和影响因素

启动压力即油藏中的流体开始流动时候的压力。理论上来讲，任何油藏都存在启动压力。但是对中高渗透油藏来说，启动压力很小，实验很难获得，而且对整个渗流过程影响很小，所以在实际生产中可以忽略不计[6]。但是对低渗透油藏来说，它的流动与中高渗透油藏不一样，流动规律不再服从达西渗流定律，并且由于其孔隙喉道半径细小，启动压力较大，在实际生产中不能忽略不计。只有当生产压差大于启动压力时，液体在岩心中才会流动，所以在实际生产时需要设定合理的生产压差来保证原油的产出。

对于启动压力的产生机理，前人已经做了详细的研究，主要有两个方面的原因。一是边界层的存在。在油藏中，参与渗流的流体主要分为体相流体和边界流体两个部分。前者主要指渗流过程中不受界面影响的流体，后者指其性质受界面影响的流体。由于边界层流体为重质组分和胶质沥青质，具有很高的密度和黏度，因此剪切应力和屈服值也较高，并且固液分子间的作用还能产生另一种附加阻力，即流体与岩石之间的吸附阻力[7-9]。所以边界流体需要较高的压力来克服以上两种阻力。边界层的厚度与流体性质和孔隙介质结构有关。中高渗地层流体边界层厚度相对较小，对渗流影响不大。而低渗透及特低渗透地层喉道半径细小，边界层相对厚度较大，它会对渗流造成很大的影响。当边界层的厚度小于岩石最大孔隙直径的时候，岩心无启动压力；只有当厚度大于岩石最大孔隙直径的时候才会产生启动压力。二是因为低渗透油藏孔隙喉道细小，流体需要一定驱动压力才能流动。

影响启动压力的主要因素有：岩石的渗透率、流体性质和岩石性质等几个方面。这里主要研究渗透率、黏度和含水饱和度对启动压力梯度的影响。

2　低渗透油藏启动压力梯度实验研究

前人已经总结了许多测定启动压力的方法，主要有稳态法、非稳态法和毛细管平衡法。本实验采用稳态法来测定启动压力梯度[10]。即采用设定特低流量，逐渐建立岩心两端压差的方法来直接测定岩石启动压力梯度。即在特低速条件下将液体驱替到岩心入口端，逐渐建立入口端压力，观察岩心出口端有液体出现时，记录此时的压力，此压力就是岩心的启动压力。图1为实验的流程图。

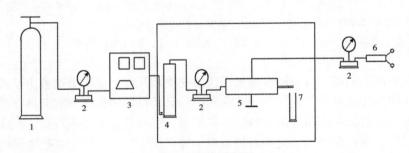

图1　实验流程图

1—气瓶；2—压力表；3—ISCO 泵；4—中间容器；5—岩心加持器；6—围压泵；7—量筒

2.1　单相油启动压力梯度实验

2.1.1　实验条件与方法

实验条件：实验用油为煤油和原油（原油来自某油田某井区脱气原油）混合配制而成，实验温度为20℃。

实验方法：将天然岩心100%饱和油后装入岩心夹持器，加围压5MPa，用模拟油以0.1mL/min的流速驱替5倍孔隙体积，静置24h，让模拟油在岩心内有足够的时间老化；将ISCO泵的流速设定为0.008mL/min，观察岩心出口端有液体出现时，记录此时的压力，此压力便是岩心的启动压力[11]；换不同渗透率的岩心，测量相同驱替流速下的启动压力梯度。

2.1.2　实验结果

实验结果见表1。

表1 不同渗透率岩心单相油下启动压力梯度

岩心号	长度 (cm)	气测渗透率 (mD)	流体黏度 (mPa·s)	出液时间 (min)	启动压力 (MPa)	启动压力梯度 (MPa·m)
HH69-7	5.637	1.861	3.74	147	0.00660	0.117
HH69-2	4.827	0.952	3.74	158	0.00815	0.169
HH69-10	4.888	0.424	3.74	239	0.01310	0.268
HH68-3	5.218	0.022	3.74	518	0.02800	0.537

2.1.3 结果及分析

图2是单相油下的启动压力梯度随流度的变化曲线。由图可以看出，在黏度相同的情况下，渗透率越大（即流度越大），启动压力梯度越小。由于流体黏度相同，岩石的渗透率越低，边界层流体在孔隙中所占的比例越大，边界层的相对厚度越大，流体流动所要克服的黏滞阻力和吸附阻力也就越大，同时岩石的孔隙吼道更小，所以启动压力梯度就越大。

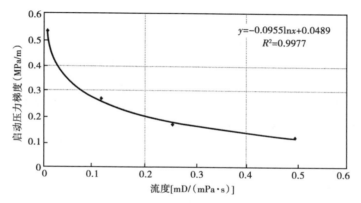

图2 单相油下启动压力梯度与流度关系曲线图

2.2 含水饱和度下油相启动压力梯度研究

在油藏开发条件下，原油与水同时存在，在含水饱和度较低时，地层水一般占据小孔隙，而原油一般在大孔道中存在[12]。水的存在对原油启动压力梯度必定有一定的影响。本项实验在模拟油藏油水同时存在的条件下，测定原油流动的启动压力梯度。

2.2.1 实验条件与方法

实验条件：实验用油为煤油和原油（原油来自某油田某井区脱气原油）混合配制而成，实验用水为矿化度80000mg/L模拟地层水，实验温度为20℃。

实验方法：将天然岩心100%饱和模拟地层水后装入岩心夹持器，加围压5MPa，用泵以0.05mL/min的速度油驱水驱替至一定的含水饱和度，静置24h。将ISCO泵的流速设定为0.008mL/min，观察岩心出口端有液体出现时，记录此时的压力，此压力便是岩心在含水饱和度下的启动压力。换不同黏度流体，不同渗透率的岩心，测量相同驱替流量下的启动压力梯度。

2.2.2 实验结果

实验结果见表2。

表 2　不同渗透率岩心含水饱和度下油相启动压力梯度

岩心号	长度 （cm）	气测渗透率 （mD）	流体黏度 （mPa·s）	含水饱和度 （%）	启动压力 （MPa）	启动压力梯度 （MPa/m）
HH69-1	5.098	0.625	3.740	58.38	0.00255	0.0500
HH69-8	4.818	1.757	3.740	49.97	0.00180	0.0374
HH12-8	5.559	0.028	3.740	69.60	0.00545	0.0980
HH69-7	5.637	1.861	3.205	53.96	0.00165	0.0239
HH69-2	4.827	0.952	3.205	51.60	0.00185	0.0382
HH68-3	5.218	0.022	3.205	68.80	0.00560	0.1070
HH69-7'	5.637	1.861	6.600	53.96	0.00190	0.0337
HH69-2'	4.827	0.952	6.600	51.60	0.00425	0.0880
HH68-3'	5.218	0.022	6.600	68.80	0.01050	0.2010

2.2.3　结果及分析

图 3 是不同含水饱和度下油相的启动压力梯度与流度的关系曲线。由该图可以看出，在黏度相同的情况下，渗透率越大（即流度越大），启动压力梯度越小[13]。由于流体黏度相同，岩石的渗透率越低，边界层流体在孔隙中所占的比例越大，边界层厚度越大，流体流动所要克服的黏滞阻力和吸附阻力也就越大，同时岩石的孔隙吼道更小，所以启动压力梯度就越大。在渗透率相同的情况下，黏度越大，启动压力梯度越大（例如 HH69-7 岩心在黏度6.6mPa·s 下的启动压力梯度大于在黏度 3.2mPa·s 下的启动压力梯度）。这是由于黏度大的流体中胶质和沥青质含量较多，剪切应力也就越大，这就导致流体流动所要克服的阻力也越大，所以启动压力梯度增大。从表 1 和表 2 可以看出，同一岩心含水饱和度下油相的启动压力梯度明显小于纯油相的。这是由于水的存在降低了边界层的相对厚度，边界层的黏滞阻力和固液界面的吸附阻力减小，所以含水饱和度下油相的启动压力梯度小于纯油相的。

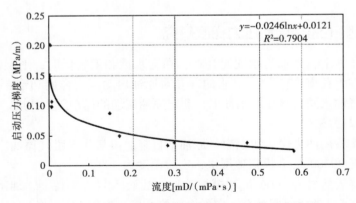

图 3　含水饱和度下启动压力梯度与流度关系曲线图

2.3　束缚水饱和度下油相启动压力梯度研究

2.3.1　实验条件与方法

本项实验研究在束缚水条件下，测定原油开始流动时的启动压力梯度。实验方法是首先将岩心饱和地层水，然后建立束缚水饱和度，再测定束缚水饱和度时原油启动压力梯度。

2.3.2 实验结果

实验结果见表3。

表3 不同渗透率岩心束缚水饱和度下油相启动压力梯度

岩心号	长度（cm）	气测渗透率（mD）	流体黏度（mPa·s）	出液时间（min）	启动压力（MPa）	启动压力梯度（MPa/m）
HH69-1	5.098	0.625	6.600	42.1	0.00290	0.0569
HH69-7	5.637	1.861	6.600	43.7	0.00200	0.0355
HH69-8	4.818	1.757	3.205	38.2	0.00095	0.0197
HH69-10	4.888	0.424	3.205	43.9	0.00195	0.0399

2.3.3 结果及分析

图4所示的是束缚水下油相的启动压力梯度与流度的关系曲线。由该图可以看出，在黏度相同的情况下，渗透率越大（即流度越大），启动压力梯度越小。由于流体黏度相同，岩石的渗透率越低，边界层流体在孔隙中所占的比例越大，边界层厚度越大，流体流动所要克服的黏滞阻力和吸附阻力也就越大，同时岩石的孔隙喉道越小，所以启动压力梯度就越大。对比图2和图4可以看出，渗透率相同的岩心，在束缚水下油相的启动压力梯度小于单相油的启动压力梯度[14]（例如HH69-7岩心束缚水下的启动压力梯度为0.0355MPa/m，单相油下启动压力梯度为0.117MPa/m）。这是由于岩心在单相油下的黏滞阻力和吸附阻力大于束缚水饱和度下，所以单相油下的启动压力梯度大于束缚水饱和度下的油相启动压力梯度。

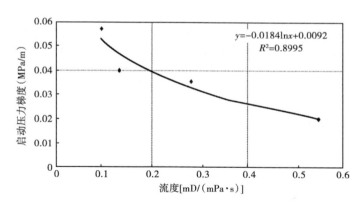

图4 束缚水饱和度下启动压力梯度与流度关系曲线图

3 结论

（1）低渗透油藏岩石启动压力梯度实验研究表明，在黏度相同的情况下，纯油相、含水饱和度下油相和束缚水饱和度下油相的启动压力梯度的变化规律是一样的，都是渗透率越大，启动压力梯度越小。

（2）实验表明在渗透率相同的情况下，纯油相、含水饱和度下油相和束缚水饱和度下油相的启动压力梯度都是随着黏度的增大而增大，即启动压力梯度与原油的组成有关。沥青的吸附决定了吸附层厚度，因此也就影响了启动压力梯度。

（3）综合三组实验可以得出，低渗透油藏岩石启动压力梯度随着含水饱和度的增加而降低。

参 考 文 献

［1］郝斐，程林松，李春兰，等．特低渗透油藏启动压力梯度研究［J］．西南石油大学学报：自然科学版，2006，28（6）：29-32.

［2］吕成远，王建，孙志刚．低渗透砂岩油藏渗流启动压力梯度实验研究［J］．石油勘探与开发，2002，29（2）：86-89.

［3］张代燕，王子强，王殿生，等．低渗透油藏最小启动压力梯度实验研究［J］．新疆地质，2011，29（1）：106-109.

［4］刘敏．低渗透油藏油水渗流规律研究［D］．中国石油大学（华东），2008.

［5］徐绍良，岳湘安，侯吉瑞，等．边界层流体对低渗透油藏渗流特性的影响［J］．西安石油大学学报：自然科学版，2007，22（2）：26-28.

［6］张国辉．低渗多孔介质油水渗流特征实验研究［D］．西安石油大学，2008.

［7］Blasingame T A. The Characteristic Flow Behavior of Low-Permeability Reservoir Systems［M］. Society of Petroleum Engineers，2008.

［8］Elkewidy T I. Integrated Evaluation of Formation Damage/Remediation Potential of Low Permeability Reservoirs［C］// Spe Kuwait International Petroleum Conference & Exhibition. Society of Petroleum Engineers，2012.

［9］汪全林，唐海，吕栋梁，等．低渗透油藏启动压力梯度实验研究［J］．油气地质与采收率，2011，18（1）：97-100.

［10］王雨，祁丽莎，张承洲，等．低渗透油藏启动压力梯度实验研究［J］．石油化工应用，2013，32（9）：56-60.

［11］姜桂芹，程时清．低渗透油藏启动压力梯度实验研究［J］．低渗透油气田，2009（3）：80-82.

［12］李永寿，郑华，鄢宇杰，等．超低渗透油藏启动压力梯度实验研究［J］．新疆石油天然气，2012，8（4）：81-84.

［13］郑洁，代玲，薛永超．海上低渗透油藏启动压力梯度实验研究［J］．新疆石油天然气，2015，11（4）：31-35.

［14］刘丽．低渗透油藏启动压力梯度的应力敏感性实验研究［J］．油气地质与采收率，2012，19（2）：81-83.

表面活性剂在低渗透油藏中
的作用机理研究

丁冠阳　黄世军　张雪娇

（中国石油大学（北京）石油工程学院）

摘　要：低渗透油藏是我国重要石油资源组成部分，大多数的低渗透油田以注水开发方式为主。低渗透油藏普遍存在着孔喉细小、渗透率低、渗流阻力大等特征，从而导致注水驱替压力较高、注入速率低、采收率低等一系列的问题。压裂技术对低渗透储层改造起到了一定的作用，但是作用时间和范围非常有限。因此，对低渗透油藏表面活性剂驱替及降压增注机理的研究，在低渗透油藏开发中意义重大。针对低渗透油藏降压增注用表面活性剂，本文详细介绍其驱油机理；此外，针对低渗透油藏注水井注水压力高、注不进的问题，提出采用注表面活性剂协同酸化解堵降压增注的措施，对低渗透油藏化学驱的现场应用提供了一定有利的帮助。应用表面活性剂驱，通过降低油水界面张力、增加毛细管准数，以达到提高驱油效率的目的。表面活性剂可有效改善岩心渗吸效果。但选择表面活性剂时。应在改变界面张力降低黏附功、提高洗油效率的同时，兼顾界面张力对毛管力的影响，不应一味追求过低的油水界面张力。

关键词：低渗透油藏；表面活性剂驱油；界面张力；降压增注机理

随着能源需求量的不断增加，原油储量的不断减少，低渗透油藏的开发地位越来越突出。目前，我国累计探明石油地质储量 $287 \times 10^8 t$，其中低渗透油藏储量为 $141 \times 10^8 t$，占 49.1%[1-3]。石油资源剩余量 $799 \times 10^8 t$，低渗透油藏储量为 $431 \times 10^8 t$，占 53.9%。随着油气开发技术的提高，低渗透油藏的开发将成为我国石油开发的主战场。

现有的提高原油采收率的化学方法主要有聚合物驱、碱水驱、表面活性剂驱、复合驱以及混相驱等方法[4-6]。针对低渗透油藏体系，有些化学驱已不适用，但是表面活性剂驱作为一种比较通用的驱替方法，在低渗透油层中仍具有举足轻重的地位。本文从表面活性剂的结构特征以及水驱后残余油的受力情况出发，并结合低渗透储层的渗流特征及矿场试验结果，分析了表面活性剂与油藏地层、油藏流体等的相互作用机理[7]。

1　低渗透油藏的储层特征

我国的低渗透油藏大部分属于陆相沉积，埋藏深度在 1000m 左右。低渗储层一般泥质含量高，沉积颗粒细，后期受压实作用，从而导致孔隙度低、渗透率低、储层非均质性强、微裂缝较发育，也导致其流体分布和渗流呈现特殊的规律和现象[8]。

1.1　低渗透储层的物性差，孔隙度和渗透率低，测井识别难度大

低渗透油藏储层平均孔隙度为 18.55%，储层非均质性强，孔隙以中孔和小孔为主，喉

道以管状和片状的细喉道为主，喉道半径一般小于 $1.5\mu m$，非有效孔隙体积在整个孔喉体积中所占比例较大，范围 26%~65%，直接导致渗透率低[9]。

1.2 流体横截面积可变

由于流体边界层的存在，实际可供流动的流体面积小于孔道横截面积。流体通过的横截面积还与压力梯度有关，当压力梯度小时，流体沿较大孔道的中央流动，其他部分的流体并不流动[10]。当压力梯度增加到一定程度时，小孔道中的流体才开始流动，大孔道中也会有更多的流体流动。实际流动的流体与总流体之比称为流动饱和度。

1.3 非牛顿流体

低渗透储层由于储层喉道细小，喉道中流体边界层存在[11]，渗透率不为常数，而表现出非线性渗流的特征。因此，随着驱替压力的变化，多孔介质中流体横截面积是变化的，而且由于边界层的影响，启动压力梯度现象在低渗透储层中普遍存在。

1.4 应力敏感现象

随着原油的开采，储层压力下降，孔隙变小，渗透率下降，流体流动困难，非线性渗流特征加强[12]。低渗透储层中，普遍发育天然裂缝，毛细管力作用显著，而且油水两相渗流时共流范围小，残余油饱和度高，采收率低。

总体来讲，低渗透油藏的特征主要表现在孔隙度低，渗透率低，非均质性强和束缚水饱和度高。对流体渗流来讲，低渗透油藏两相共渗区范围较小，存在较强的非线性渗流特征、启动压力梯度以及应力敏感现象。

2 表面活性剂驱油机理

表面活性剂是一种在低浓度下能迅速降低表面张力的物质，具有亲水基和亲油基。正是因为它的这种两亲性质，使其能显著降低界面张力。表面活性剂按照其极性分，可以分为非离子表面活性剂和离子表面活性剂，其中离子型表面活性剂又可以分为阳离子型、阴离子型、两性型表面活性剂[13,14]。由于地层带负电荷，驱油用表面活性剂一般为阴离子型和非离子型表面活性剂。表面活性剂的非极性链越长，其亲油性越强。表面活性剂的分子结构也会影响表面活性剂在表面的排布，并进一步影响界面张力。

通过考察表面活性剂分子与油、水、地层三相界面的作用特征、驱替过程中残余油的受力情况和表面活性剂对岩石润湿性以及残余油受力状况的影响，可以推测表面活性剂驱主要通过如下几种机理达到提高石油采收率的目的。

2.1 降低油水界面张力

在石油采收率的测定中，驱油剂的波及系数和洗油效率是决定性参数。洗油效率的提高随毛细管准数的增加而增加。毛细管准数与界面张力的关系如下

$$N_c = v\mu_w / \sigma_{wo} \qquad (1)$$

式中 N_c——毛细管准数；

v——驱替速度，m/s；

μ_w——驱替液黏度，mPa·s；

σ_{wo}——油和驱替液间的界面张力，mN/m。

N_c 越大，残余油饱和度越小，驱油效率越高。其中降低界面张力 σ_{wo} 是表面活性剂驱的基本依据。在注水开发后期，通过降低油水界面张力，可使毛细管准数有 2~3 个数量级的变化。表面活性剂的加入大大降低地层的毛细管作用，降低了剥离原油所需的黏附功，提高了洗油效率。

2.2 降低残余油饱和度，降低注入压力

表面活性剂体系对原油具有较强的乳化作用，在油水两相流动剪切作用下，将迅速使岩石表面的原油剥离、分散，形成水包油型乳状液，改善油水两相的流度比，从而提高波及系数。同时也降低了毛细管阻力和渗流阻力，减小了油滴通过微小岩石孔道时的贾敏效应，降低启动压力。

2.3 聚并形成油带

原油被表面活性剂从地层表面清洗下来形成油滴，油滴在向前移动时会相互碰撞，油珠聚并形成油带，油带移动过程中又和更多的油珠聚并，形成更大的油带，促进残余油向生产井进一步移动。

2.4 降低边界层厚度，提高油水相渗流能力

表面活性剂分子吸附在低渗透储层的边界层流体表面，使边界层流体的剥落功减小，边界层流体厚度减小，岩心可流动孔喉变大，流体流动阻力减小，油水相的渗流能力提高。

2.5 改变岩石表面的润湿性

岩石的润湿性密切影响着驱油效率。亲水性表面活性剂的驱油效率较好，而亲油性表面活性剂的驱油效率差。驱油过程中，亲水性表面活性剂可以使原油与岩石界面的接触角增加，进一步使岩石表面的亲油性发生反转，从而减少油滴在岩石表面的黏附功，促进原油的剥离。

2.6 提高表面电荷密度

当驱油用表面活性剂为阴离子型表面活性剂时，由于离子型表面活性剂都带有极性基团，离子基吸附在油滴和岩石表面上时，可以提高表面的电荷密度，增大油滴与岩石表面间的静电斥力，使油滴更容易被驱替介质带走，从而促进洗油效率的提高。

2.7 改变原油的流变性

原油中因沥青质、胶质、石蜡等重组分的存在，具有非牛顿流体的性质。原油的黏度随剪切应力的变化而变化，黏度和极限动剪切应力的降低，可使采收率提高。表面活性剂吸附在沥青质点上，可以减弱沥青质点间的相互作用，减弱原油中大分子的网状结构，增强其溶剂化外壳的牢固性，从而降低原油的极限动剪切应力，使采收率提高。

3 表面活性剂驱油的影响因素

3.1 表面活性剂浓度的影响

表面活性剂浓度越高,形成的油水界面张力值越低,提高采收率的效果越好。油水界面张力越低,岩石壁面的油膜越容易剥离,散落的油滴也越容易聚并形成油带,同时油滴也更容易变形而通过小孔道。但是表面活性剂浓度的增加会导致驱替成本的增加,矿场应用时,还要考虑地层吸附以及与流体的配伍性等因素,然后优化表面活性剂的类型和浓度。

3.2 段塞大小的影响

注入段塞过小时,由于储层吸附等损耗,表面活性剂的作用范围和时间都比较小,驱油效果不佳。随着注入段塞的增大,表面活性剂的量也增加,降界面张力与降阻力效果更明显;同时,吸附在岩石壁面上的表面活性剂分子,会使岩石对油滴的黏附力降低,从而提高洗油效率。但大段塞意味着大剂量,成本也会进一步增加。所以,矿场应用中也需考虑优化这一参数。

3.3 注入时机的影响

不同注入时机下表面活性剂驱替效果差别并不十分明显。但是先注表面活性剂段塞,然后进行水驱的方式,要比水驱至含水率接近 100%,再进行活性剂驱的驱替效果要好。因为对低渗透储层进行水驱后容易形成串流通道,导致表面活性剂驱作用区域变小,使洗油效率下降。如果先进行表面活性剂驱替,则地层微小孔隙中的原油能够与表面活性剂充分发生作用,提高洗油效率。因此,采用表面活性剂驱替,注入时机越早越好。

4 结论

对原油采用表面活性剂降压增注开采展示了广阔的前景。对于低渗透油藏中注水压力低、注水困难、渗透率低的问题,加入表面活性剂后都得到了明显的改善。使用表面活性剂存在的波及系数低、吸附损失严重等问题,通过表面活性剂的筛选和复配等措施完全能够解决。本文叙述了低渗透油藏的驱油机理,通过联合其他工艺,如进行前期调剖、牺牲剂预冲洗等措施的改进,表面活性剂驱油技术在低渗透油藏中潜力巨大。

参 考 文 献

[1] 殷留义,李建波,全红平,等. 化学驱用特种表面活性剂的文献综述 [J]. 内蒙古石油化工,2009(14):24-25.

[2] 贺宏普,樊社民,毛中源,等. 表面活性剂改善低渗油藏注水开发效果研究 [J]. 石油地质与工程,2006,20 (4):37-38.

[3] 张涛. 低渗透油层提高采收率实验及理论研究 [D]. 大庆:大庆石油学院,2009.

[4] 贾贞贞. 滨 660 区块低渗透油藏注水井深穿透酸化增注技术研究 [D]. 北京:中国石油大学(北京),2011.

[5] 刘敏. 低渗透油藏油水渗流规律研究 [D]. 青岛:中国石油大学(华东),2008.

［6］仇莉. 渤南高温低渗透油田增产增注用表面活性剂体系研究［D］. 青岛：中国石油大学（华东），2011.

［7］王倩. 低渗油藏表面活性剂驱降压增注及提高采收率实验研究［D］. 北京：中国石油大学（北京），2010.

［8］郭东红，李森，袁建国. 表面活性剂驱的驱油机理与应用［J］. 精细石油化工进展，2002，3（7）：36-41.

［9］Rosen M J. Surfactants and Interfacial Phenomena［M］. Wiley，2009.

［10］欧志杰. 低渗透油田表面活性剂降压增注实验研究［D］. 大庆：东北石油大学，2011.

［11］Yu H，Chen T，Gao M，et al. Estimates Of Surfactant Concentration Used For EOR In Daqing Oilfield Low Permeability Oil Reservoir［J］. 2011.

［12］Guo F Y，Yang H E，Zheng L J. Evaluation of Performance and Application of Surfactant Used for Displacing Oil in Low Permeable Sublayer Reservoir［J］. Science Technology & Engineering，2013.

［13］Zheng Q. Experimental study of depressurization and augmented injection surfactant system for low permeability and heavy oil reservoir［J］. Petrochemical Industry Application，2012.

［14］Gao Chunning，Zhang Yongchun，Li Wenhong，et al. Application of single surfactant in ultra low permeability reservoir oil deposit chemical displacement of reservoir oil：，CN 102942909 B［P］. 2014.

乳化时间和动态界面张力稳定时间与驱油效果的关系

袁晨阳[1]　施雷庭[1]　叶仲斌[1]　刘丽娟[2]　孟红丽[3]

(1. 油气藏地质及开发国家重点实验室·西南石油大学；2. 深圳百勤石油技术有限公司；3. 中国石化胜利油田滨南采油厂地质所)

摘　要：在低渗透油藏中，表面活性剂主要通过降低油水界面张力和提高乳化速率达到降压增注的目的。通过宏观和微观方法研究乳化时间和动态界面张力稳定时间与驱油效果的关系，获取乳化和降低油水界面张力对驱油效果占据主导作用的条件。首先，通过测试乳化时间和动态界面张力时间筛选两种性能不同的表面活性剂。在此基础上，利用微观可视化手段分别研究乳化和界面张力在表面活性剂驱油过程中的不同表现。实验结果表明：乳化时间多于动态界面张力稳定时间时，表面活性剂驱油效果主要体现为提高洗油效率、增大水流通道面积；乳化时间少于动态界面张力稳定时间时，表面活性剂驱油效果主要体现为扩大波及体积、增多水流通道。

关键词：表面活性剂；乳化时间；界面张力；微观现象

表面活性剂有降低油水界面张力、提高乳化速率、改善流度比、改善润湿性等性能，但在不同的油藏条件下，不同类型甚至不同浓度的同种表面活性剂均表现出不同的性能，进而导致在改善注水开发过程中注入压力、注水量存在差异。刘鹏等[1]认为表面活性剂驱中乳化作用对于提高采收率有作用，但没有提及乳化作用提高采收率的作用条件；赵琳等[2]认为随注入水界面张力的降低，最终采收率增加，但也没有指明降低油水界面张力占据主导作用的条件。为此，笔者通过宏观和微观方法研究乳化时间和动态界面张力稳定时间与驱油效果的关系，获取乳化和降低油水界面张力对驱油效果占据主导作用的条件。

1　动态界面张力稳定时间与乳化时间测定

为分析界面张力和乳化作用分别对于表面活性剂驱油的表现效果，通过测定表面活性剂动态界面张力稳定时间和乳化时间，筛选乳化较快，动态界面张力稳定时间较长的表面活性剂。同时，也筛选动态界面张力稳定时间较短，乳化时间较长的表面活性剂。

实验采用旋滴法对油水体系的动态界面张力稳定时间进行测定。

1.1　实验仪器

实验选用 TX 500C 旋转滴界面张力仪、涡流搅拌器。

1.2　实验样品

实验所用药品为阴离子表面活性剂（AEC-10Na）、非离子表面活性剂（OP-10）、两性离子表面活性剂（HY100A）；实验所用岩心为胜利油田油藏实验岩心。

1.3　实验方法

采用 TX500C 旋转滴超低界面张力仪对油水体系的动态界面张力进行测定，实验温度 60℃，测定不同浓度下不同表面活性剂动态界面张力稳定时间；利用涡流搅拌器搅拌样品，油水比例为 1:1，转速为 500r/min，测定不同浓度下不同表面活性剂完全乳化时间，如图 1 至图 3 所示。

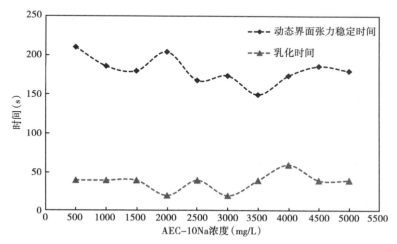

图 1　不同浓度 AEC-10Na 溶液动态界面张力稳定时间和乳化时间

从图 1 中可以看出，不同浓度的 AEC-10Na 表面活性剂溶液基本在 50s 内完全乳化，其动态界面张力大致在 3min 左右可以达到平衡，说明此种表面活性剂的吸附速率较快。

从图 2 中可以看出，不同浓度的 OP-10 表面活性剂溶液基本在 1min 左右完全乳化；随着浓度的增加，达到稳态界面张力值的时间稍微比浓度低的时候时间长，证明随着浓度增加，表面活性剂在界面上吸附需要一定的时间，但随着浓度增加到一定程度，表面活性剂可以迅速在界面上形成吸附，很快达到稳定值。

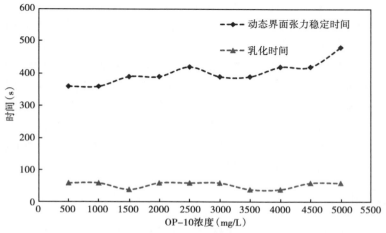

图 2　不同浓度 OP-10 溶液动态界面张力稳定时间和乳化时间

如图 3 所示，不同浓度 HY100A 表面活性剂溶液乳化时间随着浓度的改变波动比较大，完全乳化时间没有规律可循。而动态界面稳定时间规律性也较差。通过对 HY100A 浓度的筛选，可以用来选做研究乳化时间和动态界面张力稳定时间与驱油效果关系的研究对象。

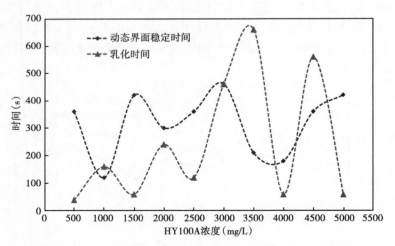

图 3　不同浓度 HY100A 溶液动态界面张力稳定时间和乳化时间

2　界面张力主要驱油效果

实验仪器：驱替用流程、SteREO Discovery. V12 高倍显微镜。

实验样品：浓度 2500mg/L 非离子表面活性剂 OP-10，实验所用岩心为胜利油田油藏实验岩心，实验所用原油为胜利油田黏度 3.8mPa·s 原油。

实验方法：60℃下将 3.8mPa·s 的原油进行抽真空；将微观模型抽真空饱和水，饱和水压力为 0.02MPa；饱和油，该过程用 0.04MPa 的压力饱和油；水驱油，用 0.12MPa 的压力进行恒压驱替，直至模型没有油被驱出；用表面活性剂溶液以 0.12MPa 注入驱油，及时捕捉表面活性剂溶液驱油后的残余油状况，以及驱替过程中的动态特征（驱替过程水浴温度 60℃）；采用 SteREO Discovery. V12 高倍显微镜捕捉图形，观察油水分布图像（油的颜色为黄棕色，蓝色为注入水，表面活性剂溶液为白色）。

选用 2500mg/L 非离子表面活性剂 OP-10 溶液进行实验。油水动态界面张力在 1min 已降到最低稳定值，而乳化时间需 7min。在该驱替条件下，表面活性剂降压增注的作用方式主要表现为降低界面张力。当油膜接触到表面活性剂时，在低界面张力的作用下，由于残余油的界面分子被表面活性剂分子所替代，油膜会逐渐被软化、变薄。表面活性剂一点一点地把油膜往前推的过程中，油膜开始变形聚集，逐渐被拉长。在不断往前运移的过程中，油膜的前缘脱离了岩石的表面，剥离过程中会慢慢变形成小油滴，被后来的驱替液驱替干净。在低界面张力作用下，表面活性剂驱的渗流特征主要表现为启动水流通道中的膜状、柱状残余油，以及部分盲端状残余油，如图 4 和图 5 所示。

2.1　膜状残余油

当油膜接触到表面活性剂，在低界面张力的作用下，由于残余油的界面分子被表面活性剂分子所替代，油膜会逐渐被软化、变薄。表面活性剂一点一点地把油膜往前推的过程中，

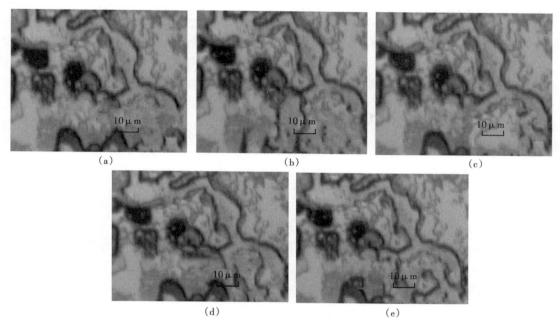

图 4　低界面张力膜状残余油的启动

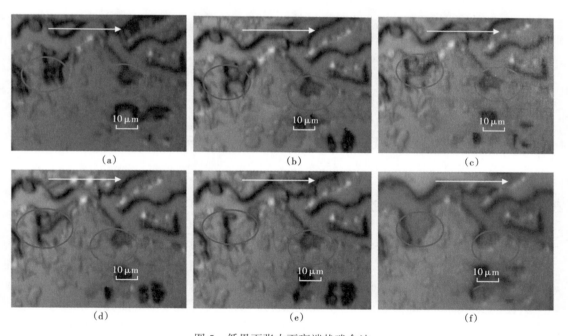

图 5　低界面张力下盲端状残余油

油膜开始变形聚集，逐渐被拉长。在不断往前运移的过程中，油膜的前缘脱离了岩石的表面，剥离过程中会慢慢变形成小油滴，被后来的驱替液驱替干净。但正是因为这种较强的变形能力，表面活性剂溶液容易沿孔隙中心突进，也决定了部分残余的油膜仍然附着在岩石的表面。

2.2 盲端状残余油

随着表面活性剂的不断进入，驱替液开始慢慢渗入盲端处并驱替残余油，低界面张力减小了内聚力，油滴在驱替的过程中变形、被拉长，不断地向外推进。当盲端残余油被推至盲端口，此时的驱动力不足以克服盲端口的黏附力，所以滞留在端口。直至后续水驱时同等压力下驱替速度明显增加后，驱替过程中的驱动力才对盲端口的残余油产生一个向前的力，这个力克服了盲端残余油的内聚力和黏附力，使部分盲端的残余油启动，但少量残余油仍然滞留在孔道中。

2.3 柱状残余油

对于水流通道中存在的残余油，或者由于在水驱过程中，因为喉道两端注入水在流动，并不能克服毛细管力和黏附力滞留在孔道中形成的柱状残余油 [图6（a）]。由于低界面张力下同等压力相对注入速度快，同时由于在接近孔道的过程中，低界面张力会先软化残留的油，使残余油产生形变，从而把残余油剥蚀出来 [图6（b）]。故注入低界面张力的表面活性剂能有效消除柱状残余油。

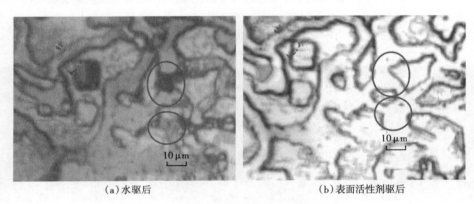

（a）水驱后 　　　　　　　　　　　　（b）表面活性剂驱后

图6　低界面张力柱状残余油的启动

3 乳化作用主要驱油效果

实验仪器：驱替用流程、SteREO Discovery. V12 高倍显微镜。

实验样品：浓度 1500mg/L 两性离子表面活性剂 HY100A，实验所用岩心为胜利油田油藏实验岩心，岩心气测渗透率为 54.03mD，实验所用原油为胜利油田黏度 3.8mPa·s 原油。

实验方法：60℃下将 3.8mPa·s 的原油进行抽真空；将微观模型抽真空饱和水，饱和水压力为 0.02MPa；饱和油，该过程用 0.04MPa 的压力饱和油；水驱油，用 0.12MPa 的压力进行恒压驱替，直至模型没有油被驱出；用表面活性剂溶液以 0.12MPa 注入驱油，及时捕捉表面活性剂溶液驱油后的残余油状况，以及驱替过程中的动态特征（驱替过程水浴温度60℃）；采用 SteREO Discovery. V12 高倍显微镜捕捉图形，观察油水分布图像（油的颜色为黄棕色，蓝色为注入水，表面活性剂溶液为白色）。

选用 1500mg/L 两性离子表面活性剂 HY100A 溶液进行实验。乳化时间需 7min，油水动态界面张力在 7min 降到最低稳定值。在该驱替条件下，表面活性剂降压增注的作用方式主要表现为乳化作用。从微观渗流的角度观察，一定量表面活性剂与油接触后，由于在大小相互连通的孔道中的相互剪切作用，可以清楚地观察两者形成乳状液后在孔喉中流动过程中的表现形式，所以分析认为乳化作用降压增注主要从以下几个方面实现。

由于原油具有一定的乳化能力，所形成的乳状液黏度比水高，进入到最初主要被水占据的流通孔道，增大了孔道内的流动阻力，迫使表面活性剂溶液进入连片状残余油区域和相对较大的孔道中，将这部分的残余油启动。这不仅改善了波及效率，而且降低了这些区域产生的驱替阻力，抵消了形成乳状液后产生的阻力，整体仍表现为注入压力偏低。

（1）在主要水流通道上，剪切作用使部分原油与表面活性剂形成乳状液。随着表面活性剂体系的注入，乳化范围越来越大，大块的残余油被乳化成细小油滴［图7（a）、（b）］或者油丝（图8），减小了流动阻力，油丝在后续液体的驱动下直接被携带到出口端[3]。

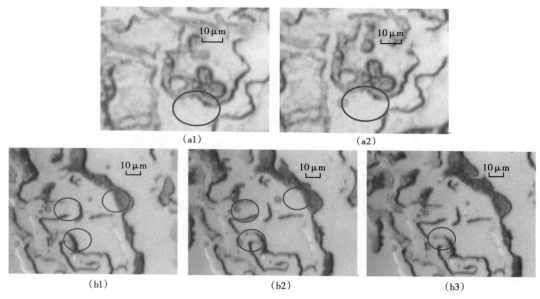

图7　残余油被剥蚀成小油滴

当油滴直径小于喉道半径时，油滴不需要变形即可通过孔隙、喉道，油滴对孔道内油水流动的阻力影响很小，可以提高驱油效率；当油滴的直径大于喉道直径时，油滴需通过变形才能通过喉道，液体在侧向力以及低界面张力作用下很容易通过喉道，然后被后续流体以各种形式带走，少许油滴滞留在孔道中，不断地与后续油滴或者大块残余油在大孔道中产生碰撞、聚并在一起，并夹带运移富集起来形成高含油饱和度带（即"油墙"）[4]。这些油墙形成油流通道，在低界面张力下携带至出口端[5]，如图8所示；这些油墙也有可能又会被

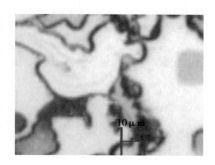

图8　形成油丝运移

乳化、剥离，生成小油滴随着后续进入的流体移动，如图9所示。故乳化作用减小了流动过程中的阻力，同时解除了在孔喉处聚集的残余油滴产生贾敏效应的压力，并没有产生堵塞而导致注入压力过高的现象。

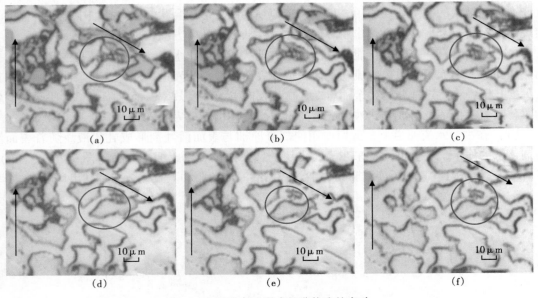

图 9   大块残余油形成的乳状液的启动

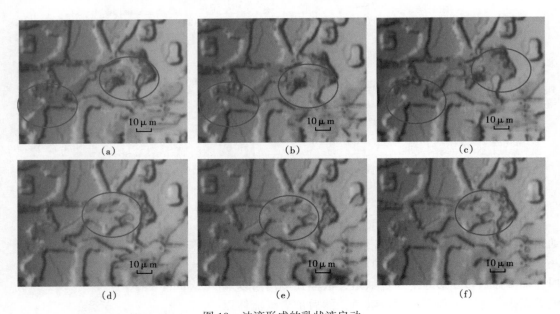

图 10   油滴形成的乳状液启动

（2）由于原油具有一定的乳化能力，所形成的乳状液黏度比水高。乳状液进入最初主要被水占据的流通孔道，增大了孔道内的流动阻力，迫使表面活性剂溶液进入连片状残余油区域和相对较大的孔道中，将这部分的残余油启动。这不仅改善了波及效率[6,7]，而且降低了这些区域产生的驱替阻力，抵消了形成乳状液后产生的阻力，整体仍表现为注入压力偏低。

（3）乳化作用在盲端的残余油驱替过程时间较长，完全驱替干净需要较好的稳定性。

转入表面活性剂驱替后，残余油的分布比水驱后相对少些，较多的以少量小油滴的形式分布在孔隙中，附着在岩石颗粒表面，主要残余油形式为油柱状和盲端残余油。

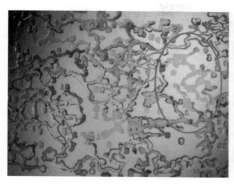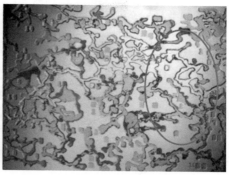

图11　乳化作用主导驱油效果

4　结论

（1）在低界面张力作用下，表面活性剂驱的渗流特征主要表现为启动水流通道中的膜状、柱状残余油，以及部分盲端状残余油。

（2）由于原油具有一定的乳化能力，所形成的乳状液黏度比水高。乳状液进入最初主要被水占据的流通孔道，增大了孔道内的流动阻力，迫使表面活性剂溶液进入连片状残余油区域和相对较大的孔道中，将这部分的残余油启动。这不仅改善了波及效率，而且降低了这些区域产生的驱替阻力，抵消了形成乳状液后产生的阻力，整体仍表现为注入压力偏低。

（3）乳化时间多于动态界面张力稳定时间时，表面活性剂驱油效果主要体现为提高洗油效率、增大水流通道面积；乳化时间少于动态界面张力稳定时间时，表面活性剂驱油效果主要体现为扩大波及体积、增多水流通道。

参 考 文 献

[1] 刘鹏，王业飞，张国萍，等. 表面活性剂驱乳化作用对提高采收率的影响［J］. 油气地质与采收率，2014，13（1）：99-102.

[2] 赵琳，王增林，吴雄军，等. 表面活性剂对超低渗透油藏渗流特征的影响［J］. 油气地质与采收率，2014，21（6）：72-75.

[3] Aramco, Altameimi Y. M. Wellbore Cleanup by Water Jetting and Enzyme Treatments in MRC Wells：Case Histories［A］. SPE97427，2005.

[4] 郭东红，袁建国. 表面活性剂的驱油机理与应用［J］. 精细石油化工进展，2002，3（7）：36-40.

[5] Kazemi H., Merrill L. S., Porterfield K. L, et al. Numerical Simulation of Water-oil Flow in Naturally Fractured Reservoirs［J］. Trans. SPE of AIME，261，1976：317-26（SPEJ）.

[6] 张同凯，赵凤兰，侯吉瑞，等. 非均质条件下二元体系微观驱油机理研究［J］. 石油钻采工艺，2010，32（6）：84-88.

[7] 王德民，王刚，夏惠芬，等. 天然岩芯化学驱采收率机理的一些认识［J］. 西南石油大学学报，2011，33（2）：1-11.

低渗透油藏水驱流场识别与
深部调驱研究与思考

贾虎　邓力珲

（油气藏地质与开发工程国家重点实验室·西南石油大学）

摘　要：针对低渗透油藏剩余油分布复杂、流场识别困难、注水开发效率低的问题，本文依据油藏静态、动态资料进行流线模拟，直观显示了流体在地层中的流动轨迹，并通过计算流线流动效率的方式识别了注水无效循环通道，为后续开发方案调整与深部调驱选井选层提供了依据。同时，将注水井与生产井之间通过流线相连接，能实现定量描述注入井对生产井的贡献率，从而为优化注水效率、提高波及体积提供理论指导。

关键词：流场识别；流线模拟；注水优化；低渗透油藏；调剖

水驱依然为目前油田开发方式的主流技术。但对于低渗透油藏而言，其地质情况较为复杂，储层非均质性较强，历经长期水驱开发后，油藏剩余油分布往往杂乱且分散[1]，难以通过有效方式识别流场，导致注水开发效率低下。此外，地层在经历长时间流体冲刷后，易形成优势通道供注入水运移，导致注水易形成无效水循环[2]。针对以上问题，依据现有的油藏静态资料及动态资料[3]，建立了油藏地质模型，并通过流线模拟方法直观显示了注入水在油藏中的循环轨迹，研究成果将对后续注水方式调整、注水量优化及无效水循环区域堵水调剖等方案的实施提供决策依据。

1　流场表征

1.1　优势通道概念

流体在微观条件下的流动较为抽象，无法通过肉眼观测，但在宏观条件下，因流体长期冲刷而形成的通道却较为容易观测。图 1 为地表在河流的长期冲刷下所形成的优势通道，在其形成后的河流即沿着该通道运移，从而可以直观显示出流体的流动轨迹。类似地，油藏流体在开发过程中对地层的长期冲刷作用也将形成便于流体流动的优势通道。流线模拟则是以流线来表示优势通道，模拟地层流体在流线内的流动，如图 2 所示。

流线模拟与常规的油藏数值模拟方法（如有限差分法）相比，更能够直观地反映油藏流体的流动，且相比有限差分法而言，流线模拟不受网格方向性的影响。此外，因为将流体流动区域映射到流线这一流体流动的主要通道，相比通过求解所有网格的流动情况的常规模拟方法，流线模拟节省了大量计算时间。并且，由于油藏内所有流体流动均通过流线表征，从而可以将所有注入井与生产井通过流线相关联，并量化每口注水井对于采出井的贡献率，从而为注水开发方案优化提供依据。

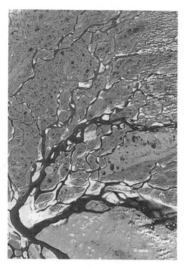

图 1　水流优势通道

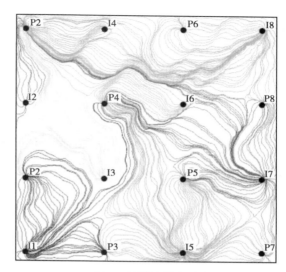

图 2　油藏流线表示

1.2　流线模拟基本原理

流线模拟方法求解步骤如下：

（1）依据油藏初始条件或流体饱和度分布获得油藏压力分布；

（2）通过达西定律求解得到油藏各相流体速度场分布；

（3）通过 pollock 方法追踪当前时间下流线轨迹；

（4）沿流线求解一维渗流方程并得到流体饱和度分布；

（5）将流线中饱和度分布映射到三维油藏；

（6）重复步骤（1）～（5）。

其步骤示意图如图 3 所示。

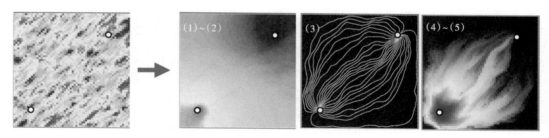

图 3　流线模拟求解步骤示意图

其中一维流线渗流方程如下[4]：

$$\frac{\partial(\phi\rho_w S_w)}{\partial t} + \nabla(\rho_w u_w) = \dot{m}_w$$

$$\frac{\partial(\phi\rho_o S_o)}{\partial t} + \nabla(\rho_o \mu_o) = \dot{m}_o$$

$$\frac{\partial(\phi\rho_g S_g)}{\partial t} + \nabla(\rho_g \mu_g) = \dot{m}_g \qquad (1)$$

式中　ϕ——孔隙度，%；

　　　ρ_j——j 相密度，kg/m³；

　　　S_j——j 相饱和度，%；

　　　$\dot{m}_j$——j 相总体积流量，kg/(m³·s)；

　　　μ_j——j 相渗透速度，m/s；

　　　$j=\text{w，o，g}$。

$$\mu_j = -K\frac{K_{rj}}{\mu_j}(\nabla p_j + \rho_j g \nabla D)\qquad(2)$$

式中　p_j——j 相压力，MPa；

　　　μ_j——j 相黏度，mPa·s；

　　　K——绝对渗透率，mD；

　　　K_{rj}——j 相相对渗透率；

　　　g——重力加速度，m/s²；

　　　D——深度，m。

假设孔隙空间被流体饱和，建立辅助方程如下：

$$S_w + S_o + S_g = 1\qquad(3)$$

2　流线应用实例

2.1　油藏地质建模

本文通过流线模拟实际案例来说明该方法在流场识别中的应用。以某奥陶系 C 组碳酸盐岩油藏为例，其地层整体呈网状构造断裂格局，如图 4 所示。

图 4　C 组的顶面构造等高线图

该油藏发育有裂缝，且储层主要以大套厚层中高能滩相沉积为主，横向上连片性较好，有利于后期溶蚀作用改造并形成优质储层。同时该油藏非均质性较强，裂缝较为发育。依据现有地质资料对该油藏进行地质建模，得到该油藏孔隙度、渗透率及裂缝分布，如图5所示。

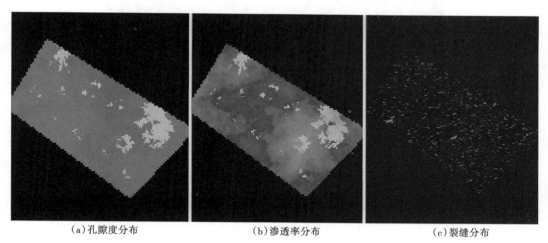

（a)孔隙度分布　　　　　　　（b)渗透率分布　　　　　　　（c)裂缝分布

图5　地层孔隙度、渗透率及裂缝分布

地层中发育的溶孔溶洞为油藏提供了优质的储集空间，且该油藏发育有裂缝，从而为流体渗流提供了有效通道。但这同时也使流体流动呈现出无规律性，难以用常规方法对流体主要流动区域做出判断。

2.2　注水优化

在依据已有的油藏静态资料进行地质建模后，本文首先通过 Petrel RE 2015 中的 Frontsim 模拟器对历史采油数据进行拟合。注水开发后油藏的油、气、水相饱和度分布如图6所示。

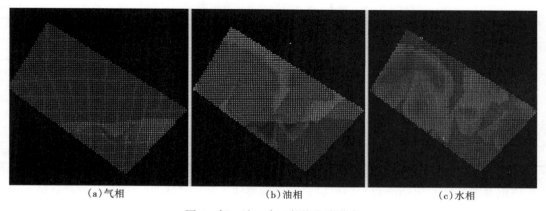

（a)气相　　　　　　　　　　（b)油相　　　　　　　　　　（c)水相

图6　气、油、水三相饱和度分布

在流线模拟注水开发过程中，注入井与生产井之间通过流线相连接，如图7所示。

在上图中，每条流线都对应了一个起始位置和终点位置。若一条流线起点和终点分别为

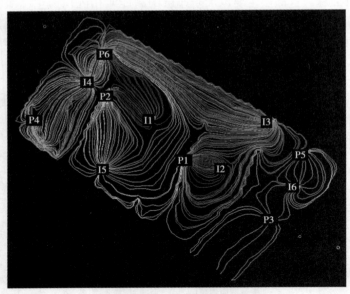

图 7　注入井与采出井间的流线联系

注入井与采出井，则通过求解在该条流线上对应的渗流方程即可获得在该条流线上所对应的注入井注入量与注入井对油产量的贡献，其中油产量贡献为与注入井相连的所有流线的产量之和。进一步可以计算注入井的驱动能力[5]：

$$e_{\mathrm{m}} = \frac{注入井\ m\ 采油贡献量}{注入井\ m\ 注水量}, \quad m = 1, \cdots, k \tag{4}$$

式中　e_{m}——注入井 m 的驱动能力；

　　　k——注入井数量。

得到不同注入井的驱动能力，见表 1。

表 1　注入井驱动能力评价表

注入井名	注水量（$10^2\mathrm{m}^3/\mathrm{d}$）	贡献油产量（$10^2\mathrm{m}^3/\mathrm{d}$）	驱动能力（%）
I 1	0.12360	0.07796	63.07
I 2	0.11151	0.00965	8.65
I 3	0.37716	0.67982	180.24
I 4	0.51271	0.23293	45.43
I 5	0.14322	0.23420	92.60
I 6	0.01078	0.00525	65.52

依据井的注入水驱动能力，即可确定需要调整注入量的注入井，从而以油藏全局的角度进行注水优化。

同时，对于注水开发中无效水循环通道的识别，则是先通过流线表示流场内流体主要流动通道，然后通过流线上油、水平均饱和度之比作为流动效率判断该流线是否为有效油流动通道：

$$I_i = \frac{流线平均油饱和度}{流线平均水饱和度}, \quad i = 1, \cdots, n \tag{5}$$

式中 I_i——第 i 条流线的流动效率；

　　　n——流线条数。

I_i 值较低，则代表该流线通道主要被水饱和，为无效注水通道。通过该比值分布即可得到流动效率分布的直观显示，如图 8 所示。

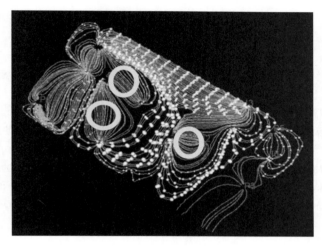

图 8　流动效率分布

上图中通过颗粒形状大小表征流线流动效率，进而可有效识别无效循环区域，有针对性地选取井位进行堵水调剖，从而扩大注水波及系数，提高采收率。进行注水优化前后的流线分布如图 9 与图 10 所示。图中通过流线颜色表示油相流量大小，其中白色代表油藏中流量最大区域，黑色代表流量最小区域。依据注水井驱油效率进行注水优化后，油藏残余油量有所降低，且油的流动相比未进行注水优化的油藏分布更为均匀，说明注水驱油效率有所提升。

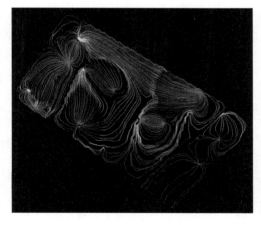

图 9　未进行注水优化　　　　　　　　　　图 10　注水优化后

3 结论

针对低渗透油藏开发过程中剩余油分布复杂、流场识别困难的问题，本文使用流线模拟方式直观显示了油藏流体在地层中的流动轨迹，并识别了流场中的无效注水循环区域，为注水优化、层系调整及堵水调剖提供了理论依据。同时，依据注水井与生产井间的流线连接关系可以量化注水井采油贡献量，并计算注水井驱油效率，从而为注水制度调整及优化提供决策依据。

参 考 文 献

[1] 刁丁香，董洪光．转观念，调流场，改善油田开发中后期水驱效果［J］．自然科学（文摘版），2016（1）：276.
[2] 侯玉培．整装油藏流场重整提高采收率的数值模拟研究［D］．青岛：中国石油大学（华东）2011.
[3] 张乔良，姜瑞忠，姜平，等．油藏流场评价体系的建立及应用［J］．大庆石油地质与开发，2014，33（3）：86-89.
[4] 吕琦．基于流线的油藏数值模拟研究［D］．青岛：中国石油大学（华东），2009.
[5] Thiele M R, Batycky R. Water injection optimization using a streamline-based workflow［C］, paper 84080 presented at SPE Annual Technical Conference and Exhibition held in Denver, Colorado 5-8 October.

低渗透油藏化学渗吸实验方法分析与评价

陈海汇[1]　范洪富[1]　张翼[2]　李建国[2]　蔡红岩[2]　孙蕴[1]

(1. 中国地质大学（北京）能源学院；2. 中国石油天然气股份有限公司
勘探开发研究院石油采收率所，提高石油采收率国家重点实验室)

摘　要：低渗透油藏，尤其是特低渗透、超低渗透以及致密油藏，由于常规水驱开发极其困难，渗吸采油技术的重要性越发凸显。渗吸采油机理有多种角度的研究，但各方面的研究都有其适用性和局限性。通过综述前人的经验及方法，结合实际实验过程中遇到的问题，对静态渗吸和动态渗吸两种渗吸方式进行了分析，重点总结了目前静态渗吸国内外研究现状；对渗吸实验中出现的同向渗吸及逆向渗吸两种现象进行了描述；对体积法、质量法、CT 扫描法和核磁共振法四种实验方法的适用性、优缺点进行了系统的对比分析；最后对化学渗吸中黏度、界面张力、乳化稳定性、洗油效率和渗透力这五个重要因素的实验方法及影响规律进行了阐述，为后续渗吸采油技术的进一步研究提供参考。

关键词：渗吸；表面活性剂；低渗透；实验方法；影响因素

渗吸指在低渗透储层中多孔介质在毛细管力的作用下自发地吸入润湿流体，使非润湿相被驱替的作用[1]。化学渗吸采油技术指在注入液中添加化学渗吸剂，加强毛细管力作用，促使细小孔道内的剩余油排驱到大孔道和裂缝中，从而提高采收率[2]。从 20 世纪 50 年代以来，国内外对渗吸驱油机理及规律做了大量的研究。渗吸驱油机理已被很多研究者认为是裂缝性油藏的有效驱油机理，毛细管力是主要的驱动力[3]。而表面活性剂的运用能改变岩石的润湿性，降低油水界面张力，从而使毛细管力改变，对渗吸驱油效果产生影响[4]。不同油藏条件下的储层物性有极大差异，对应的孔隙度、渗透率、润湿性、孔隙表面形态、含油饱和度、残余油饱和度等均有极大不同，这就导致了不同实验条件及方法就会对最终的结果产生很大影响。不同的实验仪器及方法均有其优缺点和局限性，如何选择合适的仪器及方法，是进行渗吸机理研究首要考虑的问题。

1　渗吸机理研究

针对渗吸机理的研究主要从静态渗吸和动态渗吸两方面入手，静态渗吸更多地分析化学渗吸剂如何与原油作用，在自吸的作用下将原油驱替出来；动态渗吸能更好地模拟地层条件下，油田的注水开发过程中的渗吸作用。根据渗吸作用发生的方向分类，可分为同向渗吸和逆向渗吸[5]。

1.1　静态渗吸

毛细管自吸过程发生的本质是多孔介质和流体系统能量的不平衡。在毛细管自吸期间，随着流体及多孔介质系统表面自由能的降低，在无外加压力条件下，依靠两相界面上产生的毛细管力的作用，润湿相将非润湿相排出，这即为多孔介质中自发渗吸的过程，也是毛细管自吸的重要机理[6]。如果油藏岩石为亲水介质，在自吸作用条件下，基质中的原油将被驱替至裂缝中，产生自发渗吸驱油现象。其中，毛细管自吸是裂缝与基质之间质能传递的动力。静态渗吸就是模拟基质中的自吸现象，包括油砂静态渗吸和岩心静态渗吸（图1）。通过静态渗吸实验可以建立化学渗吸剂的黏度、乳化稳定性、界面张力、渗透力[7]、洗油效率等属性与渗吸效率之间的关系方程，从而指导渗吸剂体系的研制。

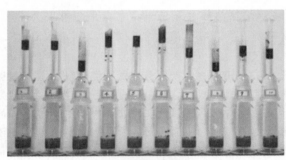

<table>
<tr><td>（a）油砂静态渗吸</td><td>（b）岩心静态渗吸</td></tr>
</table>

图1　静态渗吸装置图

1.2　动态渗吸

　　动态渗吸主要是模拟地层条件下，油田的注水开发过程中的渗吸作用。采用带有裂缝的岩心驱油实验装置，以周期注水、水剂交替、动静结合的方式进行动态渗吸的模拟[8]。在常规水驱含水率大于98%后，进行化学渗吸剂的注入，并停注保温一段时间，使化学渗吸剂充分发挥毛细管力的作用，将基质中的原油驱替至大孔道中，并运移至裂缝中，然后再次利用后水驱将裂缝中的原油驱替出来。通过对泵速、段塞大小、段塞组合、闷井时间、注水方式等的优化与分析，模拟出各参数对采收率的影响，寻找出最优组合方案，指导现场渗吸开发方案的设计。图2为两种动态渗吸影响因素的规律，从图中可知，采取段塞+闷井+后水驱的方式，闷井时间52h，可以获得最大渗吸采收率。

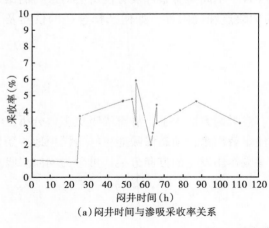
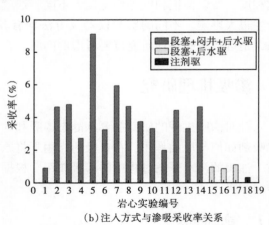

（a）闷井时间与渗吸采收率关系　　　　　　（b）注入方式与渗吸采收率关系

图2　动态渗吸影响因素

132

1.3 同向渗吸与逆向渗吸

逆向渗吸是指吸入的润湿相与被驱替的非润湿相运动的方向相反；同向渗吸是指润湿相与非润湿相运动方向一致[9]。根据 Schetcher[10] 提出的理论，毛细管力和重力对岩心自吸的作用和贡献可用 Bond 数的倒数来估计，即用 N_B^{-1} 来解释自吸过程中的主要机理。当 N_B^{-1} 大于 5 时，毛细管力是自然渗吸的主要驱动力，在渗吸过程中起支配作用，此时渗吸的主要方式为逆向渗吸；当 N_B^{-1} 小于 0.2 时，重力成为自然渗吸的主要驱动力，此时主要的渗吸方式为同向渗吸；当 N_B^{-1} 介于 0.2~5 时，由毛细管力和重力共同支配渗吸过程。李继山等将润湿性引入判别式，修正后的判别式首先判定自然渗吸作用能否发生，其次判断毛细管力与重力在自然渗吸过程中所占比例[11]。

$$N_B^{-1} = C \frac{2\delta\cos(\theta)\sqrt{\dfrac{\phi}{K}}}{\Delta\rho g h} \tag{1}$$

式中　ϕ——孔隙度；

　　　K——渗透率，mD；

　　　$\Delta\rho$——油水密度差，g/cm^3；

　　　g——重力加速度，cm/s^2；

　　　h——多孔介质高度，cm；

　　　σ——界面张力，mN/m；

　　　θ——接触角，(°)；

　　　C——与多孔介质相关的常数，圆形毛细管取 0.4。

图 3 为同向渗吸与逆向渗吸示意图。从图中可以看出，润湿相在毛细管力的作用下，从裂缝中向孔隙喉道运移，将孔隙中的非湿相驱替至另一条裂缝中，这时表现出润湿相与非湿相的运动方向一致，为同向渗吸；而当裂缝中的润湿相将孔隙中的非湿相驱替至同一侧的裂缝中时，表现出润湿相与非湿相的运动方向相反，为逆向渗吸。

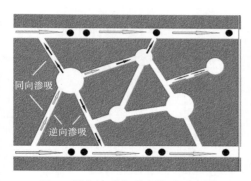

图 3　同向渗吸与逆向渗吸示意图

2 渗吸的实验方法

渗吸的室内物理模拟实验主要有质量法、体积法、CT 扫描法、核磁共振法等。基质岩心的渗吸效率影响因素有很多，与岩石本身的物性（孔、渗、饱、润湿性）、流体性质（油水黏度比、界面张力、乳化稳定性、润湿反转能力等）、温度、压力、边界条件等都有非常紧密的联系[12,13]。其中，质量法与体积法更侧重于表征各因素对渗吸效率的影响趋势及规律分析；CT 扫描法与核磁共振是利用 X 射线扫描及核磁共振的方法对岩心内部的孔隙及油水分布进行定量描述，可以进行岩心描述、岩心的非均质性测定、岩心样品处理、裂缝定量分析、在线饱和度测量及流动实验[14]、岩心内部渗吸前缘的变化规律、渗吸驱动力中毛细管力与重力的主导性问题、气—液渗吸和液—液渗吸规律的差异、岩心内部非均质性对液流分布规律的影响等研究[5]。

2.1 质量法

常规的称重法是通过测定岩心在水中的质量变化来计算渗出油量[15]。如图 4 所示，其原理是将岩心全部浸泡在溶液中，利用自然渗吸进入岩心的润湿相液体与原油的密度差引起的质量差测量渗吸作用下的驱油质量，从而得出渗吸效率。其缺点在于，无法同时进行多组平行对比实验，测试周期较长，不能满足当前筛选渗吸剂大量工作的需要；并且存在"挂壁现象"及"门槛跳跃"等，影响读数准确性，造成实验误差。如图 5 所示[16]，"挂壁现象"是指原油被驱替出孔隙后，气泡等黏附在岩心表面不能上浮，逐渐聚并后才能上浮的现象；"门槛跳跃"是指液体和干岩样接触时，由于液体表面能和毛细管作用对岩心产生一种拉力，造成质量的突然增加的现象，在水湿岩心的渗吸实验中较为常见。渗吸效率的计算式如下：

$$V_t = \frac{\Delta m}{\rho_w - \rho_o}, \ \eta = \frac{V_t}{V_0} \tag{2}$$

式中　η——渗吸效率,%；

V_t——t 时刻驱替出的原油体积，cm^3；

Δm——天平读数差，g；

ρ_w——水相密度，g/cm^3；

ρ_o——水相密度，g/cm^3；

V_0——初始时原油的体积，cm^3。

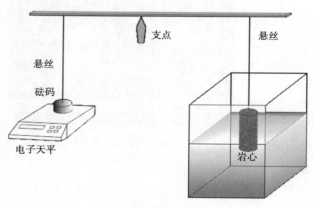

图 4　自然渗吸质量法

图 5　挂壁现象

2.2 体积法

体积法分为同向渗吸实验装置和逆向渗吸实验装置。如图 6（a）所示[17]，同向渗吸实验装置是利用与容器相连的带刻度毛细管液面在渗吸作用前后的变化，来计量渗吸效率；如图 6（b）所示[18]，逆向渗吸实验装置是直接读取渗吸作用驱替出原油的体积来计量渗吸效率。张翼等[19]发明了一种耐高压渗吸仪，如图 7 所示，可以实现模拟地层压力条件下的自然渗吸实验，可以研究不同压力、脉冲压力对渗吸效率的影响。体积法的缺点是易造成人工读数误差。

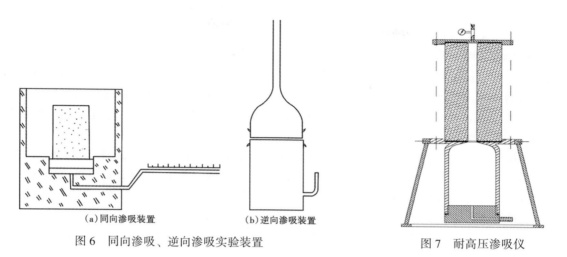

(a)同向渗吸装置　　　　(b)逆向渗吸装置

图6　同向渗吸、逆向渗吸实验装置　　　　　图7　耐高压渗吸仪

2.3　CT 扫描法

CT（Computerized Tomography）是计算机断层扫描的简称，通常是利用光源发射 X 射线穿透旋转的物体并对其断面进行扫描。系统利用 X 渗吸探测器捕获 X 射线并检测其强度，利用该射线衰减信号可以获得重建 CT 图像所需的完整数据，最后按照一定的算法可以利用这些数据重建出物体的断面图像。CT 扫描技术在石油勘探开发领域中的应用主要包括以下几方面：岩心微观孔隙结构研究、油层物性检测分析、特殊岩性岩心孔洞和裂缝分布研究、岩心机械性能检测、岩心驱替特征和剩余油分布规律研究、提高采收率机理研究等。近年来，很多学者利用 CT 扫描成像法研究渗吸[20]。

S Akni 和 A R Kovscek[21]采用 CT 成像技术研究了不同初始含水饱和度下硅藻土的同向渗吸。虽然硅藻土与砂岩的物性有很大差别，但饱和度剖面和重力与时间的函数关系相似，它们的吸水率相当，自发渗吸数据与 CT 扫描图像相结合能提供一种与渗透率和毛细管力相关的动力学关系。华方奇等[22]利用 CT 扫描研究了岩心长短对反向渗吸动态、最终渗吸采收率的影响，以及渗吸过程中不同阶段岩心中含水变化度的变化过程。李帅[23]等建立基于 CT 扫描的孔隙尺度模型，通过致密岩心采收率拟合，获得驱替、渗吸的相渗和毛细管压力，最后，在油藏尺度，分别赋予基质和裂缝不同的相渗和毛细管压力，模拟矿场实际油水流动。D. Zhou[24]等利用 CT 成像技术研究了砂岩中的润湿相和非润湿相的逆向渗吸，实验结果表明逆向渗吸对非均质性很敏感，会驱替更多原油，同时同向渗吸在很短时间就可以达到平衡，比逆向渗吸快得多。

CT 扫描技术适用于高、中、低渗透油藏乃至致密油藏、页岩气藏的渗吸机理及规律研究，其三维成像的特点使微观机理直观、定量地表现出来。缺点是其实验周期长，造价昂贵，无法准确模拟高温高压的实验条件，并且由于仪器精密度、分辨率等原因，会对实验结果造成影响。

2.4 核磁共振法（NMRI）

当致密岩心样品置于均匀的静磁场中时，岩心中流体富含的氢原子核将与磁场产生相互作用，产生磁化矢量。此时在垂直于磁场方向上，对致密岩心施加拉莫尔频率的射频场后，就会在接收线圈上收到幅度随时间以指数函数衰减的信号，横向弛豫时间 T_2 可描述信号衰减快慢。岩心核磁共振成像技术所检测的是岩心孔隙内的流体性质、流体流量以及流体与岩心壁面的相互作用[25]，所以核磁共振成像反应的是岩心中流体的分布情况以及与岩心壁面的界面效应等。该方法可在不破坏岩心形态的情况下，直接观察致密岩心孔隙内部的流体分布。

蒙冕模等[25]运用低磁场核磁共振技术，研究压裂液在页岩自发渗吸过程中的分布特征，实验结果表明砂岩和火山岩自发渗吸过程中，所有孔隙均匀吸水。濮御等[26]将核磁共振可视化技术与静态渗吸实验相结合，阐述了核磁共振成像和 T_2 谱图测试致密岩心静态渗吸排驱效果的原理。于馥玮等[27]利用核磁共振技术研究了表面活性剂作用下的致密岩心自发渗吸驱油机理及其对不同孔隙中油相的动用程度。实验证明，小孔隙吸水、大孔隙排油是致密水湿砂岩渗吸驱油的主要机理，渗吸对小孔隙中原油的动用程度远高于其他孔隙，达到了70%以上，渗吸采油可以成为致密油藏开发的一种有效开采方式。

核磁共振技术在研究原油大小孔隙动用程度、岩心参数无损检测、非均质驱油过程时有着很好的效果，但缺点是核磁共振信号的强弱受岩心中流体饱和度的影响，当岩心中流体较少时，信号较弱，影响成像效果。

各研究与实验方法优缺点与适用性评价见表1。

表1 研究与实验方法优缺点与适用性评价

研究与实验方法	研究内容	优点	不足	适用性
静态渗吸	边界条件、化学剂各属性、时间、温度、压力等对渗吸的影响及规律分析	可同时进行多组实验；易控制变量分析单一因素的影响	实验尺度较小，油藏条件模拟性差	影响渗吸效率因素分析
动态渗吸	注入工艺参数优化，采收率计算，残余油分布	对油藏有一定的模拟性，优化的参数可指导现场施工	受岩心物性影响较大，难以控制变量	驱油效果评价
质量法	定量分析静态渗吸效率及影响因素	读数人工误差小	无法同时开展多组实验，"门槛跳跃""挂壁现象"影响结果	适用于高中低渗透岩心定量研究渗吸规律，不适用于致密岩心
体积法	定量分析静态渗吸效率及影响因素	同时开展多组实验，边界条件容易控制，方便快捷	人工读数误差较大，油砂静态渗吸实验有时部分油珠无法上浮，影响计量	适用于规律分析，不适用于精确定量研究

研究与实验方法	研究内容	优点	不足	适用性
CT 扫描法	岩心微观孔隙结构研究、油层物性检测分析、特殊岩性岩心孔洞和裂缝分布研究、岩心机械性能检测、岩心驱替特征和剩余油分布规律研究、提高采收率机理	三维成像可以使微观机理直观、定量地表征	实验周期长，造价昂贵，无法准确模拟高温高压条件，受仪器精度、分辨率影响较大	适用于温度、压力不高的油藏，或温度、压力对研究影响不大的情形，不适用于高温高压油藏的物理模拟
核磁共振法	渗吸油水前缘，不同尺寸孔隙动用程度，残余油分布等	三维成像可以使微观机理直观、定量地表征	造价昂贵，核磁共振信号的强弱受岩心中流体饱和度的影响，T_2 值难以准确确定	适用于饱和度较高的岩心，不适用于流体饱和度较低的岩样

3 结论

（1）阐述了两种渗吸机理研究模式，分别是静态渗吸和动态渗吸。静态渗吸适合于影响因素的研究，动态渗吸适合于现场注入参数优化的研究。同向渗吸与逆向渗吸原理有助于对渗吸模式的理解。

（2）总结了渗吸实验中应用的实验方法。质量法、体积法适用条件不同，应根据需要选择。CT 扫描法与核磁共振法在微观机理研究上十分有效，但由于其周期长、成本高，应在考虑所有影响因素后再设计、进行实验。

（3）分析了各种实验方法的优缺点与适用性，为渗吸研究思路提供了参考。

参 考 文 献

[1] 朱维耀，鞠岩，赵明，等. 低渗透裂缝性砂岩油藏多孔介质渗吸机理研究 [J]. 石油学报，2002，23 (6)：56-59.

[2] 彭昱强，韩冬，郭尚平，等. 无机盐对亲水砂岩化学渗吸的影响 [J]. 特种油气藏，2009，16 (5)：71-75.

[3] 蔡建超，郁伯铭. 多孔介质自发渗吸研究进展 [J]. 力学进展，2012，42 (6)：735-754.

[4] Kathel P, Mohanty K K. EOR in Tight Oil Reservoirs through Wettability Alteration [C] // Society of Petroleum Engineers, 2013.

[5] 王牧邦，蒋林宏，包建银，等. 渗吸实验描述与方法适用性评价 [J]. 石油化工应用，2015，34 (12)：102-105.

[6] 吴润桐，杨胜来，谢建勇，等. 致密油气储层基质岩心静态渗吸实验及机理 [J]. 油气地质与采收率，2017，24 (3)：98-104.

[7] 张翼，朱友益，马德胜，等. 一种驱油剂洗油效果的室内快速评定方法，CN 103528862 B [P]. 2016.

[8] 王家禄，刘玉章，陈茂谦，等. 低渗透油藏裂缝动态渗吸机理实验研究 [J]. 石油勘探与开发，2009，36 (1)：86-90.

[9] 李帅，丁云宏，吕焕军，等. 一维两相同向渗吸模型的求解方法 [J]. 断块油气田，2017，24 (1)：56-59.

［10］Schechter D S, Zhou D, Jr F M O. Low IFT drainage and imbibition ［J］. Journal of Petroleum Science & Engineering, 1994, 11 (4)：283-300.

［11］李继山. 表面活性剂体系对渗吸过程的影响 ［D］. 廊坊：中国科学院研究生院（渗流流体力学研究所），2006.

［12］蔡喜东. 低渗透裂缝性砂岩油藏渗吸影响因素数值模拟研究 ［D］. 北京：中国石油大学（北京），2010.

［13］张星. 低渗透砂岩油藏渗吸规律研究 ［M］. 北京：中国石化出版社，2013.

［14］吕伟峰，冷振鹏，张祖波，等. 应用 CT 扫描技术研究低渗透岩心水驱油机理 ［J］. 油气地质与采收率，2013，20 (2)：87-90.

［14］闫凤林，刘慧卿，杨海军，等. 裂缝性油藏岩心渗吸实验及其应用 ［J］. 断块油气田，2014，21 (2)：228-231.

［16］张星，毕义泉，汪庐山，等. 低渗透砂岩油藏渗吸采油技术 ［J］. 辽宁工程技术大学学报，2009 (s1)：153-155.

［17］向阳. 储集岩石的渗吸及其应用 ［J］. 新疆石油地质，1984 (4)：48-58.

［18］彭昱强. 用于自发渗吸驱油的新型自吸仪，CN201233391 ［P］. 2009.

［19］张翼. 渗吸仪，CN102360001A ［P］. 2012.

［20］王敉邦，杨胜来，吴润桐，等. 渗吸研究中的典型问题与研究方法概述 ［J］. 石油化工应用，2016，35 (7)：1-4.

［21］S Akin, A R Kovscek. Imbition studies of low-permeability porous media ［J］. SPE 54590, 1999：1-11.

［22］华方奇，宫长路，熊伟，等. 低渗透砂岩油藏渗吸规律研究 ［J］. 大庆石油地质与开发，2003，22 (3)：50-52.

［23］李帅，丁云宏，孟迪，等. 考虑渗吸和驱替的致密油藏体积改造实验及多尺度模拟 ［J］. 石油钻采工艺，2016，38 (5)：678-683.

［24］D. Zhou, J. Kamath A. R. Kovscek. Scaling of counter-current imbition processes in low-permeability porous media ［J］. Journal of Petroleum Science and Engineering, 2002, 3 (31-3)：61-74.

［25］蒙冕模，葛洪魁，纪文明，等. 基于核磁共振技术研究页岩自发渗吸过程 ［J］. 特种油气藏，2015，22 (5)：137-140.

［26］濮御，王秀宇，杨胜来. 利用 NMRI 技术研究致密储层静态渗吸机理 ［J］. 石油化工高等学校学报，2017，30 (1)：45-48.

［27］于馥玮，苏航. 表面活性剂作用下致密水湿砂岩的渗吸特征 ［J］. 当代化工，2015 (6)：1240-1243.

第二部分
体系研发、评价及试验

低渗透高黏油田新型黏弹降黏剂研究

张帆 马德胜 田茂章 罗文利 张群

（中国石油勘探开发研究院提高石油采收率国家重点实验室）

摘　要：国内外低渗透高黏油田资源丰富，然而由于渗透率低，常规聚合物和化学复合驱体系注入困难，且原油黏度高，开发效率低。目前低渗透高黏油藏以水驱开发为主，采出程度仅 15% 左右，急需有效开发技术。黏弹降黏剂既可以解决低渗油田注入难题，又可以改善高黏原油流动性，是大幅度提高低渗高黏油藏采收率的有效技术。本文研制出具有自主知识产权的黏弹降黏剂 NT-1，降黏效率可达 80% 以上，具有较强的剥离油膜能力；室内驱油实验表明，可在水驱基础上提高采收率 15.3%；本文明确了其降黏机理。黏弹降黏剂溶液抗剪切性能良好，高速（5000 r/min）剪切 60s 后，黏度保留率达 86%；注入性良好，可有效通过 0.2μm 以上的核孔膜，且黏度保留率在 90% 以上；具有自适应能力，可以克服常规化学剂在低渗透油藏注入困难的问题。黏弹降黏剂分子在水溶液中可形成三维网络结构，具有较高的黏度；注入地层时随剪切速度的增加，三维网状结构破碎为单体分子，黏度下降，易于注入低渗透油藏；黏弹降黏剂溶液到达地层后，可再形成高黏度的三维网络结构，起到扩大波及体积的作用；遇到油后，降黏剂网状结构变为球形胶束，黏度降低；降黏剂溶液将原油中高黏胶质、沥青质包裹于液膜中，以水相中的分子间作用力取代原油重组分间的配位键、氢键、π-π 缔合作用，形成水包油乳液来降低原油黏度。此新型降黏剂性能优异，可用于中低渗透高黏油藏提高采收率。

关键词：降黏剂；黏度；黏弹性；注入性；驱油

国内外低渗透（渗透率 1~50mD）高黏（黏度 20~1000mPa·s）油田资源丰富。然而低渗透高黏油田开发面临两方面的困难，一是渗透率低导致常规聚合物和化学复合驱体系注入困难；二是原油胶质、沥青质含量高，且地层温度较低，导致蜡晶析出，造成原油黏度高，开发效率很低[1-3]。目前低渗透高黏油藏以水驱开发为主，采出程度仅 15% 左右，急需有效开发技术[4]。

乳化降黏形成水包油（O/W）型乳状液，可实现大幅度降低原油黏度，主要用于高黏稠油（黏度在 2000mPa·s 以上）的集输，在国内外已进行了 40 余年的研究，开发了非离子型、阴离子型等多种乳化降黏剂，取得了良好的效果；但乳化降黏用于采油的报道很少[5-6]。黏弹降黏剂既可以解决低渗透油田注入难题，又可以改善高黏原油流动性，是大幅度提高低渗透高黏油藏采收率的有效技术。本文研制出具有自主知识产权的黏弹降黏剂 NT-1，进行了系统的性能研究，主要包括降黏效果、改变润湿性能力、注入性、抗剪切性能以及驱油效果评价。

1　实验部分

1.1　材料与仪器

所用材料如下：黏弹降黏剂 NT-1，以廉价的工业脂肪酸为原料制成，有物效含量

41.2%；聚丙烯酰胺 DQ2500，相对分子质量为 2.0×10^7，水解度 27.8%，有效物含量 90.5%，由大庆炼化公司生产；聚表剂 HDP-I，相对分子质量 2.5×10^7，水解度 26.4%，有效物含量 91.1%；配液用水为吉林油田模拟水，矿化度 7435.2 mg/L，离子质量浓度（单位 mg/L）为，$Na^+ + K^+$ 2943.3，Ca^{2+} 10.2，Mg^{2+} 3.2，HCO_3^- 973.9，Cl^- 3481.7，SO_4^{2-} 22.9；实验用油为吉林油田原油，黏度 58.2mPa·s（30℃）。

所用代器：Texas-500 型界面张力仪；LVDV-II+Pro 布氏黏度计；OCA20 接触角仪；ULTRA-TURRA 乳化机；光学显微镜 BX-41 型。

1.2 实验方法

1.2.1 降黏效果评定

按照油水比 1:1 将原油和溶液混合，采用乳化机在 10000r/min 下分散 1min，静置不同时间后取中层乳化液测定体系黏度，并计算降黏率。

1.2.2 黏度测定

采用旋转黏度计（0#转子），在转速 6 r/min、温度 30℃下测定体系的黏度。

1.2.3 润湿性改变能力测定

根据中国石油天然气行业标准 SY/T 5153—2017《油藏岩石润湿性测定方法》，将亲油的石英片浸没在降黏剂溶液中，采用 OCA20 接触角仪，在石英片上滴 2μL 原油，测试降黏剂体系改变润湿性的能力，并记录剥离亲油表面油膜所需要的时间，测试温度为 30℃。

1.2.4 抗剪切性能测定

采用搅拌器将一定浓度的黏弹降黏剂 NT-1、聚合物 DQ2500、聚表剂 HDP-I 溶液在转速 5000r/min 下剪切 5~60s，剪切完后立即用布式黏度计测试体系黏度。

1.2.5 注入性实验

注入性实验中过滤因子测定参照 Q/SY 119—2005《驱油用部分水解聚丙烯酰胺技术要求》规定的方法。过滤压力为 0.2MPa，核微孔滤膜孔径分别为 0.2μm、0.4μm、0.6μm，膜厚为 10μm。实验中，记录过滤一定体积的样品溶液通过不同孔径的核微孔滤膜的时间。过滤速度即为过滤溶液体积与所用时间的比值。过滤因子定义为 300mL 到 200mL 之间的流动时间差与 200mL 到 100mL 的流动时间差之比，计算公式如下：

$$F_r = \frac{t_{300} - t_{200}}{t_{200} - t_{100}} \tag{1}$$

式中 F_r——过滤因子；

t_{100}——新型降黏剂溶液流出 100mL 的时间；

t_{200}——新型降黏剂溶液流出 200mL 的时间；

t_{300}——新型降黏剂溶液流出 300mL 的时间。

2 结果与讨论

2.1 降黏效果评价

采用吉林油田模拟水，配置的黏弹降黏剂 NT-1 溶液，浓度为 0.3%；并在 NT-1 溶液中添加浓度 1.0% 的 Na_2CO_3。将原油和溶液按照 1:1 混合，采用乳化分散后，静置不同时间，取中层乳化液测定体系黏度，计算降黏率，实验结果见表 1。黏弹降黏剂 NT-1 体系降黏效果和稳定性良好，降黏效率在一个月以内一直保持 80% 以上，随着时间的增加降黏率略有增加。添加弱碱 Na_2CO_3 后，可以改善 NT-1 体系的降黏效果，可提高降黏率 3% 以上。

表 1　降黏剂体系降黏效果评价结果

降黏剂	5min		1h		1d		10d		30d	
	黏度 (mPa·s)	降黏率 (%)	黏度 (mPa·s)	降黏率 (%)	黏度 (mPa·s)	降黏率 (%)	黏度 (mPa·s)	降黏率 (%)	黏度 (mPa·s)	降黏率 (%)
NT-1	8.6	85.3	9.3	84.1	9.8	83.2	10.8	81.5	11.6	80.1
NT-1+Na_2CO_3	6.6	88.7	7.5	87.1	7.9	86.4	8.7	85.1	9.7	83.4

2.2　改变润湿性能力

采用 OCA20 接触角仪，考察降黏剂体系改变润湿性能力，测试了 0.3% 的黏弹降黏剂 NT-1 溶液和其添加 1.0% Na_2CO_3 溶液。实验结果表明，黏弹降黏剂 NT-1 可以在 67s 内剥离亲油表面油膜，而添加 Na_2CO_3 可提高剥离油膜的速度，将剥离油膜时间缩短为 31s。相对于一般的三次采油用表面活性剂，黏弹降黏剂 NT-1 剥离油膜所需时间较短，可快速增加毛细管数，因此采油速度较快、驱油效率较高，如图 1 所示。

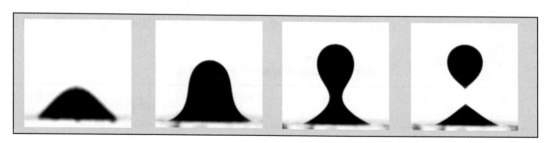

图 1　剥离油膜过程

2.3　抗剪切性能研究

采用吉林油田模拟水，配置黏弹降黏剂、聚表剂和聚丙烯酰胺溶液，30℃ 条件下它们的黏度分别为 35.1mPa·s、38.8 mPa·s、39.7mPa·s。采用搅拌器，转速为 5000r/min，剪切不同的时间后（20~60s），立即用黏度计测试体系黏度，结果见表 2。从表中可以看出，黏弹降黏剂抗剪切性能良好，剪切 60s 后体系黏度仍然可以达到 30.9mPa·s，黏度保留率可达 88.3%；高速剪切显著降低聚丙烯酰胺 DQ2500 和聚表剂 HDP-I 体系黏度，剪切 60s 后体系黏度保留率仅分别为 58.1% 和 41.2%。

黏弹降黏剂的分子量较低（只有几百），通过分子缔合作用可形成三维网络结构，高速剪切并不能破坏分子形成的网状结构，因此黏度保留率较高。而聚丙烯酰胺和聚表剂分子量有几千万，分子链较长，依靠链间机械缠结和氢键共同作用形成网状结构，高速剪切作用下聚合物分子链发生断链，因此黏度明显下降，所以进入地层被剪切，黏度容易下降、体系波及效率降低。

表2 黏度随剪切时间变化结果

化学剂	20s		40s		60s	
	黏度（mPa·s）	黏度保留率（%）	黏度（mPa·s）	黏度保留率（%）	黏度（mPa·s）	黏度保留率（%）
黏弹降黏剂	33.4	95.2	32.1	91.5	30.9	88.3
聚表剂	32.8	82.5	29.7	74.8	23.1	58.1
聚丙烯酰胺	30.8	79.3	23.5	60.5	16.0	41.2

2.4 注入性研究

采用吉林油田模拟水，配置黏弹降黏剂、聚丙烯酰胺和聚表剂溶液，30℃条件下溶液黏度控制在30mPa·s左右，注入性研究实验结果见表3。黏弹降黏剂可以有效通过0.2μm和0.4μm的核孔膜，通过核孔膜前后的黏度变化不明显，黏度保留率均在92%以上，且黏弹降黏剂通过0.4μm核孔膜的速度要远远大于通过0.2μm的速度；而聚合物DQ2500和聚表剂HDP-I无法通过0.4μm的核孔膜。黏弹降黏剂具有自适应能力，在水溶液中可形成三维网络结构，具有较高的黏度；注入地层时随剪切速度的增加，三维网状结构破碎为单体分子，体系黏度下降，易于注入低渗透油藏；黏弹降黏剂溶液到达地层后，可再形成高黏度的三维网络结构，起到扩大波及体积的作用；遇到油后，降黏剂网状结构变为球形胶束，黏度降低。因此，黏弹降黏剂注入性优于常规聚合物和聚表剂，可以克服低渗透油藏化学剂注入困难的问题。

表3 黏弹降黏剂溶液注入性测试结果

核孔膜孔径（μm）	过膜前黏度（mPa·s）	过膜后黏度（mPa·s）	黏度保留率（%）	过滤因子	过滤速度（mL/s）
0.4	35.1	33.8	96.3	1.03	378.1
0.2	35.1	32.5	92.6	1.11	23.8

2.5 降黏机理研究

采用吉林油田模拟水，配置浓度3000mg/L的黏弹降黏剂NT-1溶液。按照油水比1:1将原油和溶液混合，采用乳化机在10000r/min下分散1min，静置1h后取中层乳化液，采用显微镜观察乳液形态，如图2所示。可以看出，降黏剂溶液将原油中高黏胶质、沥青质包裹于液膜中，以水相中的分子间作用力取代原油重组分间的配位键、氢键、π-π缔合作用，形成水包油乳液来降低原油黏度。同时降黏剂能够改变岩石润湿性，增加油层渗透率，从而起到提高采收率、增产原油的作用。

2.6 驱油性能评价

油藏条件下，对黏弹降黏剂NT-1进行了驱油效率评价，实验结果如图3和图4所示。室内驱油实验表明，在水驱53.1%的基础上，降黏驱提高采收率15.3%，总采收率可达

图 2　显微镜观察乳液形态图

68.4%。这是由于降黏驱体系具有一定黏度，起到扩大波及体积的作用，有利于接触到残余油；接触到残余油后，改变岩石润湿性，剥离残余油，形成水包油乳液，降低原油黏度，起到提高采收率的作用。

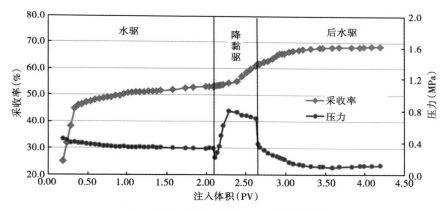

图 3　采收率和注入压力随注入量变化图

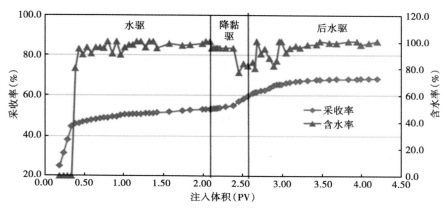

图 4　采收率和含水率随注入量变化图

3 结论

（1）黏弹降黏剂 NT-1 降黏效果和稳定性良好，降黏率在一个月以内一直保持 80% 以上；具有较强的改变润湿性能力，剥离油膜时间为 67s。加入 Na_2CO_3 后可以改善降黏剂 NT-1 体系性能，降黏率提高 3% 以上，剥离油膜时间缩短为 31s。

（2）黏弹降黏剂 NT-1 抗剪切性能良好，高速（5000r/min）剪切后，黏度保留率可达 88.3%，而聚丙烯酰胺 DQ2500 和聚表剂 HDP-I 体系黏度保留率仅分别为 58.1% 和 41.2%。黏弹降黏剂 NT-1 注入性良好，可有效通过 0.2 μm 以上的核孔膜，无阻塞现象发生，且黏度保留率在 92% 以上，而聚合物 DQ2500 和聚表剂 HDP-I 无法通过 0.4μm 的核孔膜。实验结果表明，黏弹降黏剂 NT-1 性能明显优于聚合物 DQ2500 和聚表剂 HDP-I。

（3）黏弹降黏剂 NT-1 驱油性能较好，室内驱油实验表明，可在水驱基础上提高采收率 15.3%。

（4）黏弹降黏剂 NT-1 具有自适应能力，可以克服常规化学剂在低渗透油藏中的注入难题。黏弹降黏剂溶液具有剪切变稀的性能，注入地层时三维网状结构破碎为单体分子，易于注入低渗透油藏；到达地层后，可再形成高黏度的三维网络结构，起到扩大波及体积的作用；遇到油后，降黏剂网状结构变为球形胶束，黏度降低。

（5）明确了黏弹降黏剂 NT-1 的降黏机理。黏弹降黏剂将原油中高黏胶质、沥青质包裹于液膜中，形成水包油乳液来降低原油黏度。同时降黏剂能够改变岩石润湿性，增加油层渗透率，从而起到提高采收率、增产原油的作用。

（6）黏弹降黏剂 NT-1 性能优异，有望应用于中低渗透高黏油藏提高采收率。

参 考 文 献

［1］HINKLE A，SHIN E，LIBERATORE M W，et al. Correlating the chemical and physical properties of a set of heavy oils from around the world［J］. Fuel. 2008，87（13-14）：3065-3070.

［2］LUO P，GU Y. Effects of asphaltene content on the heavy oil viscosity at different temperatures［J］. Fuel. 2007，86（7-8）：1069-1078.

［3］YI S，ZHANG J. Relationship between waxy crude oil composition and change in the morphology and structure of wax crystals induced by pour-point-depressant beneficiation［J］. Energy Fuels，2011，25（4）：1686-1696.

［4］辛寅昌，董晓燕，卞介萍，等. 高矿化度稠油流动的影响因素及改善原油流动的方法［J］. 石油学报，2010，31（3）：480-485.

［5］范晓娟，王霞，陈玉祥，等. 稠油化学降黏方法研究进展［J］. 化工时刊. 2007，21（3）：46-49.

［6］BOSCH P，SCHRIJVERS F. Process to produce pipeline-transportable crude oil from feed stocks containing heavy hydrocarbons：US7491314B2［P］. 2009.

［7］黄丽仙，刘小平，孟莲香，等. 稠油乳化降粘剂的研究及应用［J］. 石油化工应用，2013，32（5）：109-111.

［8］Fan Zhang，Desheng Ma，Maozhang Tian，et al. Study on a Novel Viscosity Reducer for High Viscosity and Low Permeability Reservoirs［J］. SPE183858，2017.

吉林油田木 146 区块氮气泡沫驱矿场试验研究

李明义

（中国石油吉林油田勘探开发研究院）

摘　要：吉林油田木 146 区块注水开发 40 年，目前综合含水 97.4%，采出程度 40.6%，已经进入"双高"开发阶段，水驱挖潜难度大，水驱开发进一步提高采收率的空间越来越小。通过区块剩余资源潜力评价及氮气泡沫驱机理、物理模拟和数值模拟研究，确定木 146 区块适合水驱转氮气泡沫驱开发。2016 年 6 月，优选 2 个井组开展氮气泡沫驱先期试验，气驱 1 个月后开始明显见效，日产油由气驱前的 15.1t 上升至 30.7t，试验见到了良好的效果，为改善吉林油田类似区块的开发效果、提高采收率开拓了一条新的技术路线。

关键词：正韵律储层；氮气泡沫驱；封堵；采收率

吉林油田老区主力油田均进入注水开发中后期，整个油田产量递减快、稳产难度大，因此转换开发方式是改善开发效果、提高采收率的根本途径。吉林油田三次采油潜力评价结果显示，适合氮气泡沫驱的石油地质储量占总石油地质储量的 45.5%，其中可实施石油地质储量占总石油地质储量的 14.7%。

1　氮气泡沫驱机理

氮气泡沫驱具有扩大波及系数和提高驱油效率的作用，能够大幅度提高采收率[1,2]。主要体现在以下几个方面的机理。

（1）补充能量：氮气在原油及地层水中的溶解性非常差，但有良好的膨胀性，有利于保持油藏压力。

（2）超覆作用：气体在重力分异作用下，上升到渗透率更低的，注入水难以到达的油层顶部，扩大了波及体积。

（3）封堵作用：一是泡沫对高渗透带的选择性封堵；高渗透带阻力小，气体会优先进入，占据孔隙的大部分空间，减少液相的饱和度，从而降低液相的流动能力。二是泡沫在油层中"遇水起泡，遇油消泡"，泡沫对高含水层的选择性封堵。对高含水层和高渗透带产生有效封堵后，注入水产生液流转向作用，扩大波及体积，提高驱油效率[3]。

（4）洗油作用：起泡剂是一种活性很强的阴离子型表面活性剂，能较大幅度降低油水界面张力，改善岩石表面润湿性，使原来呈束缚状的油通过油水乳化、液膜置换等方式成为可流动的油[4]。

2 氮气泡沫驱可行性研究

2.1 剩余油分布

木 146 区块开发目的层为扶余油层，其为水下分流河道沉积，砂体以正旋回沉积为主，单层有效厚度平均为 6m，储层渗透率在 30~220mD。数值模拟和检查井研究表明，正韵律油层水驱后上部油层形成大量剩余油。注氮气后，气体能在重力分异作用下，上升到渗透率更低的、注入水难以到达的油层顶部，有效发挥超覆作用，改善纵向动用程度，因此能够扩大波及体积，使各层驱替相对均匀，改善开发效果。另外，由于水驱后井间存在剩余油富集区，通过水驱后转氮气泡沫驱方式开发，能够有效动用该部分剩余油，大幅度提高采收率。

2.2 物理模拟和数值模拟

通过水驱后氮气泡沫驱物理模拟实验研究，结果表明，在水驱含水率为 98%、驱油效率为 30.6% 后转氮气泡沫驱开发，驱油效率可以达到 43.6%，比水驱提高近 13 个百分点的驱油效率。

数值模拟技术研究氮气泡沫驱结果表明，注氮气泡沫后含水率可下降 6 个百分点，产油速度明显上升，氮气泡沫驱可以提高采收率 5~8 个百分点。物模和数模研究结果表明，水驱转氮气泡沫驱开发可行。

3 注入参数优化设计

3.1 发泡剂和稳泡剂质量浓度优选

岩心水驱至含水 98% 时，开展发泡剂与起泡剂质量浓度优选实验。结果显示，随着起泡剂和稳泡剂质量浓度升高，驱油效率不断提高，当起泡剂质量浓度大于 0.3%、稳泡剂质量浓度大于 0.12% 时，继续升高两者质量浓度，驱油效率提高幅度不大。因此，综合经济效益和提高驱油效率两方面因素，确定最佳起泡剂和稳泡剂质量浓度分别为 0.3% 和 0.12%。

3.2 注入方式优选

室内物模实验研究结果显示，在水驱至含水 98% 时，气液混合注入和交替注入的驱油效率分别为 53.95% 和 43.95%；数值模拟结果表明，气液混合注入比交替注入提高采收率近 6 个百分点，气液混合注入明显好于气液交替注入，主要是由于气液同注有利于气泡的产生和保持，驱替效果更好。因此采用气液同注的方式注入。

3.3 注入量优选

原始含油饱和度下的岩心，在水驱含水至 98% 时转为氮气泡沫驱时，在气液比为 1:1、起泡剂质量浓度为 0.3% 及稳泡剂质量浓度为 0.1% 的条件下，随着氮气泡沫注入量的增加，驱油效率也在不断增大，氮气泡沫液注入量由 0.2PV 增加到 0.7PV，到实验结束时驱油效率由 36.4% 增大到 54.09%，但在注入量为 0.4PV 时出现明显拐点，再继续增加注入量，驱油效率提高幅度明显降低。另外，数值模拟结果表明（图1），在注入0.35PV后，提高采收率的幅度也明显减缓。因此，木146实验区最佳注入量为0.35~0.4PV。

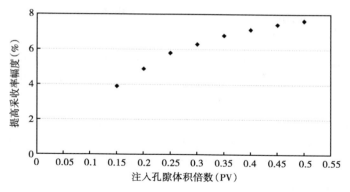

图1　数值模拟优选注入孔隙体积倍数

3.4　气液比优选

气液比主要反映注入泡沫体系的质量，气液比过低发泡效果不佳，气液比过高容易发生气窜。岩心水驱至含水98%时，在注入泡沫为0.6PV、起泡剂质量浓度为0.3%和稳泡剂质量浓度为0.1%的条件下，开展不同气液比驱替实验。结果表明，气液比在2:1时驱油效率最高。数值模拟结果也表明，在气液比为2:1时，随着气液比的增大，提高采收率的幅度明显变缓，考虑到气体过早突破的因素影响，最佳气液比在1~2。

3.5　注入速度优选

利用数值模拟技术模拟不同注入速度条件下，提高采收率幅度的大小。结果表明（图2），在注入速度为0.1PV/a时，提高采收率的幅度最大，结合现场注水井的注入状况及注采比情况，确定合理的注入速度为0.1PV/a。

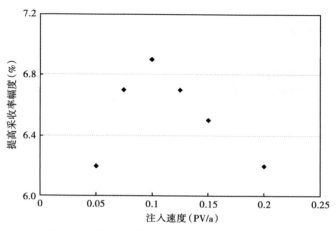

图2　数模模拟不同注入速度提高采收率幅度

4 现场试验及效果分析

4.1 氮气泡沫驱先导试验

为了试验氮气驱效果、为探索泡沫驱后转气—水交替时的驱替规律，以及生产井见气规律，先期开展气—水交替注入试验。2016 年 6 月，木 146 区块开始注气，注气规模为 2 注 13 采。截至 2017 年 4 月 20 日，实际累计注氮气 294.9×10⁴ m³，注气后见到了显著效果，平均日增油达到 5.0t，最高日增油 15.6t，是标定产量的 2 倍，含水最高下降 2.3 个百分点，氮气驱先导试验取得良好的效果。目前，在原有试验区基础上外扩 2 口井，使整个试验区试验规模达到 4 注 18 采，外扩的两口井注气后，周围油井也已经见到明显的增油效果。

4.2 试验效果分析认识

（1）注氮气能有效扩大波及体积，提高采收率。通过注气前后产液剖面监测结果对比（图 3），注气后，之前不产液或产液量小的油层，产液明显上升，表明注氮气有效地扩大了波及体积。

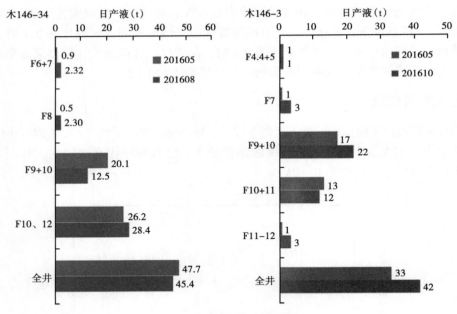

图 3　产液剖面测试结果对比

（2）厚度大的正韵律储层气驱效果明显。通过分析对比生产井增油情况，油层厚度大、正韵律明显的生产井，增油效果均比较明显。主要是由于这类储层上部物性较差，由于重力分异作用，注入水难以波及油层顶部，形成较为富集的剩余油。注氮气后，由于超覆作用，气体上升到注入水难以波及的这类渗透率更低的油层上部，改善纵向动用程度，扩大波及体积，有效驱替出顶部的剩余油。

（3）气水交替对抑制气窜具有较好的作用。气窜是气驱的普遍现象，气水交替是缓解或者抑制气窜的有效途径。木 146 区块经过 40 多年的注水开发，优势通道发育，加之存在近东西向的天然裂缝，会进一步导致气窜现象的发生。试验区在持续注气近 2 个月后，油井套压和产出气中氮气含量均不同程度上升，出现了气窜现象。为此，采取了不同周期的气水交替试验，气水交替后，试验区油井套压（图 4）和氮气含量（表 1）普遍降低，试验效果得到明显改善，说明气水交替对抑制气窜具有较好的作用。

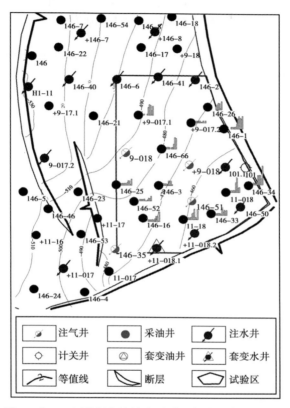

图 4　木 146 区块氮气泡沫驱试验区评价井套压现状图

表 1　木 146 区块氮气泡沫驱评价井氮气含量监测数据

时间	木+9-017.1	木 146-1	木 146-25	木 146-26	木 146-3	木 146-33	木 146-34	木 146-52
试验前	2.3%	1.9%	1.3%	1.5%	1.9%	3.0%	1.9%	2.9%
注气 1 月	1.7%	2.4%	1.3%	16.4%	1.9%	2.0%		2.9%
注气 2 月	27.2%	16.2%	15.9%		16.1%	2.8%	17.7%	16.4%
气水交替 1 月		60.2%		27.8%	12.9%	62.8%		23.9%
气水交替 2 月	8.93%	32.4%	2.4%	1.7%	7.3%	2.4%	1.8%	8.0%

5　结论与建议

（1）木 146 区块水驱后转氮气泡沫驱方式开发，不但可行，且效果显著。

（2）气驱过程中容易发生气窜，气水交替具有较好的减缓气窜的作用。

（3）泡沫能够有效抑制气窜，扩大波及体积，因此现场应该尽快开展泡沫驱试验。

（4）吉林油田适合氮气泡沫驱的地质储量较大，水驱转氮气泡沫驱具有广阔的应用前景。

参 考 文 献

［1］刘文章．稠油注蒸汽热采工程［M］．北京：石油工业出版社，1997.

［2］廖广志，李立众，孔繁华，等．常规泡沫驱油技术［M］．北京：石油工业出版社，1999.

［3］王波，王鑫．高含水后期厚油层注氮气泡沫控水增油技术研究［J］．大庆石油地质与开发，2006，25（2）：59-60.

［4］张彦庆，刘宇，钱昱，等．泡沫复合驱注入方式、段塞优化及矿场试验研究［J］．大庆石油地质与开发，2001，20（1）：46-48.

高温高盐中低渗透油藏聚合物—表面活性剂二元驱技术研究

庄永涛

（中国石油大港油田公司采油工艺研究院）

摘　要：针对大港油田孔南地区高温、高盐、中低渗透等制约化学驱提高采收率的技术瓶颈问题，以官109-1断块枣Ⅴ油组为目标油藏（温度78℃、注入水矿化度29585mg/L、油藏平均渗透率50~200mD），在优选适合缔合聚合物和表面活性剂基础上，进行二元驱室内实验和现场应用研究。结果表明，缔合聚合物AP-P7和表面活性剂BHS-01二元体系溶液与常规体系相比，具有较好的耐温抗盐性，拓展了常规二元驱适用油藏的温度和矿化度范围；注入性实验中，常规聚合物在该渗透率条件下注入性差，缔合聚合物能有效建立阻力系数和残余阻力系数；通过岩心驱替实验，二元体系能有效提高水驱后采收率，拓宽了聚合物驱适用的原油黏度范围；矿场单井试注后，注入井注入压力和启动压力升高，纵向吸水剖面得到改善，效果明显。

关键词：高温高盐油藏；缔合聚合物；岩心剪切；岩心驱替实验；单井试注

为实现注水开发后期老油田化学驱大幅度提高采收率，国内主要油田相继开展了聚合物驱、聚合物—表面活性剂二元驱、碱—聚合物二元驱和聚合物—表面活性剂—碱三元复合驱等多种化学驱技术[1-3]，受聚合物驱提高采收率幅度低和碱—聚合物二元驱及三元驱碱与地层岩石反应生产物造成井筒管线结垢等限制[4,5]，聚合物—表面活性剂二元驱技术越来越受到重视[6-8]。

目前，聚合物—表面活性剂二元驱推广应用的油藏均为常规油藏条件，一般油藏温度45~70℃，地下原油黏度小于20mPa·s，油层渗透率多大于300mD，配制水矿化度小于6000mg/L，或用淡水（矿化度小于1000mg/L）配制[9-13]，为了拓展二元驱的适用油藏范围，科研工作者开发出一系列耐温抗盐新型聚合物，其主要设计思路为通过将少量疏水基团引入亲水性大分子中，在溶液的分子间通过疏水基团之间的缔合作用形成动态网状结构，使其溶液具有很强的增黏性和耐温抗盐性，近年来，关于该类聚合物溶液的耐温抗盐性能以及在高渗透油藏条件下的驱油特性已有较多报道[14-16]，因此，通过研究该类体系在高温高盐中低渗透油藏条件下的适应性以及驱油效率，对改善相应条件油藏的水驱开发效果具有重大意义。

大港油田孔南地区沈家铺开发区已处于高含水开发期，目前水驱采出程度仅为7.11%，具备实施大幅度提高采收率技术的开发条件，但受该油藏现有"高温、高盐、中低渗透、稠油"不利因素的影响，常规化学驱技术均无法在该区块实施，本文在优选聚表体系的基础上，以官109-1断块为例，开展了缔合聚合物—表面活性剂二元驱在该类油藏的室内实验和现场试注技术研究。

1 实验部分

大港油田孔南地区官 109-1 断块油藏埋深 1930～2130m，含油面积 1.91km²，原始地层压力 20.15MPa，平均孔隙度 21.0%，平均渗透率 240mD，平均层间变异系数为 0.59，原始含油饱和度 61%，油藏温度 78℃，地层原油黏度 50～200mPa·s，原油密度 0.9510g/cm³，注入水矿化度 29584mg/L，属于高温高盐高黏油藏，其注入水质分析见表 1。

表 1 水质分析结果

项目	离子组成							总矿化度（mg/L）
	Na⁺+K⁺	Mg²⁺	Ca²⁺	Cl⁻	SO₄²⁻	HCO₃⁻	CO₃²⁻	
含量（mg/L）	10943	65	443	17325	281	527	0	29584

1.1 体系优选实验

（1）实验目的。

优选适用于高温高盐油藏条件下的聚合物和表面活性剂。

（2）实验条件。

油藏温度 78℃下测试。

（3）实验材料。

备选聚合物和表面活性剂类型及理化性能见表 2、表 3。

表 2 聚合物及理化性能表

聚合物型号	溶解性（h）	固含量（%）	水解度（%）	分子量（10⁴）	水不溶物（%）
AP-P7	<2.0	88.7	17.9	12.0	0.13
AP-P3	<2.0	91.23	18.2	12.2	0.13
SNF	<2.0	88.59	27.5	25.2	0.124
HTPW-112	<2.0	88.24	26.9	25.9	0.135
KY-3	<2.0	89.37	22.2	25.5	0.114

表 3 表面活性剂及理化性能表

表面活性剂	有效物含量（%）	溶解性	pH 值	流动性
CEDA	60	>10%	7.5	易于流动
BHS-01	50	>10%	8.1	易于流动
BHS-CEDA	50	>10%	8.7	易于流动

（4）测试方法。

采用了 Brookfield DV-Ⅲ黏度计进行黏度测试，采用了 TX-500C 型界面张力仪（美国 CNG 公司）测试驱油剂与原油间的界面张力。

1.2 渗流特性实验

（1）实验目的。

测试体系的抗剪切性及在该油藏条件下的注入性。

（2）实验材料。

岩心：φ2.5cm×10cm 圆柱岩心，渗透率 240mD；实验用水：官 109-1 断块回注水。

（3）实验流程。

实验流程图如图 1 所示。

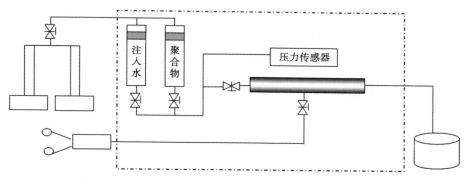

图 1　渗流特性实验流程图

（4）实验步骤。

①分别利用断块回注水配制所评价聚合物溶液 2000mg/L，测试初始黏度；

②按照现场实际配注，以注入速度 90m³/d 注入圆柱岩心后，接取剪切后溶液，测定溶液黏度，计算黏度保留率；

③分别将剪切后溶液置于装置内，以 3m/d 注入速度注入圆柱岩心，在此过程中精确计量注入体积和注入压力变化。

1.3　提高采收率实验

（1）实验目的。

研究优选体系水驱后提高采收率幅度。

（2）实验材料。

考虑官 109-1 断块平均渗透率 240mD 和变异系数 0.59，制作平均渗透率为 200mD 和变异系数为 0.6 的人造三层非均质岩心（各层渗透率为 60mD、195mD 和 695mD），岩心尺寸 4.5cm×4.5cm×30cm。

（3）实验流程。

驱油实验设备主要有高精度流量泵、流体装置器、压力表、岩心夹持器以及油水分离器等，除流量泵外，其余装置均置于在 78℃恒温箱中，如图 2 所示。

（4）实验步骤。

①将人造岩心抽提烘干称重，饱和地层水称湿重，计算孔隙体积；

②恒温 24h 后，进行油驱水，建立束缚水，直至岩心出口端 3h 之内没有水流出为止，建立束缚水饱和度；

③用官 109-1 断块回注水配制聚合物、表面活性剂和二元体系溶液，其中聚合物和二元体系溶液按照步骤 1.2 岩心剪切实验进行剪切；

④将岩心装入岩心夹持器，老化 24h 后，保持注入速度 3m/d，水驱至含水 98%，转注 0.6mPa·s 化学驱后，再水驱至含水 98%，结束实验；

⑤实验采用油水分离器计量产油量和产水量。

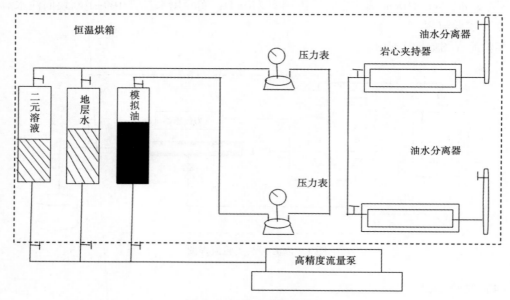

图 2　驱油流程实验装置图

2　结果和讨论

2.1　体系优选实验

（1）聚合物优选。

通过室内实验评价，不同聚合物其增黏、抗温和抗盐特性见图 3。

图 3（a）可以看出，在油藏温度 78℃ 条件下，不同类型聚合物溶液增黏性结果显示，AP-P7（2000mg/L）优于其他四种聚合物，当质量浓度为 1500mg/L 时，曲线上出现一个转折点，即临界缔合质量浓度。在临界缔合质量浓度以上，溶液黏度增幅较大，表现出良好的增黏性。

图 3（b）可以看出，在温度为 70~90℃ 时，相同聚合物质量浓度条件下，与其他聚合物相比，缔合聚合物 AP-P7 具有较好的耐温性，常规聚合物黏度下降较快，主要是由于温度升高，分子间相互作用力减弱，直链型大分子聚合物分子扩散能力增强，离子基团水化作用减弱，使大分子线团更加收缩卷曲，黏度下降。

图 3（c）可以看出，AP-P7 抗盐性效果优于其他聚合物，这主要是由于对于常规聚合物溶液而言，在高盐油藏环境下，大量阳离子进入聚合物分子双电层，并与带负电的羧酸基结合，减弱了静电斥力作用，使分子链发生卷曲，同时，阳离子的去水化作用，使聚合物分子链上水化层变薄，分子链段上的空间位阻变小，分子线团收缩，水动力学尺寸减小，黏度降低；而对于疏水缔合聚合物，盐的加入，虽然也导致了分子链发生蜷曲，但另一方面，增强了溶液极性，有利于疏水缔合趋势的增强。

（2）表面活性剂优选。

在确定聚合物 AP-P7 基础上，选择不同表面活性剂配制二元溶液，通过测定溶液界面张力和黏度，考察表面活性剂与聚合物的配伍性，实验结果如图 4 所示。

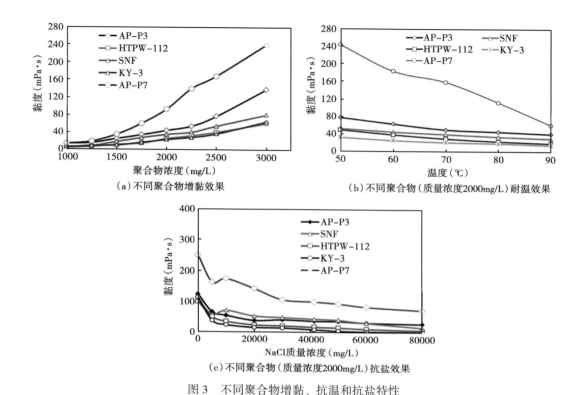

(a) 不同聚合物增黏效果 (b) 不同聚合物(质量浓度2000mg/L)耐温效果

(c) 不同聚合物(质量浓度2000mg/L)抗盐效果

图 3 不同聚合物增黏、抗温和抗盐特性

图 4 不同表面活性剂界面张力和二元溶液黏度与表面活性剂浓度关系图

图 4 可以看出，表面活性剂 BHS-CEDA 和 BHS-01 配制二元溶液界面张力可以达到 $10^{-3} \sim 10^{-2}$ mN/m，达到指标要求。但随着二元溶液中表面活性剂质量浓度的增加，BHS-CE-DA 配制的二元溶液黏度出现先降低后急剧上升现象，与聚合物配伍性差，BHS-01 表面活性剂配制的二元溶液黏度先升高后趋于平稳，说明该表面活性剂与聚合物配伍性好，且在油藏温度条件下，二元体系 90 天后界面张力仍能达到 $10^{-3} \sim 10^{-2}$ mN/m，黏度保留率 80.1%（图 5），因此，优选 BHS-01 作为二元体系用表面活性剂。

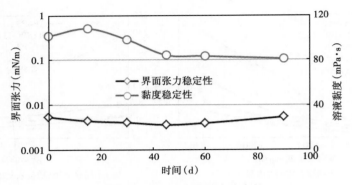

图 5 界面张力和溶液黏度稳定性

2.2 渗流特性实验

（1）抗剪切性实验。

聚合物在经过多孔介质时，其高分子结构受岩石孔隙剪切易发生断裂，黏度降低，为了评价聚合物在岩石孔隙注入性及岩心剪切性，对比了缔合聚合物 AP-P7 溶液和常规聚合物 HTPW-112 岩心剪切前后黏度变化，结果见表 4。

表 4　不同类型聚合物剪切前后黏度变化

聚合物	岩心渗透率（mD）	溶液质量浓度（mg/L）	剪切速率（m/d）	剪切前黏度（mPa·s）	剪切后黏度（mPa·s）	黏度保留率（%）
AP-P7	240	2000	90	101.5	52	51.5
HTPW-112				33.5	11.3	33.7

从表 4 可以看出，相同溶液质量浓度下，缔合聚合物 AP-P7 溶液初始黏度明显高于常规聚合物 HTPW-112，两种聚合物经过岩心剪切后，缔合聚合物黏度保留率高于常规聚合物，这主要是由其网状分子结构决定的，其网状分子结构与常规聚合物直链分子结构相比抗剪切性更强且其缔合结构具有剪切恢复性，因此缔合聚合物黏度保留率更高。

（2）注入性实验。

聚合物 HTPW-112 和 AP-P7 在该油藏条件下注入性实验结果如图 6、图 7 所示。

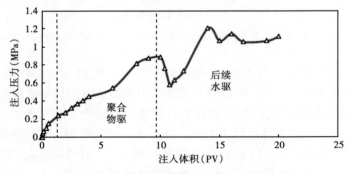

图 6　常规聚合物 HTPW-112 注入压力变化

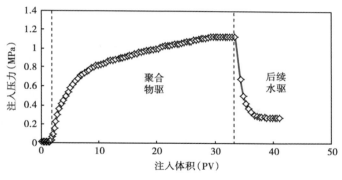

图 7　缔合聚合物 AP-P7 注入压力变化

图 6 可以看出，在常规聚合物注入过程中，随着注入体积的增加，注入压力持续升高，在后续水驱过程中，压力较注聚过程中增加，说明该类聚合物在岩心中发生滞留堵塞，注入困难，这主要是由于常规聚合物相对分子质量较大，在该类中渗油藏注入性差。图 7 可以看出，缔合聚合物 AP-P7 注入过程中，随着注入体积的增加，注入压力增加后逐渐保持平稳，后续水驱过程中注入压力下降，说明该体系在该类油藏注入性好，且能够有效建立起阻力系数和残余阻力系数。

2.3　提高采收率实验

通过改变不同的驱替溶液，保持原油黏度 50mPa·s，注入 0.6PV 驱替液条件下，分别对比了缔合聚合物驱（2000mg/L）、表面活性剂驱（0.4%）和二元驱（2000mg/L P+0.4% S）与水驱对比采收率增幅，实验结果见表 5。

表 5　不同驱替方式下采收率增幅

| 序号 | 驱油剂组成（mg/L） | | 含油饱和度（%） | 采收率（%） | | 采收率增幅（%） |
	聚合物	表面活性剂		水驱	化学驱	
1	—	—	71.5	28	—	—
2	2000	—	71.6	27.2	41.6	13.6
3	—	4000	71.4	27.1	32.3	4.3
4	2000	4000	71.3	27	47.1	19.4

实验结果可以看出，与水驱相比，二元驱提高采收率幅度为 19.4%，聚合物驱提高采收率幅度为 13.6%，表面活性剂驱提高采收率幅度为 4.3%，说明二元驱对该类油藏具有有效适用性，提高采收率明显。

3　现场应用

3.1　试验方案

现场在前置水驱之后，开展单井试注试验，分三个阶段开展注入，第一阶段注入聚合物质量浓度 2000mg/L，表面活性剂质量浓度 0.3%，注入时间 18d，累计注入 1560m³。

第二阶段注入聚合物质量浓度 2500mg/L，表面活性剂质量浓度 0.4%，注入时间 5d，累计注入 480m³。

第三阶段注水，测试注水指示曲线。

3.2 试验效果

（1）注入压力和启动压力上升。根据试注井 JX45-7 井压力资料分析，配注不变条件下，注入二元体系 23 天后，该井注入压力由注水时 10.5MPa 上升到 13.5MPa，提高了 3MPa，见图 8，启动压力由 8.53MPa 上升到 11.12MPa，说明二元体系在油藏运移过程中形成了有效封堵，增加了储层的流动阻力。

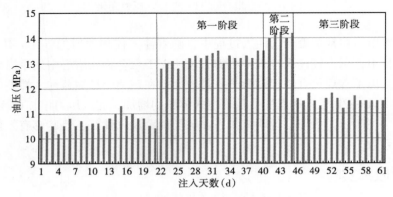

图 8　试注日注入量与油压变化曲线

（2）吸水剖面改善，纵向波及体积扩大。由于二元体系的注入，纵向吸水剖面更加均匀，缓和了层间和层内矛盾。

（3）井下返排显示体系在地下保持了较高的黏度。第一阶段井口平均黏度 100mPa·s，返排液黏度 45.5mPa·s，黏度保留率 45%，第二阶段井口平均黏度 160mPa·s，返排液黏度 84.2mPa·s，黏度保留率 52.6%，说明体系经过地层剪切后在高温高盐条件下仍能保持较高黏度，能够有效改善水油流度比。

4　结论

（1）缔合聚合物 AP-P7 与表面活性剂 BHS-01 配伍性好，该二元体系在高温高盐条件具有较好的抗温耐盐性。

（2）常规聚合物在中渗透油藏注入性差，缔合聚合物在能够有效建立阻力系数和残余阻力系数，且与常规聚合物相比，岩心剪切后黏度保留率高。

（3）现场单井试注效果好，油层启动压力升高，纵向吸水剖面得到改善，且体系在地下经过剪切后仍保持较高黏度。

参 考 文 献

[1] 刘朝霞，王强，孙盈盈，等．聚合物驱矿场应用新技术界限研究与应用［J］．油气地质与采收率，2014，21（2）：22-24.

［2］孙琳. 大港羊三木油田碱/聚二元体系黏度稳定性研究［D］. 成都：西南石油大学，2007.

［3］程杰成，吴军政，胡俊卿，等. 三元复合驱提高原油采收率关键理论与技术［J］. 石油学报，2014，35（2）：310-317.

［4］刘东升，李金玲，李天德，等. 强碱三元复合驱硅结垢特点及防垢措施研究［J］. 石油学报，2007，28（5）：139-141.

［5］吕鑫，张建，姜伟，等. 聚合物/表明活性剂二元复合驱研究进展［J］. 西南石油大学学报，2008，30（3）：127-130.

［6］朱友益，张翼，牛佳玲，等. 无碱表面活性剂-聚合物复合驱技术研究进展［J］. 石油勘探与开发，2012，39（3）：346-351.

［7］刘莉平，杨建军. 聚—表二元复合驱油体系性能研究［J］. 断块油气田，2004，11（4）：44-45.

［8］王荣健，卢祥国，牛丽伟，等. 大庆油田萨北开发区二类油层二元复合驱技术研究［J］. 海洋石油，2009，29（3）：57-61.

［9］张贤松，孙福街，康晓东，等. 渤海油田聚合物驱油藏筛选及提高采收率潜力评价［J］. 中国海上油气，2009，21（3）：169-171.

［10］贾虎，倪小龙，周先云，等. 聚合物驱油藏适应性研究进展［J］. 油气田地面工程，2010，26（9）：36-38.

［11］NIKOLAOS P, GALDER K. Enhancing the hydrophobic properties of various commercial polymers through mixtures and coatings with a fluorinated diblock copolymer in low concentrations［J］. European Polymer Journal, 2013, 49（9）：1841-1851.

［12］MARÍA V M, MARIANO M, CESAR A. Electroactive polymers made by loading redoxions inside crosslinked polymeric hydrogels［J］. Electrochimica Acta, 2016, 21（9）：363-376.

［13］NORHIDAYU Z, ISHAK A, HANIEH K. Hydrophobic kenaf nanocrystalline cellulose for the binding of curcumin［J］. Carbohydrate Polymers, 2014, 16（3）：261-269.

［14］曹宝格，李华斌，罗平亚. 等，缔合水溶性聚合物 AP4 清水溶液的流变特征［J］. 油田化学，2005，22（2）：168-172.

［15］何春百，张贤松，周薇，等. 适用于高渗稠油的缔合型聚合物驱室内效果评价［J］. 油田化学，2011，28（2）：145-147.

［16］何宏，王业飞，王国瑞，等. 高温高盐油藏用调驱体系的研究进展［J］. 油田化学，2012，29（3）：375-379.

新疆油田新型含油污泥调剖剂的研究

熊启勇　韩力　邓伟兵　赵春艳　王美洁

（新疆油田公司工程技术研究院）

摘　要：针对新疆油田存在含油污泥产量大、成分复杂、处理成本高、安全环保风险大等问题，研制出适应新疆油田的 2 种调剖配方体系。通过对新疆油田含油污泥粒径分布和组成特征分析，研究了不同类型分散剂对含油污泥分散特性的影响，优选出分散剂 fs1，通过流变性实验分析了 4 种悬浮剂对含油污泥悬浮性能的影响，筛选出悬浮剂 xf2 及其加量，研制出适合新疆油田的含油污泥悬浮调剖剂。性能评价实验表明，该含油污泥调剖剂悬浮稳定性大于 120h，黏度小于 50mPa·s，岩心封堵率大于 98%，具有稳定性好，封堵能力强，耐冲刷性能好等特点。为了满足裂缝性和高渗透大孔道等地层的调堵需要，在含油污泥悬浮调剖剂的基础上，引入交联聚合物，筛选出聚合物、交联剂、稳定剂，研制出含油污泥有机凝胶调堵剂。封堵性能实验结果表明，该调堵剂岩心封堵率在 99% 以上，突破压力在 10MPa 以上，具有成胶时间可控、耐温性好，封堵能力强等特点。含油污泥调剖剂与地层配伍性好、成本低和便于大剂量注入的特点，不但适用于注水井浅调剖，还适用于裂缝性和高渗透大孔道地层的深部封堵。含油污泥用于调剖调驱，即解决了含油污泥处理成本高及伤害的环保压力，又显著降低了调剖调驱剂的成本，具有很好的经济效益和社会效益。

关键词：含油污泥；调堵剂；有机凝胶

　　油田在开发过程中产生大量的含油污泥，由于含油污泥成分复杂，含有大量有害物质，直接排放对生态环境会造成严重伤害。长期以来，采出污泥的处理和利用一直是困扰国内油田开发的技术难题。采出污泥源于地层，与地层具有良好配伍性[1]，同时含油污泥中的固相颗粒有调剖作用，若将其回注地层，不仅可以对高渗透层实施有效封堵，而且解决了排放问题。国内油田如胜利、大港、华北、辽河和中原等油田对采出污泥都采取过回注地层的处理方法[2,3]。随着新疆油田注水开发的深入，层间和层内矛盾日趋突出，稳油控水形势十分严峻，特别是目前低油价的形势下，迫切需要高效低成本调剖技术。笔者针对新疆油田存在含油污泥产量大、成分复杂、处理成本高、安全环保风险大等问题，对新疆油田含油污的组分特征和性质进行全面分析，开展了含油污泥调剖剂的研究，通过对悬浮剂、分散剂和交联剂的研究，研制出适应新疆油田的 2 种调剖配方体系。2 种含油污泥调剖体系不但与地层具有良好的配伍性，还具有较好的热稳定性、抗盐性和耐剪切性，适合于大剂量注入，并且成本低廉。

1　含油污泥组分与粒径分析

1.1　含油污泥组成分析

　　测试方法：取一定量含油污泥样品，用蒸馏法测其含水量，然后将蒸馏残余物趁热用砂心漏斗过滤，并用石油醚和丙酮的混合溶剂反复洗涤，直至残余物不含油为止，最后将盛有残余物的砂心漏斗放在85℃烘箱内恒温12h后称重[4]。从新疆油田风城作业区联合站、陆梁作业区原油处理站和石西油田污水池取含油污泥样品，并进行了组分分析，实验数据见表1。

由表1可知新疆油田含油污泥主要以水和泥质为主，含油量较小，固相含量适中，油泥细腻均匀，有利于污泥颗粒在调剖剂中的悬浮稳定，比较适合用于调堵作业。

表1 新疆油田含油污泥组成分析数据表

污泥样品名称	水含量（%）	油含量（%）	泥含量（%）	pH 值	外观
F1# 稠油处理站含油污泥	77.3	3.1	19.6	7.5	油泥细腻均匀
F 稀油处理站含油污泥	83.40	4.9	11.7	7.0	油泥细腻均匀
L 处理站含油污泥	57.2	6.4	36.4	7.0	油泥细腻均匀
SN 处理站含油污泥	81.5	8.9	9.5	7.2	油泥细腻均匀

1.2 含油污泥粒径分布

分离出含油污泥中的泥质组分，采用，马尔文公司 MS2000 激光粒径分析仪对所取含油污泥样品进行了粒径分析，分析数据见图1至图4。

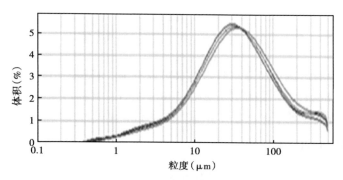

图1 F 稠油处理站含油污泥粒径分布图

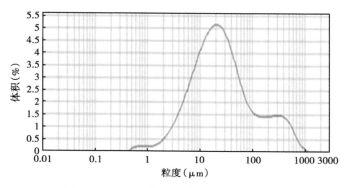

图2 F 稀油注输处理站含油污泥粒径分布图

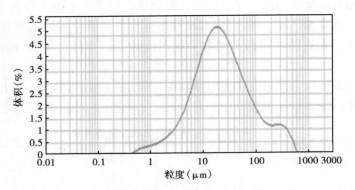

图 3　SN 处理站含油污泥粒径分布图

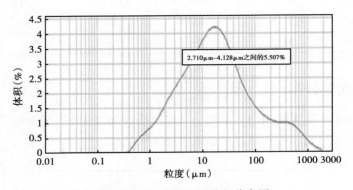

图 4　L 处理站含油污泥粒径分布图

从图 1 至图 4 含油污泥粒径分布分析结果可以看出：新疆油田含油污泥的粒径主要分布在 5～100μm（约占 80%），平均粒径分别为 60μm 左右，含油污泥粒径的分布集中且具有一定的颗粒大小，具备进入地层和封堵水窜通道的条件，适用于调堵作业。

1.3　矿物组成及外观结构

将 L 处理站含油污采用能谱分析对其元素组成进行无处理分析，能谱图如图 2 所示，元素组成如图 5 所示。

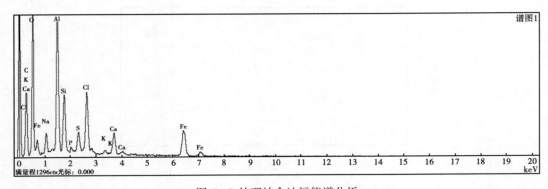

图 5　L 处理站含油污能谱分析

164

图 5 能谱分析结果显示污泥组分中含有 C、Ca、O、Fe、S、Al、Na、Si、Cl 等元素，其中铝、铁金属离子含量较高，铁离子含量为 5.32%，铝离子含量为 6.81%，较高的金属离子对污泥分散悬浮性能影响较大，使污泥颗粒更易沉降，必须选择合适的分散剂对含油污泥进行处理。金属离子含量高，特别是三价铁离子的存在一方面会使聚合物收缩，另一方面会使得聚合物自动氧化速率加快，这对聚合物形成凝胶的强度和稳定性以及含油污泥与凝胶复合体系的配伍性将产生显著的影响。

2　含油污泥乳化悬浮调剖剂研究

2.1　含油污泥乳化悬浮调剖机理

利用采出水中的含油污泥与地层有良好配伍性，以含油污泥为基本原料，加入适量的添加剂，悬浮其中的固体颗粒、延长悬浮时间、增加注入深度，有效地提高封堵强度，并使油组分散均匀，形成均一、稳定的乳状液。调剖作业中含油污泥在地层达到一定的深度后，受地层水冲释，以及地层岩石对乳化剂的吸附作用，乳化悬浮体系分解，其中的泥质吸附胶质沥青质和蜡质，并通过它们黏联聚集形成较大粒径的"团粒结构"，沉降在大孔道中，使大孔道通径变小，封堵高渗透层带，增加了注入水渗流阻力，迫使注入水改变渗流方向，从而起到提高注入水波及体积的作用。

2.2　乳化分散剂的筛选及用量的确定

乳化分散剂能降低油水之间的界面张力，拆散由于颗粒聚并作用而形成的较大的油—泥—水聚集体，使含油污泥调剖剂形成均匀稳定的分散体系。采用新疆油田有代表性的 F 稠油处理站含油污泥进行了乳化分散剂的筛选评价。

分散悬浮性能评价方法：在常温下，将含 20g 油污泥倒入烧杯中，分别加入不同种类和用量的乳化分散剂，加入 80g 水，搅拌 10～30min 后，取 50mL 加入带刻度的试管中静置，观察记录油、水及固体颗粒的分层时间。通过乳化分散剂筛选评价实验，优选出性能最好的分散剂 fs1，结果见表 2。

表 2　分散剂 fs1 悬浮性能数据表

序号	污泥质量浓度（%）	分散剂 fs1 用量（%）	分层时间（min）	
			开始分层时间	全部沉降时间
1	20	0	5	35
2	20	0.1	20	48
3	20	0.2	28	53
4	20	0.3	35	71
5	20	0.4	40	84

由表 2 可以看出，分散剂 fs1 对含油污泥具有较好的乳化分散能力，分散后的含油污泥体系分层时间延长，体系更为稳定，有利于增加堵剂进入地层的深度，从而提高其封堵强度。综合考虑分散剂 fs1 的加量为 0.2%～0.3%为宜。

2.3 悬浮剂的筛选及用量的确定

含油污泥调剖工艺的关键难点在于如何有效地悬浮含油污泥中原油和泥质颗粒，使其具有较强的稳定能力，从而实现悬浮携带和封堵作用。为保证调剖剂有一定的悬浮能力，使调剖剂能顺利注入地层，需要在含油污泥中加入一定的悬浮剂，选择4种悬浮剂进行了悬浮性能评价，配方中使用的乳化分散剂fs1用量为0.2%，污泥为新疆油田风城稠油含油污泥，测试结果表明悬浮剂xf2悬浮性能最好，悬浮剂xf2悬浮性能数据见表3。

表3 悬浮剂 xf2 性能数据表

序号	悬浮剂 xf2 加量（%）	沉降时间（h）	黏度（mPa·s）
1	0	0.9	15.7
2	0.1	2.5	40.9
3	0.15	4.3	44.6
4	0.2	121	49.2
5	0.25	>120	57.8
6	0.3	>120	67.1

从表3数据可以看出，悬浮剂xf2悬浮性能好，加量为0.25%时，污泥固体颗粒沉降时间大于120h，黏度小于60mPa·s，形成了较稳定的体系，且黏度适中。采用新疆油田其他区块的含油污泥也对悬浮剂xf2进行了悬浮稳定性评价，评价结果表明，悬浮剂xf2对新疆油田含油污泥都具有较好的悬浮稳定性，都能够满足调剖安全施工的要求。

2.4 含油污泥乳化悬浮调剖性能评价

通过上述试验，确定含油污泥乳化悬浮调剖配方为：0.2%分散剂fs1+0.25%悬浮剂xf2+20%污泥+余量水，并对配方进行性能评价。

2.4.1 耐温性评价

将配制好的含油污泥调剖剂加入试管中封口，置于70℃恒温干燥箱内，隔10d观察其黏度的变化，考察调剖剂的热稳定性，结果见图6。含油污泥乳化悬浮调剖剂不同温度下的黏度测试结果见图7。

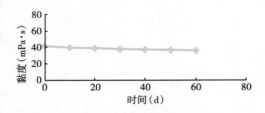

图6 含油污泥乳化悬浮调剖剂热稳定性曲线

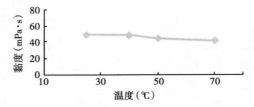

图7 含油污泥乳化悬浮调剖剂黏温曲线

由图6、图7可看出，含油污泥乳化悬浮调解剖剂常温黏度小于60mPa·s，黏度随温度变化不大，可泵性能好。含油污泥调剖剂70℃恒温箱内，放置60d黏度变化不大，这说明该调剖剂热稳定性能良好。

2.4.2 封堵性能评价

开展了含油污泥乳化悬浮调剖剂封堵性能评价，将普通白石英粉用分析筛分成 0.12 ~ 0.15mm、0.15 ~ 0.25mm、0.25 ~ 0.35mm 三个粒径范围，洗净、烘干，按不同配比装入内径 25mm、长 100mm 的不锈钢岩心筒中，制成渗透率在 1000mD 左右的人造岩心。测水相渗透率；然后饱和堵剂 4 ~ 5PV，在 50℃下保持一定的时间；然后用 70℃温水驱替填砂管至压力和渗透率呈稳定状态，记录驱替压力、渗透率变化情况。实验数据见表4。

表4 含油污泥调堵剂性能数据表

岩心编号	水测渗透率 K（mD）		封堵率（%）	突破压力（MPa）
	封堵前	封堵后		
1	1123	3.369	99.7	4.5
2	1756	31.608	98.2	10.3

从含油污泥乳化悬浮调解剖剂封堵实验可以看出，封堵后岩心渗透率明显降低，封堵率为 99.7%，由此可见含油污泥乳化悬浮调解剖剂具有良好的封堵效果。

3 含油污泥有机凝胶调堵剂研究

含油污泥悬浮调剖剂适用于常规注水井调剖，对于裂缝性和高渗透大孔道地层由于其结构松散，对大孔道的封堵能力和控制区域有限。为了满足裂缝性和高渗透大孔道等地层的调堵需要，在含油污泥悬浮调剖剂的基础上，引入交联聚合物，筛选出聚合物、交联剂、稳定剂，研制出含油污泥有机凝胶调堵剂。

3.1 聚合物的筛选

含油污泥有机凝胶调堵剂制备的关键难点在于使聚合物有效地交联含油污泥溶液，使其具有较强的稳定能力，从而实现悬浮携带和封堵作用。聚合物的种类和添加量对调堵剂的封堵性能有较大的影响，为了选择最佳聚合物，选择4种聚合物进行了成胶性能评价，聚合物用量为 0.2%，交联剂 jl-2 加量为 0.2%，污泥为新疆 F 稠油含油污泥，加量为 10%，实验结果见表5。

如表5所示，阴离子型聚合物 Jhw-2 的成胶后效果优于其他类型聚合物，成胶后没有出现分层和脱水等现象。由于含油污泥的组成复杂，泥、油、pH 值、微生物等会影响聚合物溶液性能，破坏交联作用，导致出现其他 3 种聚合物不能成胶或成胶后脱水等现象，由于聚合物 Jhw-2 与含油污泥的配伍性好，成胶后胶体的稳定性好，因此选择聚合物 Jhw-2 作为主剂进行下一步最佳配方研究。

表5 不同聚合物成胶性能对比试验

聚合物名称	含油污泥加量（%）	稳定剂硫脲（%）	成胶时间（h）	黏度（mPa·s）	备注
Jhw-1	10	0.02	—	不成胶	分层
Jhw-2	10	0.02	20	15250	不分层
Jhw-3	10	0.02	14	13100	脱水
Jhw-4	10	0.02	12	12100	分层

3.2　交联剂的筛选

选用效果最好的聚合物 Jhw-2 分别对有机铝、有机铬等 4 种不同类型的交联剂进行交联，根据其成胶性能从中选出了最佳的交联剂。实验结果见表 6。

表 6　不同交联剂成胶性能对比试验

交联剂	聚合物 Jhw-2 （%）	交联剂 （%）	稳定剂 硫脲 （%）	成胶时间 （h）	黏度 （mPa·s）	稳定时间 （d）
Jl-1	0.15	0.10	0.02			
	0.20	0.15	0.02			
	0.25	0.20	0.02	5.0	12100	4
	0.30	0.25	0.02	4.0	15400	5
Jl-2	0.15	0.10	0.02	21	12500	30
	0.20	0.15	0.02	20	13600	>90
	0.25	0.20	0.02	16	16800	>90
	0.30	0.25	0.02	14	20100	>90
Jl-3	0.15	0.10	0.02			
	0.20	0.15	0.02			
	0.25	0.20	0.02			
	0.30	0.25	0.02	30	10500	2
Jl-4	0.15	0.10	0.02			
	0.20	0.15	0.02	10	13100	15
	0.25	0.20	0.02	10	14050	19
	0.30	0.25	0.02	8	16500	40

由试验结果可以看出，复合交联剂 jl-2 形成的凝胶强度好，稳定时间长（大于 90d）。综合考虑含油污泥凝胶调剖剂配方采用聚合物 Jhw-2 加量为 0.25%，交联剂 jl-2 加量为 0.2%。

3.3　含油污泥有机凝胶调堵剂性能评价

通过上述实验，确定含油污泥有机凝胶调堵剂配方为：0.25% 聚合物 Jhw-2+0.2% 交联剂 jl-2+0.02% 稳定剂+10% 污泥+余量水，对该配方进行了热稳定性、岩心封堵性能评价，热稳定评价数据见图 8，岩心封堵性能评价数据见表 7。

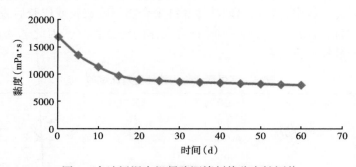

图 8　含油污泥有机凝胶调堵剂热稳定性评价

168

表7 含油污泥有机凝胶调堵剂岩心封堵实验数据表

岩心编号	水测渗透率 K（mD）		封堵率	突破压力
	封堵前	封堵后	（%）	（MPa）
1	3440	30.96	99.1	10.1
2	1558	15.58	99.0	10.3
3	896	7.168	99.2	10.5

从图8实验结果可以看出，含油污泥有机凝胶调堵剂热稳定性良好，60d后还能够保持一个较高的黏度。从表7可以看出，含油污泥有机凝胶调堵剂封堵性能好，封堵率为99%以上，能够形成有效的封堵，突破压力较高，能够满足注水井调剖的需要。

4 结论

（1）新疆油田含油污泥含油量较小，固相含量适中，油泥细腻均匀，粒径分布集中且具有一定的颗粒大小，粒径主要分布在 $5 \sim 100 \mu m$（约占80%），平均粒径为 $60 \mu m$ 左右，比较适合用于调堵作业。

（2）研制的适应新疆油田的2种调剖配方体系，具有稳定性好，可泵性好、封堵能力强，价格低廉等优点。

（3）含油污泥调剖剂与地层配伍性好、成本低和便于大剂量注入的特点，不但适用于注水井浅调剖，还适用于裂缝性和高渗透大孔道地层的深部封堵。

（4）含油污泥用于调剖调驱，即解决了含油污泥处理成本高和极易带来环境伤害的环保压力，又显著降低了大剂量深部调剖的成本。

参 考 文 献

［1］罗峰，张云宝，卢祥国．杏北油田采出污泥性质及封堵效果评价［J］．石油钻采工艺，2008，30（2）：93-96．

［2］唐金龙，杜新勇，郝志勇，等．含油污泥调剖技术研究及应用［J］．钻采工艺，2004，.27（3）：86-87．

［3］陈治军．污泥调剖技术在锦州油田注水井的研究及应用［J］．内蒙古石油化工，2010，36（11）：92-92．

［4］巨登峰，林金浩，谭哲峰．HB-Ⅱ型含油污泥深部调剖剂的研究与应用［J］．钻采工艺，2000，23（2）：57-59．

低成本长效颗粒调剖技术的研究与试验

曹荣荣[1,2]　郑力军[1,2]　刘一慧[4]　张复[3]　曹涛[3]

（1. 中国石油长庆油田分公司油气工艺研究院；2. 低渗透油藏国家工程实验室；
3. 中国石油长庆油田分公司第十二采油厂；4. 中国石油长庆油田分公司第七采油厂）

摘　要：调剖已经成为提高开发效益、支撑油田可持续发展的重要技术手段，目前长庆油田调剖平均有效期 6~8 个月，有效期有待进一步提升。针对目前所用主体体系弱凝胶、凝胶颗粒属聚丙烯酰胺类，在地层环境下易降解的问题，以延长调剖有效期、提升调剖效果为目标，自主研发了长效颗粒调剖剂 WK-1。室内评价有效期达到 12 个月以上，强度大于 1MPa 和断裂伸长率大于 1300%。在常规调剖体系难以见效的山 156 超低渗透储层水平井区开展先导试验效果明显。

关键词：长效颗粒；变形通过；堵水调剖

油田开发进入中、高含水期后，开采的技术难度越来越大。由于长期的注水冲刷，加上油藏沉积环境及非均质性的影响，层间、平面矛盾越来越突出，形成了水流优势通道，低渗透层难以得到很好的动用，使得大量剩余油残留其中。为了更好地挖潜低渗透层的油藏潜力，需要进行堵水调剖扩大波及体积，达到增油降水的目的[1]。截至 2015 年年底，长庆油田注水井调剖年工作量达 525 井次，年平均增油 8×10^4t 以上，年均降水 12×10^4m^3 以上。油田公司 2009—2014 年总体平均有效期 6~8 个月，为了进一步提升效果，需延长有效期。采用橡胶和树脂类材料，通过共混、挤出和切割等工艺，研发了长效颗粒调剖剂 WK-1，同时对体系工艺参数、段塞组合等开展了技术攻关。2015 年进行了 3 口井的现场应用，取得了较好的效果。2015 年，应用该体系在超低渗透油藏山 156 区进行了 3 个井组的先导试验，与同区块常规调剖相比，效果大幅度提升。现场试验表明，长效颗粒调剖剂 WK-1 性能优异，达到了延长调剖有效期的目的，初步见到了增油降水的效果，展现出一定的应用前景。

1　长效颗粒的研发及性能评价

1.1　产品的合成及表征

1.1.1　产品的合成工艺

由 35% 热塑性弹性体 TPE、聚丙烯树脂 PP、5% 填充剂在一定温度下混炼，双螺杆混合挤出、造粒研发了长效颗粒 WK-1[2]，如图 1、图 2 所示。

图 1　原料预混合

图 2　成品切粒震荡分散

1.1.2　长效颗粒的表征

（1）红外光谱。

将成型好的共混物剪碎后称取一定的质量（0.3g），溶解于 M/A，混合体积比为 M∶A=9∶1 的 20mL 混合液中，均匀后涂抹于 KBr 单晶片上，红外灯烤干后，采用美国 PE 公司 Spectrum-one 型号红外光谱仪测共混物膜的发射吸收光谱，测试温度 25℃，波数范围 400~4500cm^{-1}，分辨率 1cm^{-1}，扫描次数 4。

共聚物的红外光谱见图 3，谱图中，2956cm^{-1}、2928cm^{-1} 是苯环上不饱和氢的特征吸收峰，1643cm^{-1}、1456cm^{-1}、1415cm^{-1} 是苯环上不饱和碳碳双键的特征吸收峰，1034cm^{-1} 是丁二烯中碳氢单键的变形振动特征谱带，876cm^{-1} 是丁二烯中碳碳双键的伸缩振动峰。红外谱图中包含了聚苯乙烯、聚丁二烯的特征吸收谱带。

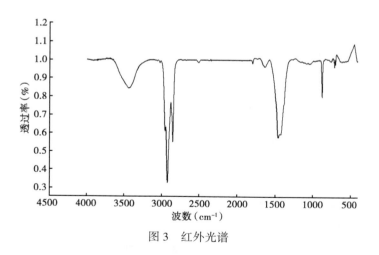

图 3　红外光谱

（2）TG 热稳定性分析。

如图 4 所示，该颗粒在升温过程中存在两次明显的热分解行为，第一次热分解发生在温度 180~400℃，质量失重超过 80%。而在 180℃ 以下，颗粒质量热稳定性很好，不会发生热分解。

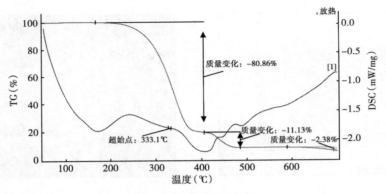

图 4　WK-1 的 TG 曲线

1.2　长效颗粒的性能评价

1.2.1　长效颗粒的形变能力评价

　　长效颗粒具有良好的形变能力，随着伸长率变大，应力逐渐变大，当伸长率达到1300%时发生断裂，如图 5 所示。同时回弹性较好，连续拉伸后断裂伸长率变化不大[3]。

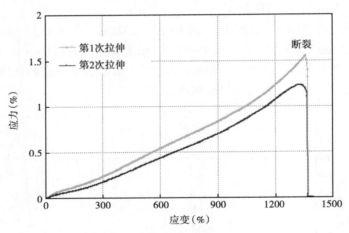

图 5　长效颗粒的应力—应变曲线

1.2.2　稳定性评价

　　将长效颗粒制作成块状，放置在模拟油藏环境下（10×10^4 mg/L 氯化钠、80℃）[4]，利用流变仪测试弹性模量，放置 24 个月，弹性模量变化不大，与常规凝胶颗粒相比，具有明显优势，如图 6、图 7 所示。

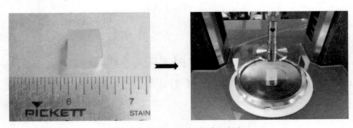

图 6　长效颗粒流变测试

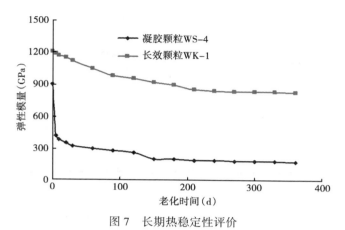

图 7　长期热稳定性评价

1.2.3　长效颗粒在串联孔喉模型中的运移实验

实验中颗粒均为同等强度的长效颗粒，模型为串联 3 孔喉一维模型。颗粒进入顺序为从大孔到小孔。颗粒（$\phi 4\sim 6mm$）在连续变孔径"大孔道"（孔道直径分别为 2mm、1 mm、0.5 mm）可视模型流动过程中可对模型形成堵塞。

（1）实验模型如图 8 所示。

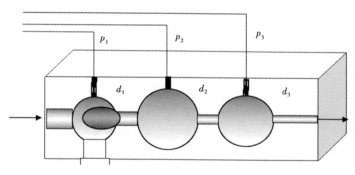

图 8　串联孔喉模型示意图

（2）模型参数，见表 1。

表 1　串联孔喉模型参数

模型号	喉道尺寸（mm）		
	d_1	d_2	d_3
1	3	2.5	2
2	2.5	2	1.5
3	2	1.5	1

（3）实验结果分析如图 9 所示。

实验结果：①当注入压力达到 1.8MPa 左右时发生形变通过小孔道，堵剂可以像蚯蚓一样向前蠕动运移，并且在挤出小孔道后，颗粒完全没有破碎现象；②柔性转向剂 SR-3 在通过不同直径孔道时的门槛压力不同，孔道越小门槛压力越高，形变颗粒通过孔喉时形成的压力表现出脉动现象[2]。

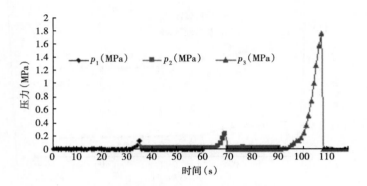

图9　长效颗粒通过孔喉过程中形成的脉动压力变化

2　现场应用情况

2.1　注入工艺优化

针对长效颗粒在清水中分散不均匀，不利于现场泵注。采用不同质量浓度的聚丙烯酰胺，加入长效颗粒，观察其分散悬浮情况。通过优化，长效颗粒质量浓度为0.5%时，现场采用0.1%的聚丙烯酰胺作为携带液，效果最好，见表2。

表2　携带液质量浓度的优选

介质	长效颗粒质量浓度（%）	体系黏度（mPa·s）	外观
清水	0.1	—	悬浮于上层
0.1%的HPAM溶液	0.5	65	颗粒均匀分散，悬浮好
0.1%的HPAM溶液	0.7	65	颗粒均匀分散，悬浮好
0.1%的HPAM溶液	0.9	70	颗粒质量浓度太大，不易分散

注入过程中，一般采取低排量注入，根据压力情况，实时进行调整，保证长效颗粒进入深部。

2.2　现场应用

2.2.1　选井结果

在水平井开发示范区山156区块，优选初期产量较高、见水时间较短，具有一定增产潜力的3口水平井对应的3口注水井进行调剖试验，井号为山162-51、山156-46、山166-32。

2.2.2　工艺参数设计

结合长庆油田其他区块水平井调剖堵水经验，优化了2015年山156水平井化学调剖试验井工艺参数（表3）。

表 3 工艺参数设计

序号	工艺	参数
1	调剖剂用量	2000m³
2	注入排量	2～3m³/h
3	爬坡压力	2～4MPa
4	段塞体系	0.1%的 HPAM 溶液+0.5%长效颗粒

2.2.3 效果分析

实施 3 口井,注水压力由 10.1MPa 上升 12.7MPa;对应 11 口井有 6 口见效,含水由 64.5%下降 53.72%,日增油 4.87t,累计增油 694.6t。

(1)典型井组。山 166-32 井组如图 10 所示。

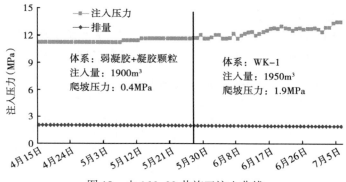

图 10 山 166-32 井施工注入曲线

通过两个体系的注入对比试验,WK-1 比"弱凝胶+凝胶颗粒"具有更高的封堵能力。注入 WK-1 体系过程中,压力呈现出即变形—突破—恢复—变形过程,说明 WK-1 体系具备一定深部运移能力。

调剖后,对应水平井山平 8-9 井含水上升趋势得到控制,日产油由 0.14t 上升 1.74t,日增油 1.6t,累计增油量 229t,有效期 8.5 个月,如图 11 所示。

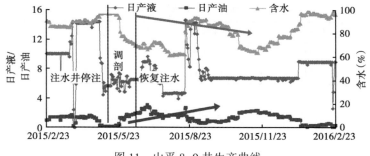

图 11 山平 8-9 井生产曲线

(2)典型井组-山 162-51。

注入过程中,由于排量较大,注入 WK-1 体系过程中,压力上升较快,有可能长效颗粒堆积在近井地带。

调剖后对应油井 4 口见效 2 口，其中对应水平井山平 9-5 井含水上升趋势得到控制，日产油由 0.8t 上升 2.2t，日增油 1.4t，累计增油量 252t，有效期 8 个月，如图 12 所示。

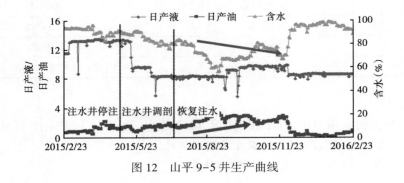

图 12　山平 9-5 井生产曲线

（3）施工参数及效果对比分析。

通过对比近两年山 156 区块调剖效果，"长效颗粒"较"凝胶颗粒"有更好的油藏适应性，达到了提高封堵强度和延长措施有效期的目的，提升了调剖效果（表 4）。

表 4　山 156 区块近两年堵水调剖效果对比分析

时间	调剖井数（口）	对应油井（口）	体系及施工参数				效果	
			体系	注入量（m³）	排量（m³/h）	爬坡压力（MPa）	平均单井组增油（t）	平均有效期（月）
2014	4	10	凝胶颗粒	2200	2~3	2.5	92	3
2015	3	11	长效颗粒	2000	2~3	2.6	231	8

3　成本对比

通过成本对比，长效颗粒和凝胶颗粒吨成本相当，而且具有单方成本低的优势，具备进一步推广应用的潜力（表 5）。

表 5　体系成本对比

序号	体系	吨成本（元）	质量浓度	单方成本（元）
1	凝胶颗粒	14000	0.5%	70
2	长效颗粒	12000	0.5%	60

4　结论

（1）基于实现提高调剖措施有效期，合成了长效颗粒 WK-1，实现了工业化生产。

（2）性能评价表明，长效颗粒体系形变能力好、强度高、化学稳定性好，可进入油层深部等特点。

（3）通过对比山 156 区块近两年的调剖效果，认为"长效颗粒"体系较"凝胶颗粒"

体系有更好的油藏适应性，能提高措施有效期。

（4）通过成本对比，长效颗粒和凝胶颗粒吨成本相当，而且具有单方成本低的优势，具备进一步推广应用的潜力。

参 考 文 献

［1］刘玉章，熊春明，罗健辉，等．深部液流转向技术研究［J］．油田化学，2006，23（3）：248-251.

［2］马红卫，刘玉章，熊春明，等．柔性深部液流转向剂 SR-3 的力学性能［J］．油田化学，2008，25（1）：67-70.

［3］朱怀江，程杰成，隋新光，等．柔性转向剂性能及作用机理研究［J］．石油学报，2008，29（1）：79-83.

［4］朱怀江，王平美，刘强，等．一种用于高温高盐油藏的柔性堵剂［J］．石油勘探与开发，2007，34（2）：230-233.

PEG 单相凝胶调驱技术研究与试验

任建科[1]　朱家杰[1]　安明胜[2]　魏江伟[3]　张进科[3]

(1. 中国石油长庆油田公司油气工艺研究院；2. 中国石油长庆油田公司油田开发处；
3. 中国石油长庆油田公司第五采油厂)

摘　要：针对传统"交联聚合物冻胶+体膨颗粒"调剖技术多组分配液工艺复杂、调驱半径小、有效期短和无法动用储层深部剩余油等问题，采用反相悬浮聚合法合成了 PEG 单相凝胶调驱体系。该体系注入性好，成胶强度高，封堵率高（99.2%），热稳定性好（100.0℃），耐盐性强（10×10⁴mg/L），主要性能优于常规堵水调驱剂。在裂缝性、裂缝—孔隙性见水油藏开展先导试验效果初显，经济效益良好，是现有堵水调驱剂升级换代的重要方向。

关键词：PEG 单相凝胶；反相悬浮聚合；单组分配液；抗温耐盐

油田开发进入中、高含水期后，开采难度越来越大。由于长期注水冲刷，加上油藏沉积环境及非均质性的影响，层间、平面矛盾突出，形成的水流优势通道，加剧了低渗透储层剩余油动用难度。为挖潜低渗透储层的潜力，需要进行注水井调驱扩大波及体积，改善油田开发效果[1,2]。截至 2015 年底，长庆油田注水井调驱年工作量达 500 井次，增油 8×10⁴t 以上，年均降水 12×10⁴m³ 以上，在老油田改善水驱开发效果方面发挥了积极作用。当前传统"交联聚合物冻胶+体膨颗粒"调驱工艺配液组分多，工序复杂、劳动强度大，现场质量监控的矛盾愈发突出，为此，开展了 PEG 单相凝胶调驱技术研究与试验，取得较好效果。

1　PEG 单相凝胶的合成及表征

1.1　合成方法的确定

常用的合成方法主要有乳液聚合/微乳液聚合、悬浮聚合/反相悬浮聚合、分散聚合等，不同的聚合反应方法制备出的胶体粒径大小不同（表1）[3]。悬浮/反相悬浮聚合法适用于制备大粒径、高强度的胶体颗粒，本研究选用反相悬浮聚合方法进行 PEG 凝胶的合成。

表1　不同聚合方法对比

聚合方式	聚合物粒径（μm）	不同聚合方法的优缺点
乳液聚合	0.03~0.5	纳米级别适用，散热容易，可连续化生产，产物为乳液状，如制备成固体，后续工艺复杂，纯净度较差
分散聚合	0.1~10	合成微米级最有效，工艺简单，分散性好
沉淀聚合	0.1~100	分散聚合即为一种特殊的沉淀聚合
无皂乳液聚合	0.5~1	粒径较小微米球
种子乳液聚合	1~2	一种特殊的乳液聚合方法，产品种类很窄
悬浮聚合	10~120	水连续相，单体分散相，粒径大，微米级别，分布宽

1.2 合成工艺的确定

以 AM（丙烯酰胺）、阴离子单体 AA（丙烯酸）及交联剂 MBA 为共聚单体，200～500r/min 高速搅拌至单体完全溶解，在 80～90℃条件下采用反相悬浮聚合法稳定反应，合成了三元共聚物，经冷却固化、研磨分散后制备成百微米级颗粒状乳胶体（图1，图2）。

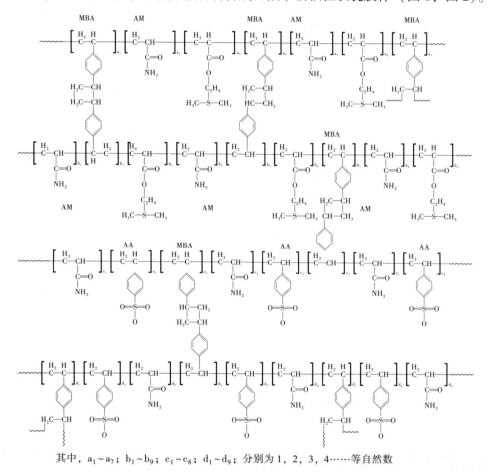

其中，$a_1 \sim a_7$；$b_1 \sim b_9$；$c_1 \sim c_8$；$d_1 \sim d_9$；分别为 1，2，3，4……等自然数

图 1　PEG 单相凝胶胶体分子结构设计

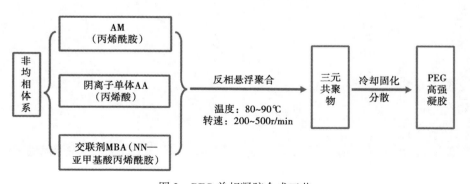

图 2　PEG 单相凝胶合成工艺

1.3 性能表征

（1）红外光谱。

取少量干燥样品和溴化钾固体置于研钵中，研磨均匀，利用压片模具将其压成透明度好的薄片试样，进行红外光谱仪测试，记录其红外吸收光谱数据[4]。红外光谱中未出现有C＝C的特征吸收峰，说明结构中没有残存的C＝C，各原料单体聚合反应充分（图3）。

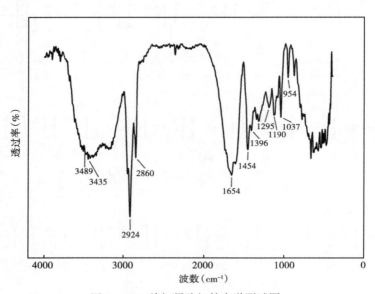

图3 PEG单相凝胶红外光谱测试图

（2）微观特征。

取少量样品置于导电胶上，随后进行喷金处理，采用钨灯丝扫描电子显微镜观察凝胶微观形貌[5]。PEG单相凝胶初始粒径为100～300μm，表面呈沟壑状的褶皱结构，分散良好（图4）。

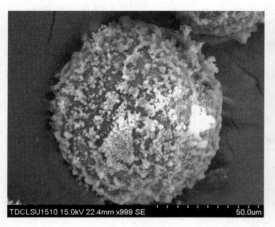
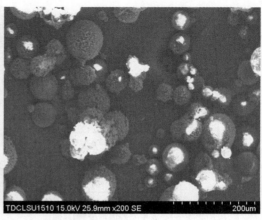

图4 PEG单相凝胶扫描电镜图

（3）热稳定性。

升温过程中，温度低于100℃以下，凝胶颗粒不会发生热分解，凝胶具有突出的热稳定性，能够满足井下使用温度（图5）。

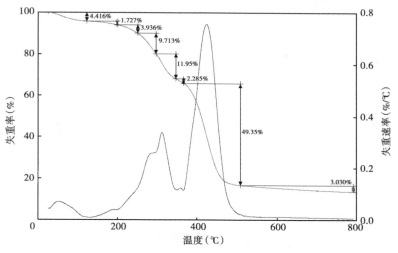

图5　PEG单相凝胶热失重曲线

2　PEG凝胶体系性能评价

2.1　注入性

研究不同浓度凝胶水分散液的沉降性能及其旋转黏度值，对凝胶的分散稳定性和注入性进行评价（图6，图7）[6,7]。采用旋转黏度计测量凝胶质量浓度为0.5%的水分散液黏度为

图6　0.5%基液黏度

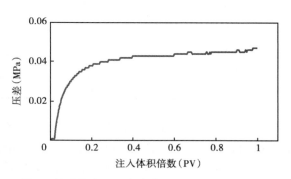

图7　填砂管注入压力变化（0.5%注入液黏度）

181

13.4mPa·s，显示出凝胶良好的注入性；在60℃恒温条件下静置7d，基液黏度仍保持在20mPa·s以内。凝胶水分散性好、稳定性好。

2.2　成胶强度

相同组分不同的聚合机理制备出的凝胶，粒径不同，稳定性不同。强度—压缩变形能力宏观测试表明（图8），随着胶体形变的不断加大，胶体强度呈指数变化，但形变达到0.75MPa时，胶体强度达到0.8MPa。凝胶强度高，能满足现场"堵得住"的性能要求。

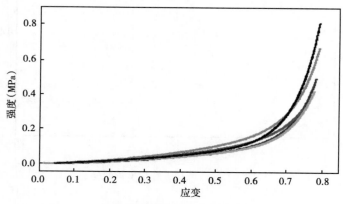

图8　PEG单相凝胶强度—压缩变形能力宏观测试

2.3　封堵性

选用80~100目油砂制作填砂管，采用采油化学剂评价装置进行油田注入水（矿化度59300mg/L）驱替实验，测试项砂管孔隙度和水测渗透率；注入质量浓度为0.5%（质量分数）的凝胶调驱剂1PV，膨胀一定时间后，测试填砂管模拟岩心水相渗透率，记录各测试点压力值、产液量，绘制压力变化曲线及渗透率变化率来评价封堵性能。注入调驱剂后，膨胀2d、4d、7d、12d后分别测试水驱渗透率，分别为73.58mD、8.10mD、3.35mD、2.50mD，封堵率分别为76.24%、97.81%、98.98%、99.16%（表2）。

表2　PEG单相凝胶封堵实验数据

项目	压差（MPa）	渗透率（mD）	封堵率（%）
堵前测试	0.060	307.68	
堵后2d	0.25	73.58	76.24
堵后4d	1.96	8.10	97.8
堵后6d	4.58	3.35	99.0
堵后12d	6.34	2.50	99.2

从渗透率、驱替压力变化曲线可以看出（图9，图10），在注入调驱剂后，2d后，封堵率达到76.08%以上，渗透率降低到73.58mD，6d封堵率达到99.0%，渗透率降低到3.35mD，12d后封堵率达到99.2%，渗透率降低到2.51mD，压力达6.34MPa，封堵效果好。

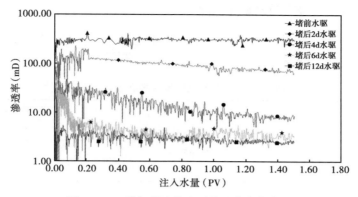

图9 PEG 单相凝胶注入后渗透率变化曲线

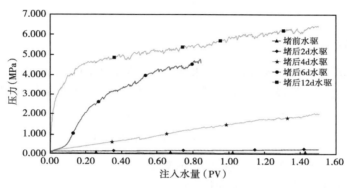

图10 PEG 凝胶注入后压力变化曲线

2.4 抗温耐盐性

在分子结构设计中引入刚性主链 AMPS 和耐盐基团，提高了凝胶体的抗温耐盐性能。随着温度的升高，凝胶体溶胀行为越发明显；矿化度增加（图11），微球溶胀度降低。但总体来讲，在钙镁离子含量为 5000mg/L 条件下，微球溶胀度仍可达到 20 倍以上。

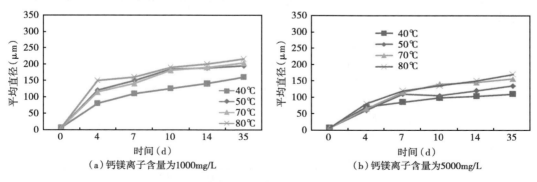

图11 温度及矿化度对 PEG 凝胶的影响

2.5 与常规交联聚合物冻胶体系相比

与常规交联聚合物冻胶体系相比，PEG凝胶注入性能好，配液简单、封堵强度高等特点（表3）。

表3 PEG高强凝胶与交联聚合物冻胶技术指标对比

体系	合成方法	粒径	初始黏度	耐温性（℃）	抗盐性(10^4mg/L)	封堵率（%）
PEG凝胶	地面预交联	$100\sim300\mu m$	颗粒状	100	10	99.20%
交联聚合物冻胶	地下交联	—	150mPa·s（成胶后）	60	3	>85.0%

3 PEG凝胶调剖工艺参数设计

3.1 单井注入量

考虑油藏开发动态情况，水淹厚度，水洗厚度，油水井距，注水见效时间及见效方向等因素，采用方向法进行用量设计。凝胶调剖剂前缘在1/3~1/4井距处，根据这个调剖半径计算凝胶调剖剂各方向用量为Q：

$$Q=\pi \times A \times B \times H \times \phi \times (1-S) \times N$$

式中　N——水井周围注采敏感油井数（方向数）；

A、B——椭圆的长半轴和短半轴长，m；

H——调剖厚度，m；

ϕ——油藏孔隙度，%；

S——含水饱和度。

3.2 注入浓度

通过驱替实验，评价了不同浓度下凝胶的突破压力，注入浓度小于0.4%时，质量浓度越大，压力越高，高于0.4%时，压力变化不大，综合考虑成本和体系封堵强度，选择最佳注入浓度为0.4%（图12）。

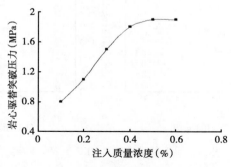

图12 PEG凝胶不同质量浓度突破压力

3.3 施工排量

通过散点图可以看出，调剖期间注水强度在 3.5~5 [m³/(m·d)] 增油降水效果最为理想，折算施工排量 1.5~2.0m³/h（图13，图14）。

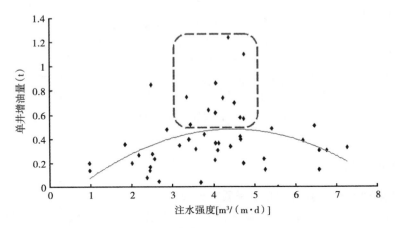

图13 单井增油量与注水强度散点图

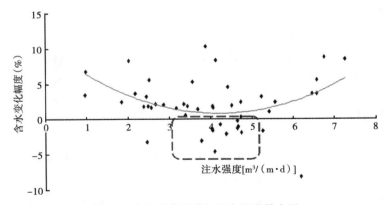

图14 含水变化幅度与注水强度散点图

4 现场试验及应用情况

4.1 整体试验情况

在姬塬油田黄3长6，耿63、耿60长4+5等油藏开展先导试验10井组，从试验井组生产动态来看（图15）。试验井组对应油井71口，见效率52.1%，截至2017年2月，阶段累计增油3699.0t，阶段累计降水2700.0m³；投入产出比1:2.33（50.0美元/bbl），实现经济效益332.98万元（50.0美元/bbl）。

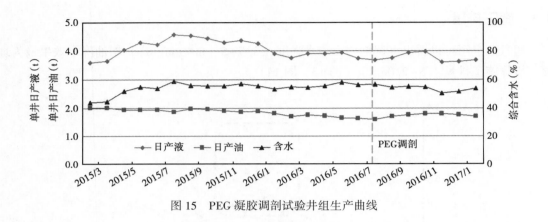

图 15 PEG 凝胶调剖试验井组生产曲线

4.2 见效特征分析

4.2.1 试验井组动态响应全面，开发矛盾有效改善

从油井见效情况来看，含水下降井 21 口，占比 57.0%；液量上升井 12 口，占比 32.0%；液升水降井 4 口，占比 11.0%，含水下降井主要集中在主向井，提液见效主要集中在侧向油井，井组开发矛盾得到有效缓解。与措施前相比，试验井组自然递减降低 11.3%，含水上升率下降 4.6。

4.2.2 裂缝性见水井适用性好

见水类型明确的油井中，裂缝性见水井 14 口，孔隙性见水井 11 口，由此可知，PEG 凝胶调剖对裂缝型见水井适用性较好。

5 结论与认识

（1）以 AM（丙烯酰胺）、阴离子单体 AA 及交联剂 MBA 为共聚单体，采用反相悬浮聚合法进行工厂化预制，合成了 PEG 高强凝胶。

（2）PEG 凝胶体为百微米级乳胶颗粒，采用地面预交联合成工艺，消除了常规交联聚合物冻胶体系配液组分多，成胶性能控制难度大等问题。

（3）通过在凝胶分子结构设计中引入刚性主链 AMPS 和耐盐基团，提高了凝胶体的抗温耐盐性能。在温度 80℃、矿化度 $10 \times 10^4 mg/L$ 条件下，仍保持较好性能。

（4）与常规交联聚合物冻胶调剖体系相比，PEG 凝胶体系注入性好、封堵性能强，同时调剖工艺简单，提升了施工质量可控性，是调驱体系升级换代的重要方向。

（5）先导试验效果初显，为孔隙性、裂缝—孔隙性见水油藏深部调剖提供了一种有效的技术手段。

参 考 文 献

[1] 赵青春. 聚合物水凝胶研究进展 [J]. 高分子材料科学与工程，2005，21（2）：28-31.

[2] 王秀平，王进宝，张磊，等. 高温可动凝胶调剖技术研究 [J]. 石油钻采工艺. 2006，28（增刊）：46-48.

［3］韩明，马杰，陈立滇，等．交联聚合物应用于油田开发的机理研究与性能评价［J］．油气采收率技术，1995，2（2）：1-8.

［4］胡晓蝶，王健，刘培培，等．耐高温深部调剖剂实验研究［J］．精细石油化工进展，2010（8）：5-9.

［5］彭勃，李明远，纪淑玲，等．聚丙烯酰胺胶态分散凝胶微观形态研究［J］．油田化学，1998，15（4）：385-361.

［6］侯翠岭．一种耐温型聚丙烯酰胺凝胶堵水剂的室内研究［J］．内蒙古石油化工，2008（6）：11-13.

［7］周江华，门承全，何顺利，等．大孔道调剖剂的研制及应用［J］．大庆石油地质与开发，2004，23（4）：63-65.

抗高盐泡沫体系的研发及对非均质低渗透油藏的适应性研究

赵琳　刘希明　张星　肖骏驰

孙玉海　党娟华　杨景辉　冯雷雷

（中石化胜利油田股份有限公司石油工程技术研究院）

摘　要：随着油田开发难度的增大，以及化学驱实施过程中非均质问题的突出，泡沫驱越来越受到各大油田的重视。然而矿场试验大多应用于中高渗油藏，在低渗透油藏中的应用较少，且多数起泡剂难以满足高盐油藏的地层条件。针对高盐低渗透油藏，研发新型的耐高盐泡沫体系；通过非均质填砂管实验，优化最佳注入方式；研究泡沫体系在非均质可视化填砂模型中的调剖增油机理。结果表明：新型泡沫体系的最佳配方为 0.4%羟磺基甜菜碱与 0.1%多季铵盐 BDT。泡沫体系可应用于矿化度 10~150g/L 的低渗透油藏。"聚合物（0.05%YG100）0.1PV+起泡剂 0.1PV+泡沫 0.5PV"为最佳注入方式，可提高采收率 15.88%。微观实验发现，泡沫驱可以利用贾敏效应优先封堵高渗区，提高低渗透区的波及系数，且泡沫前缘因遇油消泡，产生稀表面活性剂驱和气驱，也可以明显提高洗油效率。

关键词：泡沫；高盐；低渗透；波及系数；微观

近年来，随着油田开发难度的增大，以及化学驱实施过程中非均质问题的突出，泡沫驱作为一种新型的三次采油方式，越来越受到各大油田的重视[1-3]。泡沫具有选择性，可以优先封堵高渗层，提高低渗透层的波及系数，而且泡沫体系还可以降低油水界面张力，提高洗油效率[4,5]。矿场试验大多应用于中高渗油藏，在低渗透油藏中的应用较少，且多数起泡剂难以满足高盐油藏的地层条件。本文针对高盐低渗透油藏，研发抗高盐的泡沫体系，分析泡沫体系在不同注入方式下在非均质填砂管中的驱油效果，优化最佳注入方式。通过微观可视化实验，研究泡沫在非均质填砂模型中提高采收率的机理，为油田施工提供一定的理论指导及技术支持。

1　实验仪器及药品

药品：地层水（矿化度 79312mg/L）、模拟油（黏度 2.226mPa·s）、羟磺基甜菜碱、多季铵盐 BDT、氮气、0.05%YG100 聚合物溶液。

仪器：高温高压模拟驱替装置、微观展台、ISCO 泵等。

2　实验内容及步骤

2.1　抗高盐泡沫体系的研发

用 Ross-miles 法[6]测定不同质量分数的羟磺基甜菜碱和多季铵盐 BDT 溶液的起泡高度

和半衰期，复配研发性能优良的泡沫体系，并评价最佳配方的耐盐性。

2.2 非均质填砂管泡沫驱油实验

将渗透率相差较大的两根填砂管并联，进行四种不同方式的泡沫驱替实验，具体步骤如下。

（1）将两根填砂管（φ2.5cm×100cm）进行填砂。抽空饱和水，测水相渗透率。

（2）分别将填砂管饱和油，老化，记录饱和油量。

（3）将两根管并联接入流程，以 2mL/min 用地层水驱至出口端不出油，分别记录两根管的出油量，计算一次采收率。

（4）出口端回压设为 2MPa。分别按以下四种方式进行实验（每次实验两根填砂管的渗透率级差基本一致），流速均为 1mL/min，气液比 2:1。①注入 0.5PV 泡沫；②注起泡剂溶液 0.1PV→泡沫 0.5PV；③注起泡剂 0.1PV→泡沫 0.5PV→聚合物（0.05%YG100）0.1PV；④注聚合物（0.05%YG100）0.1PV→起泡剂 0.1PV→泡沫 0.5PV。

（5）以 1mL/min 水驱至出口端不出油，分别记录出油量，计算总采收率。流程图如图 1 所示。

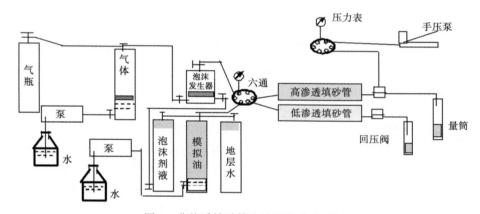

图 1　非均质填砂管泡沫驱实验流程图

2.3 微观可视化实验

自行制作非均质玻璃填砂模型，研究泡沫的微观驱油机理。模型中间为高渗透区，砂子粒径为 60~80 目，两侧低渗透区砂子粒径为 100~120 目。

实验步骤：（1）饱和水：从一个低渗透口注入，另一低渗透口为出口（关闭高渗透的两出口），流速为 10μL/min。（2）饱和油，老化 24h。（3）从一高渗透口为入口，水驱油，流速为 20μL/min，直到另一高渗透口不出油。（4）向模型注入泡沫。（5）以 20μL/min 水驱，拍摄各阶段水驱情况。

3　实验结果及讨论

3.1　抗高盐泡沫体系的研发

温度为 60℃时，不同质量分数的羟磺基甜菜碱的起泡高度及半衰期如图 2 所示。

如图 2 所示，随着质量浓度的升高，羟磺基甜菜碱的起泡高度和半衰期都呈先上升后略有下降的趋势。质量分数为 0.4% 时，起泡高度最高，半衰期最长。分析认为，随着羟磺基甜菜碱在气液界面吸附的分子越多，界面张力迅速下降，产生的泡沫稳定性逐渐增强，当界面吸附达到饱和时，疏水作用使分子以胶束的形式分布在溶液中，界面张力不再降低，泡沫性能不再改善。

质量分数为 0.40% 的羟磺基甜菜碱与不同质量分数的多季铵盐 BDT 进行复配，其实验结果如图 3 所示。

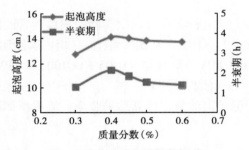

图 2 甜菜碱的起泡性能评价

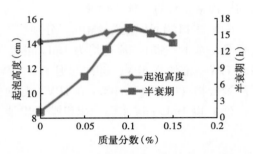

图 3 甜菜碱与不同质量浓度多季铵盐的复配性能

如图 3 所示，当多季铵盐 BDT 质量分数为 0.1% 时，起泡高度与半衰期最佳，半衰期超过 15h，比纯羟磺基甜菜碱的半衰期（1.13h）有了较大升高。这是因为多季铵盐与羟磺基甜菜碱分子之间存在强烈的缔合作用。多季铵盐的疏水链与甜菜碱分子疏水链之间可以相互

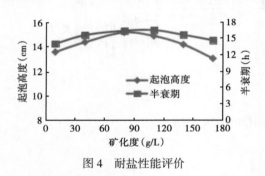

图 4 耐盐性能评价

吸引，且两者分子的极性头基都含有氮正离子和羟基，因而能互相穿插在分子吸附层中，产生更为紧密的表面吸附层。同时，饱和吸附量的增加，增大了溶液的表面黏度，增加了泡沫的稳定性。因此选用 0.4% 羟磺基甜菜碱和 0.1% 多季铵盐 BDT 的复配溶液作为起泡剂配方。

不同矿化度下，泡沫体系（0.4% 羟磺基甜菜碱与 0.1% 多季铵盐 BDT）的起泡高度及半衰期如图 4 所示。

如图 4 所示，随着矿化度不断升高，起泡高度和半衰期都呈先上升后下降的趋势。说明盐对泡沫液膜具有一定的增强作用，该配方适用于矿化度为 10~150g/L 的油藏。

3.2 非均质填砂管泡沫驱油实验

在温度 60℃下，将四种注入方式的实验基础数据和结果进行整理，见表 1 和表 2。

表 1 不同注入方式下的填砂管基础数据

项目	高渗透管		低渗透管		渗透率级差
	孔隙体积（mL）	渗透率（mD）	孔隙体积（mL）	渗透率（mD）	
单纯泡沫驱	159	267	125	52	5.13
起泡剂+泡沫驱	161	269	121	49	5.49
起泡剂+泡沫驱+聚合物	167	272	119	51	5.33
聚合物+起泡剂+泡沫驱	165	278	123	51	5.45

表 2 非均质填砂管实验数据（渗透率级差 5.13~5.49）

项目	饱和油体积（mL）	一次水驱出油量（mL）	一次采收率（%）	注泡沫后出油量（mL）	提高采收率（%）	总采收率（%）
单纯泡沫驱	167	46	27.54	16	9.58	37.12
起泡剂+泡沫驱	166	43	25.90	19	11.45	37.35
起泡剂+泡沫驱+聚合物	169	43	25.44	23	13.61	39.05
聚合物+起泡剂+泡沫驱	170	47	27.65	27	15.88	43.53

从表 2 可以看出，单纯泡沫驱时，因起泡剂在砂粒表面的吸附作用以及遇油消泡等问题，生成的泡沫液膜变薄，体系不稳定，封堵效果不佳。当泡沫驱之前先加起泡剂段塞时，经过预吸附，提高了泡沫的稳定性，采收率有一定幅度的提高。当泡沫后加入聚合物段塞时，因聚合物黏度较大，改善流体的流速比，与泡沫一起产生复合增效的作用，进一步改善了驱油效果。最后一种注入方式，在起泡剂牺牲段塞前注一段聚合物溶液，采收率比前三组都有一定提高。分析认为，聚合物溶液优先进入高渗透管，其运移速度较慢，在一定程度上可以阻止后续泡沫液的窜流和气窜，而且还可以吸附在砂粒表面，减少砂粒对起泡剂溶液的吸附，进一步增强泡沫体系的稳定性能。因此，先注聚合物段塞、再注起泡剂段塞、最后注泡沫体系，结合了聚合物、表面活性剂和泡沫的多种优点，对非均质低渗透油藏扩大波及体系、提高洗油效率，起到充分的复合增效作用。

3.3 微观可视化泡沫驱油实验

（1）模型饱和水后、饱和油后、一次水驱后的照片如图 5 所示，水驱时地层水先进入高渗透区域，沿大孔道流动，形成水流通道，低渗透区域波及面积非常小。

(a)饱和水后　　　　　　　　(b)饱和油后　　　　　　　　(c)一次水驱后

图 5 微观实验图片

（2）注入泡沫过程如图 6 所示。泡沫首先沿着高渗透区流动。因油相与水相争夺起泡剂，泡沫液膜上的起泡剂分子有一部分进入油相，液膜的强度下降部分破灭，产生的气柱居于大孔隙中心部位，残余油被气柱顶出。起泡剂可以降低油水界面张力，可以使部分残余油乳化成水包油乳状液，本来不能流动的残余油随着液流向前运移并聚集。随着泡沫注入量的增加，高渗透区残余油明显减少，泡沫的稳定性增强。此时，存在三种渗流过程：混气复合体系驱油渗流、泡沫驱油渗流和乳状液渗流。

图 6　模型注入泡沫过程

（3）进行二次水驱，如图 7 所示。随着泡沫在高渗透区的稳定运移，后续注入水在推动泡沫的同时，也进入了低渗透区，低渗透区中油的颜色明显变浅，表示残余油显著降低。说明泡沫体系可以明显改善低渗透区的波及系数、提高洗油效率，对低渗透油藏可以起到很好的调剖增油效果。

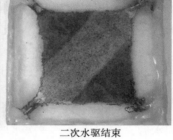

二次水驱开始　　　　　　　　　　　　二次水驱结束

图 7　模型二次水驱过程

4　结论

（1）新型抗高盐泡沫体系的最佳配方为 0.4% 羟磺基甜菜碱与 0.1% 多季铵盐 BDT，可应用于矿化度为 10~150g/L 的低渗透油藏。

（2）非均质填砂管泡沫驱油实验表明，最佳注入方式为聚合物（0.05%YG100）0.1PV+起泡剂 0.1PV+泡沫 0.5PV，可提高采收率 15.88%。

（3）非均质可视化填砂模型实验表明，泡沫驱利用贾敏效应封堵高渗透区，提高低渗透区的波及系数，且泡沫前缘因遇油消泡，产生气驱和稀表面活性剂驱，也可以明显提高洗油效率。

参　考　文　献

[1] Robert F I，Yan L. Foam mobility montrol for murfactant EOR［C］. SPE 113910，2008.

[2] Rossen W R. C02 Foams in enhanced 0.1 recovery［M］. Foams：Fundamentals and Applications in the Petroleum Industry，1994：201-234.

[3] 王其伟，郭平，李雪松，等. 泡沫体系在不同渗透率级差双管模型中的驱油效果［J］. 大庆石油学院学报，2008，32（6）：39-42.

[4] Kovscek A R，Bertin H J. Estimation of foam mobility inheterogeneous porous media［J］. SPE75181，2002：3-6.

[5] 周江，周业新，王予东，等. 氮气泡沫调剖在石油开采中的应用［J］. 新疆石油科技，2008，18（4）：25-26.

[6] 肖萍. 泡沫驱油机理研究［D］. 东营：中国石油大学（华东），2007.

应用纳米颗粒提高低渗透油藏二氧化碳驱波及体积实验研究

李彦尊[1]　李相方[2]　陈桂华[1]

(1. 中海油研究总院；2. 中国石油大学（北京）)

摘　要：二氧化碳具有黏度小、流动性强的特性，可以进入较小喉道形成驱替，对于低渗透油藏具有良好的适用性。但驱油过程中受储层非均质性的影响，容易产生指进、气窜等问题，造成波及范围达不到预期，制约了低渗透油藏二氧化碳驱的应用。纳米颗粒作为新兴的活性材料，具有良好的注入性，同时可以改变气水界面张力，在波及前缘形成泡沫层，封堵高渗通道，提高二氧化碳驱油效率。本文通过岩心驱替实验对二氧化碳驱中纳米颗粒的影响程度和应用方法进行了对比评价。研究中采用了 CT 扫描技术，可以对驱替过程中岩心内的二氧化碳分布情况进行实时观测，量化二氧化碳的波及体积，提高了实验精度。实验以 2%（质量分数）纳米颗粒溶液为评价对象，通过改变注入流体及注入顺序设计了三组对比实验，分别对波及前缘、波及体积及岩心内二氧化碳饱和度等参数进行分析评价，实验表明：在进行二氧化碳驱替时预先注入纳米颗粒溶液可以有效改善指进等现象，形成波及前缘均匀推进；同时纳米颗粒溶液的应用，增加了岩心中二氧化碳的分布范围和饱和度，提高波及体积 14%。研究结果表明，应用纳米颗粒溶液是提高低渗透二氧化碳驱效果的有效手段，通过先期注入纳米颗粒溶液，可以显著提高二氧化碳的波及体积和驱油效果。

关键字：低渗透油藏；二氧化碳驱；纳米颗粒；波及体积

二氧化碳气驱对于低渗透油藏具有注入性好、波及范围广的优点[1]，但同时由于储层非均质性[2]等原因也容易产生气窜等问题[3]，影响驱替波及体积，从而制约了低渗透油藏二氧化碳驱的应用。针对上述问题，目前通常采用发泡剂[4]或其他化学堵剂如石灰水[5]、有机胺[6]等对高渗通道进行封堵，但低渗透储层致密，孔喉较小，化学堵剂等无法进入储层深部，注入性差，影响了封堵效果。纳米颗粒是近几年新兴的活性材料，其直径范围为 1～100nm，其水溶液具有良好的注入性。同时纳米颗粒经过表面处理后，可以有效降低气液界面张力，在波及前缘形成泡沫层，封堵高渗通道，减少气窜等现象发生。

为了评价纳米颗粒应用效果，本文通过岩心驱替实验方法，分别对纳米颗粒溶液的注入性和应用纳米颗粒前后二氧化碳的波及体积进行了对比评价。研究中采用了 CT 扫描技术，可以对驱替过程中岩心内的二氧化碳分布情况进行实时观测，量化二氧化碳的波及体积，从而提高了实验精度。

1　实验研究

1.1　实验材料及设备

实验中采用的材料包括直径 7cm、长 30cm 的天然砂岩岩心，原油为人工配比的模拟油，直径为 5nm 的 2%（质量分数）纳米颗粒水溶液，CO_2。实验设备包括：高压恒速恒压泵、CT 扫描仪、岩心夹持器、恒压容器、天平、压力计等，装置安装如图 1 所示。

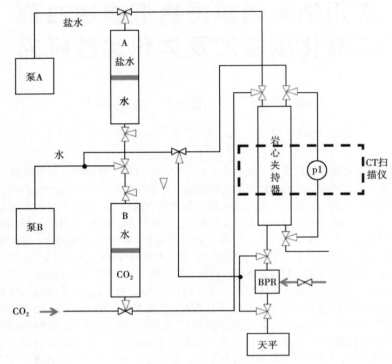

图 1   实验装置图

1.2   实验流程

按图 1 将装置连接好，首先对管路进行密封测试，然后分别利用标准液对 CT 扫描仪、压力计、天平等的读数采集进行校正，确定设备可靠性之后进行以下实验步骤：

（1）将岩心烘干后，在岩心外包裹一层聚四氟乙烯管和铝箔，置于岩心夹持器中，围压 12MPa，按流程图连接好实验仪器和实验管线，对各管线进行抽真空。

（2）岩心饱和油：向岩心中注入盐水至饱和，然后用模拟油进行驱替直至未有水排出。

（3）实验包括注入性实验和波及体积评价实验两部分。注入性实验：利用高压泵分别将纳米颗粒溶液和 CO_2 注入岩心进行注入性对比研究；波及体积评价实验：一组实验利用高压泵将液态二氧化碳以 2.5mL/min 的速度从岩心一端注入，另一组实验在注入二氧化碳前先注入 0.1PV 纳米颗粒溶液，在二氧化碳和油样中产生隔断。实验过程中，CT 扫描仪以 1 cm 的间隔对岩心进行扫描。

（4）实验中计算机对岩心两端压差、出口端流体流量、CT 扫描数据进行即时记录。

2   实验结果与讨论

2.1   纳米颗粒溶液注入性评价

实验中是将纳米颗粒溶液以 2.5mL/min 的恒定注入速度注入岩心，出口端为恒压

12MPa，所以通过测量岩心注入端与出口端压差可以对纳米颗粒溶液的注入性进行比较分析。图 2 为注入过程中岩心两端压差变化。从图中可以看出，CO_2 注入开始时，压差缓慢上升后维持在 7kPa 左右，当注入体积到 0.4PV 时，由于 CO_2 波及前缘指进形成突破，压差迅速降低。而注入纳米颗粒溶液时，压差随着注入过程不断上升，压差最大已经升高到 27kPa，是 CO_2 注入时的 4 倍。这说明注入过程中纳米颗粒溶液与 CO_2 存在较大的界面张力，在二氧化碳驱应用中，可以发挥气水交替[7]的驱油作用。

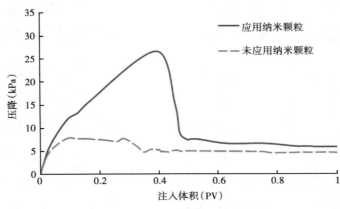

图 2　注入时岩心两端压降对比

2.2　纳米颗粒溶液提高波及体积效果评价

图 3 是实验过程中岩心从注入端到出口端的 CT 扫描切片图像，切片顺序为自左向右，自上向下。在实验中，如图 3 所示，在未应用纳米颗粒溶液的情况下，二氧化碳在岩心中分布范围较为集中，主要在高渗透区，并在 PV = 0.2 时就形成突破。在随后的二氧化碳注入过程中，二氧化碳也主要集中在高渗透区域附近，对于岩心其他区域波及较少。

而应用纳米颗粒溶液后，二氧化碳的分布范围扩及整个岩心，进入了对比实验未曾波及的低渗透区域，且各区域饱和度较高，如图 3 所示。同时在二氧化碳推进过程中，波及前缘较为稳定，气窜现象也得到了有效抑制，在 PV = 0.3 时才形成气窜突破。

从图 3 中 PV = 1 的图像中可以看出，应用纳米颗粒溶液后，二氧化碳在岩心中的分布和质量浓度都有提高。图 4 为在二氧化碳注入过程中，岩心中二氧化碳饱和度的变化曲线。未应用纳米颗粒时，岩心内二氧化碳饱和度随着二氧化碳的不断注入逐渐升高，当驱替突破后，其最大值维持在 30% 左右。应用纳米颗粒后，则二氧化碳最大饱和度升高了 10%，达到 40%。综合 CT 扫描结果和岩心饱和度变化曲线，结果表明，纳米颗粒在减少指进的同时，可以使二氧化碳进入低渗透区较小的孔隙中，从而有效提高二氧化碳驱油的波及体积。

这是由于二氧化碳在波及前缘所形成的微小液滴被纳米颗粒吸附包裹，在界面处形成了一层二氧化碳泡沫层，封堵了岩心中的高渗透区，从而减弱了驱替过程中的指进现象。从实验中可以看出，由于纳米颗粒的吸附包裹作用，使得二氧化碳在岩心中流动形态发生改变，由指进驱替变为活塞式驱替，提高了二氧化碳驱的波及体积。

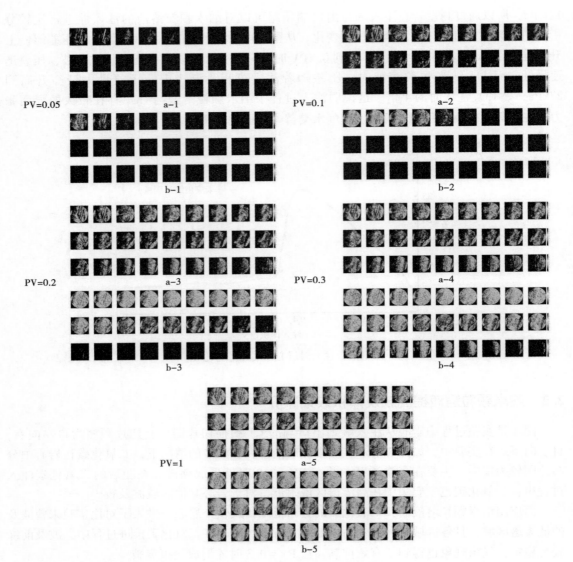

PV=0.05   a-1   PV=0.1   a-2

b-1   b-2

PV=0.2   a-3   PV=0.3   a-4

b-3   b-4

PV=1   a-5

b-5

图 3 岩心二氧化碳饱和度分布图

a：未应用纳米颗粒溶液；b：应用纳米颗粒溶液

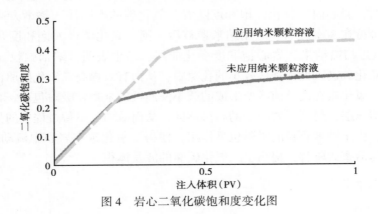

图 4 岩心二氧化碳饱和度变化图

3　结论

（1）纳米颗粒溶液与原油之间存在较大的界面张力，实验中注入压力提高了约 4 倍，可以有效提高二氧化碳驱在岩心中的流动阻力。

（2）纳米颗粒溶液可以在二氧化碳界面处形成吸附包裹层，封堵高渗透通道，减少指进、气窜等现象发生。

（3）纳米颗粒溶液与二氧化碳交替注入可以有效提高二氧化碳驱的波及体积。实验中，二氧化碳在岩心中的波及范围大大增加，进入储层较为致密的区域，整体提高波及体积 10%以上。

参 考 文 献

[1] 杨红，余华贵，黄春霞，等．低渗透油藏水驱后 CO_2 驱潜力评价及注入参数优化 [J]．断块油气田，2015，22（2）：240-244.

[2] 杨大庆，尚庆华，江绍静，等．渗透率对低渗透油藏 CO_2 驱气窜的影响规律研究 [J]．西南石油大学学报，2014，36（4）：137-141.

[3] 王锐，倪红，吕成远，等．低渗透非均质性油藏 CO_2 驱油特征研究 [J]．钻采工艺，2011，34（3）：88-90.

[4] 刘祖鹏，李兆敏．CO_2 驱油泡沫防气窜技术实验研究 [J]．西南石油大学学报自然科学版，2015，37（5）：117-122.

[5] 高树生，胡志明，侯吉瑞，等．低渗透油藏二氧化碳驱油防窜实验研究 [J]．特种油气藏，2013，20（6）：105-108.

[6] 于春磊．特低渗透油藏注 CO_2 驱扩大波及体积技术研究 [D]．中国石油大学（北京），2009.

[7] 钟张起，薛宗安，刘鹏程，等．低渗透油藏 CO_2 驱气水段塞比优化 [J]．石油天然气学报，2012，34（1）：128-131.

低渗透油藏表面活性剂驱油体系室内研究

刘晨[1,2]　王凯[1,2]　周文胜[1,2]　王业飞[3]

(1. 海洋石油高效开发国家重点实验室；2. 中海油研究总院；
3. 中国石油大学（华东）)

摘　要：低渗透油藏面临注入困难和储层非均质性强的问题，为同时解决上述两个问题，基于表面活性剂的降压增注原理和乳化调驱机理，探讨了表面活性剂驱油体系在低渗透油藏的应用可行性。实验选取乳化能力不同，其余性能（降低油水界面张力能力、改变润湿性能力、吸附性能）相同的两种表面活性剂，通过室内洗油实验、岩心注入实验、新型渗流实验和驱油实验，评价了表面活性剂降压增注性能和低渗透条件下乳状液深部调驱性能，探讨了表面活性剂在低渗透油藏中的提高采收率机理。研究结果表明：乳化能力不同的两种表面活性剂具有相近的洗油能力；乳化能力强的表面活性剂在岩心中驱替原油的过程中会形成稳定的乳状液体系，这会降低表面活性剂的降压增注效果，但却可以起到深部调驱作用，可有效提升驱油剂的波及范围，提升低渗透油藏原油采收率。低渗透油藏表面活性剂驱油体系的筛选需综合考虑提高采收率效果及降压增注性能，根据油藏实际情况选取性能不同的表面活性剂驱油体系。

关键词：乳化作用；低渗透油藏；表面活性剂驱；注入性；驱油效率

低渗透油藏储层物性差，具有低渗透、非均质性强的特点，生产过程中存在注入困难、指进现象严重等问题，这直接导致了低渗透油藏原油采收率低于中高渗透油藏。为提高低渗透油藏的注入性，表面活性剂注入体系被现场广泛使用[1-4]，但表面活性剂对低渗透油藏深部的调驱作用[5-8]却鲜有关注。本文选取乳化能力不同，其余性能（降低油水界面张力能力、改变润湿性能力、吸附性能）相同的两种表面活性剂，通过动态洗油实验、短岩心注入实验、渗流实验和长岩心驱油实验，探讨了乳化作用对表面活性剂驱降压增注和深部调驱的影响，从而为低渗透油藏表面活性剂驱油体系的筛选提供参考。

1　试验材料及仪器

1.1　试验仪器

Texas-500 型旋转滴界面张力仪、IKA4000i control 恒温摇床、DY-III 型多功能物理模拟装置、Data Physica 界面张力—动态接触角测量仪、UV2802 型紫外可见分光光度计、XSJ-2 实验室生物显微镜、Bettersize2000 激光粒度分布仪。

1.2　试验材料

非离子—阴离子表面活性剂 1#、2#，脱水原油（83℃下原油黏度为 2mPa · s，密度为

$0.8314 g/cm^3$，配制用水（矿化度分析见表1），煤油（AR），石英砂，石英砂人造柱状岩心等。

表1　配制用水离子组成

离子成分	阳离子含量			阴离子含量		总矿化度
	$K^+ + Na^+$	Ca^{2+}	Mg^{2+}	Cl^-	HCO_3^-	
质量浓度（mg/L）	3442.70	39.28	13.10	4386.51	1768.52	9650.11

2　实验方法

2.1　表面活性剂性能评价

83℃下用Texas-500型旋转滴界面张力仪测定表面活性剂溶液与原油的界面张力；通过测量乳状液的析水率来评价表面活性剂的乳化性能；通过测定水和表面活性剂溶液在干净石英片表面的接触角来评价表面活性剂改变水湿石英片润湿性的能力；通过测定饱和静态吸附量来衡量表面活性剂的吸附情况[9]。

2.2　动态洗油实验

将不同质量百分数的两种表面活性剂溶液与模拟油砂按质量比3:1的比例放入锥形瓶中，盖紧塞子并摇匀，使油砂与溶液充分接触，将锥形瓶放在83℃恒温摇床中，以一定速度连续震荡48h；取出锥形瓶中的溶液，用石油醚萃取溶液中的原油，计算产油量；同时，用石油醚清洗锥形瓶中的等量油砂，计算含油量；洗油率由式（1）计算：

$$\eta = (N_e / N_o) \times 100\% \qquad (1)$$

式中　η——洗油率，%；

　　　N_e——产油量，mg；

　　　N_o——同质量油砂含油量，mg。

2.3　新型渗流实验

（1）岩心抽真空，饱和水，计算孔隙体积；

（2）水驱岩心，直至压力稳定，计算岩心水测渗透率；

（3）将1号岩心饱和模拟油，老化48h；

（4）按图1连接好驱替装置，以0.3mL/min的速度注入驱油剂，在6号六通阀处见到乳状液后取10mL产出液，后关闭取液阀门，打开2号岩心夹持器阀门，同时记录注入压力变化，直至压力稳定；

（5）乳状液取出后立刻用高倍显微镜观察乳状液分布形态，用激光粒度分析仪分析乳状液粒径大小。

2.4　岩心驱替实验

先将岩心饱和模拟地层水，测岩心渗透率，再饱和原油，模拟地层条件老化48h；以

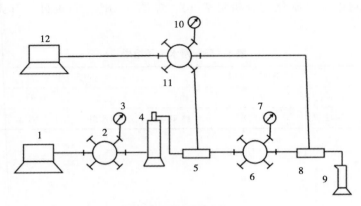

图 1 乳状液流动性模拟实验装置

1, 12—平流泵; 2, 6, 11—六通阀; 3, 7, 10—精密压力表; 4—中间容器; 5, 8—岩心夹持器1号, 2号; 9—量筒

0.2mL/min 的速度进行水驱, 至含水率达到 100%, 注入一定孔隙体积倍数的驱油体系, 后续水驱至含水率达到 100% 为止, 记录相关数据。

3 试验结果及讨论

3.1 表面活性剂性能评价

室内通过大量表面活性剂性能评价, 筛选出两种非离子阴离子表面活性剂, 这两种表面活性剂溶液在降低油水界面张力能力, 改变润湿性能力, 石英砂静吸附量方面性能相当, 但在乳化能力方面二者存在明显差别。相关评价数据见表 2。

表 2 表面活性剂性能评价

表面活性剂型号	平衡界面张力 (mN/m)	乳化性能	石英砂静吸附 (mg/g)	前进角改变量 (°)
1	0.004593	差	0.78	1.25
2	0.007748	好	0.6	3.36

如表 2 所示, 质量分数 0.3% 的 1# 和 2# 溶液与原油界面张力均可达到 10^{-3} mN/m 的超低数量级, 降低界面张力性能优良, 同时这两种溶液对水湿石英片润湿性的改变能力均较弱, 1# 和 2# 溶液与水湿石英片的前进角[10]同模拟水的前进角基本相当, 表明这两种表面活性剂对水湿石英片影响不明显。质量百分数 0.3% 的 1# 和 2# 溶液在石英砂表面的饱和吸附量分别为 0.78mg/g 和 0.6mg/g, 较小的吸附量保证了表面活性剂性能的充分发挥。乳化性能方面二者差异明显: 1# 溶液与原油形成的乳状液迅速破乳, 随着时间延长析水率不断增大, 100min 后析水率就达到 80% 左右; 而 2# 溶液与原油形成的乳状液在 150min 内析水率几乎为零, 形成的乳状液比较稳定。乳化性能评价实验表明, 表面活性剂 2# 具有较强的乳化性能, 1# 乳化性能较弱, 形成的乳状液破乳较快。

性能评价结果表明, 表面活性剂 1# 和 2# 均可使油水界面张力达到超低, 二者对水湿石英片的润湿性基本没有影响, 并且在石英砂吸附量均较低, 两者的乳化性能明显不同, 表面活性剂 2# 的乳化能力优于 1#。因此，可选择 1# 和 2# 作为对比试剂，分析乳化性能差异对表面活性剂驱油效果的影响。

3.2 动态洗油实验

动态洗油过程实际上就是油膜从颗粒表面脱落的过程，它是界面张力变化、原油乳化、岩石润湿性变化等多方面因素共同作用的结果。动态洗油实验可以很好地体现表面活性剂提高洗油效率的各项机理，可以比较准确的用来模拟表面活性剂的洗油过程。实验考察了不同质量百分数（0.1%、0.3%和0.5%）的 1# 和 2# 溶液的洗油率，结果见表 3。

表3 不同质量百分数表面活性剂动态洗油率

表面活性剂种类	表面活性剂质量百分数（%）	洗油率（%）
模拟水	0	11.00
1#	0.1	44.43
	0.3	47.60
	0.5	48.91
2#	0.1	43.04
	0.3	45.73
	0.5	46.85

由表 3 可得，1# 和 2# 溶液均具有良好的洗油性能，并且随着质量百分数的增加，两种表面活性剂的洗油率均逐渐增大，但增加幅度较小，这主要是因为两种表面活性剂溶液在低质量浓度下即具有良好的降低油水界面张力能力，故在低质量浓度下即具有良好的洗油效率。实验同时发现，同质量浓度的 1# 和 2# 溶液洗油率基本相同，这表明乳化作用对剥蚀表面油膜的贡献不大。洗油实验结果表明，1# 和 2# 溶液在低质量浓度下即具有良好的洗油能力，降低油水界面张力机理是表面活性剂洗油能力的重要作用机理，乳化机理无显著影响。

3.3 短岩心注入实验

短岩心注入实验考察表面活性剂改善近井地带注入性的能力。实验过程首先水驱，至水驱压力稳定后转注 0.4PV 质量分数 0.3% 的表面活性剂溶液，而后再转水驱。实验参数见表 4。

表4 人造均质岩心驱油实验基础数据表

实验方案	岩心规格（cm）	孔隙度（%）	水测渗透率（mD）	原始含油饱和度（%）	转化学驱时采收率（%）
1	φ2.500×6.008	24.37	24.52	69.41	43.89
2	φ2.498×5.974	25.10	18.79	67.85	43.75

由图 2 可知，两种表面活性剂均能有效改善近井地带的注入压力。水驱压力稳定后转注表面活性剂溶液，注入压力均出现了较大幅度的下降，而后恢复水驱后注入压力趋于稳定，1# 溶液的后续水驱压力约为初始稳定注水压力的 0.47 倍，2# 溶液的后续水驱压力约为初始稳定注水压力的 0.58 倍。

在短岩心驱替条件下，表面活性剂溶液通过降低油水界面张力可有效动用孔喉表面附着

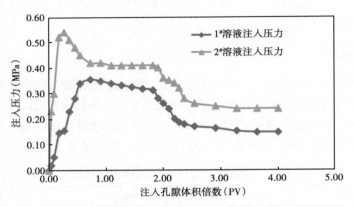

图 2　表面活性剂溶液注入压力与注入孔隙体积倍数的关系曲线

的油膜，同时可提高油滴在孔喉中的变形能力，从而降低注入压力。由于运移距离较短，2#溶液驱替过程中形成的乳状液对岩心注入性能的影响尚不明显。

3.4　乳状液流动性研究

表面活性剂溶液在地层流动过程中是复杂的多相渗流过程，为了直观考察表面活性剂乳化作用在地层中的作用机理，设计了 2.3 乳状液流动实验。实验过程中，1 号岩心夹持器相当于乳状液生成器，内部装有渗透率较高的岩心并饱和油，模拟渗流过程中的较大孔喉，2 号岩心夹持器内装有渗透率较低的岩心并不含油，模拟渗流过程中的细小孔喉。驱替过程中，用表面活性剂溶液驱替饱和油 1 号岩心后会形成乳状液，让形成的乳状液在较长管线中运移后再注入 2 号岩心，分析乳表面活性剂乳化机理对渗流规律的影响。相关实验数据及结果见表 5、图 3 至图 5。

表 5　人造岩心基础数据

表面活性剂类型	岩心夹持器序号	模型	长度（cm）	直径（cm）	水测渗透率（mD）	孔隙体积（mL）	原油饱和度（%）
1#，0.3%	1	石英砂均质岩心	9.334	2.524	63.3	12.035	78.9
	2	石英砂均质岩心	10.000	2.490	4.3	7.632	—
2#，0.3%	1	石英砂均质岩心	9.346	2.526	86.6	12.199	73.8
	2	石英砂均质岩心	9.784	2.500	3.9	7.561	—

3.4.1　乳状液分布形态及粒径分析

图 3 是两组实验得到的 1# 岩心产出液中乳状液分布形态。如图 3 所示，表面活性剂 2# 溶液在驱油过程中形成的乳状液中液滴数量远远多于 1# 溶液，并且由乳状液粒径分布（图 4）可知，2# 溶液形成的乳状液粒径集中在 $10\sim40\mu m$，而 1# 溶液形成的乳状液粒径集中在 $30\sim70\mu m$，2# 溶液形成的乳状液粒径要小于 1# 溶液形成的乳状液。这主要是因为表面活性剂 1# 形成的乳状液稳定性较差，在极短时间内即可发生聚并，所以实验观察到的产出液中乳状液液滴数量少，并且粒径大，该乳状液产出后 10min 即可破乳完全，而 2# 溶液形成的乳状液性能稳定，30min 后测量粒度分布与初始粒度分布无显著变化。

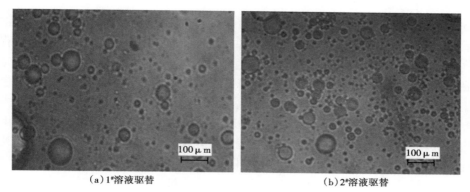

（a）1#溶液驱替　　　　　　　　　　　（b）2#溶液驱替

图3　1号岩心产出乳状液微观形态

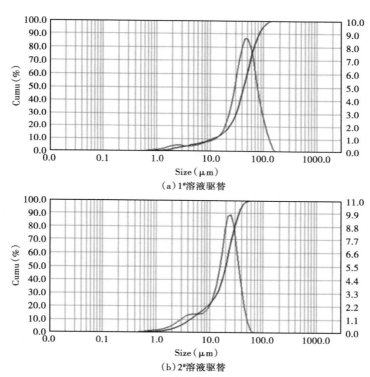

（a）1#溶液驱替

（b）2#溶液驱替

图4　1号岩心产出乳状液粒径分析

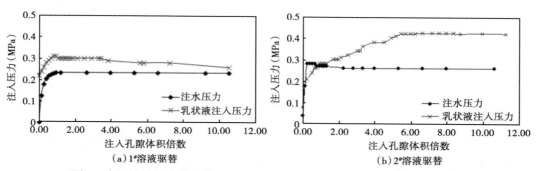

（a）1#溶液驱替　　　　　　　　　　　（b）2#溶液驱替

图5　表面活性剂溶液驱替过程2号岩心注入压力与注入孔隙体积倍数关系

3.4.2 压力变化分析

图 5 是两组实验的 2 号岩心注入压力随着注入孔隙体积倍数的变化关系。两种溶液注入压力随着注入孔隙体积倍数的增加呈现出两种截然不用的变化规律。1#溶液驱替过程中，随着注入孔隙体积倍数的增加，注入压力迅速达到峰值，而后逐渐降低，最终趋于稳定注水压力。2#溶液驱替过程中，随着注入孔隙体积倍数的增加，注入压力缓慢增长至最大值后趋于稳定，稳定值明显高于稳定注水压力。二者之间的变化差异是由表面活性剂的乳化性能引起的。1#溶液，乳化性能差，驱替过程中产生的乳状液很快发生聚并，在孔喉运移时由于叠加贾敏效应导致岩心注入压力迅速增大，同时，由于乳状液不稳定，形成的乳状液很快发生破乳，因此，随着注入孔隙体积倍数的增加，乳状液大量破乳，注入压力逐渐降低。2#溶液，乳化性能好，驱替过程中产生的乳状液性能稳定，驱替过程中在叠加贾敏效应和微小乳状液在喉道壁面吸附[5-7]的双重作用下，渗流通道逐渐变窄，岩心注入压力逐渐升高，随着注入孔隙体积倍数的增加，1 号岩心产出的乳状液逐渐减少，2 号岩心注入压力随之趋于稳定，由于乳状液性能稳定，2#溶液长时间驱替后的稳定注入压力要明显高于稳定注水压力。

实验结果表明，表面活性剂在地层驱替过程中无论乳化性能强否，均会产生一定的乳状液，乳化性能强的表面活性剂会形成稳定的乳状液体系引起注入压力的升高，乳化性能弱的表面活性剂会形成不稳定的乳状液体系，随着时间的延长发生破乳，注入压力呈现短暂升高而后逐渐降低的趋势。

3.5 长岩心驱油实验

为综合评价表面活性剂降压增注性能和提高采收率性能，选取 30cm 长岩心进行驱油实验。为增加对比性，实验选取了中渗岩心和低渗透岩心进行对比分析，表面活性剂质量百分数均取 0.3%，段塞大小均为 0.4PV。实验所用岩心参数及驱油结果分别见表 6、表 7。

表 6 驱油实验岩心参数

岩心类型	岩心编号	表面活性剂类型	长度（cm）	直径（cm）	渗透率（mD）	含油饱和度(%)
中渗岩心	A-1	1#	30.028	2.500	120.6	80.87
	A-2	2#	30.174	2.498	118.7	86.59
低渗透岩心	B-1	1#	30.012	2.488	30.8	87.14
	B-2	2#	30.142	2.490	34.1	89.02

表 7 驱油实验结果

驱替段塞	岩心编号	水驱采收率（%）	化学驱采收率（%）	总采收率（%）	化学驱最大压力/水驱稳定压力	后续水驱稳定压力/水驱稳定压力
0.3% 1#	A-1	49.7	2.7	52.4	0.58	0.51
0.3% 2#	A-2	51.8	5.9	57.7	0.63	0.67
0.3% 1#	B-1	46.8	6.4	53.2	0.57	0.42
0.3% 2#	B-2	45.2	8.2	53.4	0.72	0.84

从注入压力角度分析，驱替过程中注入压力的变化规律证实了原油乳化会引起地层注入压力的升高。表面活性剂具有一定降压增注的作用，因此四组实验转注表面活性剂后的注入压力及后续水驱注入压力均低于水驱稳定压力，但无论是中渗岩心还是低渗透岩心，乳化性

能好的 2# 溶液降压效果要略差于 1# 岩心，并且这一现象在低渗透岩心中表现的更加明显。中渗岩心由于孔喉较大，驱替过程中形成的乳状液对孔喉的封堵作用较弱，改变渗透率能力有限，而低渗透岩心孔喉狭窄，稳定的乳状液增加了渗流阻力，使得表面活性剂降压增注的效果有明显减弱。

从提高采收率角度分析，无论中渗岩心还是低渗透岩心，乳化性能好的 2# 溶液提高采收率效果都好于乳化性能一般的 1# 溶液，这充分证明了乳化性能在表面活性剂提高原油采收率中具有重要作用，一方面乳状液具有携油作用，防止原油重新粘附地层表面，提高洗油效率，另一方面，乳状液可通过叠加的贾敏效应改善渗流场分布，提高波及系数。对于中渗岩心，乳化性能好的 2# 溶液提高采收率幅度是乳化性能差的 1# 溶液提高采收率幅度的 2.2 倍，而对于低渗透岩心，这一数值为 1.3 倍，这是因为低渗透岩心孔喉中含有更多残余油。

以上实验结果表明，表面活性剂的乳化性能不仅对中高渗地层提高采收率具有重要作用，对于低渗透地层同样具有重要影响。因此，低渗透油藏进行驱油用表面活性剂优选时，需根据油藏孔喉半径分布规律，综合考虑采收率增值和注入压力两方面，在保证注入性的前提下优选采收率增值最佳的表面活性剂体系。

4　结论

（1）降低油水界面张力是影响表面活性剂洗油能力的重要作用机理，乳化机理无显著影响；通过清洗近井地带的残余油，乳化能力不同的两种表面活性剂均能有效地降低低渗透地层近井地带的注入压力。

（2）乳化能力强的表面活性剂在岩心中驱替原油的过程中会形成稳定的乳状液体系，这会引起低渗透地层注入压力的升高，降低表面活性剂的降压增注效果，但却可以起到深部调驱作用，提升低渗透油藏原油采收率；乳化能力弱的表面活性剂在岩心驱油过程中形成的乳状液破乳快，对低渗透地层注入压力影响小。

（3）低渗透油藏表面活性剂驱油体系的筛选需综合考虑提高采收率效果及降压增注性能，在保证注入性的前提下优选采收率增值最佳的表面活性剂体系。

参 考 文 献

[1] Wang Yefei, Zhao Fulin, Bai Baojun, et al. Optimized Surfactant IFT and Polymer Viscosity for Surfactant-Polymer Flooding in Heterogeneous Formation [C]. SPE 127391, 2010.

[2] Clark P. E. Characterizion of crude oil-in-water emulsions [J]. Journal of Petroleum Science & Engineering, 1993, 9 (2)：165-181.

[3] 李世军，杨振宇，宋考平，等. 三元复合驱中乳化作用对提高采收率影响 [J]. 石油学报，2003，24 (5)：71-73.

[4] 王德民，王刚，夏惠芬，等. 天然岩心化学驱采收率机理的一些认识 [J]. 西南石油大学学报（自然科学版），2011，33 (2)：1-11.

[5] 王凤琴，曲志浩，薛中天，等. 乳状液在多孔介质中的微观渗流特征 [J]. 西北大学学报（自然科学版），2003，33 (5)：603-607.

[6] McAuliffe, Clayton D. Oil-in-Water Emulsions and Their Flow Properties in Porous Media [J]. Journal of Petroleum Technology, 1973, 25 (6)：727-733.

［7］ 李学文，王德民．乳状液渗流过程中压力梯度对孔隙介质渗透率的影响试验［J］．江汉石油学院学报，2004，26（4）：114-116.

［8］ Soo H.，Radke C. J. Flow mechanism of dilute, stable emulsions in porous media［J］. Ind ·Eng· Chem · Fundam, 1984, 23（3）: 342-347.

［9］ 刘晨．沙七断块低渗透油藏二元复合驱研究［D］．青岛：中国石油大学（华东），2012.

［10］ 郭同翠，刘明新，熊伟，等．动态接触角研究［J］．石油勘探与开发，2004，31（增刊）：36-39.

［11］ Manne S, Cleveland J. P.，Gaub H. E.，et al. Direct Visualization of Surfactant Hemimicelles by Force Microscopy of the Electrical Double Layer［J］. Langmuir, 1994, 10（12）: 4409-4413.

新型核壳类粉末聚合物微球的合成与性能研究

刘晓非[1]　杨冬芝[2]　刘宗保[1]　吴晓乐[1]

（1. 天津大学材料科学与工程学院；2. 北京化工大学材料科学与工程学院）

摘　要：调剖堵水技术一直是油田改善注水开发效果、实现油藏增产的有效手段。聚合物微球是一种改善油田注水开发效果、实现油藏增产的新型深部调剖功能性材料，该材料以丙烯酰胺及其衍生物的共聚物为主要成分，利用其亲水性基团在地层水中溶胀、凝胶化从而在裂缝或孔喉处形成有效封堵，进而提高原油采收率。鉴于此，本文采用分散聚合方法制备了核壳类粉末聚丙烯酰胺微球，并且建立室内评价体系对制备得到的丙烯酰胺共聚物微球的性能进行了评价。实验结果表明，粉末聚合物微球具有明显的核壳结构和较好的球形度，同时粒径分布均匀，微球平均粒径尺寸在 $10 \sim 30 \mu m$；在 $60 ℃$ 条件下，随着吸水天数的增加，粉末微球发生明显的膨胀变大过程，膨胀倍数达到 $20 \sim 50$ 倍；粉末微球具有出色的封堵能力，岩心封堵率达到 98% 以上，实际油田应用取得令人满意的调剖效果。

关键词：分散聚合；聚丙烯酰胺；核壳结构微球；调剖

近年来，随着油田开采程度的增加，注水井地层和注水压力上升过快，生产井压力和产量下降很快，最后注水量、产油量、开采速度和采收率都非常低，大部分油田已进入"双高"（高采出、高含水）的开采阶段。水驱开发过后的油藏剩余油高度分散，而且层内非均质情况非常严重，地层中的大量剩余油藏得不到有效开采。随着勘探开发程度的不断提高，老区稳产难度越来越大，开发动用低渗透、特低渗透油藏成为我国陆上石油工业增储上产的必经之路[1]。

注水井深部调剖技术已成为改善油田注水开发效果、实现油田稳产的经济有效的手段[2-5]。要实现深部调剖的目的，就要求堵剂具有"进得去、堵得住、能移动"的性能。聚合物微球深部调剖技术是充分依据油藏岩石的孔隙结构特征及渗流特点，采取现代高分子材料合成技术而发展起来的一项新型提高采收率技术[6-8]。常规聚合物堵剂需要依靠自身黏度封堵渗水通道，所需用量大，选井条件苛刻。而核壳类粉末聚合物微球的封堵位置是在水流通道的孔喉处，通过水化膨胀后的形变堵住孔喉，微观逐步改变水流方向；依据良好的弹性，微球也可以随着水压的变化，被突破后封堵地层深部更细的孔喉，实现逐级立体深部调剖，从而改善水驱效果[9,10]。

基于上述情况，本文采用分散聚合方法设计合成了一种微米级初始粒径可控的核壳结构粉末聚合物微球，利用多种仪器对该聚合物微球的粒径、结构进行分析和表征，同时对其封堵性能进行室内评价。

1 实验部分

1.1 实验原料

丙烯酰胺（AM，分析纯）、阳离子单体（分析纯）；阴离子单体（分析纯）等。

1.2 核壳结构粉末聚合物微球的合成

称取一定量的 AM、阳离子单体、分散剂、交联剂、溶剂，充分搅拌至完全溶解，得到溶液 A。再称取一定量的引发剂和溶剂，充分搅拌至完全溶解，得到溶液 B。常温下分别将 A 溶液和 B 溶液加入反应容器中，通氮除氧，升温至 50℃，恒温反应 3h，得到微球核心混合液。

称取一定量的 AM、阴离子单体、分散剂、交联剂、引发剂、溶剂，充分搅拌至完全溶解，得到溶液 C。向已含有核层结构微球的反应体系中滴加溶液 C，滴加完毕后反应 3h。最后冷却、过滤、干燥得到核壳类粉末聚合物微球。

1.3 核壳结构粉末聚合物微球的表征

1.3.1 光学显微镜表征

称取微量的粉末聚丙烯酰胺共聚物微球（PAM）放入一定量的乙醇中，超声震荡至微球分散均匀，用滴管取少量的分散液均匀涂抹在载玻片上，待乙醇挥发完全后，置于 COIC 双目生物显微镜上进行观察。

1.3.2 扫描电子显微镜表征

将制备好的粉末状 PAM 微球样片表面进行喷金，采用扫描电子显微镜（SEM）对样片表面进行形貌观察。

1.3.3 透射电子显微镜表征

将微量粉末聚合物微球分散于适量的乙醇中，超声分散形成均匀分散液，然后将分散液滴于碳支持膜上，待乙醇挥发完全。用日立 H-7650 型透射电子显微镜观察样品的微观结构。

1.3.4 核壳微球粒径大小及其分布表征

采用 Mastersizersiong Bed 激光粒度仪对得到的粉末聚合物微球进行粒径大小及粒径分布的测试，测试温度为 25℃。

1.3.5 调剖效果评价

选取制备的核壳粉末聚合物微球，将其配制成质量浓度为 0.5% 的微球水分散液，进行填砂管调剖实验。其中，试验用水为模拟地层水，填砂管所用沙子为油沙。其他实验参数如表 1 所示。

表 1 微球样品实验参数

样品	岩心规格	岩心体积	孔隙体积	孔隙度	初始水测渗透率	注入量
b	φ30mm×500mm	353.25cm³	120cm³	33.97%	823.95mD	120mL
d	φ30×500mm	353.25cm³	78.43cm³	22.20%	299.71mD	80mL

2 结果与讨论

2.1 核壳粉末微球的粒径及其分布

图 1 为 a、b、c 和 d 四组不同核壳配比实验制备得到的 PAM 微球的光镜图片。从图片中可以看到，PAM 微球有规则的球形形貌，粒径大小分别分布在 10μm、20μm、15μm 和 30μm 左右。同时，微球没有黏结团聚现象。由于微球壳层之间同种电荷间的相互排斥作用，核壳微球具有优良的分散性。

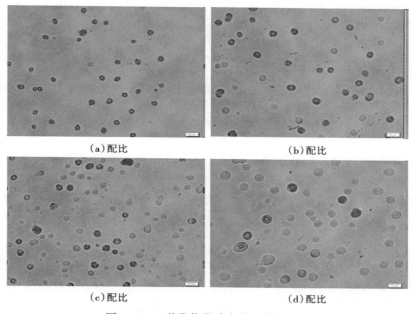

图 1 PAM 共聚物微球光学显微镜图片

图 2 为不同核壳比例 PAM 共聚物微球的粒径分布结果。实验结果表明：不同核壳比例条件下，粉末微球的平均粒径分布在 10~30μm，且具有良好的分散性。

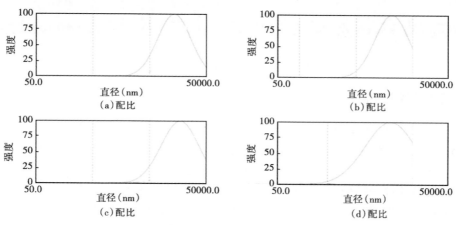

图 2 不同核壳比例 PAM 共聚物微球粒径分布

2.2 核壳微球的微观结构分析

利用日立 S4700 扫描电子显微镜对 PAM 微球样品进行观察，结果如图 3 所示。从 SEM 图像中可以发现，微球原始形态呈现出较好的球形形貌，且具有较为均匀的粒径分布；从 70000 倍放大倍数的 SEM 照片可以看到，干燥的微球表面有一定的粗糙度，这在一定程度上增大了微球的比表面积，在调剖驱油过程中，在地层孔吼处可有效提高封堵效果。

(a) 放大倍数为1.00K   (b) 放大倍数为18.0K   (c) 放大倍数为70.1K

图 3   PAM 共聚物微球 SEM 照片

PAM 共聚物弹性微球透射电镜照片如图 4 所示。从图中可以看出，分散聚合制备得到的共聚物粒子球形度较好，且具有清晰的核壳结构，与实验设计预期相符。同时可以看到，改变实验条件可以实现控制核壳比例，得到不同核壳尺寸组成的 PAM 共聚物微球，图 4 (a) 核壳比例较小、厚度小；图 4 (b) 核壳比例较大、厚度大。

(a)   (b)

图 4   PAM 共聚物微球 TEM 照片

2.3 核壳微球微球吸水溶胀性能评价

PAM 微球吸水溶胀微观变化如图 5 所示，其中图 5 (a)、5 (b)、5 (c)、5 (d)、5 (e)、5 (f) 分别为 60℃条件下，PAM 微球在水中静置 0d、7d、14d、21d、28d、35d 的 TEM 图像。从 TEM 图像可以看出，图 5 (a)、5 (b)、5 (c) 可以看到 PAM 微球只有少许的溶解，此时微球核壳结构明显；而图 5 (d) 可以看到微球出现了明显的溶解情况，并且伴随溶解的进行，微球壳层的溶解使核壳结构变得模糊，同时微球核心逐渐外露；而从图 5 (e)、5 (f) 可以看到，微球较图 5 (d) 溶解情况没有再加剧的现象，溶解逐渐趋于缓和，同时微球核心部分吸水膨胀外露，并出现不同程度的吸附、粘连。这是由于微球核壳组成不同，带有相反电荷，当微球核部分吸水膨胀外露后，由于静电力作用使微球间发生了物理粘连。

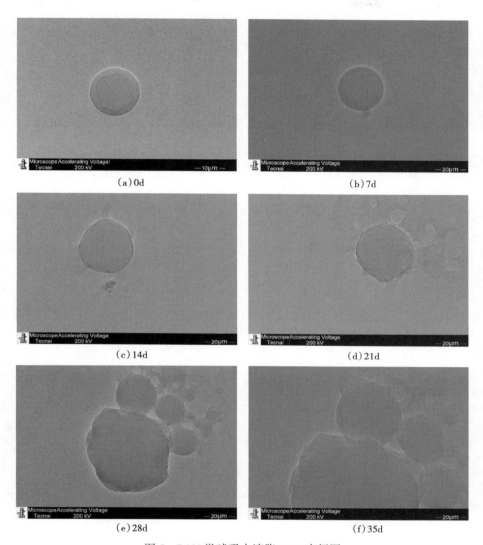

图 5　PAM 微球吸水溶胀 TEM 表征图

PAM 微球吸水溶胀粒径尺寸变化如图 6 所示，其中图 6（a）、6（b）、6（c）、6（d）、6（e）、6（f）分别为 60℃ 条件下，PAM 微球在水中静置 0d、7d、14d、21d、28d、35d 的三维光镜图像。

从图中可以看出，PAM 微球从最初的 17μm 左右，经过 35d 的吸水膨胀过程粒径变为 500μm 以上，膨胀倍数达到 30 倍；从图 6（f）可以看到，在吸水膨胀过程中，微球发生了吸附、粘连，这正好与 TEM 表征相吻合，说明微球在吸水膨胀后相互间能够形成更大的颗粒，能够发挥封堵作用。

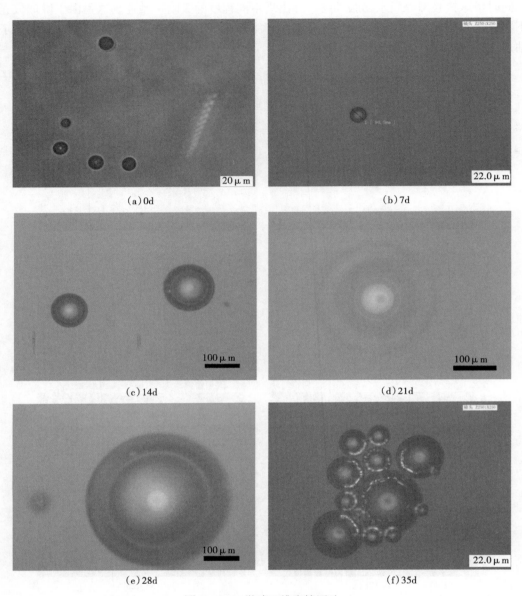

(a) 0d   (b) 7d

(c) 14d   (d) 21d

(e) 28d   (f) 35d

图 6　PAM 微球三维光镜图片

2.4　核壳微球的调剖效果分析

聚丙烯酰胺微球遇水能够吸水膨胀但不溶解，在外界注入水压力作用下可以发生变形运移到地层深部，在深层和孔道处发挥有效封堵作用，使后续注入水分流改向，从而实现深部调剖效果。

如图 7 所示，PAM 微球在测试水相渗透率的过程中，开始阶段，渗透率波动较大，随着注入量的增加，渗透率波动幅度变小，逐渐接近平稳，在某个中值附近上下浮动，达到稳定状态；同时，随着膨胀时间的增加，水测渗透率明显降低，在注入微球 6d 后，渗透率能达到 10mD 以下，说明微球膨胀后起到了显著的封堵效果。

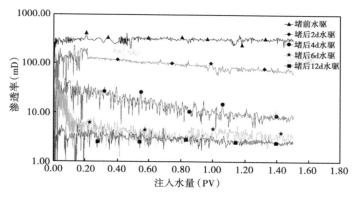

图 7　微球注入后渗透率变化曲线

图 8 是水驱过程中的压力变化曲线，随着注入量的增加，压力逐渐升高，达到相对稳定状态，同时在压力升高过程中，压力曲线有上下波动的趋势，说明微球在岩心中存在封堵突破的过程；同时，随着膨胀天数的增加，微球最后的封堵压力不断升高，原因是微球膨胀倍数增大，对岩心孔喉、优势通道的封堵强度更大，微球不容易突破，堵塞了水流通道，使压力升高。

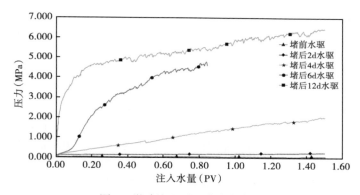

图 8　微球注入后压力变化曲线

注入微球后，膨胀 2d、4d、7d、12d 后分别测试水驱渗透率，实验结果见表 2。

表 2　微球封堵效果数据

	压差（MPa）	渗透率（mD）	封堵率（%）
堵前测试	0.060	307.68	—
堵后 2d	0.25	73.58	76.08
堵后 4d	1.96	8.10	97.37
堵后 6d	4.58	3.35	98.91
堵后 12d	6.34	2.50	99.19

从岩心渗透率数值和压力分布曲线变化情况可以看出，在注入 PAM 微球后，渗透率数值下降幅度更大，2d 封堵率达到 76.08% 以上，渗透率降低到 73.58mD，6d 封堵率达到

213

98.91%，渗透率降低到 3.35mD，12d 后封堵率达到 99.19%，渗透率降低到 2.50mD，压力达 6.5MPa，核壳粉末聚合物微球取得了令人满意的封堵效果。

3 结论

本文采用分散聚合方法制备出了微米级核壳结构粉末聚丙烯酰胺共聚物微球，微球初始粒径在 5~30μm。PAM 微球有明显的核壳结构，在 60℃条件下，吸水膨胀 1 周后，随着溶胀天数增加外壳部分慢慢溶解，同时核心部分溶胀、交联。通过调整外壳层厚度可以控制微球在水中的膨胀时间。填砂管模拟堵水实验表明，该核壳粉末聚合物微球具有出色的封堵能力，初始粒径 30μm 左右的微球，4d 后封堵率可达到 95% 以上。

参 考 文 献

[1] 刘峰. 低渗透各向异性油藏油井产能及合理井网研究 [D]. 成都：西南石油大学，2014.

[2] 曹正权，姜娜，宋岱锋，等. 聚合物反相乳液调剖剂对孤岛油田的适应性 [J]. 中国石油大学学报：自然科学版，2008，32（5）：132-136.

[3] 贾晓飞，雷光伦，贾晓宇，等. 注水井深部调剖技术研究现状及发展趋势 [J]. 特种油气藏，2009，16（4）：6-12.

[4] 赵明，赵伟，刘海成，等. 复合驱流度设计方法研究 [J]. 西南石油大学学报：自然科学版，2011，33（6）：131-134.

[5] 唐孝芬，刘玉章，向问陶，等. 渤海 SZ36-1 油藏深部调剖剂研究与应用 [J]. 石油勘探与开发，2005，32（6）：109-112.

[6] 刘承杰，安俞蓉. 聚合物微球深部调剖技术研究及矿场实践 [J]. 钻采工艺，2010，33（5）：62-64.

[7] 雷光伦. 孔喉尺度弹性微球深部调剖新技术 [M]. 东营：中国石油大学出版社，2011：1-10.

[8] Lei Guanglun, Li Lingling, Nasr-El-Din H A. New gel aggregates to improve sweep efficiency during water-flooding [J]. SPE Reservoir Evaluation and Engineering, 2011, 14 (1): 120-128.

[9] 岳湘安，张立娟，刘中春，等. 聚合物溶液在油藏孔隙中的流动及微观驱油机理 [J]. 油气地质与采收率，2002，9（3）：4-6.

[10] 孙焕泉，王涛，肖建洪，等. 新型聚合物微球逐级深部调剖技术 [J]. 油气地质与采收率，2006，13（4）：77-79.

水基纳米聚硅降压增注剂在低渗透油藏注水驱油中的应用

刘培松[1]   程亚敏[1]   李小红[1,2]   张治军[1,2]

（1. 河南大学纳米材料工程研究中心；2. 河南省纳米材料工程技术研究中心）

摘　要：超疏水纳米聚硅用于低渗透油藏注水井岩隙表面改性，可将润湿性由亲水转变为疏水，从而降低注水压力，增加注水量，但超疏水材料需以有机溶剂为携带剂，存在成本高、资源浪费等问题。本文介绍了一种具有强吸附—超疏水核结构的水基纳米聚硅降压增注剂，研究了疏水性纳米聚硅在水中的分散及其在砂岩表面的吸附行为，探讨了水基纳米聚硅分散液在低渗透油藏中的降压增注作用。结果表明：具有强吸附—超疏水核结构的水基纳米聚硅可以以澄清透明的状态均匀分散在水中，颗粒间无团聚，平均粒径为 7nm，Zeta 电位达 -31.4mV，分散稳定，可适用于特低渗透油田。同时，利用地层高温、高矿化度及酸化后低 pH 值条件下，分散液注入地层后可实现强吸附—超疏水性核有效分离，并牢固吸附在岩石孔隙表面，将岩石表面润湿性由亲水转变为疏水，形成的疏水性孔道可以减小注水过程中水化膜厚度，阻止水垢的形成，从而可长时间保持微孔道的渗流能力，提高注采效率。水基纳米聚硅降压增注剂在江苏油田、延长油田等低渗透油田注水井现场应用时，能显著降低注水压力，增加注水量，有效率达95%以上，有效期一般大于 10 个月。

关键词：水基；超疏水；纳米聚硅；润湿性；降压增注

《全国油气资源动态评价成果 2015》[1]：中国石油地质资源量 $1257 \times 10^8 t$，其中低渗透、致密与稠油油藏等低品位、高勘探风险类资源约占石油总资源量80%。由于地质条件复杂、油藏品质差、油井自然产量低、开发成本高，致使高效开发低渗透与致密油藏一直是世界性难题。据中国石化统计，由于开发技术水平的限制，目前低渗透与致密油气开采技术采收率不足 13%，远低于常规油气资源的采收率。其原因主要是随着注水时间的延长，近井地带岩石表面水化膨胀，堵塞喉道 [图 1（a）和图 1（b）] 注水井注水压力升高快，甚至难以注水[2,3]。提高注水压力是目前大多数油田用以增加注水量的技术手段，但极易受设备和油藏承压能力的限制。因此，减小注水阻力、降低注水压力和增加注水量是保证低渗透与致密油藏注采的技术关键。

随着压裂和酸化两大技术在低渗透与致密油藏开发中的成功应用，过去不能有效动用的储量得到了开发利用，但也带来一系列问题：压裂裂缝提高了渗透率，但易造成地层中水的窜流，对底层产生不可逆的伤害，酸化可去除孔隙表面水垢和膨化层以疏通孔道，但有效期较短（1~3 个月），且频繁酸化易对地层造成累积性伤害。亟须研究高性能、长效的降压增注技术。

近年来，研究者尝试用疏水纳米颗粒在孔隙表面吸附，通过将岩石由亲水性变为疏水性，减薄水化膜，起到减阻和降压增注的效果 [图 1（c）]。胜利油田、中原油田曾采用俄

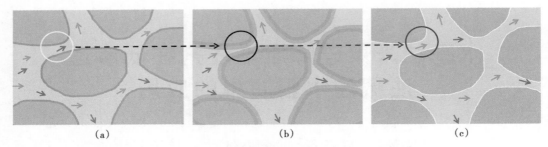

图 1　注水—堵塞形成—酸化增注形成示意图[4]

罗斯纳米技术，将疏水性航空硅分散于柴油中处理低渗透油田注水井，降压增注效果明显，主要用于渗透率大于 30mD 的中低渗透油田。河南大学设计合成的超疏水性纳米聚硅，采用柴油或油水乳液作为携带剂，将适用渗透率下限扩大到 10mD，在大庆、胜利、江苏等油田试验 300 余口井，平均有效期大于 6 个月，并系统研究了其在低渗透储层孔隙表面的润湿行为，提出了吸附改性—阻垢防膨的减阻降压增注机理。上海大学狄勤丰采用多种疏水性纳米氧化物分散于有机溶剂中，研究了其降压增注性能，进行了现场试验，提出了纳米滑移减阻机理[5,6]。以上纳米增注技术在应用中存在以下问题：（1）需要以有机溶剂为携带剂，存在资源浪费和环境污染隐患；（2）纳米聚硅在溶剂中往往以 150~500 nm 的聚集体存在，对渗透率小于 10 mD 的油藏易造成喉道堵塞。

　　近期，项目组设计制备了含"钉扎"基团的超疏水性纳米聚硅，河南大学设计制备了一种水基纳米聚硅降压增注剂[7-9]，本文主要介绍了水基纳米聚硅微粒的结构特征，研究纳米聚硅降压增注剂的相分散及在岩石表面的吸附行为；通过岩心驱替实验装置评价了其降压增注行为，分析了降压增注机理。并对纯梁采油厂、江苏油田等采油单位施工应用典型井例进行分析，效果显著，有效期大于 10 个月。

1　实验

1.1　主要原料

　　水基纳米聚硅、分散剂、盐酸、醋酸、氯化铵、无水乙醇和工业乙醇。

1.2　水基纳米聚硅分散液的制备

　　按照所需质量浓度，按比例称取水基纳米聚硅粉体、分散剂及蒸馏水。将所称取的原料置于三口烧瓶中，置于 80℃ 的水浴中恒温搅拌直至分散液澄清透明，即得到相应质量浓度的纳米聚硅分散液。

1.3　实验条件及步骤

　　（1）水基纳米聚硅分散液的分散行为。

　　将 1.2 中分散好的纳米聚硅水基分散液稀释 4 倍后，滴于铜网上，晾干，用 JEM 2100 透射电子显微镜观察形貌；利用 722 型分光光度计、ZS90 激光粒度分布仪对纳米聚硅水基分散液的透光率、粒径分布及 Zeta 电位进行测试，测试三次，取其平均值。

（2）水基纳米聚硅分散液的吸附行为。

选用 100~200 目石英砂 200g，盐酸酸化 1 h，加入 5%（质量分数）NH_4Cl 50mL，抽滤至无水滴，加入不同质量浓度纳米聚硅微水基分散液 50mL，80℃恒温静态吸附 48h，取出后洗涤、烘干。取适量砂岩放在载玻片上，用另一载玻片将石英砂压实，将制好的压片放在 DM-500 型光学接触角仪上，分析水滴在砂岩表面上的接触角；利用 Nova NANOSEM450 型场发射扫描电子显微镜考察了吸附前后石英砂的表面形貌。

（3）水基纳米聚硅分散液的性能评价。

利用多功能岩心驱替实验装置测量注入水基纳米聚硅分散液前后进出口压差和有效水相渗透率，测试步骤如下：

①将人造岩心在 200℃进行烘干处理，称干重并测量其直径 d 及长度 L，放于氯化铵溶液中饱和处理 12h，将外表擦干称其湿重，读取岩心孔隙体积。

②将岩心置于岩心夹持器中装好，升温至 80℃，加环压 2~4MPa，并保证驱替过程中环压高于驱替压力 2MPa 左右。用清水驱替岩心测其初始渗透率 K_1 及岩心进出口压差 Δp_1。

③注入 10PV 质量分数为 5%盐酸溶液对岩心进行清洗，曝露出崭新的岩心表面。

④清水驱替测岩心水相渗透率 K_2 及进出口压差 Δp_2；氯化铵溶液继续驱替 20 PV，做防膨处理。

⑤增注 5~8PV 水基纳米聚硅分散液（增注前注清水段塞），保持在 80℃，关井 48h，使水基纳米聚硅充分破乳与吸附。

⑥开井后用清水驱替，测增注后水相渗透率 K_3 及进出口压差 Δp_3。

（4）水基纳米聚硅分散液的增注机理研究。

根据达西定律自行设计了模拟填砂管实验装置（图2），利用称重法测量经水基纳米聚硅处理前后石英砂表面水化膜厚度及表观孔隙度[10]。

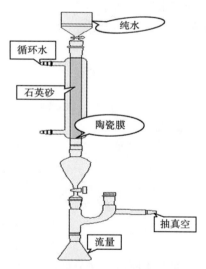

选取同一天然岩心的两切片 A、B，经逐级打磨至光滑，然后洗涤、干燥处理。A 未经任何处理，B 经 2‰聚硅分散液吸附处理 24h 后放于 105℃的烘箱中干燥处理 2h，称量结垢实验前两岩心切片的质量，记作 MA_1 和 MB_1；将 A、B 放于同一烧杯中（烧杯中盛有矿化度较高的自来水），置于 80℃的恒温水浴中结垢处理，期间每隔 6 h 更换一次自来水并用自来水冲洗岩心表面；结垢处理 100 h 后，将两岩心切片干燥称量，记作 MA_2、MB_2；然后计算结垢实验前后岩心切片 A、B 的质量变化。

称取适量黏土于 5%NH_4Cl 溶液中浸泡 12h 做防膨处理，然后将上层清液倒出，剩余黏土于 105℃的烘箱

图 2　模拟填砂管实验装置

中恒温干燥 5h。取两块大小相近的上述黏土块分别记作 A 和 B，将 B 置于 50mL 水基纳米聚硅分散液（加入少量固体 NH_4Cl 破乳）中浸泡处理 12h，然后干燥，A 不经水基纳米聚硅分散液处理。然后各加入适量的自来水进行浸泡处理，观察黏土状态随着时间的变化。

（5）水基纳米聚硅分散液的现场应用。

水基纳米聚硅分散液在现场应用时需要满足以下选井条件：①井身状况良好，无不良作

业井史；②油层渗透率大于 0.5mD；③油水井注采对应关系良好；④水井注水量偏低，但能注进水的井可优先考虑；⑤配液用水为普通清水，钙镁离子矿化度（折合为 $CaCO_3$）不高于 300mg/L，注入水水质必须达标，一般污水回注井含油量不能超标。

在施工增注作业时，需采用酸化、防膨与增注水基纳米聚硅相结合的增注工艺：①利用酸液对近井地带做酸化处理，去除岩隙表面杂质，裸露出新鲜岩石表面；②注入 NH_4Cl 溶液做防膨处理，同时 NH_4Cl 也是水基纳米聚硅分离出超疏水纳米聚硅核的诱导剂；③注入适量清水断塞，阻断高质量浓度 NH_4Cl 与水基纳米聚硅的直接接触，避免提前发生相分离；④注入水基纳米聚硅分散液，注入量 $V=\pi r^2 \times h \times \phi$，$r$ 为处理半径，h 为油层厚度，ϕ 为平均孔隙度。

2 结果与讨论

2.1 水基纳米聚硅微粒的结构设计与表征

图 3 为水基纳米聚硅的结构设计图，以乙醇和纯水的混合溶剂为溶剂，硅酸酯或硅酸钠为硅源，采用原位表面修饰法合成水基纳米聚硅微粒。具体合成步骤为：在一定 pH 值的环境中，硅源水解形成硅酸，硅酸之间相互脱水形成纳米核，疏水修饰剂及带有"钉扎"基团的修饰剂同时在其表面与—OH 键合，包覆在纳米微粒表面，从而控制纳米微粒的尺寸，一方面使其具有良好的疏水性和亲油性，另一方面能赋予其对砂质岩石强烈的吸附性。反应稳定到一定程度，进行亲水包覆处理，亲水修饰剂选用自制复配表面活性剂，此时具有良好的疏水性的纳米微粒与水溶性的表面助剂配合使用，喷雾干燥得到白色粉末水基纳米聚硅。

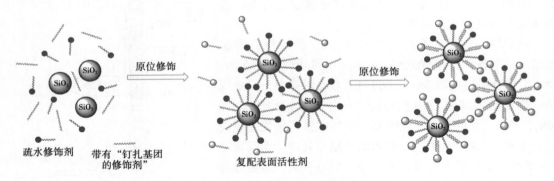

图 3　水基纳米聚硅的结构设计图

如图 4 所示，在分散助剂的作用下，将水基纳米聚硅以 0.2% 的使用质量浓度分散在水中时，能形成稳定透明的分散液，说明水基纳米聚硅微粒在水中有良好的分散性，透光率在 95% 以上。与蒸馏水光学照片对比发现，在宏观上两者无明显区别。同时，将所配置的透明水分散液在室温下静置，结果发现，静置半年以上分散液仍能保持澄清透明状态，容器底部没有发现氧化硅的沉淀物，体现了水基纳米聚硅分散液良好的稳定性。

图 5（a）为 0.2%水基纳米聚硅分散液的激光粒度分布图，可以看出颗粒水合粒径主要分布在 3~10nm，平均粒径为 6.56 nm，与水基纳米聚硅分散液的 TEM 图片所呈现的粒径相

图 4　蒸馏水与水基纳米聚硅分散液的光学照片

符。PDI 值为 0.258，说明水基纳米聚硅在水中的分散聚集度小，颗粒分散比较均匀。图 5（b）为水基纳米聚硅分散液的表面 Zeta 电位分布图，体积平均粒径和数量平均粒径均在 7nm 左右，而 Zeta 电位高达-31.4mV，这说明纳米聚硅分散液能够稳定地分散在水中，并且高的表面电位值使得纳米聚硅微粒之间不易发生团聚，具有很好的稳定性。

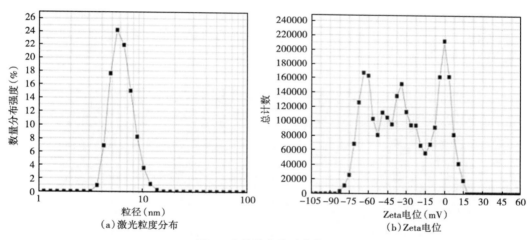

图 5　水基纳米聚硅分散液

2.2　水基纳米聚硅分散液在砂岩表面的吸附行为

图 6 是不同质量浓度水基纳米聚硅分散液处理 30 min 后石英砂表面润湿性变化情况。当质量浓度为 0.2％时，接触角可增大至 131.6°，表现出很好疏水性，但是质量浓度的变化对其疏水性影响不大，当质量浓度增加为 2％时，接触角可达到 144.7°。这可能是由于经酸化和防膨处理后，表面残留酸与 NH_4Cl 等相分离诱导剂的量有限，诱使水基纳米聚硅分散液发生相分离，而所释放出的纳米聚硅核表面带有"钉扎"基团和疏水基团，纳米聚硅核表面的"钉扎"基团能够与石英砂表面裸露的 Si—OH 发生强烈的吸附作用，同时将疏水基团暴露在石英砂表面，改变了表面润湿性。

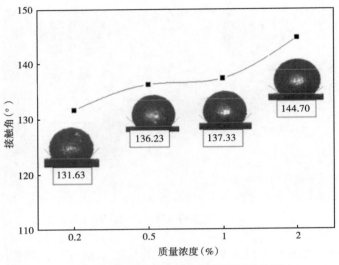

图 6　纳米聚硅质量浓度对石英砂润湿性的影响

图 7（a）为石英砂原始表面形貌。由图可以看出，石英砂表面较光滑且干净。在图 7（b）中可以看到，处理过程中水基纳米聚硅分散液遇到石英砂表面残留的无机盐离子发生相分离，释放出超疏水性的纳米聚硅核，由于超疏水纳米聚硅核表面键合有助吸附性的"钉扎"基团，有利于其在砂岩表面的吸附，疏水性纳米聚硅在石英砂表面的均匀吸附改变了其原有的极性，形成了具有疏水性的表面。

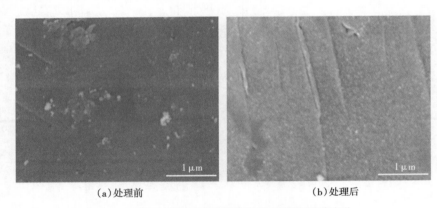

（a）处理前　　　　　　　　　　　　（b）处理后

图 7　石英砂经纳米聚硅分散液处理前后形貌变化

2.3　水基纳米聚硅分散液的降压增注行为

利用岩心驱替实验装置对降压增注效果进行了室内评价，考察水基纳米聚硅分散液对人造岩心的降压增注效果。

由图 8（a）可以看出，增注前水相渗透率约为 4mD，用地层清洗液清洗后，渗透率增至 8.3 mD。原因是前期注入污水时，污水中含有的少量有机杂质及油污堵塞在岩心孔道内或吸附在岩心端面，清洗后有机杂质被洗涤出来，提高了水相渗透率。增注水基纳米聚硅分

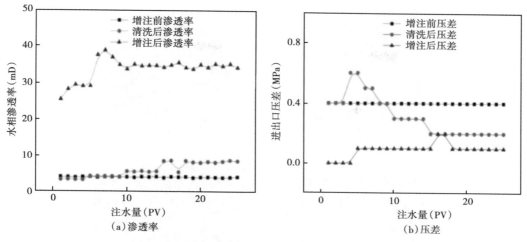

图8　注纳米聚硅前后岩心水相变化

散液后，水相渗透率增加至 34.7mD，增注效果显著。图8（b）可以看出，注污前，进出口压差稳定在 0.4MPa，用地层清洗液清洗后，可逐渐降低至 0.2MPa，但波动较大。增注后，压差基本稳定在 0.1~0.2MPa，相比增注前降低近 1 倍，与水相渗透率表现出了相符的变化结果。

2.4　水基纳米聚硅分散液的降压增注作用机理研究

通过模拟填砂管等装置对水基纳米聚硅降压增注剂作用机理进行了考察分析[11]。由图9可以看到，酸化清洗后，填砂管表观孔隙度小幅度上升，水化膜厚度减小，从而导致酸化后水流速小幅度上升。增注水基纳米聚硅分散液之后，相比增注前表观孔隙度小幅度下降，原因是填砂管表面吸附了一层氧化硅所致，但水化膜厚度继续减小，这说明由于纳米聚硅的吸附驱赶走了填砂表面的部分水化膜[12]。

经水基纳米聚硅分散液处理的岩心表面，纳米聚硅疏水核可通过物理的或化学的作用吸

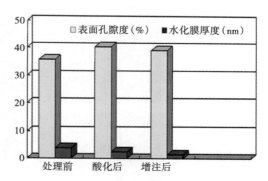

图9　水基纳米聚硅分散液对表观
孔隙度及水化膜厚度的影响

附，形成扩散双电层结构，使得难溶无机盐很难或无法在岩心表面沉积，从而达到防垢目的（图10）。称量岩心切片 A、B 结垢实验前后的质量变化发现，未经处理的岩心切片质量有明显增加，而经水基纳米聚硅吸附处理的岩心切片 B，质量无太大变化（$\Delta M_A = 21.0mg$，$\Delta M_B = 6.4mg$）。由此推断，水基纳米聚硅在岩心表面吸附之后能大大减少水垢的附着，有一定的防垢作用。

结果如图 11 所示，仅用 $3\%NH_4Cl$ 溶液浸泡处理的黏土块 A 经自来水浸泡处理 4h 后，表面出现了比较明显的裂痕，浸泡 6h 之后，产生了粉化现象，浸泡 16h 之后，粉化程度进一步加剧。而经 $3\%NH_4Cl$ 溶液及水基纳米聚硅分散液相分离后处理的黏土块 B 经自来水浸泡处理 4h 后，无明显变化，6h 后出现少量裂痕，16h 后仅在黏土边缘出现少量的粉化现象。

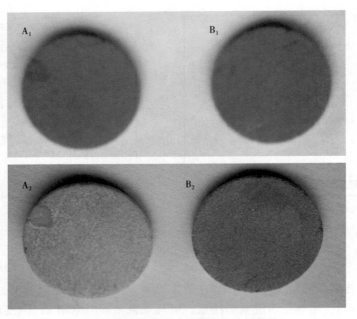

图 10　水基纳米聚硅分散液的防垢性能

比较看来，经防膨剂 NH_4Cl 处理过的黏土，再经水基纳米聚硅吸附处理后，防膨效果进一步加强，原因可能是纳米聚硅的吸附进一步阻止了水分子进入黏土层间[13]。

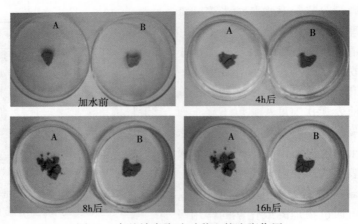

图 11　水基纳米聚硅对黏土的防膨作用

其机理分析为：水基纳米聚硅分散液在地层高温、高压及高矿化度的环境下发生相分离，释放出强吸附—超疏水性核，纳米聚硅核能够吸附在岩心表面形成一层聚硅膜改变岩心表面原始状态。经聚硅吸附处理后，岩心表面可由亲水性向疏水性转变，聚硅的吸附使表观孔隙度小幅度减小，但所形成的疏水性表面能够有效减小水与岩石表面的黏附功，降低水流阻力。同时疏水性的表面能够有效抑制水流在岩石表面的附着，从而降低水化膜的厚度、抑制由于岩石与水的接触而产生的膨胀和结垢，从而保持较大的孔隙度，达到长期有效的降压增注效果[14]。

2.5 水基纳米聚硅降压增注剂在油田中的应用

水基纳米聚硅材料已在胜利油田、河南油田、江苏油田、长庆油田、延长油田等多家采油单位施工 200 余口注水井，降压增注效果显著，有效率在 95% 以上，有效期一般大于 10 个月[10,14]。

宝浪油田储层为致密砂砾岩，油藏埋深为 2300~2800m，孔隙度为 10%~12%，渗透率为 3~20mD，属于低孔、低渗透—特低渗透油藏，存在注水井自然吸水能力差、注水压力持续升高的问题，平均注水压力 32MPa、平均单井日注仅 12.5m³。自 2009 年 11 月至 2010 年 11 月，应用水基纳米聚硅材料现场试验 5 口井，措施后平均单井日增注 16.8m³。图 12 为宝 2116 经酸化+纳米增注后，注水量由 12m³ 增加到 30m³，油压下降至 26.0MPa，有效期达 10 个多月。

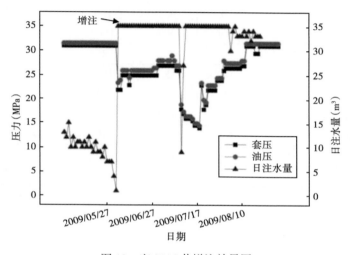

图 12　宝 2116 井增注效果图

图 13 为纯梁采油厂 26-08 井增注措施前后效果对比图，该井为实现区块注采平衡而进行转注的一口井，由于该块注水压力较高，而实施水基纳米聚硅降压转注。如图 13（a）所示，在排量 18m³/h 不变的情况下，施工压力由 26MPa 下降到 22MPa，共挤入各类处理液

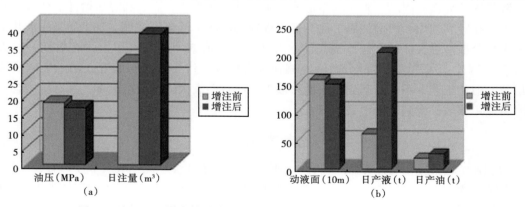

图 13　纯 26-08 增注前后油压、日注量（a）和产油量（b）的对比图

48m³, 开井后注水压力为 16.6MPa, 日注水量为 38m³, 而区块的整体平均注水压力为 18MPa, 平均注水量为 30m³, 降压转注效果十分明显。图 13 (b) 为对应井组产油量的变化, 日产液由 61.5t 上升到 202.6t, 产油量由 18.3t/d 上升到 26.7t/d, 日增油量达到 8.4t。

表 1 为水基纳米聚硅在江苏油田分公司试采二厂的高 6-39 井、高 6-20 井等 7 口注水井效果统计表, 如高 6-39 井, 注入水基纳米聚硅前油压 17.9MPa, 日配 60m³, 日注 18m³, 措施后注水井油压降了 2.3MPa, 日增注 35.9m³, 目前累计增注 5103m³。高 11-5 井措施前油压 19.2MPa, 日注 8.6m³, 远达不到日配注量, 措施后注水井油压升高了 0.4MPa, 日增注 10.1m³。整体来看, 7 口注水井中有 2 口压力下降 10MPa 以上, 4 口有明显变化; 日增注量均由明显增大, 平均增加 22.1m³。

表 1 效果统计表

井号	措施前			措施后			压力降 (MPa)	增注量 (m³)
	油压 (MPa)	日配 (m³)	日注 (m³)	油压 (MPa)	日配 (m³)	日注 (m³)		
高 6-39	19.1	25	7	5.5	25	25	13.6	18
高 7-15	17.9	60	18	15.6	60	53.9	2.3	36
高 6-2	11	20	20	0	50	50	11	30
高 6-21	19.6	40	30	18.5	45	45	1.1	15
高 6-79	19.3	50	44.3	17	75	74	2.3	29.7
高 11-5	19.2	30	8.6	19.6	30	18.7	-0.4	10.1
高 6-20	19.1	20	19	15.5	35	35	3.5	15.9

3 结论

表面键合有超疏水和强吸附性官能团的水基纳米聚硅粒径在 10~20nm, 颗粒大小均匀, 并在分散助剂的作用下能以小于一次粒径的破碎状态均匀分散在水中, 稳定性好。同时水基纳米聚硅降压增注剂在地层高温、高压、高矿化度的环境下能够诱导分离, 释放出具有超疏水—强吸附性能的纳米聚硅核, 并能牢固结合在岩石表面, 改变其润湿性、降低水化膜厚度、降低固液界面黏附功、阻止水垢形成、防止黏土膨胀, 从而起到降压增注的效果。水基纳米聚硅在胜利油田、河南油田、江苏油田等现场增注试验研究表明, 200 余口注水井增注纳米聚硅分散液后, 能够大幅度提高注水井注水量, 有效率达 95%以上, 有效期一般大于 10 个月。因此, 水基纳米聚硅分散液能够在很大程度上代替以往的油溶性纳米聚硅及传统的压裂、酸化工艺, 不仅能起到降压增注效果, 而且能大大降低使用成本, 并有望结合压裂技术将应用领域扩大到致密油藏的开发。

参 考 文 献

[1] 《全国油气资源动态评价成果 2015》 [M]. 中华人民共和国国土资源部, 2016 年 6 月 13 日.
[2] 邹才能, 陶士振, 杨智, 等. 中国非常规油气勘探与研究新进展 [J]. 物岩石地球化学通报, 2012, 31 (4): 312-322.
[3] 邹才能, 朱如凯, 吴松涛, 等. 常规与非常规油气聚集类型、特征、机理及展望 [J]. 石油学报,

2012, 33（2），173-187.

［4］王金多．水基纳米聚硅降压增注技术［J］．大庆石油地质与开发，2012，31（1）：109-113.

［5］顾春元，石油储层微孔道纳米减阻机理研究［D］．上海大学博士学位论文，2008.

［6］王新亮，狄勤丰，张任良，等．超疏水表面滑移理论及其减阻应用研究进展［J］．力学进展，2010，40（3）：241-249.

［7］张治军．一种水基纳米聚硅微粒及其制备方法和应用．中国，201010138385. X［P］，2010. 09. 15.

［8］Zheng, Nan. , Preparation of super-hydrophobic nano-silica aqueous dispersion and study of its application for water resistance reduction at low-permeability reservoir［J］. Micro & Nano Letters, 2012（6）：526-528.

［9］程亚敏，李小红，李庆华，等．水基纳米聚硅乳液的制备及增注性能研究［J］．化学研究，2011，22（3）：26-29.

［10］郑楠，水基纳米聚硅 NPS-W 在低渗油田中的研究与应用．河南大学，2012.

［11］程亚敏，李小红，李庆华，等．油田用水基纳米聚硅增注剂的制备及其性能研究［J］．化学研究，2006，17（4）：56- 59.

［12］易华，张欣．纳米聚硅材料在油藏注水井中降压增注的室内研究［J］．分子科学学报：中英文版，2008，24（5）：325-328.

［13］孙仁远，王磊．纳米聚硅材料对黏土膨胀性的影响［J］．硅酸盐学报，2008，36（3）：391-394.

［14］余庆中，郑楠，宋娟，等．水基纳米聚硅乳液体系应用研究［J］．油田化学，2012，2：013.

第三部分
综合应用及矿场试验

长垣外围中低渗透油田高含水后期水驱深度调剖实践与认识

李阳阳　于海鑫　王广霞

（大庆油田第九采油厂地质大队）

摘　要：受储层平面和纵向非均质性影响，中低渗透油田进入高含水期后，主力油层水淹严重，低效无效注水循环矛盾突出。为探索中低渗透油田高含水后期提高采收率途径，开辟了深度调剖试验区开展深度调剖技术研究与试验，通过试验，实现了平面矛盾有效的调堵，中心井受效高峰期单井日增油 2.1t、含水下降 11.0 个百分点，截至 2016 年 12 月底，累计增油 2378t，预计最终提高采收率 2.02 个百分点，有效地提高油田开发效果。试验取得 4 项研究成果：（1）通过注产剖面、剩余油分布状况资料综合分析，明确了调剖对象；（2）通过室内实验评价优选，确定了适合中低渗透储层深度调剖剂及体系配方组成，即铬离子交联剂调剖体系［0.3%聚合物（1600 万）+0.015%铬离子交联剂+0.08%缓凝剂］；（3）通过数值模拟和注入方案优化，形成了中低渗透储层深度调剖方案优化设计技术；（4）通过试验区分类受效特征研究、跟踪调整、效果评价，完善了配套调剖技术。并创新发展形成了高含水后期深度调剖剂优选、深度调剖分阶段精细跟踪调整两项技术，对中低渗透油田提高采收率具有重要指导意义。

关键词：中低渗透；深度调剖；非均质性

深度调剖试验区位于 L 油田中部西侧构造较高部位，主要开采萨尔图油层。于 1984 年投入开发，试验区动用含油面积 2.2km²，地质储量 115.4×10⁴t，截至 2014 年底，共有油水井 23 口，其中采油井 14 口，平均单井日产液 14.3t，日产油 0.4t，综合含水 97.01%，累计采油 38.32×10⁴t，采出程度 33.21%。注水井 9 口，平均单井注水压力 14.9MPa，日注水 53m³；目前已进入高含水期开发阶段，油层水淹程度高，剩余油分布零散，依靠常规水驱调整无法实现有效挖掘剩余油提高采收率的目的。

1　中低渗透油田高含水后期注水开发存在的问题

1.1　中低渗透油田高含水后期注水开发存在的矛盾

1.1.1　层间动用不均衡，厚油层动用状况好，特高含水层占比例大

试验区注入产出剖面及生产动态资料分析表明：一是厚油层吸水状况好。单层有效厚度在 1.0m 以上的油层，两次及以上吸水的有效厚度占总厚度的 71.0%（表 1）。二是厚层产出好，特高含水层所占比例大。单层有效厚度在 1.0m 以上的油层，两次及以上产液的砂岩厚度占总厚度的 75.2%（表 2）。5 口油井的环空找水资料表明，射开的 79 个油层中，含水大于 90% 的层 35 个，占总层数的 44.3%；含水在 80%～90% 的层 36 个，占总层数的 45.6%。

表 1　深度调剖试验区不同厚度吸水状况统计表

有效厚度分级（m）	连续不吸水		一次吸水		两次吸水		三次吸水		合计	
	砂岩（%）	有效（%）	砂岩（%）	有效（%）	砂岩（%）	有效（%）	砂岩（%）	有效（%）	砂岩（m）	有效（m）
$h \geq 1.0$	10.5	11.8	15.8	17.1	27.4	25.4	46.3	45.6	72.7	49.7
$0.5 \leq h < 1.0$	18.3	17.4	20.9	19.2	24.6	24.6	36.2	38.9	77.2	39.2
$h < 0.5$	22.7	23.1	20.5	15.4	27.7	28.2	29.1	33.3	27.9	12.3
合计/平均	15.8	15.3	18.8	17.7	26.2	25.4	39.2	41.5	177.8	101.2

表 2　深度调剖试验区厚度分级产液状况统计表

厚度分级（m）	连续不产液（%）		一次产液（%）		两次产液（%）		三次以上产液（%）		合计（m）	
	砂岩	有效	砂岩	有效	砂岩	有效	砂岩	有效	砂岩	有效
$h \geq 1.0$	13.9	13.2	10.8	7.5	33.4	31.8	41.8	47.4	38.0	33.3
$0.5 \leq h < 1.0$	20.1	13.8	14.9	10.7	27.7	32.0	37.2	43.5	32.8	25.3
$h < 0.5$	21.6	29.2	16.2	20.8	22.1	26.4	39.2	24.5	14.8	5.3
合计/平均	17.6	14.8	13.3	9.9	29.3	31.4	39.6	44.0	85.6	63.9

1.1.2　油井受效不均衡，平面动用差异大

试验区 14 口采油井，单井日产液在 6.0~50.0t，采出程度在 24%~48%，相差 1 倍（表 3）。

表 3　深度调剖试验区产液分级状况统计表

储量分级	序号	井号	调剖前			累积产油（10^4t）	剩余地质储量（10^4t）	采出程度（%）
			产液（t/d）	产油（t/d）	含水（%）			
剩余地质储量 $\geq 5 \times 10^4$t	1	L721	42.4	0.1	99.9	4.4587	8.274	35.02
	2	L723	38.5	0.1	99.9	7.3312	7.9688	47.92
	3	L321	10.8	0.9	90.0	2.7028	7.6972	25.99
	4	L522	49.4	1.0	97.9	3.8209	7.3791	34.11
	5	L922	34.2	0.1	99.9	3.1037	7.2963	29.84
	6	L920	8.9	1.9	61.1	2.9369	6.0082	32.83
	平均		30.7	0.7	97.7	4.059	7.4373	35.31
3×10^4t $\leq$ 剩余地质储量 $< 5 \times 10^4$t	7	L121	14.0	0.4	97.2	1.6887	4.8113	25.98
	8	L123	7.7	0.3	94.9	1.4311	4.4689	24.26
	9	L918	19.5	0.4	96.2	2.6065	3.7935	40.73
	10	L719	11.8	0.7	93.9	1.6911	3.547	32.29
	11	L119	9.1	0.3	97.3	1.1363	3.3637	25.25
	12	L320	6.5	0.4	99.9	1.0956	3.3044	24.90
	平均		11.4	0.4	96.5	1.6082	3.8815	29.30
剩余地质储量 $< 3 \times 10^4$t	13	L520	14.5	0.4	95.1	1.5786	2.9214	35.08
	14	L322	8.1	0.4	94.7	0.8282	2.3718	25.88
	平均		11.3	0.5	95.6	1.2034	2.6466	31.26
平均			19.7	0.5	97.5	2.6001	5.2289	33.21

230

1.2 中低渗透油田高含水后期剩余油分布特征

1.2.1 剩余油主要以平面干扰型为主

应用油藏动态分析方法和数值模拟技术，以单砂体为基本研究单元，分析各单砂体动用及剩余油分布状况。从剩余油形成原因，可分为以下4类。

第一类是平面矛盾型：由于平面储层物性的差异，砂体边部和渗透性较差部位剩余油富集。第二类是层间矛盾型：由于层间上存在物性差异，渗透率高、厚度大的主力层动用程度高，层间干扰影响，导致部分差层剩余油富集。第三类是注采关系不完善型：由于部分油层砂体在呈坨状和条带状，局部注采关系不完善形成剩余油。第四类是未动用型。

从剩余油分布类型看，平面矛盾型40.4×10⁴t，占总剩余地质储量的52.35%（表4），剩余油主要富集在水淹通道两侧及砂体变差部位（图1、图2）。

表4 剩余油类型统计表

类型	剩余地质储量（10⁴t）	所占比例（%）
平面矛盾型	40.3522	52.35
层间矛盾型	21.2500	27.57
未动用型	5.1346	6.67
注采不完善型	10.3389	13.41
合计	77.0757	100.00

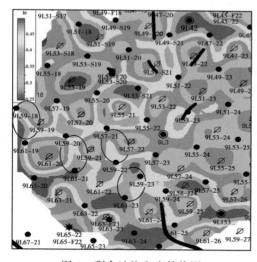

图1 剩余油饱和度等值图

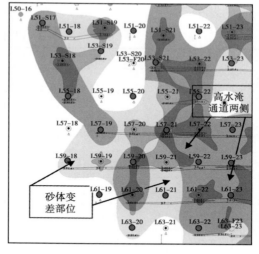

图2 水驱前缘示意图

1.2.2 纵向上剩余油主要分布在主力油层

从单层剩余油状况看，尽管主力油层采出程度高，但剩余地质储量仍然较多，主要分布在SⅠ2、SⅠ3、SⅡ3-2、SⅡ4、SⅡ5、SⅡ13等6个主力油层，共42.14×10⁴t，占54.7%（图3）。

综上，井区层间平面动用差异较大，剩余油富集在主力油层上，且剩余油类型以平面干扰型为主。此类井层水驱调整挖潜难度大，有必要开展深度调剖试验，探索挖潜剩余油的有

231

效途径。

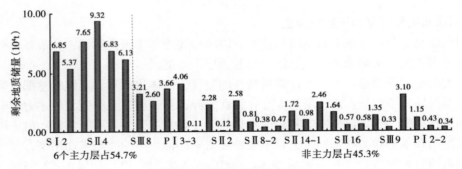

图 3　剩余地质储量分布

1.2.3　深度调剖井层优选原则及结果

根据深度调剖机理，结合储层发育和剩余油状况分析，按照连通状况好、剩余储量大的原则，优选调剖目的层，同时考虑井况良好、注入压力满足现场注入能力要求等因素，确定了试验区深度调剖井层优选原则：

（1）注入压力低，吸水能力较强；

（2）储层有效厚度 0.5m 以上，平面动用差异大；

（3）剩余储量较多，单层 2000t 以上；

（4）连通方向三个以上，井况良好。

根据上述条件，选取 9 口注入井实施深度调剖，平均单井调剖 4.6 个层，有效厚度 5.5m（表 5）。

表 5　调剖层位优选结果表

序号	井号	全井		调剖目的层						
		层数（个）	有效厚度（m）	层数（个）	有效厚度（m）	平均累计注水量（m³）	平均连通方向（个）	平均连通有效厚度（m）	平均连通层剩余储量（t）	连通层含水（%）
1	L521	20	13.6	5	5.5	23070	3.2	1.9	5140	93.2
2	L720	11	7.4	5	4.5	37729	4.0	2.7	2032	95.5
3	L722	19	18.7	6	9.1	35269	3.7	4.4	9971	90.2
4	L919	10	8.6	4	4.7	20272	3.5	2.5	2887	94.0
5	L921	14	10.8	5	6.3	25925	3.6	3.6	9931	92.1
6	L923	21	12.0	5	5.2	2894	3.2	3.4	5663	91.0
7	L120	9	9.2	4	5.1	44355	3.8	3.2	5691	90.7
8	L122	8	7.5	5	4.7	32237	3.0	2.8	6980	90.6
9	L321	13	9.1	3	4.1	9755	3.0	1.9	4526	92.4
平均		13.9	10.8	4.7	5.5	25723	3.4	2.9	5869	92.2

2 中低渗透油田高含水后期水驱深度调剖提高采收率技术实践

2.1 开展调剖剂优选实验，优选适宜储层特点的调剖剂体系及配方

为优选适合的调剖剂，按照调剖体系初步优选、静态性能评价、动态性能评价、驱替方式评价4个步骤，确定调剖体系配方及注入方式。

2.1.1 调剖体系初步优选

根据国内外水驱深度调剖技术调研成果[1]，结合试验区中低渗透储层特征，采用有机凝胶类深部调剖技术，并选择4种调剖剂体系（酚醛树脂体系、铬离子交联剂调剖体系、柠檬酸铝体系、铬离子氧化还原体系），通过开展4种89组凝胶型调剖剂性能室内实验评价，优选出了能够满足中低渗透储层注入、成胶性能较好且可控的铬离子调剖体系（表6）。

表6 凝胶体系室内实验评价表

序号	类型	试验数（组）	分子量大小（10^4）	聚合物浓度（mg/L）	交联剂浓度（mg/L）	固化剂浓度（mg/L）	缓凝剂（mg/L）
1	酚醛树酯体凝胶体系	23	800~2500	1000~3000	6000~14000	8000~11000	3000~6000
2	铬离子交联剂调剖体系	43	800~2500	1000~3000	100~150	—	800
3	柠檬酸铝凝胶体系	7	800~2500	1000~3000	1000	2000	—
4	铬离子氧化还原凝胶体系	16	800~2500	1000~3000	2000	4000~6000	—

2.1.2 开展静态性能评价，优选铬离子交联剂调剖体系配方

调研其他采油厂深度调剖现场试验[2]，并参考L油田以往单井深度调剖现场试验，在满足中低渗透储层注入的条件下，调剖剂体系要具有较高的成胶黏度和较长的成胶时间，因此，确定调剖体系配方优选原则：初凝时间大于8h、成胶时间大于50h、初始黏度小于150mPa·s、成胶黏度在10000~22000mPa·s，按着这一原则开展初凝时间与成胶时间、初始黏度与成胶黏度的静态性能评价，确定了铬离子交联剂调剖体系配方（表7）。

表7 调剖体系静态性能评价统计表

聚合物分子量	聚合物浓度（mg/L）	交联剂浓度（mg/L）	缓凝剂浓度（mg/L）	初凝时间（h）	成胶时间（h）	初始黏度（mPa·s）	成胶黏度（mPa·s）
800万	3000	150	7.5	11	68	11	6987
1600万	3000	150	7.5	8	51	148	20154
2500万	3000	150	7.5	4	30	304	30987
1600万	1000	150	7.5	22	75	12	4210
1600万	2000	150	7.5	15	65	77	7482
1600万	3000	100	7.5	15	68	149	12542
1600万	3000	120	7.5	13	65	155	14212
1600万	3000	150	12.5	10	55	156	21892
1600万	3000	150	16.25	11	62	149	19519

2.1.3　开展岩心动态实验评价调剖体系动态性能

对优选出的铬离子交联剂调剖体系配方，开展岩心动态实验，设计注入 0.3PV、0.6PV、1.0PV 的调剖剂进行突破压力、封堵率、耐冲刷性、抗剪切性等动态性能评价。实验表明：所选调剖体系具有较好的封堵性、耐冲刷性以及抗剪切性，能能够满足现场要求。

2.1.4　开展室内岩心驱替实验评价提高采收率效果，确定注入方案

共设计三种注入方案，开展提高采收率室内驱替效果评价。方案一、方案二分别笼统注入 0.3PV、0.6PV，比较相同注入方式不同注入量下的提高采收率幅度。

方案三分阶段注入 0.6PV，与方案二比较相同注入量不同注入方式下的提高采收率幅度。其中前置段塞，封堵大孔道，发挥调剖体系"调"的作用，为加快成胶速度，缓凝剂浓度为 7.5mg/L；主段塞，驱替储层剩余油，发挥调剖体系"驱"的作用，缓凝剂浓度为 16.25mg/L；后置段塞，扩大驱扫、封堵范围，形成对前期封堵的有效补偿，"隔离"主段塞和后续水驱，为尽早进入后续水驱阶段，提高经济效益，加快成胶速度，缓凝剂浓度为 7.5mg/L。

试验结果表明：笼统注入 0.3PV 调剖后，三管并联岩心提高采收率 12.2%；笼统注入 0.6PV 调剖后，三管并联岩心提高采收率 15.2%；分阶段注入 0.6PV 调剖后，三管并联岩心提高采收率 16.5%。

对比三种注入方式，采取分阶段注入时，可以较好地封堵高、中渗透层，且采收率提高幅度最大，因此，优选分阶段注入方式，前置段塞+主段塞+后置段塞，注入比例分别为 25%、60%、10%。

2.2　应用数值模拟技术优化注入参数

利用 Petrel 软件，建立试验区三维地质模型。平面上网格大小为 50m×50m，纵向上划分为 46 个小层，模拟区总网格数 40×56×46 = 103040 个；采用 Eclipse 软件进行数值模拟研究，优化调剖方案（图 4 至图 6）。

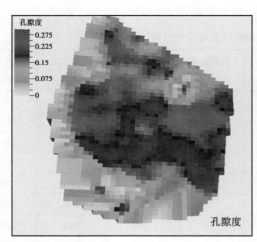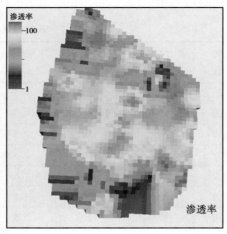

图 4　试验区三维地质模型图

234

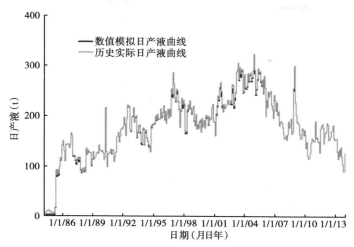

图 5　日产液拟合曲线图

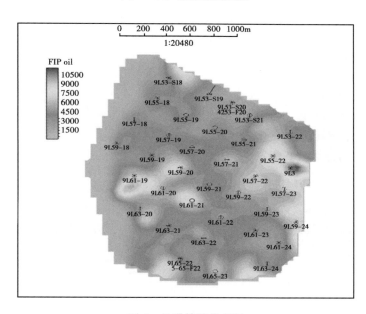

图 6　地质储量分布图

2.2.1　应用数值模拟对注入参数进行优化

根据试验区开发状况，共设计 4 套方案。分别设计单井调剖注入量为 6000m³、8000m³、10000m³、12000m³ 四种方案。从模拟结果看，当调剖剂注入量达到 10000m³，注入浓度为 3000mg/L，日注入量为 45m³ 时，增油量提高较为明显（图 7 至图 9）。

2.2.2　结合数值模拟，对单井注入方案进行个性化设计确定调剖剂用量

水驱深度调剖矿场试验经验调研结果表明，

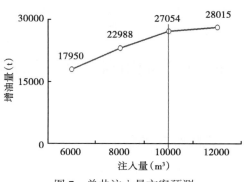

图 7　单井注入量方案预测

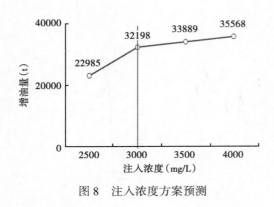

图 8　注入浓度方案预测

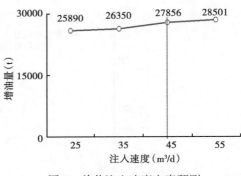

图 9　单井注入速度方案预测

单井调剖注入量在 $10000m^3$ 左右时，调剖半径约为 100m。根据调剖层有效厚度及调剖半径，计算调剖剂实际用量：

$$V = \sum_{i=1}^{n} H_i \cdot S_i \cdot \phi (1 - S_{wi} - S_{or}) \qquad (1)$$

式中　V——调剖剂用量，m^3；

　　　H_i——第 i 层调剖厚度，m；

　　　ϕ——调剖层段的孔隙度，20%；

　　　S_{wi}——束缚水饱和度，%；

　　　S_{or}——残余油饱和度，%。

其中调剖面积的计算公式为：

$$S_i = 3.14 \cdot R^2 \cdot \beta_n \cdot n/4 \qquad (2)$$

式中　R——调剖半径，m；

　　　β_n——调剖面积系数，考虑调剖方向及主流线方向，确定调剖面积系数（表 8）；

　　　n——调剖方向。

表 8　调剖面积系数表

调剖方向	一个方向	两个方向	三个方向	四个方向
调剖面积系数	0.99	0.95	0.89	0.86

根据式（1）、式（2）及试验区单井调剖厚度、调剖半径、调剖方向等计算出单井注入量，合计 9 口井总注入调剖液 $64228m^3$，注入体积为 0.0373PV。

3　中低渗透油田高含水后期水驱深度调剖试验跟踪调整做法及效果评价

3.1　试验跟踪调整

试验区从 2015 年 11 月注入调剖剂，2016 年 6 月下旬完成三个段塞注入，进入后续水驱阶段，在试验过程中，通过试验评价分析和分阶段精细跟踪调整，有效地确保试验效果，完善了配套调整技术。

3.1.1 调剖前调整供采关系，为后续调剖奠定基础

为确保调剖顺利注入，并为后续参数调整和效果评价提供依据，重点开展了 4 方面工作。一是提高日注水量，明确调剖注入能力，单井日注入量由 30m³ 提高到 47m³，注入压力上升至 16.7MPa，说明调剖方案设计满足现场注入能力要求。二是对调剖目的层段实施精细分层，确保目的层有效注入；共实施细分调整 5 口井，减少陪注层 14 个。三是对关停井恢复生产，确保调剖全面见效，关井恢复 3 口井，间抽恢复 5 口井。四是进行示踪剂检测，明确调剖封堵作用，共实施监测两口井 4 个调剖目的层。

3.1.2 调剖过程中的跟踪优化调整，充分发挥调剖效果

调剖试验过程中根据现场动态变化情况，实施跟踪优化调整，确保调剖试验效果。

（1）注水井优化注入参数，促进均衡挤进。

根据单井注入压力、调剖期间注入剖面、周围油井动态变化情况，对分子量、调剖层段、注入量进行优化。

①根据注入压力优化分子量。

对注入压力高于平均注入压力 0.5MPa 以上的井下调分子量；对注入压力低于平均注入压力 0.5MPa 以上的井提高分子量。共调整两口井，调整后，平均单井注入压力由 17.9MPa 上升至 19.3MPa。

②根据注入剖面优化调剖层段。

对调剖层段之间调剖剂注入不均衡的井，重新优化层段组合；对调剖层段内目的层不均衡的井，细分单卡，保证目的层调剖剂量达到方案设计值。

③根据油井动态优化注入量。

压裂井周围注水井对应层段加强注入，提高注入量；堵水井周围注水井对应层段控制注入，降低注入量。共实施注入井调整 5 井次，目的井平均单井日增油 0.4t，含水下降 2 个百分点。

（2）采油井优化措施挖潜，确保均衡动用。

在采油井上抓住含水下降的有利时机，对产液量低于 20t 油井、水驱弱势方向有受效迹象的井层实施压裂引效，充分发挥调剖目的层作用，共计压裂 4 口井，措施后平均单井日增油 1.9t，新增受效井 3 口，取得了较好的效果。对日产液大于 30t 的高含水井，水淹程度高剩余可采储量少的调剖目的层及层间平面干扰严重无受效迹象的井层实施堵水，共实施堵水 3 口井，措施后平均单井日降液 8.0t，日增油 0.4t，起到了控水增油的效果。

3.1.3 调剖后合理匹配注入参数，提高两类层动用程度

调剖结束恢复注水时，对目的层段与非目的层段按不同原则合理匹配注入参数，发挥后期液流转向作用，延长调剖有效期。

（1）目的层段按图版优化注水强度。

目的层段：考虑累积注入调剖剂强度、调剖剂成胶后地下实际封堵半径等因素，建立封堵半径与累积注入调剖剂强度关系图版，根据水驱突破风险级别分为三个区，实施分类调整，扩大封堵体积，防止水驱突进。

方案设计调剖剂有效封堵半径为 100m，实际有效封堵半径按 80~120m 计算，将各目的层划分为安全区、合理区、风险区，并制订分区调整原则。安全区——调剖封堵半径大于 120m 的层段，水驱突破风险小，加强注水；合理区——调剖封堵半径小于 120m、大于 80m

的层段，为有效封堵半径范围，水驱突破风险弱，温和注水；风险区——调剖封堵半径小于80m的层段，水驱调剖风险大，控制注水。

（2）非目的层段按水淹程度优化注水强度。

非目的层段：根据非目的层水淹程度高低分为三个级别，实施分类调整，确定合理配注强度，提高非目的层动用程度。

参数匹配原则：累计注水强度大、水淹程度高的储层暂不恢复；累计注水强度较大、水淹程度中等层段控制注水，配注强度为1.2m³/(m·d)，防止含水上升，减少层间干扰；累计注水强度小、水淹程度低层段加强注水，配注强度为2.2m³/(m·d)，促进受效。共实施方案调整8口井，配注量由380m³/d增加到450m³/d，增加70m³/d。

3.2 深度调剖试验注入效果及认识

经过8个月的注入，截至2016年6月累计注入地下孔隙体积0.0373PV，调剖剂用量64228m³。区块受效高峰期日增油13.2t，含水下降6.4个百分点（图10），截至12月底，累计增油2378t。其中，4口中心井受效程度高，高峰期平均单井日增油2.1t，含水下降11.0个百分点。预计最终提高采收率2.02个百分点。

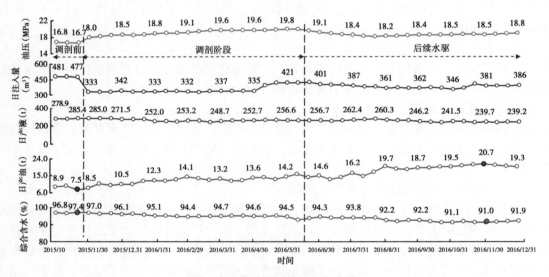

图10 试验区深调前后生产曲线

3.2.1 调剖有效改善了层间平面矛盾

调剖后吸水部位改变，层内层间矛盾减缓，两类层动用程度得到进一步提高；从试验区采出水质取样化验结果可见，试验区内明显受效井采出水矿化度和氯离子含量增加，偏地层水，表明调剖扩大了波及体积；平面产液量差异减小，平面矛盾得到有效减缓（图11）。

3.2.2 剩余油富集、采出程度相对较低井效果较好

调剖后层间平面矛盾改善，水淹程度低剩余含油饱和度高部位油井陆续受效，调剖8个月后，试验区14口采油井，受效13口井，受效比例92.9%，根据增油幅度分为三类，明显受效井为日增油大于1t的井，共11口；受效显示井为日增油小于1t的井，共2口；未受效1口井（表9）。

238

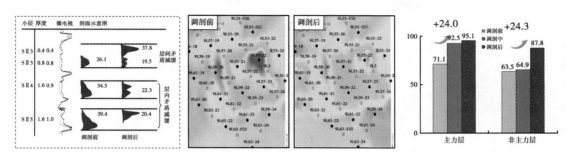

图 11　调剖前后吸水剖面、产液量分布及两类层动用情况对比图

表 9　试验区油井受效情况表

分类	井号	受效前			高峰值			差值	
		日产液（t）	日产油（t）	含水（%）	日产液（t）	日产油（t）	含水（%）	日增油（t）	含水（%）
明显受效（11口）（单井日增油1t以上）	L121	14.0	0.4	97.1	17.0	3.3	80.6	2.9	−16.6
	L723	38.5	0.0	100.0	28.6	2.7	90.6	2.7	−9.4
	L920	4.9	1.9	61.2	10.3	4.2	59.2	2.3	−2.0
	L119	9.1	0.3	96.7	31.5	2.6	91.7	2.3	−5.0
	L321	9.0	0.9	90.0	14.1	3.1	78.0	2.2	−12.0
	L721	42.1	0.0	100.0	27.4	2.1	92.3	2.1	−7.7
	L520	15.2	0.6	96.1	13.6	2.5	81.6	1.9	−14.4
	L320	8.7	0.0	100.0	10.6	1.4	86.8	1.4	−13.2
	L522	49.4	1.0	98.0	52.6	2.4	95.4	1.4	−2.5
	L719	11.8	0.7	94.1	11.1	1.9	82.9	1.2	−11.2
	L123	10.1	0.3	97.0	10.2	1.0	90.2	0.7	−6.8
	合计	212.8	6.1	97.1	227.0	27.2	88.0	21.1	−9.1
	平均	19.3	0.6		20.6	2.5		1.9	
受效显示（2口）（单井日增油1t以下）	L922	34.2	0.0	100.0	32.3	1.0	96.9	1.0	−2.6
	L322	11.1	0.4	96.4	9.9	0.8	91.9	0.4	−4.5
	合计	45.3	0.4	99.1	42.2	1.8	95.7	1.4	−3.3
	平均	22.7	0.2		21.1	0.9		0.7	
未受效（1口）	L918	17.3	0.4	97.7	16.3	0.4	97.5	0.0	0.0
合计		278.5	6.9	97.5	285.1	29.9	89.5	23.0	−8.0
平均		19.9	0.5		20.4	2.1		1.6	

　　受效明显 11 口井，平均采出程度 32.22%，剩余地质储量 $5.4×10^4$t；未受效井采出程度 37.60%，剩余地质储量 $2.9×10^4$t（表 10）。

表 10 不同受效程度井分类统计表（平均单井）

分类	井数	调剖前			调剖后受效高峰值			平均单井		
		日产液（t）	日产油（t）	综合含水（%）	日产液（t）	日产油（t）	综合含水（%）	日增油（t）	采出程度（%）	剩余地质储量（10⁴t）
明显受效	11	19.4	0.6	97.1	20.6	2.5	88.0	1.9	32.22	5.4
受效显示	2	22.7	0.2	99.1	21.1	0.9	95.7	0.7	34.79	3.1
未受效	1	17.3	0.4	97.7	16.3	0.4	97.5	0	37.60	2.9

3.2.3 厚度大、剩余地质储量大的储层为主要调整受效层

对比不同厚度储层的受效情况，有效厚度大于 1m 的储层，在不同阶段均为主要受效层，受效比例高，见效快，井点受效比例调剖阶段为 87.3%，见效时间 47 天；水驱阶段为89.9%，见效时间 37 天；后续水驱阶段非主力层逐渐得到有效动用，受效比例由调剖阶段的 39.7% 提高到 44.8%（表 11）。

表 11 试验区不同厚度受效状况表

类　　别	总井点（个）	调剖阶段				后续水驱阶段			
		受效井点（个）	调剖方向（个）	受效比例（%）	见效时间（d）	受效井点（个）	调剖方向（个）	受效比例（%）	见效时间（d）
有效厚度≥1m	79	69	2.9	87.3	47	71	2.7	89.9	37
0.5m≤有效厚度<1m	57	24	2.1	42.1	89	29	2.0	50.9	62
有效厚度<0.5	58	23	1.5	39.7	173	26	1.6	44.8	102
合计/平均	194	116	2.5	59.8	132	126	2.3	64.9	77

从试验区油井不同受效程度储层状况来看，剩余地质储量大的储层调剖效果好，明显受效层平均单层剩余地质储量 0.5759×10⁴t（表 12）。

表 12 不同受效程度层分类情况表（平均单井）

分类	单层射开		渗透率（mD）	单层剩余地质储量（10⁴t）	有效调剖方向（个）
	砂岩厚度（m）	有效厚度（m）			
明显受效	1.8	0.9	39	0.5759	2.7
受效显示	1.5	0.6	33	0.3683	2.1
未受效	1.2	0.2	21	0.2703	1.3
平均	1.5	0.6	36	0.4100	2.4

4 结论及认识

（1）中低渗透储层高含水后期主力油层水淹程度高，平面动用差异大，常规水驱调整及剩余油挖潜效果差；

（2）通过室内动静态实验及岩心驱替实验，优选出了适合中低渗透储层高含水后期深

度调剖所需调剖剂的体系——铬离子交联聚驱调剖剂；优化出了适合中低渗透储层高含水后期深度调剖所需调剖剂的配方和注入参数；

（3）通过优化调剖剂配方和注入参数，可以实现有效渗透率在 100mD 以下储层的有效注入；

（4）完善的注采关系和足够多的调剖方向是确保调剖效果的基础，调剖前后及调剖过程中的精细跟踪调整是确保深度调剖效果的保障；

（5）深度调剖能有效改善层间平面矛盾，进一步扩大水驱波及体积，对中低渗透油田提高采收率具有重要指导意义。

参 考 文 献

［1］吕广普，郭焱，蒲春生，等 . 中低温低渗透油藏用深部调剖剂实验研究 ［J］. 油田化学 2010，27（3）：299-302.

［2］刘庆旺，王中国，范振中，等 . FL 调剖剂的研制及其在辽河油田的应用 ［J］. 大庆石油学院学报，2000，24（2）：95-97.

大老爷府油田氮气泡沫驱先导试验研究

王秀杰

（中国石油吉林油田公司松原采气厂）

摘 要：大老爷府油田正面临水驱效果和措施效果逐年变差的开发现状，开发形势较差。为改善水驱效果和拓宽增产途径，提出了在该油田进行氮气泡沫驱矿场试验研究。本文根据氮气泡沫调剖机理，优选老 16-22 井组进行矿场试验，施工方案为对 GⅢ、GⅣ、FⅡ+Ⅲ层段进行"四段塞混注"。试验后，注入压力由 9.3MPa 上升至 10.0MPa，启动压力由 8.0MPa 上升至 8.6MPa，吸水指数由 60.9m³/(d·MPa) 下降至 59.5m³/(d·MPa)；整体增油、降含水效果好，年累增油897t，含水下降 2.7%。同时，氮气泡沫对高渗透条带产生封堵，气体渗流能力比水强，受效井增多，扫油面积增大，平面矛盾缓解；层间压力和相对吸水量差异减小，吸水厚度增大，层间矛盾减小，水驱波及体积增大。试验采用风险合同管理方式，吨油成本 780 元，比公司规定的最低措施吨油成本 1000 元，低 220 元，具有经济效益。本次试验指明了油田下步挖潜方向，为提高采收率提供了技术保障。

关键词：大老爷府油田；低渗透油田；氮气泡沫驱

1 大老爷府油田概况

大老爷府低渗透油藏经过 20 年的注水开发，现已进入特高含水开发阶段，由于开发初期储层脱气严重，造成原油黏度高，水油流度比大，导致单层突进和层内指进严重，水驱波及程度低。层间非均质性严重，导致注水层间吸水不均匀，对应油井层间剩余油饱和度差异较大，纵向上储量动用不均，致使油井普遍高含水，水驱效率低，剩余油富集。目前单纯依靠注水开发不能满足开发需要。

油井措施受资源品质及经济效益制约，措施规模逐年下降，由 2011 年最高的 9000t 降到 2015 年的 3500t，措施年增产量仅占年产量的 5%。措施结构相对单一，措施增产过度依赖油井解堵，其增产量占措施产量的 90% 以上，压裂井均达不到经济有效，不能形成有效的接替规模，下步油井措施接替技术方向不明确。

2 选井选层原则

借鉴类似油藏的氮气泡沫驱经验及选择原则，优选老 16-22 井组开展试验。该井组位于大老爷府构造南部，井组内包括水井 1 口和一线油井 12 口，井组外围包含二线油井 7 口，基础井网为反九点井网，井距为 250m，后期采取井间和二夹三方式进行加密。井组含油面积 0.7km²，地质储量 62×10⁴t，砂岩厚度 1000m，有效厚度 112m，渗透率 5.8mD，地下原油黏度为 7.3mPa·s，油藏类型为层状构造、层状岩性—构造油气藏。井组开井数 13 口，

242

主力产层为 GⅢ、GⅣ、FⅡ+Ⅲ，日产液 140t，日产油 3.7t，含水 97.2%。从生产曲线（图1）看，日产液稳定，日产油下降，综合含水上升，开发形势差。

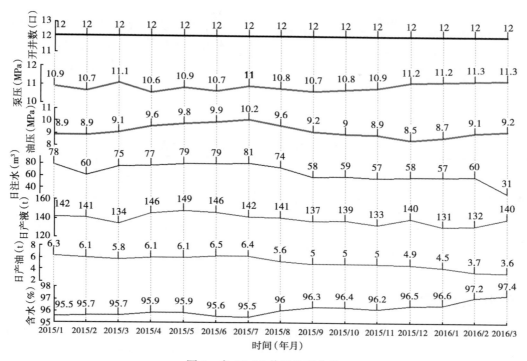

图 1　老 16-22 井组生产曲线

老 16-22 井组适合开展试验的条件主要有以下 5 个方面[1]。一是注采井网完善，开井率高。1 口水井周围包含 12 口油井，开井率 100%。二是注采对应较好，油层厚度大，连通程度高。注气层厚度 43.8m，平均单井生产层厚度 33.2m，平面上油井距注气井井距为 250m。三是剩余油较富集，挖潜空间大。老 16-22 井组地质储量 62×10⁴t，累计产油 8.68×10⁴t，采收率仅为 14%，剩余油分布整体上呈现高度分散局部富集的特点，岩心监测显示各主力层剩余油较为富集。四是试验区多发育正韵律或复合韵律地层，氮气可以有效地驱替地层顶部剩余油。该区沉积以分流河道和河口坝砂为主，多为正韵律或复合韵律地层，渗透率级差较大，注入水沿底部的高渗条带突进，顶部低渗透部位多数未被水波及，水驱效率低，剩余油富集。而泡沫遇到含油饱和度高的区域产生破裂分离出来大量气体，气体因密度小且渗流性好，可以起到驱替低渗透的顶部油层和小孔隙中的剩余油的作用。五是注采矛盾突出，水驱调整效果差。受沉积微相及裂缝影响，分方向油井产状差异明显（表1），产量

表 1　老 16-22 井组分方向油井产状统计表

井的方向	总井数（口）	开井数（口）	日产液（t）	日产油（t）	综合含水（%）
东西	2	2	16.5	0.6	96.4
北排	5	5	12.2	0.3	97.5
南排	5	5	9.1	0.5	94.5

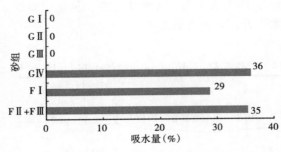

最高的东西向井平均日产液 16.5t,产量最低的南排井平均日产液 9.1t。吸水剖面显示（图2）各层的吸水极不均衡,单层突进现象明显,注水波及体积较小,各层分层测压（表2）显示 GⅡ、FⅡ+Ⅲ 水驱矛盾尤为突出,影响注水效果。

图 2　老 16-22 井吸水剖面监测各层相对吸水量

表 2　老 16-22 井组分层测压资料统计表

井号	日期	GⅠ	GⅡ	GⅢ	GⅣ	FⅠ	FⅡ	FⅢ
老 18-24	2008/5/14			11.3	9.3	9.4	5.5	
	2009/5/21			12.6	12.9	11.4	4.7	
老 16-020	2009/3/13			9.5	10.0	9.5	9.9	
老 14-24	2015/9/21		12.5		9.9	10.6	10.7	

3　单井试验方案

大老爷府油田氮气泡沫驱先导试验设计为"四段塞混注",注气层段为 GⅢ、GⅣ、FⅡ+Ⅲ。一段塞主要为氮气+起泡液（浓度为 1.5%）+稳泡剂（浓度 1%）100m³（地层环境）,气液比 1:1（地层环境）。本段用于处理近井地带和修正施工参数。二段塞主要为氮气+起泡液（浓度为 1%~3%）+稳泡剂（浓度 1%）681m³（地层环境）,气液比 1:1（地层环境）。本段处理半径为 10m,用于大孔道封堵处理和防止气窜。三段塞为氮气 6127m³（地层环境）,本段驱替半径为 30m,用于气体驱替。四段塞主要为顶替液 20m³（地层环境）。试验后无特殊情况直接转注水一天,然后按原方案注水。

本次试验为保障措施挖潜的经济效益,采取风险合同的管理方式,即每增加 1t 油支付乙方 1000 元,20 万元起算 70 万元封顶。

4　单井试验效果分析

4.1　注水井参数变化

随着试验阶段的进行注入压力呈上升趋势,首先,试验期间,气液混注时随着日注气量增加注入压力由 12.3MPa 上升至 17.2MPa,压力上升较快;连续定量地注氮气,7 天后注入压力稳定,随着累计注气量增加,压力由 17.3MPa 上升至 19.5MPa,下调日注气量后压力稳定在 18MPa 左右。随后,试验结束恢复常规注水,对比试验前后常规注水时的注入压力,注入压力由 9.3MPa 上升到 10.4MPa,同时,启动压力由 8.0MPa 上升至 8.3MPa,吸水指数由 60.9m³/(d·MPa) 下降至 59.5m³/(d·MPa)。表明氮气泡沫体系在油藏条件下形成了稳定的泡沫,地层渗流阻力增大,对高渗透条带起到了封堵作用[2]。

4.2　采油井增产效果分析

试验区内涉及油井 19 口,见效 12 口,有效率 63.2%,累计增油 897t,平均单井日增油

0.18t，累计降液 1603t，含水下降 2.7%。生产情况为日产油上升、含水下降，生产形势转好（图 3）。采油井主要表现出以下三个特点，一是采出程度低、剩余地质储量丰富的油井增油量多，说明这是提高增产水平的保障（图 4）；二是低产液低含水井比高产液高含水井的增油效果好（图 5）；三是储层韵律性越明显，非均质性越强，增油效果越好（图 6）。平均日增油大于 0.5t 的油井，主力层 G7.10 的韵律性明显，气体上覆程度高，扩大波及体积范围大，见效明显。平均日增油在 0.2~0.5t 的油井，主力层 G10.F7 的韵律性变差，气体上覆程度小，扩大波及体积有限，气驱效果较差。

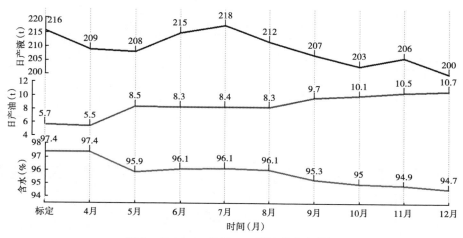

图 3 老 16-22 井组一二线油井生产数据

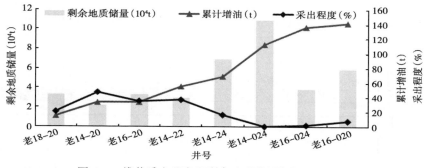

图 4 一线井采出程度和剩余地质储量与累增油关系

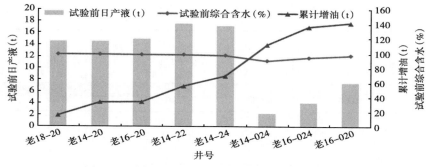

图 5 试验前日产液和综合含水与累计增油关系图

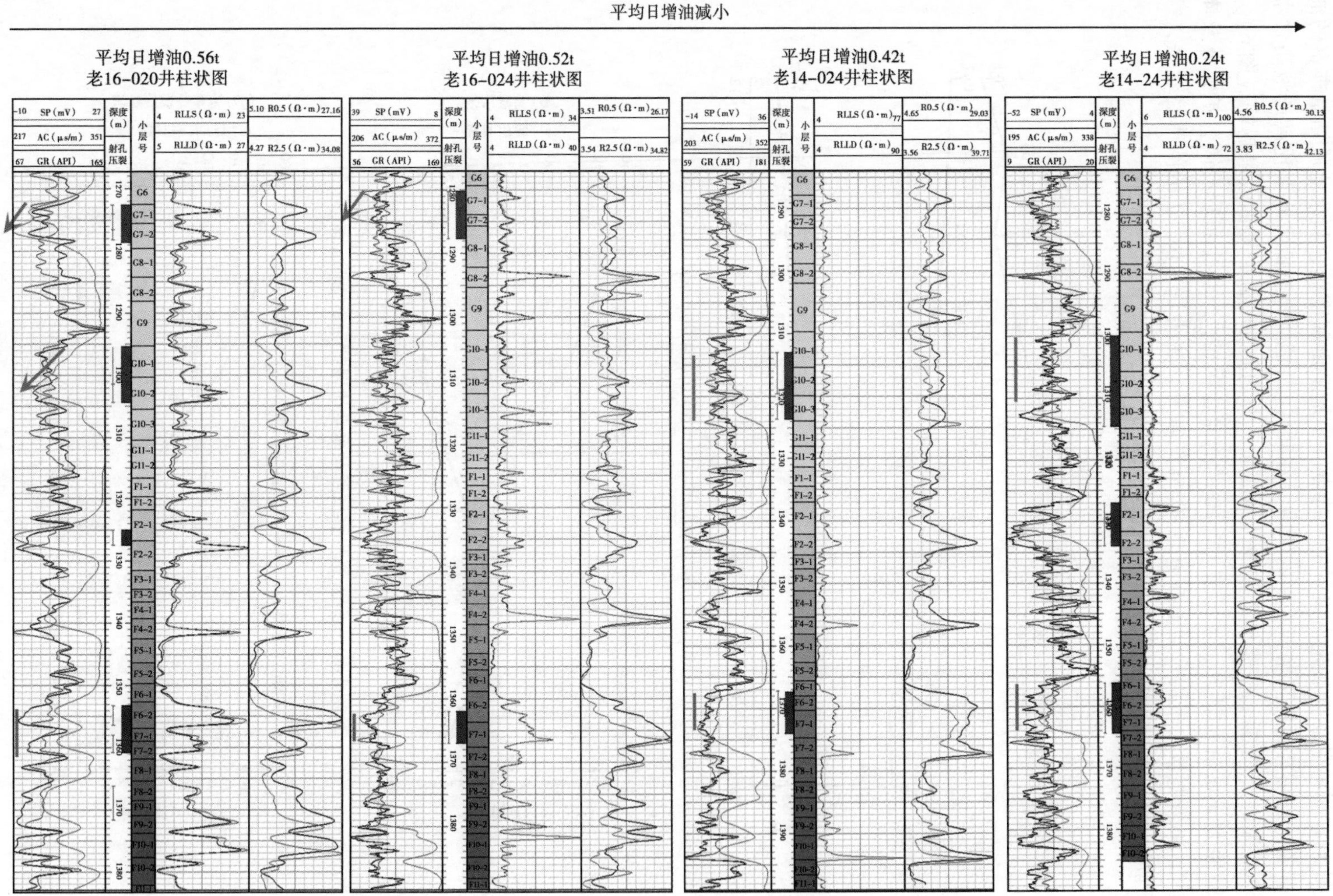

图 6　储层的韵律性与日增油关系图

246

4.3 调剖效果分析

从试验区内油井的增油量及分布看（图 7），一线油井受效井增多，二线油井也受效，多井点见效，扫油面积增大，说明平面矛盾得到缓解。老 14-24 井试验前后的分层测压资料显示（图 8），各层压力均上升，说明氮气自身的弹性能可以有效地补充地层能量，并且层间压力差异减小。老 16-22 井试

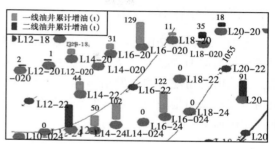

图 7 老 16-22 井组一二线油井增油分布图

验前后的吸水剖面资料显示（图 9），GⅡ的相对吸水量由 0 上升至 9%，GⅢ的相对吸水量由 0 上升至 18%，GⅣ的相对吸水量由 36% 下降至 28%，FⅠ 的相对吸水量由 29% 下降至 15%，FⅡ+Ⅲ的相对吸水量由 35% 下降至 30%，各层吸水差异减小，层间矛盾减小。说明氮气泡沫驱对高渗透条带产生封堵，气体渗流能力比水强，平面矛盾和层间矛盾得到改善[3]。

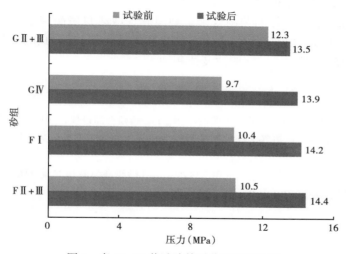

图 8 老 14-24 井试验前后分层测压数据

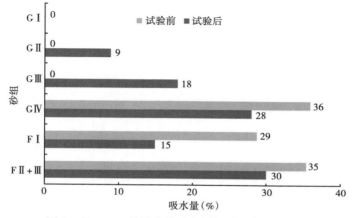

图 9 老 16-22 井试验前后各层相对吸水量对比图

247

4.4 试验经济效益评价

老 16-22 井自 2016 年 4 月实施氮气泡沫驱，试验区内油井当年累计增油 897t。措施费用按照每增加 1t 油支付乙方 1000 元和 20 万元起算 70 万元封顶计算，当年吨油成本为 780 元，比油田公司规定的最低措施吨油成本 1000 元，低 220 元。试验增产和经济效益显著，表明氮气泡沫驱是一项适合大老爷府油田特高含水期进一步提高采收率的技术，具有较好的推广应用前景。

5 结论

（1）氮气泡沫驱是一种有效的增产措施，采取风险合同的管理方式，提高了单井措施经济效益。本次试验累增油 897t，平均单井日增油 0.18t，含水下降 2.7%。达到了降低含水率、提高采收率的目的。措施吨油成本为 780 元，比吉林油田公司规定的最低措施吨油成本 1000 元，低 220 元，保障了措施挖潜的经济效益。

（2）氮气泡沫驱具有很好的调剖效果。利用氮气泡沫封堵高渗透条带以及气体较强的渗流能力，受效井增多，扫油面积增大，平面矛盾缓解；层间压力和相对吸水量差异减小，吸水厚度增大，层间矛盾减小，水驱波及体积增大。

参 考 文 献

[1] 吴捷，氮气泡沫驱在辽河油区裂缝性油藏的应用 [J]. 新疆石油科技，2015，25（2）：24-26.

[2] 刘合，叶鹏，刘岩，等. 注氮气泡沫控制水窜技术在油田高含水期的应用 [J]. 石油学报，2010，31（1）：91-95.

[3] 元福卿，赵方剑，夏晞冉，等. 胜坨油田二区沙二段 3 砂组高温高盐油藏低张力氮气泡沫驱单井试验 [J]. 油气地质与采收率，2014，21（1）：70-73.

集团干扰压裂研究与应用

赵宏宇　何晶

（中国石油吉林油田公司新立采油厂）

摘　要：通过分析集团干扰压裂的原理和特点，充分考虑该技术适用性，在新立油田 A 区块进行现场试验。根据 A 区块地质概况和资源情况，提出了整体改造的地质需求，工程上采取集团工厂化施工，通过井间干扰和层间干扰提高对储层的改造程度，实现对剩余油的充分挖潜。实施了 3 口井的井下微地震裂缝监测，监测结果表明：集团干扰压裂可以提高储层的改造程度，且增产效果明显。

关键词：压裂；集团；干扰

压裂是低渗透油田增储上产的主体措施，在整个油田开发过程中一直发挥着重要的作用，随着开发的不断深入，油井处于中高含水开发期，老裂缝控制的地质储量采出程度高，可动用资源逐渐变少，同时面临低油价开发的局面，老井重复压裂经济有效率逐年降低，为了解决这一实际问题，提出集团干扰压裂技术，通过集团工厂化施工，使井间和层间形成干扰，增加人工裂缝的复杂程度，有效地沟通剩余油富集区，改善注采关系，实现剩余油的充分挖潜。

1　研究背景

常规压裂改造过程中出现的问题突出体现为：油井高含水不敢动用，但剩余可采储量高，储量丰度高；注水不见效区块，注采比高，常规压裂效果差，缝网压裂成本高无效益，不能动用；常规的冻胶压裂工艺只能重复挖潜原裂缝周围剩余油。这些问题导致常规重压裂有效期短、增油效果逐年变差，常规瓜尔胶压裂液费用较高，且残渣不及时排出，对导流能力的影响严重，压裂液不破胶或破胶不好堵塞油层，对渗透率的影响严重。

2　主体技术

2.1　前置污水压裂技术研究

前置污水压裂技术就是通过快速注入前置污水，改变井筒周围孔隙压力，提高缝内净压力，使人工裂缝网络复杂化[1]。应用污水作为前置液优点：（1）大量注入可有效补充近井地层能量；（2）黏度低、高速注入易产生复杂裂缝形态；（3）增加污水向裂缝滤失，扩大流动通道；（4）杂质颗粒暂堵作用；（5）有效节压裂费用；（6）污水为地层采出水，配伍性好，实现安全环保生产。

根据储层孔隙度、采出程度、渗透率等参数，设计合量前置污水用量和注入速度，增加裂缝网络波及带宽，建立一条剩余油至井筒的"高速公路"[3]。

2.2 同步干扰压裂技术研究

同一注采井组或相邻井压裂施工时，采取同步或拉链式施工，在层间或井间形成应力干扰，使裂缝网络复杂化，增加了改造的泄油面积和波及带宽，实现剩余油的充分挖潜。同一井组砂体方向分布的井，采取顺序施工，使层内形成高压干扰，增加储层改造体积。同一井组东西向分布的井，采取同步施工，使井间相互干扰，增加新的泄油面积。实现井组整体改造。

2.3 封堵转向压裂技术研究

利用一种可胶结固化的树脂砂与细粉砂组合，推送至设计位置，封堵优势水流通道，挖潜主裂缝侧向剩余油。第一次施工按照设计将树脂砂推到缝端、缝中或者缝口，等待一定时间，树脂砂达到固化强度将原有裂缝封堵，进行第二次或者是更多次数的施工时将产生新的裂缝，在原方向上发生偏移或转向。为了使封堵转向效果更理想，施工过程中配套使用细粉砂、陶粒或常规暂堵剂。

2.4 集团干扰压裂技术研究

结合井网及注采特点集团应用成熟压裂技术，开展工厂化同步压裂施工，节约压裂成本，减少占地费用，提高压裂改造效果。

集团干扰压裂就是集成应用前置污水、同步干扰、封堵转向等压裂技术最大程度改造储层，沟通天然孔、缝，形成复杂裂缝网络，为提高单井产量创造更优渗流条件，提高缝控储量，提高单井产量，形成集团干扰压裂改造技术。

2.4.1 集团干扰压裂原理

优选同一区块多井同时或顺序施工，快速泵入前置污水，人为制造应力点源，形成局部高压区，使井间和层间形成干扰，形成复杂裂缝网络，增加改造体积，实现主裂缝侧向剩余油的充分挖潜。

2.4.2 集团蓄能干扰压裂特点

一是改造程度高。通过前置快速注入污水，增加孔隙压力，增加岩石脆性指数，改变井筒周围局部地应力，使人工裂缝复杂化。针对高含水油井应用定位封堵转向压裂技术，封堵优势水流通道，挖潜侧向剩余油。同时采取同步干扰施工，使井间和层间形成干扰，进一步增加裂缝的复杂程度，增加改造体积，增加波及带宽，实现剩余油的充分挖潜。

二是节约压裂费用。集团工厂化施工，可节约占地费用、倒运液和支撑剂费用、车辆搬迁费用。

3 现场应用效果

3.1 地质概况

A 区块采井网完善，储层发育好，地层能量保待较好。开井 17 口，其中 16 口油井（C1井-C16 井），1 口水井（CW1 井）。该区域平均渗透率 12.2mD，孔隙度 14.4%，动用面积

0.66km²，动用地质储量 94.3×10⁴t，采收率 42.9%，可采储量采出程度 68.4%，井网格局为 134m 线性井网，原始地层压力 12.2MPa，饱合压力 9.6MPa，最大水平主应力为 30MPa，最小水平主应力为 24MPa，应力差为 6MPa，岩石抗张强度 2.5MPa，杨氏模量 18000MPa，泊松比 0.18，脆性指数 55.5%，地层压力系数为 0.094～0.103MPa/10m，油层中部温度为 66℃，油层地温梯度为 5.1℃/100m。目前地层压力为 13MPa，单井日产 3.9t，综合含水 74.4%，采出程度 29.4%。

3.2 地质矛盾及改造需求

A 区块具有较好的资源基础，与同期开发的新立老区同类区块对比，A 区块中部目前采出程度偏低，单井剩余可采储量较高，具备挖潜的物质基础。该区域主力油层发育稳定、连通性好，为整体干扰压裂提供了条件。层间吸水、产液差异较大，层间矛盾较为突出注采井网完善、注水状况正常、地层压力保持水平较高，具备挖潜的能量基础。主力油层多年未改造、渗透率下降，产能未有效发挥试验区块所动用的 150 个层段：5 年以上未动用层数和未进行二次压裂以上的层段占 70%。通过测压解释看，储层渗透率明显下降，近 5 年老井重压 2 口，采取常规压裂方式、平均单井日增 1.8/0.5t，效果不理想。

3.3 工程技术路线

以地质对区块的注采关系、压力分布、剩余资源认识为基础，应用集团干扰压裂技术，配套多种成熟压裂工艺，调整区块整体注采关系，充分发挥现有井网作用，提高区块整体开发效果和最终采收率，节约压裂成本。

结合井点在砂体上位置、分层产出状况和剩余油分布特点，按照"一层一策"的改造思路，制订了针对不同类型储层需求的配套工艺技术（表1）。

表 1　不同类型储层压裂工艺技术对策

针对类型储层	压裂改造目的与工艺技术
砂体主体部位油井排	为实现改造与能量补充，采用前置污水、同步干扰压裂工艺，发挥井网作用，沟通能量
砂体主体部位水井排	为避开注水敏感方向，采用裂缝转向、多级加砂压裂工艺，实现裂缝的控、堵、转
砂体边部/与水井不同相带	为建立有效注采关系，采用前置污水、造长缝压裂工艺，完善注采关系，补充能量
厚度大隔层分不开	为实现充分改造、避开见水条带，采用细粉砂沉降、细分层工艺，实现纵向上的合理改造
强吸水高产液层	为加强裂缝封堵针对性，采用固化树脂砂+细粉砂多次封堵工艺，有效封堵高产水层

3.4 工艺管柱

应用九牙水力锚，保证管柱连续施工稳定；应用 K344-105 系列封隔器进行双层分压；应用 PSQ-95 喷砂器。管柱由上至下组成：油管+水力锚+封隔器+喷砂器+封隔器+喷砂器+油管+高压丝堵。

3.5 现场监测

在 W 井施工时，临近未施工的 X 井下压力计分层监测压力，X 井同层压力发生明显改变，由未施工前 9.2MPa 上升到 11.4MPa。由此可见，集团同步施工可以形成同层干扰。对同步施工的其中 3 口井进行井下微地震监测，监测结果显示：裂缝网络整体走向为北偏东

103°左右，且相互重叠，达到井间干扰目的。3口井地震事件相临处均有重叠，形成井间干扰，增加波及带宽，增加改造体积（图1）。

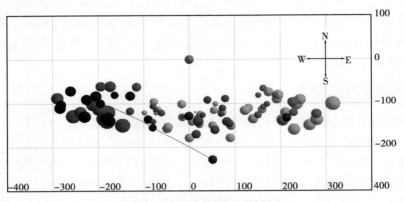

图 1   井下微地震监测结果

3.6   试验效果

试验 17 口井中有效 15 口，累计增液 8448t，增油 1695t，平均单井日增 1.4t；与常规压裂对比，平均单井日多增油 0.9t/d，增产效果优于常规压裂（表 2）。水井 CW1 井压前欠注，配注 30m³，实注 12m³，油压 13.4MPa，压后实注 30m³，油压 11.7MPa，降压增注效果明显。

表 2   新立 A 区块集团压裂井效果统计表

井号	措施前				措施后				对比		累增	
	产液 （t）	产油 （t）	含水 （%）	液面 （m）	产液 （t）	产油 （t）	含水 （%）	液面 （m）	产液 （t）	产油 （t）	液 （t）	油 （t）
C_1	6.6	1.3	80.3	1005	15.1	3.7	75.2	975	8.5	2.4	647.9	130.0
C2	2.3	0.8	65.2	1006	14.5	3.0	79.3	549	12.2	2.2	793.5	153.6
C3	2.3	1.1	52.2	1009	6.8	2.5	63.4	980	4.5	1.4	312.4	29.9
C4	3.2	0.9	71.9	1036	9.1	0.5	94.5	1115	5.9	-0.4	481.7	9.4
C5	5.2	1.0	80.8	1046	17.9	3.6	79.8	412	12.7	2.6	802.4	79.7
C6	3.5	0.6	82.9	1009	10.2	2.7	73.6	883	6.7	2.1	427.5	168.4
C7	9.8	0.2	98.0	985	1.2	0.5	56.3	821	-8.6	0.3	-460.5	125.4
C8	2.6	1.8	30.8	1002	13.6	2.7	80.2	937	11.0	0.9	762.1	24.3
C9	0.1	0.0	100.0	计关井	18.0	2.5	87.4	669	17.9	2.5	1547.3	163.3
C10	5.2	0.9	82.7	1043	10.0	3.8	63.4	860	4.8	2.9	461.0	275.4
C11	1.6	0.3	81.3	1075	8.0	2.0	74.8	909	6.4	1.7	571.2	190.0
C12	4.3	1.6	62.8	1101	9.8	3.4	65.1	874	5.5	1.8	349.5	96.7
C13	7.8	1.5	80.8	1143	11.0	1.3	90.0	918	3.2	-0.2	334.3	0.0
C14	4.1	1.2	70.7	1071	9.0	0.8	91.2	891	4.9	-0.4	331.5	0.0
C15	2.3	1.3	43.5	1047	9.4	4.1	56.8	755	7.1	2.8	607.4	225.1
C16	1.7	1.3	23.5	1034	7.2	1.3	82.2	910	5.5	0.0	479.6	23.9
合计	62.6	15.8			170.8	38.4			108.2	22.6	8448.8	1695.1
平均	3.9	1.0	69.2	1041	10.7	2.4	75.8	841.1	6.8	1.4	528.1	105.9

4 结论

（1）集团蓄能干扰压裂技术的应用能使地层形成复杂的人工裂缝网络，增产增注效果显著。

（2）集团蓄能干扰压裂技术较常规压裂技术增产效果明显，为类似 A 区块油藏储层改造提供技术借鉴。

参 考 文 献

［1］张矿生，樊凤玲，雷鑫．致密砂岩与页岩压裂缝网形成能力对比评价［J］．科学技术与工程，2014，14（14）：185-189.

［2］李士斌，张立刚，高铭泽，等．清水不加砂压裂增产机理及导流能力测试［J］．石油钻采工艺，2011，33（6）：66-69.

低渗透油藏扩大 CO_2 吞吐波及体积方式探讨

路大凯　　于春涛

(中国石油吉林油田公司油气工程研究院)

摘　要： 吉林油田属于典型的低渗透裂缝性油藏，储层非均质性强，水驱开发效果差，无法有效驱替低渗透部位。利用 CO_2 能够进入微小孔隙或喉道，降低启动压力梯度，有效动用低渗透孔喉内的残余油的机理，开展 CO_2 吞吐技术试验，通过试验看，单一应用 CO_2 吞吐技术，出现气体沿着优势通道窜流的现象，降低了 CO_2 利用率。本文根据储层特征与油藏需求，阐述强制吞吐、复合吞吐及区块整体吞吐技术扩大波及体积的方式，在油藏条件下增加 CO_2 与原油的接触面积，发挥膨胀降黏作用，提高措施效果。

关键词： 低渗透油藏；CO_2 吞吐；扩大波及体积；吞吐方式

吉林油田具有丰富的 CO_2 矿场资源，把 CO_2 作为资源提高油田采收率，具有得天独厚地理及资源优势，根据 CO_2 细管及 PVT 实验结果看，油田适合 CO_2 混相驱/近混相驱油藏较少，需要拓展新型 CO_2 增产工艺技术，利用其膨胀降粘的增产机理[1]，开展吞吐增产技术研究。通过前期矿场试验取得了一定效果和认识，但由于非均质性强、裂缝发育，注入过程中，CO_2 沿着高渗条带或裂缝窜流现象，降低 CO_2 利用率，措施效果差的问题，研究系列的扩大波及体积方式，在油藏条件下扩大 CO_2 与原油的接触面积，与原油充分接触，发挥膨胀降黏作用，提高措施效果。

1　CO_2 吞吐技术现状

目前针对 CO_2 吞吐技术研究的较多，主要应用 CO_2 与原油膨胀降黏的作用机理，在天然水驱或枯竭式开发稠油油藏中应用，但是大多数以零散井单一 CO_2 吞吐为主，个别油田应用复合吞吐技术，扩大 CO_2 波及体积，初步取得一定效果，但未形成规模。

吉林油田从 20 世纪 90 年代开始陆续开展吞吐技术研究，经过研究，在机理认识、选井选层、参数[2]及工艺设计等方面取得一定进展。但是如何确保注入的 CO_2 在地层条件下减少在优势通道逃逸和存留、扩大波及体积，实现与原油充分接触，提高利用率，还需进一步攻关研究，前期冀东油田开展堵水与 CO_2 复合吞吐技术研究，初步取得较好的效果，对本文的研究具有较好的借鉴意义。

2　扩大波及体积方式

2.1　强制式注入

利用 PVT 实验装置，评价不同压力条件下 CO_2 在原油中的溶解度，从实验结果看

（图1），CO_2 在原油中的溶解度随压力的增加而增加，因此在低渗透储层开展 CO_2 吞吐技术试验，采取强制式注入，提高注入压力[3]，扩大注入波及体积，增加 CO_2 在原油中的溶解度，降低 CO_2 沿高渗透层或低压层突进，加强向低渗透层的渗流和扩散，提高低渗透层剩余油的吞吐效果。

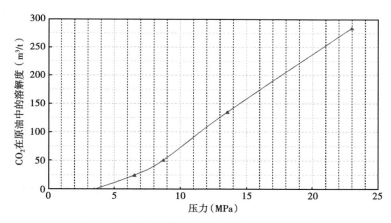

图 1　CO_2 在不同压力条件下与原油的溶解度

优选特低渗透储层（2~5mD），开展常规吞吐及强制吞吐试验对比，通过现场试验看，强制式注入速度 1.0~1.5t/min，对比常规注入速度 0.1~0.15t/min，注入速度提高 10 倍，现场注入压力由 5MPa 提高到 15MPa，压力提高 3 倍，措施后动态反应，两种方式措施效果差异较大（图2），常规吞吐措施后增产效果差，强制式吞吐措施后产量上升 0.35t，上升幅度 88%，说明低渗透储层强制式吞吐能够起到扩大注入波及体积，启动低渗透部位剩余油的目的。

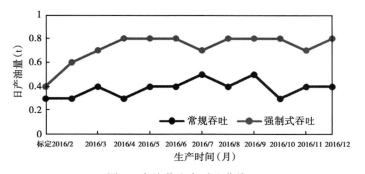

图 2　实施井生产对比曲线

2.2　复合吞吐

针对高产液、高含水生产井，储层存在严重的水窜通道及强水洗层，大量 CO_2 溶于水，降低利用率，交替注入 CO_2 与泡沫体系，试验复合吞吐技术[4]，在地层条件下产生泡沫，利用泡沫的贾敏效应起到暂堵作用[5]，扩大注入气体波及体积，保障在地层条件下 CO_2 与原油充分接触，有效进入目的层，提高 CO_2 利用率，同时在开井放喷的过程中，气体从原

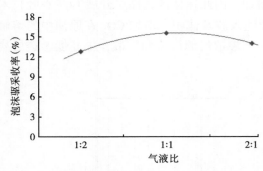

图 3 泡沫驱采收率随气液比的变化曲线

油中析出，产生泡沫，堵水不堵油，实现稳油控水的作用。

通过物模试验，在岩心渗透率、注入方式、泡沫段塞大小相同时，气液比对 CO_2 泡沫驱采收率有一定影响。采收率随着气液比的增大而增大，气液比 1:1 是个转折点，在气液比大于 1:1 后，泡沫驱采收率又减小。主要是由于气液比为 1:2 时，用于发泡的 CO_2 气体不足，在岩心中产生的泡沫量少，封堵高渗透层的效果不是特别明显。当气液比为 1:1 时，在岩心内部生成大量的稳定泡沫，封堵高渗透层的效果较为理想，当气液比增大到 2:1 时，气体流量过大，生成的泡沫不稳定，气体有沿着高渗透层气窜的趋势（图 3）。

优选低渗透储层高产液、高含水油井开展先导试验，交替注入 CO_2 与泡沫体系，CO_2 注入量 200t，泡沫体系，加入浓度 1%，注入量 100m³，在注入泡沫体系段塞时，注入压力上升 0.5~1.0MPa，压力增加幅度 10%~20%（图 4），有利于扩大 CO_2 波及体积，两口水平井措施后均表现为增液、降含水、增油，起到较好的稳油控水的目的。

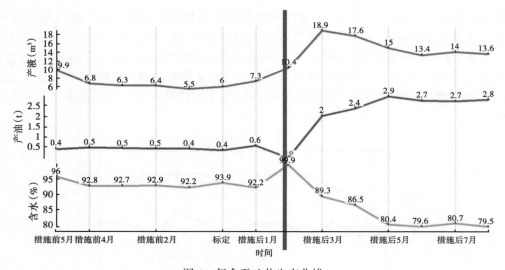

图 4 复合吞吐井生产曲线

2.3 整体吞吐技术

CO_2 吞吐前期试验过程中，由于储层非均质性强，造成气体沿着高渗条带及裂缝窜流，部分油井体现一定的驱替效果，开展区块整体吞吐技术研究[6]，提高 CO_2 的利用率，优选封闭的区块，主力层砂体发育好，平面上与邻井连通较好，集中开展注入、闷井、投产，有效抑制或利用井间气窜，启动井间剩余油，提高整体实施效果。

区块实施 5 井次，平均单井注入 CO_2 224t，用量强度 10.7t/m，累计增油 1004t，其中本井吞吐增产 804t，邻井增产 200t，有效期内日增产 2.4t，稳油控水作用明显，整体吞吐技术能够实现井间剩余油的有效动用，提高区块整体措施效果。

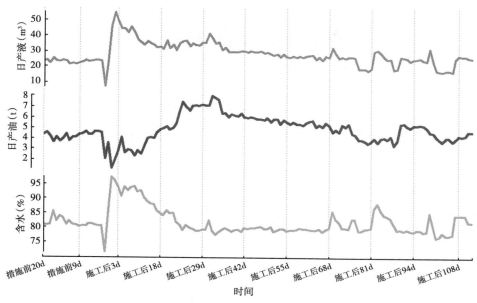

图 5　整体吞吐井生产曲线

3　结论与认识

（1）结合油藏特点及采油井的开发矛盾，针对性地优选不同的吞吐方式，能够解决单一 CO_2 吞吐技术存在局限性，通过矿场验证，效果明显，具有较好的推广应用价值。

（2）CO_2 吞吐扩大波及体积方式较多，本文主要阐述三种具有一定应用规模的方式，对于其他方式，如混相吞吐、分层吞吐、与 N_2 吞吐结合及调堵结合等方式，还需进一步探讨技术与油藏的适应性。

参 考 文 献

［1］赵彬彬，郭平，李闽. CO_2 吞吐增油机理及数值模拟研究［J］. 大庆石油地质与开发，2009，28（2）：117-120.

［2］战菲，宋考平，尚文涛. 等. 低渗透油藏单井 CO_2 吞吐参数优选研究［J］. 特种油气藏，2010，17（5）：70-72.

［3］马亮亮. CO_2 吞吐提高低渗透油藏采收率技术［J］. 大庆石油地质与开发，2012，31（4）：144-148.

［4］周永翔. 八面河油田稠油 CO_2 复合吞吐效果评价［J］. 江汉石油职工大学学报，2014，27（3）：42-44.

［5］李春，伊向艺，卢渊. CO_2 泡沫调剖实验研究［J］. 钻采工艺，2008，31（1）：107-108，142.

［6］张国强，孙雷，孙良田. CO_2 吞吐工艺操作参数的整体优化设计［J］. 钻采工艺，2006，29（4）：47-50.

CO_2 驱管道防腐蚀技术研究

高新[1]　马锋[2]　乔方[2]　范冬艳[2]

（1. 中国石油吉林油田公司监理公司；2. 中国石油吉林油田公司油气工程研究院）

摘　要：目前，吉林油田 CO_2 驱地面油气储运普遍采用加药装置加注缓蚀杀菌剂的防腐工艺。针对前期应用的电磁恒流式加药装置存在的加药装口引入杂质损坏、压力容器需要定期年检等问题和缺点，针对性地优化了加药装置的驱动单元，解决了生产难题。并提出了 CO_2 驱油气储运地面工程防腐蚀配套技术方案，从根本上改善了加药工艺，满足了 CO_2 驱油气储运管线的防腐蚀要求，配套技术可以为油田类似气驱油气储运的地面管线防腐建设提供技术依据。

关键词：连续加药装置；液压柱塞驱动；缓蚀剂残余浓度；硫化氢监测

对于埋地管线而言，腐蚀问题始终是贯穿其安全生产的重要因素，影响腐蚀过程的因素纷繁复杂，其腐蚀机理也是各不相同的[1]。随着 CO_2 驱矿场开发逐渐深入，由于 CO_2 突破、含水上升、水质变化及 SRB 细菌等因素的影响，CO_2 驱区块内污水处理站的污水矿化度高、流速快，造成站内管线的严重腐蚀穿孔[2]，同时产生 H_2S 有毒气体危害职工身体健康[3]。

吉林油田根据腐蚀体系的具体情况采取合理的防腐蚀措施，CO_2 驱区块采用的是加注缓蚀杀菌剂来防止集输管线的腐蚀和消除有害气体，并配套采取了腐蚀检测技术[4]，如 H_2S 监测、缓蚀剂残余浓度检测及 SRB 的检测。

前期吉林油田采用地面管线电磁恒流式连续加药装置加药，密闭加药装置通过电磁阀实现连续加注缓蚀杀菌剂，在使用时存在许多问题，通过技术改进将柱塞泵代替电磁阀来控制缓蚀杀菌剂的加注量，还可以根据防腐工艺的要求随时调整加药量，并改进装置通过与热输管线连接解决冬天气温低导致药剂凝固、流动性差等问题。

1　加药装置加注工艺概述

1.1　原有电磁恒流式加药装置加药工艺及不足

电磁恒流器的原理是通过电磁阀控制柱塞杆，柱塞杆的向上运动过程药剂进入恒流器，当柱塞杆向下运动药剂通过限流喷嘴进入集输管线，通过调节柱塞杆的运动频率来控制流量[4]。根据目前的使用情况，装置存在的不足主要有：加药量难以均量加入，而且不容易精确调节加药量；药液储罐为钢制密封压力容器，需要定期检修；电磁执行器混入杂质引入时易损坏，运行维护费用高[5]，电磁恒流式加药装置结构如图 1 所示。

1.2　改进后的柱塞式加药装置加药工艺及优点

液压阀为装置核心，根据井况和药剂特性可实时调节流量，实现连续定量加药，增加了

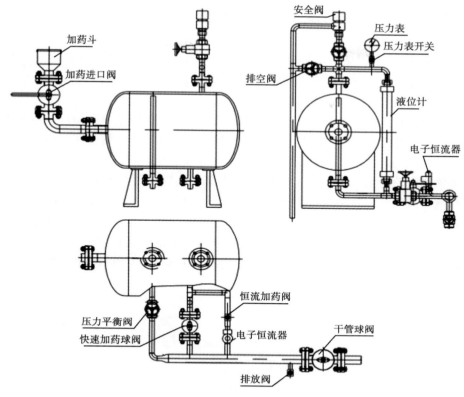

图 1　电磁恒流式连续加药装置结构图

防返吐单流阀避免井筒流体进入加药装置，提高了加药装置的耐压级别（≤6.4MPa），液压柱塞驱动器替代电磁执行器，PVC 储药罐代替压力容器储罐，延长了装置的使用寿命，降低了采购和维护成本，柱塞式加药装置流程如图 2 所示。

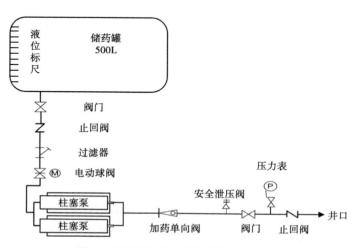

图 2　柱塞式连续加药装置流程示意图

2 加药装置改进前后的现场跟踪对比实验

CO_2 驱区块原油密度为 $0.8546g/cm^3$，原油黏度（50℃）为 $8.3mPa \cdot s$，凝固点为 30℃。地面处理系统：采油队至计量间管线为玻璃钢，而各个计量间内掺输管线材质为碳钢，注入间注气管线材质为 16Mn 低温碳钢。

CO_2 驱区块辖 6 个井组及地面油水气处理系统。其主要的工艺流程为：井口采出液经过 50~60℃掺输水带到计量间集油管汇，通过计量罐可以实现单井计量，在计量罐后安装加药装置进行加药，加药装置采用柱塞泵为驱动单元，并安装单流阀，防止流体回流，流体再到气液分离器实现气液分离，气体通过伴生气管线至超临界处理系统分离二氧化碳和烃类气体，在伴生气管线处可对气体进行 H_2S 检测，从而反映加药装置运行情况，而液体通过外输管线外输至采油队，进行油水分离后的水进行缓蚀剂残余浓度检测及 SRB 检测，根据 H_2S、缓蚀剂残余浓度及 SRB 的检测结果可知道缓蚀杀菌剂的保护效果是否有效[6-7]。再通过柱塞泵调整加药量，跟踪评价加药装置是否满足 CO_2 驱地面管线的防腐蚀要求。具体的工艺流程如图 3 所示。

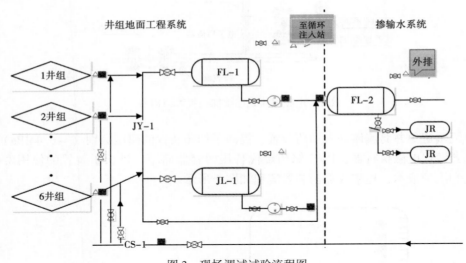

图 3　现场调试试验流程图

3 实验数据分析

3.1 H_2S 气体分析检测

实践证明 H_2S 气体随着缓蚀剂加注量的增加而逐步减少。

采用硫化氢快速检测装置——Drager 手泵结合快速检测管在伴生气管线处来检测伴生气中的硫化氢含量，其反应原理为：$H_2S+Pb^{2+} \rightarrow PbS+H^{2+}$ 当检测的管线取样口有硫化氢时，硫化氢即与铅离子反应，生成硫化铅，为浅褐色的物质而显色，通过显色的刻度判断硫化氢的浓度，从而判断缓蚀剂加药量是否达到防腐要求[8-12]，在不满足要求的情况下可通过调节泵行程及频率来加大注入量；Drager 快速检测管、手泵如图 4 所示。

图 4　H₂S 快速测试手泵、测试管

3.2　缓蚀剂残余浓度分析检测

选取 6 个井组进行对比实验，前 3 个井组使用原有电磁恒流式加药装置，后 3 个井组使用改进后的柱塞式加药装置，检测产出液中缓蚀剂含量，检测结果见表 1。

表 1　产出液缓蚀剂含量表

井组	设计加药浓度 （mg/L）	样品中缓蚀剂浓度 （mg/L）			
		1d	2d	3d	4d
1#	100	134.0	110.0	98.0	77.0
2#	100	150.0	98.0	89.5	120.0
3#	100	88.0	118.0	77.0	108.0
4#	100	115.5	106.0	98.0	101.0
5#	100	128.0	112.0	115.0	121.0
6#	100	104.0	114.5	107.0	116.5

对装置进行流量标定及缓蚀剂残余浓度检测，根据数据可以看出装置在改进后缓蚀剂浓度稳定在 100mg/L 附近，已经实现缓蚀剂连续加注，可以满足管线防腐要求，运行平稳，并能够根据测试结果对装置的控制系统进行优化调整，实现连续定量加药。

3.3　SRB 细菌分析检测

当掺输水中含有较高的 SRB（硫酸盐还原菌）的存在，能够将硫酸根离子还原成二价硫离子，与 Fe 反应生成铁的硫合物（FeS，Fe$_x$S$_y$），加速电化学腐蚀；副产物 H₂S 是有毒有害气体，会造成操作人员中毒，并且对生产设备腐蚀，必须进行治理以保证生产的正常进行[12-15]。

在 3 个电磁恒流式加药装置和 3 个柱塞式加药装置中加入同等浓度同等剂量的杀菌剂，分别对 CO₂ 驱区块 6 个井组的出口掺输水进行菌培养与测试，对使用缓蚀杀菌剂后的杀菌率性能进行评价，检测结果见表 2。

表2 产出液 SRB 含量表

井组	加药浓度（mg/L）	生长指标	含 SRB 细菌个数（个）	杀菌率（%）
1#	空白	333220	667.0	
	100	0	0	100.00
2#	空白	333160	450.0	
	100	312000	11.5	99.97
3#	空白	333000	250.0	
	100	321000	15.0	94.00
4#	空白	333200	950.0	
	100	0	0	100.00
5#	空白	333100	450.0	
	100	0	0	100.00
6#	空白	333000	250.0	
	100	0	0	100.00

由实验数据可知，柱塞式加药装置可以精确的实现杀菌剂的加入。

4 结论

（1）CO_2 驱管道防腐蚀采取加注缓蚀杀菌剂的防治方式，并形成配套腐蚀检测措施，H_2S 检测、缓蚀剂残余浓度检测及 SRB 菌检测。

（2）改进后的柱塞式加药装置，可以精确地控制和调节缓蚀杀菌剂的注入量，现场跟踪评价结果表明，该技术可以满足现场应用要求，并具有广泛的适应性。

（3）整体检测结果真实反映了管道内腐蚀情况的变化，为油田管道地面建设防腐蚀体系提供工程保障，同时也为类似气驱油气储运的地面管线防腐建设提供工程依据。

参 考 文 献

[1] 李勇. 含 H_2S 和 CO_2 天然气管道防腐技术 [J]. 油气田地面工程，2009，28（2）：67-68.

[2] 刘斌，齐公台，姚杰新，等. Q235 取水管道腐蚀穿孔原因分析 [J]. 腐蚀科学与防护技术，2006，18（2）：141-143.

[3] 宋佳佳，裴峻峰，邓学风，等. 海洋油气井的硫化氢腐蚀与防护进展 [J]. 腐蚀与防护，2012，33（8）：648-651.

[4] 马立华. 两种新型石油管道防腐技术实验 [J]. 油气田地面工程，2015（5）：16-17.

[5] 王亚昆. 潜油电泵机组防硫化氢腐蚀方案探讨 [J]. 油气田地面工程，2009，28（10）：75-76.

[6] 张林霞，袁宗明，王勇. 抑制 CO_2 腐蚀的缓蚀剂室内筛选 [J]. 石油化工腐蚀与防护，2006，23（6）：3-6.

[7] 马向辉，顾礼军，郑学利. 埕岛油田加药降黏输送技术 [J]. 油气田地面工程，2011，30（12）：51-52.

[8] 黄本生，卢曦，刘清友. 石油钻杆 H_2S 腐蚀研究进展及其综合防腐 [J]. 腐蚀科学与防护技术，2011，23（3）：205-208.

[9] 王亚昆. 潜油电泵机组防硫化氢腐蚀方案探讨 [J]. 油气田地面工程，2009，28（10）：75-76.

［10］王子明，刘海波．优化工程改造方案实现首站污水处理水质达标［J］．油气田地面工程，2004，23（3）：25-25.

［11］刘瑕，郑玉贵．流动条件下两种不同亲水基团咪唑啉型缓蚀剂的缓蚀性能［J］．物理化学学报，2009，25（4）：713-718.

［12］张福全．油田 J55 钢材腐蚀速率影响因素探讨［J］．电子测试，2013（7）：147-148.

［13］刘向录，张德平，董泽华，等．电化学氢通量法用于油气管线在线腐蚀监测［J］．化工学报，2014，65（8）3098-3106.

［14］万正军，廖俊必，王裕康，等．基于电位列阵的金属管道坑蚀监测研究［J］．仪器仪表学报，2011，32（1）：19-25.

［15］张学元，邸超，雷良才．二氧化碳腐蚀与控制［M］．北京：化学工业出版社，2000.

吉林油田低渗透"双高"区块
深部调驱技术研究与应用

王百坤

(中国石油吉林油田公司油气工程研究院)

摘 要：吉林油田属于典型的低渗透油藏，主力区块已进入高含水高采出开发阶段，无效水循环严重，开发矛盾突出，注水调控及常规调堵技术效果逐年变差，大量剩余油气资源未得到有效动用。2013 年选择低渗透典型新立Ⅲ区块 18 个井组开展深部调驱试验，探索低渗透油藏控制无效水循环，进一步扩大波及体积关键技术。经过几年的攻关与试验，初步形成了以地质认识、工程测试、软件模拟相结合的低渗透油藏分层优势通道综合识别分析技术。通过室内静态及物模实验评价筛选了微米微球封堵剂、纳米微球及驱油剂两种驱替对比体系，建立了先堵后驱、深部放置、逐级挖潜的调驱思路，设计注入量为试验区块总孔隙体积 0.15PV，共 66.75×$10^4 m^3$，单井平均 3.7×$10^4 m^3$；形成了地面单泵单井、调驱剂原液与注入水混配，井筒利用原注水管柱分层控制注入工艺。调驱试验 2013 年年底现场实施，截至 2017 年初试验区块考虑递减累计增油 5225t，水驱动用程度得到提高，产吸剖面趋于均衡，注水方向得到有效调整，各项开发指标变好。

关键词：深部调驱；低渗透；微球；优势通道；波及体积

调驱试验Ⅲ区块位于新立油田穹隆背斜构造的东部，两条南北向延伸的断层之间，面积 1.40km²，18 注 34 采，134m 线性井网，开发目的层主要是扶余油层，平均砂厚 52.6m，有效厚度 22.1m，平均孔隙度 14.4%，平均渗透率 6.5mD，18 口水井共 91 个调驱层段。区块 1980 年投入开发，调驱前已经进入高含水高采出开发阶段，综合含水 92.7%，含水上升率 1.97%，采出程度 44.1%，无效水循环严重，2012 年年耗水率达 27.7m³/t，且年平均增幅超过 20%，区块剩余储量丰度较大，有效稳产手段缺乏，急需探索新的提高采收率技术。

1 深部调驱优势通道分层识别

1.1 优势通道定性识别

首先依据油井历次动用、注水见效资料，分析试验区块 18 个注采单元共有 183 个分层注采关系，其中强注采关系 71 个、中注采关系 52 个、弱注采关系 60 个。其次通过油水井压力指数决策、耗水率、霍尔曲线、视吸水指数、吸水产液剖面、示踪剂、分层及环空测压等共计 168 井次、621 层次的工程测试资料分析，与注采分析结果相互验证，进一步分析调驱区块纵向及平面优势通道分布。最后结合 Field-CT 窜流通道软件模拟，明确区块水驱优势通道分布，纵向上Ⅱ段优势通道最为发育，Ⅳ段、Ⅰ段次之，Ⅲ段优势通道相对不发育；平面上中部、南部优势通道发育，东部、北部不发育。

1.2 优势通道定量认识

试验区块吉+2-014取心井数据分析表明，岩心样品喉道直径均值1.98μm，孔喉半径大于2.5μm部分约占36%，为主要封堵对象；孔喉半径小于2.5μm部分约占64%，为主要驱替对象。

2 深部调驱体系优选

Ⅲ区块渗透率分布为0.04~33.2mD，平均6.5mD，属于低渗透—特低渗透储层，人工裂缝、高渗透条带、中低渗透层交织，非均质严重，层内渗透率变异系数大于0.7，层间1.14~1.48，要求调驱剂具有"注得进、堵得住、能运移、驱得动"的特点[1]，通过评价筛选，确定了微球、驱油剂作为调驱试验体系。

2.1 微球膨胀性能

微球主要为交联聚合物类黏弹性分散体系，按照粒径可分为微米微球、纳米微球等多种类型。如图1所示，微球初始直径在几十纳米到十几微米之间，易于进入地层深部[2]；吸水膨胀后体积增至原体积的8~10倍，可在孔喉处架桥滞留，改变液流方向；在地层压力下能变形移动，对水流优势通道（孔喉）通过暂堵—突破—再暂堵—再突破的过程[3]产生多次封堵起到扩大波及系数，提高采收率目的。

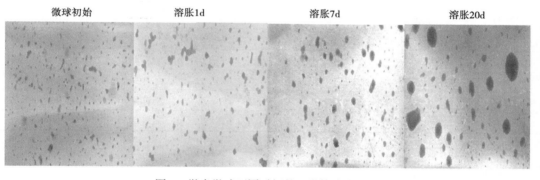

微球初始　　　　　溶胀1d　　　　　溶胀7d　　　　　溶胀20d

图1　微米微球不同时间的显微镜膨胀照片

2.2 微球封堵性能

选择渗透率为25mD的岩心来进行封堵实验，开展凝胶及不同粒径的微球封堵率及突破压力的对比实验，数据见表1。0.2%浓度以上微米级微球封堵率较高，均大于80%，纳米级微球封堵性能较弱。

表1　调驱体系封堵率实验数据

| 种类 | 注入浓度（%） | 岩心规格（cm×cm） | 注入速度（mL/min） | 渗透率（mD） | | | 封堵率（%） |
				气测	水驱	注调驱剂	
凝胶		φ2.5×30	0.1	22.3	16.8	0.26	98.4
20μm微球	0.2	φ2.5×30	0.1	25.2	17.4	2.00	88.5
	0.3	φ2.5×30	0.1	25.0	15.7	1.20	92.4
	0.4	φ2.5×30	0.1	24.5	16.9	0.78	95.4

种类	注入浓度（%）	岩心规格（cm×cm）	注入速度（mL/min）	渗透率（mD）			封堵率（%）
				气测	水驱	注调驱剂	
5μm 微球	0.2	φ2.5×30	0.1	25.3	18.6	3.30	82.3
	0.3	φ2.5×30	0.1	24.1	16.5	2.20	86.7
	0.4	φ2.5×30	0.1	27.2	17.4	1.70	90.2
1μm 微球	0.2	φ2.5×30	0.1	28.5	16.4	4.50	72.6
	0.3	φ2.5×30	0.1	30.1	18.2	3.30	81.9
	0.4	φ2.5×30	0.1	24.6	16.1	2.80	82.6
10nm 微球	0.2	φ2.5×30	0.1	23.4	15.8	5.20	67.1
	0.3	φ2.5×30	0.1	28.2	17.9	4.40	75.4
	0.4	φ2.5×30	0.1	24.7	16.2	4.10	74.7

从表 2 数据可知，凝胶突破压力最大不适宜使用；20μm 微球突破压力较大作为调整体系，5μm 与 1μm 微球突破压力适中，作为封堵主剂；10nm 微球突破压力较低，作为驱替体系。

表 2　调驱体系突破压力实验数据

渗透率（mD）	突破压力（MPa）				
	凝胶	20μm 微球	5μm 微球	1μm 微球	10nm 微球
200	3.130	1.090	0.114	0.0775	0.025
100	3.905	1.754	0.543	0.3410	0.098
30	4.584	1.943	2.643	1.4410	0.350
20	5.935	2.560	3.286	1.9630	0.480
10	6.935	3.387	4.621	2.5950	0.980

2.3　驱油剂性能评价

水驱后剩余油主要存在于渗透率低，难启动的部位；岩石孔隙亲油性增强，油水互渗能力差；驱油剂具有较强的降低油/水界面张力和洗油能力，可有效启动驱替低渗透层中剩余油。室内评价优选了驱油剂体系，0.4%浓度界面张力达到 $5.278×10^{-3}$ mN/m，三次吸附后界面张力达到 $1.043×10^{-2}$ mN/m，并且乳化性能好，洗油率 85%以上，能较好满足调驱现场需求。

3　深部调驱方案优化设计

3.1　调驱段塞设计

在强化试验区块剩余油分布与窜流通道认识基础上，深部调驱总体思路为先堵后驱、深部放置、逐级挖潜，提高宏观波及系数和微观驱油效率。根据优势通道和孔喉识别情况，调驱整体分为封堵和驱替两个段塞，采用不同种类及粒径的调驱体系，优化段塞组合，逐级封堵、逐级驱替。其中前期封堵段塞采用微米微球对 18 口水井的人工裂缝及大孔道发育的 23 个层段进行封堵；后期驱替段塞采用纳米微球对 13 口井 64 个层段驱替，其余 5 口井 27 个层段采用驱油剂进行驱替，对比效果。

3.2 调驱用量设计

如图 2 所示物模实验结果表明：调驱用量为总孔隙体积的 0.15 倍时，提高采收率幅度较好。试验区总孔隙体积 445×10⁴m³，计算调驱总量为 66.75×10⁴m³，平均单井 3.7×10⁴m³。

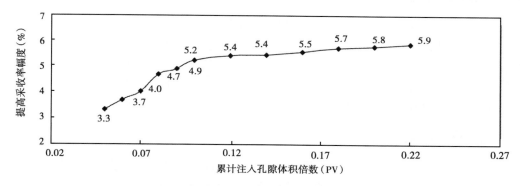

图 2 调驱累计注入量与提高采收率关系曲线

如图 3 所示，依据取心井孔喉尺寸分析结果计算调驱封堵和驱替段塞用量。岩心孔喉半径大于 2.5μm 样品分布频率约占 36%，采用微米微球封堵；小于 2.5μm 样品分布频率约占 64%，采用纳米微球及驱油剂驱替。计算微米微球封堵段塞用量 24.02×10⁴m³，纳米微球驱替段塞用量 29.46×10⁴m³，驱油剂驱替段塞用量 11.04×10⁴m³。

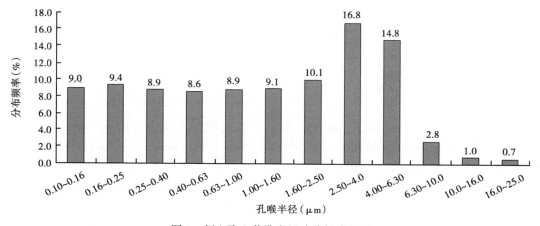

图 3 新立取心井孔喉尺寸分析成果图

3.3 合理注入速度

为避免调驱过早造成指进或出现欠注问题，根据历史上水驱阶段油水井各层段注采动态反应时间、周围油井含水上升规律，确定调驱各注入井容易发生窜流的临界注入速度，调驱试验 18 口水井日配注由水驱阶段 680m³ 下调到 543m³。

3.4 注入压力设计

调驱施工压力不应超过地层破裂压力及注水干线泵压，试验区块注水干线压力在 13.1~13.5MPa 之间，平均注水压力 11.8MPa，油泵压差小。分析注水压力高的原因是近井地带堵塞造成。为此调驱前对注入压力较高的 12 口井进行酸化、负压解堵预处理，平均注水压力下降了 1.8MPa，满足调驱现场注入需求。

3.5 现场注入工艺

调驱 18 口水井分布在 7# 和 8# 两个调驱注入站，其中 7# 间 8 口注入井，8# 间 10 口注入井，地面工艺采用单泵对单井在线同步注入的方式，通过柱塞微量泵将调驱微球、驱油剂体系原液直接泵入注水管线与注水系统来水按照设计浓度进行混配，施工简单，劳动强度小。井下采用原注水管柱，按照调驱配注实现分层可控注入，无须动管柱，节省操作成本。同时利用原注水系统监测调驱注入流量和压力等参数。

3.6 深部调驱注采双向监测

依据相关国标、企标建立了深部调驱水井注入和油井采出检测和监测技术体系，对 6 类项目（水井端包括驱油剂、微球性能检测；油井端包括采出微球浓度、氯根、矿化度、含水监测）开展持续性监测和检测。形成了较为完善的淀粉—碘化镉采出微球浓度检测法（表 4），用现场采出污水配置已知微球浓度的样品，淀粉—碘化镉法监测误差率平均小于 20%，年监测 800 井次，为深部调驱效果评价及参数现场调整提供依据。

表 3　采出污水配置已知浓度微球与淀粉—碘化镉法检测浓度对比表

已知浓度（mg/L）	13.6	16.8	44.8	82.4	99.2	202.8
检测浓度（mg/L）	13.5	21.0	50.9	70.4	106.5	223.4
相差百分比（%）	-0.7	25.0	13.6	-14.6	7.4	10.2

4　调驱试验现场情况

2013 年 9 月开始注入，截至 2017 年初累计注入调驱液 $40.4 \times 10^4 m^3$，为总孔隙体积 0.091PV，药剂原液 1018t，根据注入过程中 8 种典型注采动态特征，形成了封堵—驱替阶段注入参数 14 种动态调控对策方法，开展了 10 轮共 44 井次调驱整体注入参数调整，包括水井注入端粒径调整 15 次、浓度调整 9 次、配注调整 20 次；油井采出端引效、特高产液井关井等 5 井次，施工压力平均上升 2.1MPa。深部调驱初步见到效果，递减法增油 5225t。油井见效率 76.7%，整体水驱动用程度得到提高，由 2011 年 73.7% 提升到 2016 年 81.3%，说明调驱对优势通道实现了有效封堵，起到了扩大波及体积作用。

5　结论

（1）吉林油田低渗透油藏深部调驱形成了以地质认识、工程测试资料分析与软件模拟相结合的优势通道定性分析技术，工程地质相互验证，现场识别符合率达到80%以上。

（2）针对低渗透油藏调驱评价筛选了适合于新立Ⅲ区块油藏特点的微米微球封堵体系、纳米微球与驱油剂驱替体系；微球膨胀倍数 8~10 倍，封堵率达到80%以上；驱油剂原始界面张力达到 10^{-3} mN/m，抗吸附性突出，3 次吸附后的界面张力达到 10^{-2} mN/m。

（3）低渗透油藏双高开发期深部调驱技术有效地缓解了区块开发矛盾，能够起到封堵无效水窜通道，改变深部水驱方向，扩大波及体积目的。

参 考 文 献

［1］陈铁龙．三次采油概论［M］．北京：石油工业出版社，2000．

［2］何江川，廖广志，王正茂．关于二次开发与三次采油关系的探讨［J］．西南石油大学学报（自然科学版），2011，33（3）：96-100．

［3］黄学宾，李小奇，金文刚，等．文中油田耐温抗盐微球深部调驱技术研究［J］．石油钻采工艺，2013，35（5）：100-103．

中低渗透油藏 PV 级深部调驱
技术研究与试验

王啊丽　　熊英

（中国石油大港油田公司采油工艺研究院）

摘　要： G979-G938 区块平均渗透率 62mD，油藏温度 113℃，地层水矿化度 36235mg/L，标定采收率 43.76%，采出程度 40.82%，综合含水 96.97%。该区块前期治理开发水平由三类上升至一类，但剩余油高度分散，平面、层间层内矛盾依然突出，采用常规水驱方法进一步提高采收率的难度大，为此开展了区块整体 PV 级深部调驱提高采收率技术研究与现场试验。研究形成水流优势通道的半定量描述技术，优选出了适应于高温高盐油藏的高温连续凝胶及 SMG 微球凝胶，研究了调驱体系与不同渗透率油藏的匹配性，开展了深部调驱数模研究，形成了深部调驱层系、井网、调驱剂注入量、段塞结构设计、注入参数优化技术，探索出了现场优化调整技术。在没有其他进攻性措施的情况下，试验区实施深部调驱后，含水上升率由 2.49 下降至 -2.26，自然递减率由 16.1% 下降至 6.26%，油井见效率 93%，试验区最高日增油 50t，已连续 5 年保持产量增长和稳定，阶段增油 89430t，目前仍持续有效，预测提高采收率 3.12 个百分点，为中低渗透油藏在高含水、高采出程度开发阶段进一步提高采收率探索出了新的技术途径。

关键词： 大剂量；深部调驱"双高"油田

XJ 油田 G979-G938 区块历经 30 年的注水开发，已进入特高含水高采出的"双高"开发阶段，剩余油高度分散，平面、层间层内矛盾突出，采用常规水驱方法提高采收率的难度加大。调驱技术作为改善油藏深部非均质性、扩大注水波及体积的主导技术手段，在注水中后期开发油田中发挥越来越重要的作用，特别是 2009 年以来，区块整体大剂量深部调驱提高采收率技术研究与现场试验工作在各油田陆续展开，现场试验结果表明，调驱技术是高含水非均质油田提高水驱采收率的行之有效措施之一。为了积极探索提高水驱采收率的新技术新方法，开展了 PV 级深部调驱技术研究与试验，取得了初步成效，为进一步深化研究与试验奠定了重要基础。

1　实验区概况

G979—G938 区块主要含油层位为下第三系孔店组孔一段的枣 Ⅱ、Ⅲ、Ⅳ 油组，油藏深度为 2727.6~3238.4m，试验区为由北向东南倾没的构造油藏，边界断层封闭，内部边底水能量弱，主要依靠人工注水能量驱动，主要岩石类型为岩屑长石砂岩，储层非均质性较为严重。

G979-G938 区块含油面积 2.0km²，储层以中孔中低渗透为主，孔隙度在 1.53% ~ 20.69%，平均孔隙度 17.6%，渗透率在 0.76~1087mD，平均渗透率为 62.0mD（表1）；地

层水水型主要为 $CaCl_2$ 型，总矿化度 36235mg/L，油层温度 113℃，属于高温高盐油藏。

表1　XJ 油田 G9 区块孔隙度与渗透率统计表

小层号	平均孔隙度（%）	平均渗透率（mD）
ZⅡ1	13.06	44.78
ZⅡ2	18.3	75.0
ZⅢ0	18.1	56.1
ZⅢ1	18.0	69.5
ZⅢ2	17.2	56.5
ZⅢ3	17.0	50.7
ZⅣ1	16.1	16.0
平均	17.6	62.0

经过多年开发，存在的主要问题有两个方面：平面上，随着注水的不断推进，区块平面上各方向见效程度差异不断变大，通过示踪剂监测，有些井组，注水见效方向随着注水的深入而减少；纵向上，受层间非均质性影响，吸水能力强的油层吸水状况越来越好，而吸水能力差的油层则越来越差。

2　水流优势通道识别与定量计算的新方法

2.1　水流优势通道模糊评判法

应用模糊聚类分析和模糊综合评判两种数学模型，对窜流通道存在性进行识别，得到平面上优势通道的发育特征。

根据 XJ 油田的实际特点，将不同地质和开发条件下油藏内优势渗流通道分为三种类型，分别是：无窜流、窜流发育区和窜流较严重区域。利用专家系统模糊判别理论建立了窜流程度定性识别。

根据专家系统模糊判别理论方法，对 XJ 油田 G979-G938 区块的优势窜流通道存在性进行识别。根据窜流通道存在性识别结果，绘制了优势窜流通道平面发育特征图。其中，红色区域代表窜流严重区域，黄色区域代表窜流发育区域，绿色区域代表无窜流区域，如图1所示。

窜流严重区代表目前油水井之间已经存在严重的窜流通道，此区域的井称为 A 类井，需先进行调剖堵水再进行调驱。窜流发育区代表油水井之间存在窜流通道，此区域井称 B 类井。无窜流区代表油水井间窜流特征不明显，判断为无窜流。此区域井称 C 类井，水驱较均匀。

综合窜流通道级别，产、吸剖面监测结果和示踪剂解释结果（图2），判断出平面各井组的窜流方向。数值模拟计算得出的水流优势通道与现场根据示踪剂获得的窜流方向具有较为明显的一致性。

271

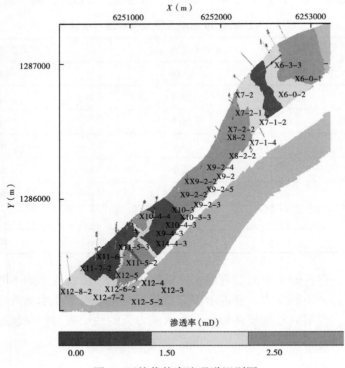

图 1　区块优势窜流通道识别图

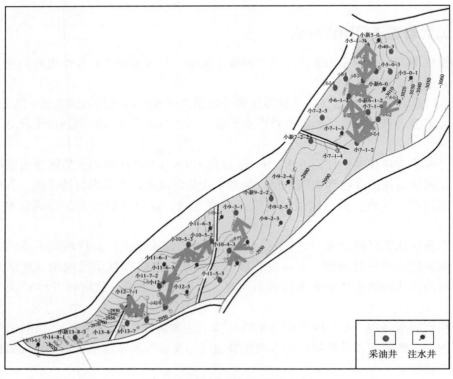

图 2　XJ 油田注水平面窜流方向

272

2.2　水流优势通道概率模型计算法

应用概率模型进行了优势通道的参数计算，计算结果见表2。

表2　注水井优势通道的参数计算

井号	渗透率50~100mD			渗透率>100mD		
	厚度（m）	渗透率（mD）	孔道半径（μm）	厚度（m）	渗透率（mD）	孔道半径（μm）
小12-7-1	1.80	79.00	3.97	1.23	309.00	7.86
G979	7.50	77.00	3.94	1.08	302.00	7.77
小11-5-1	1.64	79.28	4.42	0.66	217.30	7.31
小5-1-2	0.60	81.00	3.79	1.58	412.00	8.56
小6-0-1	4.70	79.00	3.74	0.97	282.00	7.08
小11-6-2	7.70	76.00	4.03	1.98	246.00	7.24
小7-0-1	5.22	77.00	5.22	2.73	190.00	8.22
小11-4-3	2.50	78.00	4.38	2.67	207.00	7.13
小11-4-1	5.40	77.00	4.36	2.09	196.00	6.95
小新6-1-2	1.80	79.00	3.86	3.06	662.00	11.16

2.3　经验法分类与识别水流优势通道

在赵福林教授PI决策的基础上，建立了区块注水井间注水压力、吸水强度、水驱速度及压降速率等相关性及规律，评判水驱状况。

根据主要特征，将注水井分为三类，A类井为具有明显水流优势通道的井，B类井为具有水流优势通道的井，C类井为没有水流优势通道的井，见表3。

表3　不同类型井判别标准

类别	主要特征指标			
	注水压力p（MPa）	压降速率（MPa/min）	吸水强度[m³/(m·d)]	水驱速度（m/d）
A类井	$p<15$	>0.1	>6	>5
B类井	$15<p<20$	0.05~0.1	3~6	>3
C类井	>20	<0.05	<3	<3

对XJ油田深部调驱各注水井判别结果见表4。

表4　经验法水井分类结果

区块	调驱井数（口）	调驱井号		
		A类井	B类井	C类井
G979	9	小新6-1-2　小7-0-1	小5-1-2，小6-0-1　G979	小新6-0，小新5-0　小7-1-3，小新4-0-2
G938	7	小11-4-1，小11-4-3　小11-6-2	小12-7-1，小11-5-1　小11-6-4，小12-5-1	—
合计	16	5	7	4

2.4 数值法与经验法结果对比

通过将经验法与数值模拟法对比，认为两种方法得出的结果一致性较好，参与对比的16口井中有13口井的判断结果一致（表5），符合率为81.2%。

表5 经验法与模糊评判结果对比

区块	井号	经验法评判结果	模糊评判结果
G979	小新 6-1-2	A	A
	小 7-0-1	A	A
	小 5-1-2	B	B
	小 6-0-1	B	B
	G979	B	B
	小新 6-0	C	C
	小新 5-0	C	C
	小新 4-0-2	C	C
	小 7-1-3	C	B
G938	小 11-4-1	A	A
	小 11-4-3	A	A
	小 11-6-2	A	A
	小 12-7-1	B	B
	小 11-5-1	B	B
	小 12-5-1	B	C
	小 11-6-4	B	C

3 优选高温连续凝胶及微球凝胶两种调驱剂

针对 XJ 油田高温高盐低渗透及调驱剂大剂量注入的特点，进行了体系优选工作，优选出了适应于高温高盐油藏的高温连续凝胶及 SMG 微球凝胶。不同的调驱体系具有不同的封堵能力，连续凝胶的主要特点是封堵能力强、注入性好、适应油藏范围宽，因此选择其作为封堵水流优势通道的体系[1]。可动凝胶微球，以下简称 SMG 微球的主要特点为粒径小、不受水质限制、易于进入油藏深部，因此选择其作为进行深部调驱的体系。

3.1 连续凝胶体系

3.1.1 体系性能及配方优选实验

近年来针对南部高温油田的油藏特点，研究试验应用了多种连续凝胶体系，由于超过100℃高温实验受实验容器密封性限制（105℃、113℃条件下部分样品中水分极易挥发导致样品变干，因此无法继续进行系统评价实验），系统的评价实验在95℃条件下进行，各体系配方见表6。

表6　高温连续凝胶体系配方

体系组分	KN		HJ		YG		LB	
	浓度范围（%）	实验配方（%）	浓度范围（%）	实验配方（%）	浓度范围（%）	实验配方（%）	浓度范围（%）	实验配方（%）
聚合物	0.2~0.5	0.3	0.3~0.5	0.4	0.3~0.5	0.4	0.3~0.5	0.4
交联剂	0.2~0.5	0.2	0.3~0.5	0.4	0.6~1.2	0.8	0.2~0.9	0.4
稳定剂	0.2~0.4	0.3	5~6	5	—	—	0.05	0.05

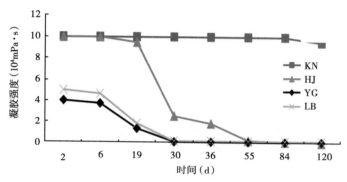

图3　高温连续凝胶热稳定性考察

图3为实验结果，可以看出，KN连续凝胶稳定性明显好于其他体系，但该体系以前基本是高强度、小剂量注入，为了满足大剂量注入的要求，室内开展不同浓度的配方实验，从进一步评价结果分析，KN-配方体系的成胶范围大，通过不同浓度的配方优选可满足不同封堵要求，成胶的强度范围为（0.3~8）×10⁴mPa·s（表7）。

表7　KN高温连续凝胶体系不同浓度配方实验

聚合物浓度（%）	0.15	0.20	0.25	0.30	0.35	0.40	0.50
交联剂浓度（%）	0.15	0.20	0.25	0.30	0.35	0.40	0.50
稳定剂浓度（%）	0.15	0.15	0.20	0.20	0.25	0.30	0.40
成胶强度（10⁴mPa·s）	0.25~0.30	0.49~0.52	0.8~1.1	2.0~2.3	4.0~4.5	5.0~5.5	8~10

3.1.2　连续凝胶与储层渗透率匹配性研究

从表8实验结果可以看出，KN高温连续凝胶的残余阻力系数均在20以上，说明KN高温连续凝胶具有很好的封堵能力，可以满足作为大剂量调驱封堵水流优势通道的需求。

表8　连续凝胶填砂岩心物理模拟调驱结果

聚合物浓度（%）	砂管渗透率（D）	阻力系数	残余阻力系数	耐冲刷性能	深部运移性能
0.3	3	53.2	69.8	良好	较好
	5	51.6	53.9		
	10	47.8	31.2		
	50	43.1	26.3		
	100	36.4	19.1		

聚合物浓度（%）	砂管渗透率（D）	阻力系数	残余阻力系数	耐冲刷性能	深部运移性能
0.5	3	91.7	140.5	良好	较好
	5	83.4	102.7		
	10	75.3	48.3		
	50	72.9	38.5		
	100	69.8	22.6		

3.2 SMG 微球凝胶体系

SMG 微球是以丙烯酰胺为主要原料，通过特殊工艺在生产中同时发生聚合和交联过程，形成具有特殊性能特点的产品。

3.2.1 SMG 微球凝胶耐温性考察

实验室用激光粒度分析仪及电子显微镜考查了不同温度下 SMG 微胶团的粒径变化。由图 4 可以看出：随着溶胀温度由 40℃上升到 90℃，毫米级 SMG 微球粒径中值由 40μm 增大至 45μm，且从图 5 的显微照片也可以看出，SMG 在高温烘箱连续放置数天后在显微镜下依然能看到很规则的球形，说明了 SMG 具有较好的耐温性。

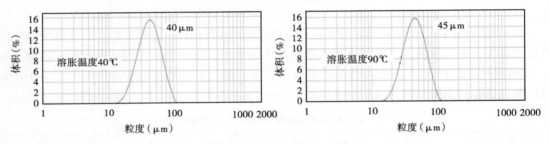

图 4 SMG 微球凝胶在不同温度下的粒度分布图
（微球浓度：50mg/L，NaCl 浓度：5000mg/L，溶胀 5d）

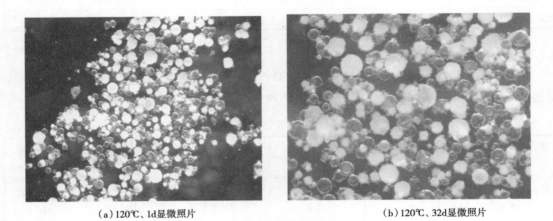

（a）120℃、1d显微照片　　　　　　（b）120℃、32d显微照片

图 5 SMG 微球凝胶耐温实验

276

3.2.2 微球粒径与储层渗透率匹配性研究

通过填砂管物理模拟研究可以得到：SMG 的粒径与填砂管的渗透率存在一定的匹配关系，只有当 SMG 的粒径与储层渗透率相匹配时，SMG 才能起到注得进、堵得住作用[2]。

实验结果表明，微米级 SMG 微球的粒径大小与渗透率为 1.34D 的填砂管孔隙大小最匹配；相同实验方法得到毫米级 SMG 微球的粒径大小与渗透率为 2.7~5.2D 的填砂管孔隙大小存在一定匹配关系。

3.2.3 SMG 微胶凝胶调驱效果评价

利用三并联岩心，物理模拟 SMG 微球凝胶调驱，提高采收率幅度达 10.08%（表 9）。

表 9　SMG 微球凝胶填砂岩心物理模拟调驱结果

模型号	水相渗透率（D）	孔隙度（%）	含油饱和度（%）	水驱末采收率（%）	SMG 驱采收率（%）	采收率增值（%）
1#	1.160	40.59	77.73	69.79	74.81	5.02
2#	0.310	33.54	70.69	57.73	69.01	11.28
3#	0.112	32.42	66.28	48.50	64.61	16.11
模型组	—	—	—	60.50	70.13	10.08

实验结果可以看出 SMG 微球可以明显提高水驱末采收率，调驱效果显著。

4　创新了分类数模设计方法，提高调驱针对性和有效性

试验区块调驱方案数值模拟的水驱部分采用的是 Eclipse 数值模拟软件中的 E100 黑油模型，三维两相；调驱部分，同样采用 Eclipse 软件黑油模型，模拟时利用 Polymer 聚合物参数基本原理，近似模拟调驱剂在储层中的运移、封堵，在实际模拟调驱效果时，主要是依据调驱剂剖面改善能力分析实验中得到的调驱体系在不同渗透率储层的分配关系，设置不同渗透率分区，给定不同的残余阻力系数来等效实现微球在储层中的选择性封堵以及增大波及面积的机理。

4.1　阻力系数与残余阻力系数

通过实验测定不同渗透率岩心、不同 SMG 浓度下的阻力系数与残余阻力系数。实验数据如图 6、图 7 所示。从实验结果可以看出，SMG 的阻力系数与残余阻力系数随着 SMG 浓

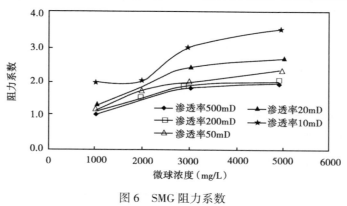

图 6　SMG 阻力系数

度的增加而增加，随着岩心渗透率的增加而降低。

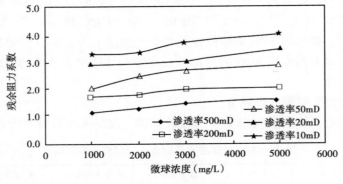

图 7　SMG 残余阻力系数

4.2　注采参数优化设计

根据注采井组的储层物性和注水开发效果，将调驱井分为三类，其中 A 类井和 B 类井，为了避免调驱剂的窜流，需要注入适量的前置或中部段塞进行处理，第三类注入井可直接注入主剂。A 类井和 B 类井均考虑了 5 种因素，C 类井考虑了三种，且每种因素考虑了 5 种不同的范围值，即 13 因素 5 水平的实验方案，通过正交设计方法共设计了 40 套方案进行数值模拟[3]。

根据正交实验结果，在只考虑微球调驱而不对后续水驱进行优化的前提下，方案 26 的累计增油量为最优，达到 16.81×10^4t。最优调驱方案见表 10。

表 10　数值模拟最优调驱实施方案

序号	因　　素	水平
1	A 类井调剖剂浓度	0.5
2	A 类井调剖剂日注量（PV）	0.00022
3	A 类井调剖剂总量（PV）	0.12
4	A 类井主段塞比例	0.85
5	A 类井主段塞个数	2
6	B 类井调剖剂浓度	0.4
7	B 类井调剖剂日注量（PV）	0.0002
8	B 类井调剖剂总量（PV）	0.1
9	B 类井主段塞比例	0.9
10	B 类井主段塞个数	2
11	C 类井调剖剂浓度	0.3
12	C 类井调剖剂日注量（PV）	0.00018
13	C 类井调剖剂总量（PV）	0.08

根据数值模拟研究结果（图8、图9），G979-G938 区块实施 16 口井深部调驱后，区块产油量上升、含水下降，预计增加可采储量 16.81×10^4 t，可提高采收率 3.06%。

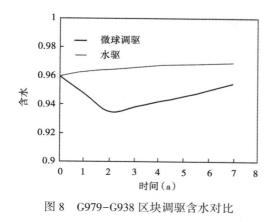
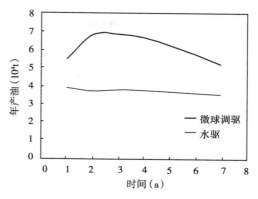

图 8　G979-G938 区块调驱含水对比　　　　图 9　G979-G938 区块调驱年产油量对比

5　开展了 PV 级调驱现场注入工艺及装置的研究，实现了主体调驱剂的集中在线注入

2009 年在大港油田开展 SMG 微球大剂量的调驱，开发出了简易在线调驱装置，鉴于试注过程中发现注入装置存在药剂堵塞、搅拌效果不理想等问题，对在线注入装置进行了系统的设计，如图 10 所示。

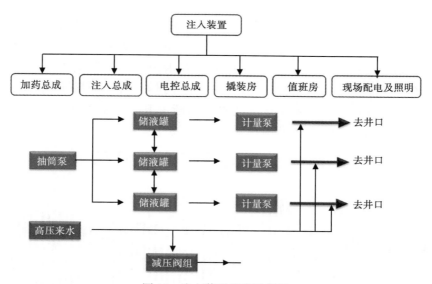

图 10　注入装置流程示意图

为了对现场施工质量进行监控，专门研发应用了远程视频监控系统，该系统能够实现远程、24h、全方位监控，极大地保证了现场施工质量。

6 现场试验情况

6.1 调驱层系及注采井网

调驱层系以孔一段枣Ⅱ、Ⅲ、Ⅳ1油组为目的层。

调驱注入井共19口，对应受益油井25口，调驱覆盖地质储量606.38×10⁴t。

6.2 注入段塞结构

根据注水压力、吸水状况及压降速率等资料数据，结合窜流通道识别的结果，将调驱井分成三类，A类井为窜流较严重区域，B类井为窜流发育区，C类井为无窜流区。按分类结果采用不同调驱段塞结构。

A、B类调驱井采用"体膨颗粒+高温连续凝胶"前置或中间处理段塞对调驱目的层进行高渗水流优势通道的预处理，再注入SMG大剂量调驱主段塞；C类井则直接注入SMG调驱主段塞。调驱剂总注入量为0.08PV、77.76×10⁴m³（表11）。

表11 注入段塞情况

调驱井	A类井	B类井	C类井
注入体积（PV）	0.100	0.080	0.060
前置或中间处理段塞（PV）	0.015	0.008	—
主段塞（PV）	0.085	0.072	0.060

6.3 试验效果

2011年8月开始现场施工注入，2015年8月完成调驱剂注入，累计注入77.76×10⁴m³。

调驱后19口井注水指标均好转，平均注水压力由13.9MPa上升至16.9MPa，90min井口压降由9.9MPa减缓至4.9MPa，启动压力由10.4MPa上升至14.7MPa。含水上升率由2.49下降为0.49、下降2，自然递减率由16.1%下降到4.52%，下降了11.58个百分点。

区块生产形势明显好转，区块日产油水平逐渐上升，由调驱前的98t/d最高上升至148.5t/d，连续5年产量增长并保持相对稳定（图11），截至2017年1月，阶段增油

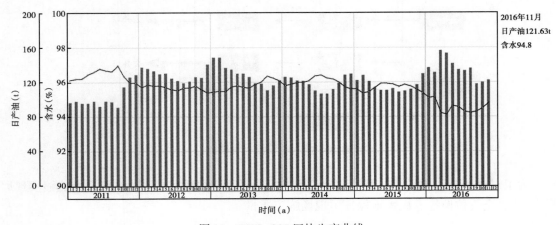

图11 G979-G38区块生产曲线

280

89430t，降水 30195m³，预测提高采收率 3.12 个百分点。

7　结论与认识

（1）试验区调驱井根据注水压力、吸水状况及压降速率等资料数据，结合窜流通道识别的结果进行分类设计调驱段塞结构，充分体现了单井个性化设计，实施针对性强。

（2）大剂量深部调驱技术采用封堵能力强的连续凝胶与驱油效果好的 SMG 微球凝胶交替注入，提高了调驱剂与油藏的适应性与匹配性，整体实施效果显著。

（3）在调驱实施过程针对压力上升幅度及受益油井见效情况等，及时对现场调驱注入量及段塞进行优化调整，可保证实施效果的持续有效。

（4）SMG 凝胶微球在 XJ 油田 G979—G938 区块高温高盐油藏 PV 级调驱试验取得显著效果，初步形成了深部调驱提高采收率的配套技术，为今后"高含水、高采出程度"油田提高采收率探索了新的技术途径，具有广阔的推广前景。

参 考 文 献

[1] 佟乐，任文佳. 有机铬类调剖堵水剂室内研究 [J]. 辽宁石油化工大学学报，2011，31（4）：49-51.

[2] 刘玉章，熊春明，罗健辉，等. 高含水油田深部液流转向技术研究 [J]. 油田化学，2006，23（3）：248-251.

[3] 刘伟，李兆敏，李松岩. 非均质地层泡沫调驱提高采收率实验 [J]. 石油化工高等学校学报，2011，24（5）：26-29.

大港油田低渗透油藏提高采收率开发技术剖析

孟立新[1]　蔡明俊[2]　苏立萍[1]　程运普[3]　李健[1]　张志明[1]

(1. 中国石油大港油田公司勘探开发研究院；2. 中国石油大港油田公司；
3. 中国石油大港油田公司采油工艺研究院)

摘　要：大港油田中深层低渗透油藏总体采收率低、开发效果差，经过新一轮低渗透油藏开发技术攻关，已部分实现了规模有效开发。在岩心实验基础上落实了低渗透储层孔隙结构特征、渗流特征及潜力评价标准；建立了低渗透油藏储层分级评价方法和优势储层"甜点"筛选方法；通过驱替实验初步给出了合理开发方式确定标准；在大量动态分析基础上落实了注水见效主要控制因素，借助建模—数模一体化技术制订出了实现有效水驱、扩大注入波及体积、提高产量的技术策略，进而论证并提出低渗透油藏合理井网、井距及合理井排方向等；在现场实践的基础上，提出了适合大港油田不同井型的压裂技术方法和低伤害易返排压裂液体系。通过综合配套技术实施，大港油田低渗透油藏最终采收率将提高到25%以上。

关键词：低渗透油藏；储层评价；甜点筛选；开发技术；提高采收率；大港油田

我国的低渗透油藏地质资源量很大，但普遍具有储层物性较差的特点[1-3]。近来低渗透已经成为我国油气增储上产的主体[2]，2007年以来中国石油年均探明低渗透储量 4.3×10^8 t，占全国71.8%，其中又以特低渗透储量为主，如何对特低渗透油藏进行规模有效开发的首要任务就是需要对储层进行综合评价[4-6]，优质储层的筛选是低渗透油藏开发技术攻略的基础。

大港油田的低渗透油藏绝大部分埋藏深度大于3000m，主要分布在中北部油田的沙河街组及南部油田的孔店组储层。这类油藏自然产能低，需压裂投产，投入开发后暴露出"产量递减快、注水见效难、动用程度低、采收率低"等问题。据统计目前大港油田已开发低渗透油藏采出程度低于10%并持续以低于0.3%的采油速度生产的地质储量占比超过60%，而这些油藏蕴藏着提高产油量、提高最终采收率的潜力，也是大港油田老区稳产的物质基础，对于这些地质储量，采油速度增加0.1个百分点，相当于新建产能占大港油田 1/4~1/5 的生产能力；如果采收率提高1.0个百分点，相当于投产一个千万吨级的油田。研究大港油田低渗透油藏提高采收率配套开发技术，不仅是老油田稳产的需要，更重要的是长远发展战略的需要。

目前虽然采取了水平井开发、储层改造、超前注水等工艺措施，但是开发状况仍无法满足高效开发需求，严重制约了低渗透油藏增储建产。近几年针对大港油田深层低渗透油藏开发效果的改善，开展过大量的前期试验，形成一批科研成果，将科研成果应用于生产中并取得了良好的效果，如 DLB 油田，经过小井距加密试验、完善注采井网，采油速度达到了1.0%以上；G2025 断块应用储层"甜点"筛选技术部署的6口井取得了较好的开发效果，投产初期平均日产油 18.42t。通过这批科研成果投入生产实践，使大港油田低渗透油藏开发水平得以提升。

1　低渗透储层质量评价技术

以渗透率为主要评价参数的常规储层评价方法与低渗透油藏的单井产量没有很好的相关性，如：长庆油田在 1mD 的储层容易开发，而大庆外围扶杨油层在 1mD 的储层难以开发，不同地区的低渗透油藏需要根据该区域实际的岩心分析来确定储层分级评价方法[7]。

1.1　微观孔隙结构特征

以大港 LJF 油田低渗透油藏 F24-27 井为例，油层埋深为 2800~3800m 的 144 块岩心分析（图 1），平均孔隙度 13.5%，平均渗透率 0.83mD。渗透率与孔隙度具有很好的相关性，与深度无相关性，孔隙结构属于基质型、基质—裂缝型。岩心成分分析揭示储层中石英含量较高平均含量为 51.8%，具有较少的黏土矿物含量为 9.4%，但含有一定量的水敏、酸敏和碱敏矿物。储集空间主要以原生粒间孔，粒内溶孔和铸模孔为主。

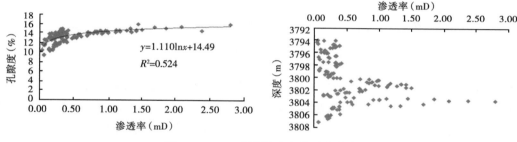

图 1　F24-27 井孔隙度与渗透率分布

利用恒速压汞实验揭示了不同渗透率岩心的喉道半径分布［图 2（a）］，不同渗透率岩心喉道分布差异较大，岩心渗透率越低，喉道半径分布越集中于低值区，且展布范围窄，峰值高；随渗透率增大，展布范围向高值区扩展，且峰值降低。因此，不同渗透率的岩心差别主要体现在喉道半径的分布上，说明岩心的渗流能力主要受喉道半径的制约；同时，渗透率与平均喉道半径呈较好的半对数关系［图 2（b）］，由上所述该区块的平均渗透率为 0.83mD，平均喉道半径为 1.19μm，相对应的主流喉道半径为 0.786μm。

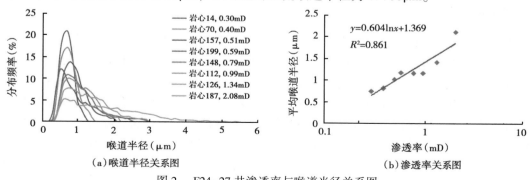

（a）喉道半径关系图　　　（b）渗透率关系图

图 2　F24-27 井渗透率与喉道半径关系图

1.2 非线性渗流与启动压力

流体在低渗透油藏中的流动明显区别于中、高渗透性油藏中的渗流规律，本质是其中的流动规律不再符合经典的达西渗流定律[8]，引入（拟）启动压力梯度概念从而对达西渗流定律在非线性渗流的不适用做了补充或者发展[9,10]。

低渗透储层由于孔喉微细，需要一个启动压差，才能使流体开始流动。通过对一组低渗透油层岩样分析（图3），渗透率不同启动压力不同；流体不同，启动压力不同。启动压力梯度的大小决定了注采井网的间距以及注水压力的大小[11,12]，F24-27 井岩心分析启动压力梯度的最低值为 0.03MPa/m 深度为 3803.6m，最高值为 0.26MPa/m 深度为 3802.9m，平均值为 0.22MPa/m。该区块的平均渗透率为 0.83mD，相对应的拟启动压力梯度 0.165MPa/m。

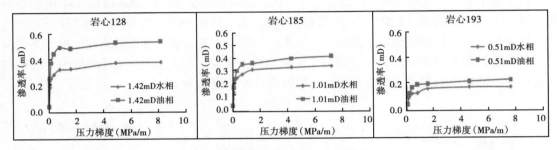

图3　不同渗透率下启动压力梯度

可动流体百分数是评价储层开发潜力的重要物性参数，它比渗透率更能准确反映低渗透储集层开发潜力的大小[13-15]。可动流体 T_2 截止值 16.68ms 在核磁共振测量中是一项重要的参数，借助该参数能划分可动流体和束缚流体[16,17]，从而对储集层进行评价分析。渗透率低于 1.0mD 的岩心（0.30~0.99mD）核磁图谱主要以双峰向单峰演变，可动流体逐渐增多 [图4（a）]，随着渗透率增加，右峰向右偏移，平均可动流体为 57.25%；渗透率高于 1.0mD 的岩心（1.01~2.80mD）核磁图谱主要以单峰为主 [图4（b）]，可动流体较多，随着渗透率增加，可动流体变化不明显，平均可动流体为 62.26%。可动流体饱和度随渗透率增加而增大，呈良好的半对数关系 [图4（c）]，随着孔隙度的增大，可动流体饱和度也呈现上升的趋势。F24-27 井可动流体百分数的幅值变化较小，最低值为 48.81% 深度为 3797.5m，最高值为 66.20% 深度为 3803.7m，平均可动流体饱和度为 59.63%。

1.3 储层评价方法

从渗流力学角度看，与低渗透油藏开发效果密切相关的参数包括平均喉道半径、可动流体百分数、启动压力梯度、黏土矿物含量及原油黏度等[18-20]。对上述 5 个参数分别进行评价，最终的综合评价结果无法量化，因而储层优劣排序较为模糊，由于对储层的分类评价受多重因素的影响制约，因此需要综合反映分类参数特点、定量对储层分类的综合性参数。

前人结合 2200 块岩心的测试结果和 67 个低渗透区块的开发现状，提出了"五元综合分类系数"的概念和评价标准[7]，它是在单因素分析的基础上，对各参数进行归一化处理得到的，从而确定了用主流喉道半径、可动流体百分数、启动压力梯度、黏土矿物含量、原油黏度等 5 项参数对储层进行评价的方法，并在油田现场得到了广泛的应用 [式（1）]：

284

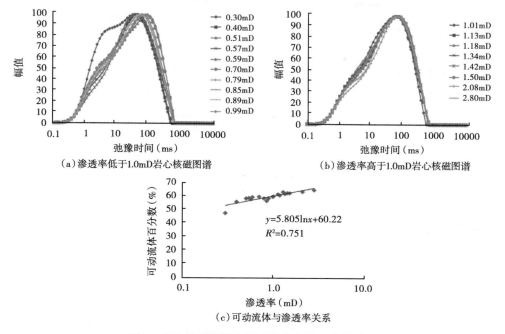

（a）渗透率低于1.0mD岩心核磁图谱　　　　（b）渗透率高于1.0mD岩心核磁图谱

（c）可动流体与渗透率关系

图4　岩心核磁图谱和可动流体与渗透率的关系

$$\text{Feci} = \ln \frac{(s_{o}/s_{ostad})(r_{m}/r_{mstad})}{(\lambda/\lambda_{stad})(m/m_{stad})(\mu/\mu_{stad})} \qquad (1)$$

式中　s_{o}——可动流体百分数,%；

s_{ostad}——四类参数标准可动流体百分数,%；

r_{m}——平均喉道半径，μm；

r_{mstad}——四类参数标准平均喉道半径，μm；

λ——拟启动压力梯度，MPa/m；

λ_{stad}——四类参数标准拟启动压力梯度，MPa/m；

m——黏土矿物含量,%；

m_{stad}——四类参数标准黏土矿物含量,%；

μ——原油黏度，mPa·s；

μ_{stad}——四类参数标准原油黏度，mPa·s。

根据式（1），针对大港油田 LJF 油田 F24-27 井岩心实验结果进行计算所得综合分类系数为4.23（表1），按照综合分类评价模版（图5）进行评价，认为该断块属于需要通过攻关才能有效开发的Ⅲ类油藏。

表1　F24-27井低渗透储层综合评价表

渗透率（mD）	主流喉道半径（μm）	可动流体百分数（%）	拟启动压力梯度（MPa/m）	黏土含量（%）	原油黏度（mPa·s）	综合分类系数	综合评价
0.83	0.786（Ⅳ）	59.93（Ⅱ）	0.165（Ⅲ）	9.4（Ⅱ）	1.33（Ⅰ）	4.23	Ⅲ

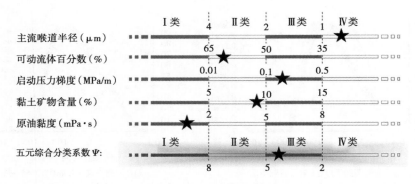

图 5　低渗透储层"五元分类系数"综合评价模版（★代表 F24-27 结果）

2　低渗透油藏开发技术攻关

2.1　优质储层"甜点"筛选

　　该项攻关就是针对低渗透储层中任一点进行五元综合评价，计算得到该点的综合评价系数，从而得到该储层的五元分类系数分布图，从而找到有利开发的油气聚集区。鉴于同一储层中原油成分变化不大，原油黏度一般为一定值，将低渗透储层综合评价的公式进行修正，用油层厚度代替原油黏度。储层的平均喉道半径、可动流体百分数及启动压力梯度可通过室内实验获得，黏土矿物含量及油层厚度可通过测井解释曲线获得。以 F24-27 井所在 G2025 断块为例，室内测试分别得到了平均喉道半径、可动流体百分数、启动压力梯度与渗透率的关系曲线，以已有井点测井解释结果为基础，通过插值方法得到储层平面各井点的五元分类系数，形成了 G2025 断块五元甜点系数图（图 6），图中颜色较深的部位即为储层综合评价

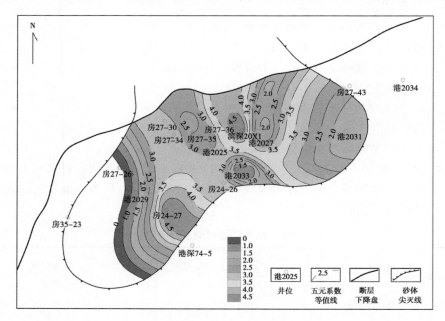

图 6　G2025 断块五元甜点系数图

系数较好、有利开发的区域。在这些区域部署了五口大斜度井和一口直井，均取得了较好的开发效果，投产初期平均单井日产油 18.42t。

2.2 合理开发方式界限分析

对于低渗透油藏来讲，产油量大小与产液量的高低密不可分，有液量的保障才能确保产油量的持续。因此，该类型油藏在开发中必须注重地层压力的保持，弹性驱动和溶解气驱动的采收率都很低，应该采取注水或注气保持地层能量开发[21,22]。

注水开发与注气开发的驱油效率与孔隙度、渗透率成一定的线性关系，根据两条拟合直线的交点就能得到水驱和气驱的临界渗透率值[12]。F24-27 井共 21 块岩心进行水驱油和气驱油实验，其中水驱油效率为 13 块，渗透率区间为 0.34~2.08mD，随着渗透率的增加水驱油效率逐渐增加，驱油效率区间为 58.93%~69.23%，最大驱油效率之差为 10.30%；气驱油效率为 8 块，渗透率区间为 0.54~2.38mD，随着渗透率的增加气驱油效率显著减少，驱油效率区间为 45.43%~86.16%，最大驱油效率之差为 40.73%。两种方式的驱油效率与孔渗具有一定的线性关系［图 7（a），图 7（b）］，根据两条拟合直线的交点就能得到水驱油和气驱油的临界孔、渗值。从岩心驱替实验可以看出，当渗透率小于 1.25mD 时，采用气驱油的方式要好于水驱油；当渗透率大于 1.25mD 时，采用水驱油的方式要好于气驱油。当孔隙度小于 14.61% 时，采用气驱油的方式要好于水驱油；当孔隙度大于 14.61% 时，采用水驱油的方式要好于气驱油。

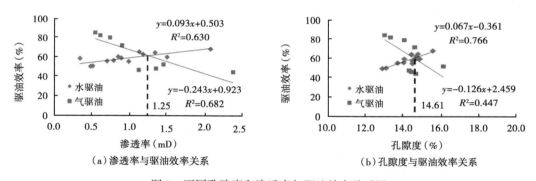

（a）渗透率与驱油效率关系　　　　（b）孔隙度与驱油效率关系

图 7　不同孔隙度和渗透率与驱油效率关系图

模拟在不同注气时机对注天然气驱提高采收率的影响，从结果可以看出在高于饱和压力下注气提高采收率的幅度较大（提高采收率的幅度 50.43 个百分点），而在低于饱和压力下，随着地层压力下降，注气提高采收率的幅度相对较小；模拟超前注水、同期注水、滞后注水、不注水 4 种情况，结果显示注水时间越早，见水前稳产水平越高，但同时见水时间也越早，见水后产量递减较快，含水率相应也较高，但综合来看，超前注水产量是同期注水产量的 2.8 倍、是滞后注水产量的 5.6 倍、是不注水的 7.2 倍，超前注水还能有效防止地层原油性质的改变。

2.3 合理开发井网与部署方式

注采井网部署形式是否合理，是裂缝性（包括压裂缝）砂岩油田注水开发成败的关键环节。注水开发井网部署的基本原则是"沿裂缝方向灵活井排距布井"，大港油田最大主应力方向为北东—南西向。具体部署有以下三点：一是井排方向，特别是注水井排方向应平行于裂缝方向，这样可以最大限度地避免注入水向生产井窜进和暴性水淹现象，提高水驱油效果；二是注水井井距可以适当加大，应大于注水井排与生产井排之间的排距，这样可以充分发挥裂缝性油层吸水能力高的优势，同时可以增大注采井排间的驱动压力梯度，注水井先间隔投注，待拉成水线后，排液井再逐步转注；三是生产井井距初期可以和注水井距一样，相错布置，到中期根据情况可在生产井排补打加密调整井，以延长油田稳产年限，扩大注入水波及体积，提高原油最终采收率。

反九点注采井网在低渗透油藏开发中被广泛应用。在低渗透裂缝性油藏中，裂缝既是提高采收率的油流通道，也是水驱油的渗流通道[22-24]，为了提高水驱油效率，在井网部署中需要拉长主裂缝方向注水井到采油井的距离，缩短非主流线方向注水井到采油井的距离。同类油藏开发经验表明，各向异性渗透率主轴与井排方向平行，其中渗透率主轴指裂缝方向和古水流方向。使注入水垂直裂缝走向向采油井方向驱油，才能最大限度地提高波及体积，取得较好的开发效果。模拟注采方向与裂缝夹角 15°～45°之间三个不同方案十年开发指标预测，结果显示夹角 30°时累计产油量最高、含水最低，即认为反九点菱形注采井网菱形边与主裂缝成 30°夹角时，是最适合该油田的井网形式，采用直井注、水平井采的井网，注水井尽量靠近中间部位或是物性较好的部位。

低渗透油藏科学合理的井网密度一方面要考虑经济效益，既要使单井控制可采储量高于经济极限值（经济极限井距）；另一方面要考虑启动压力和建立有效驱替压力系统（极限注采井距）。以 Y21 断块为例，采用交会法对经济极限井距进行估算，计算参数包括原油价格、原油成本、回收期以及单井投资等，按照以上参数计算经济极限井距为 200m。同样以 Y21 断块为例对克服启动压力和建立有效驱替的极限注采井距进行估算［式（2）］，计算参数有启动压力梯度、注水井井底流压、采油井井底流压、井筒半径等，按照以上参数计算经济注采井距为 130m。考虑压裂措施可适当放大极限注采井距，这时要考虑裂缝半长与等效井筒半径之间的关系［式（3）］[25]，估算出 Y21 断块考虑压裂措施时，极限注采井距为 220m。Y21 断块考虑压裂投产，因此选择井距为 220m。实际钻井过程中考虑到断块的构造形态、走向等，其井距可根据具体情况适当微调。

未压裂井极限注采井距公式：

$$\frac{p_{\mathrm{H}} - p_{\mathrm{w}}}{\ln \dfrac{R}{r_{\mathrm{w}}}} \cdot \frac{2}{R} = G \tag{2}$$

裂缝半长与等效井筒半径关系式：

$$r_{\mathrm{we}} = 0.44626 x_{\mathrm{f}} \tag{3}$$

式中　G——启动压力梯度，MPa/m；

p_{H}——注水井井底流压，MPa；

p_{w}——采油井井底流压，MPa；

R——注采井距，m；

r_{w}——井筒半径，m；

r_{we}——压裂直井的等效井筒半径，m；

x_{f}——裂缝半长，m。

2.4 合理注采分析及工艺适应性

开展低渗透储层注水困难影响因素分析，认为注采井距、注采压差、注入水水质是造成低渗透储层注水难度较大的主要原因。注采井距是影响注水能力与注水效果的主控因素，如ZQZ油田沙三段见效油井平均井距284m，不见效油井平均井距375m；在油井受益的情况下，通过增大注采压差可在一定程度上改善注水能力，但注水压力高的本质原因还是与渗透率低呈正相关，统计显示随着储层渗透率的增大，初期注水压力呈下降趋势，累积注水量呈增加趋势；注入水水质不达标（悬浮物超标、矿化度不达标）造成地层近井地带堵塞。

从近几年实施的降压增注措施效果统计分析可以看出：有受益油井的注水井实施降压增注措施效果较好，同时有受益油井的注水井酸化解堵措施实施效果好于压裂措施；从统计情况来看，实施地面增压增注措施效果有效，考虑到各断块的最大许用井口注水压力，地面增压压力达到上限值后，油层可能会压开形成裂缝，造成注入水水窜，造成油井水淹或套管损坏等多种不利影响，因此采取地面增压增注措施难以达到长效治理欠注井的目的。因此，对欠注或停注井治理，更现实的做法是针对注水现状和注水工艺适应性进行评价，找到造成欠注或停注的主控因素，针对每口单井制订有针对性的治理对策。

防膨措施对深层低渗透油田注水治理对策方面主要开展了水敏、盐敏、碱敏、酸敏、速敏等储层敏感性实验（表2）。以F24-27井岩样测试结果为例，研究区块储层石英含量较高，从而使得储层具有弱—中等偏强的应力敏感性，在开发时储层可承受一定程度的衰竭式开发。由于储层含有较多的水敏矿物导致储层具有中等偏强—强水敏性，在进行盐敏实验时发现注入水矿化度为地层水矿化度1/8时，渗透率急剧下降且曲线出现拐点。储层具有中等偏弱碱敏特性。储层矿物与酸液发生反应后，渗透率有所增加，有利于储层进行酸化改造改善储层的流通性。由于储层较为致密，并无速敏特性。

表2 低渗透储层敏感性实验测试数据表

样品编号		深度（m）	渗透率（mD）	地层水测渗透率（mD）	损害率（%）	强度
水敏	109	3800.17	0.71	0.123	76.15	强
	133	3801.26	1.00	0.187	76.73	强
	181	3803.35	1.86	0.336	78.78	强
	207	3804.68	0.39	0.042	66.10	中等偏强
盐敏	206	3800.48	0.39	0.042	54.73	中等偏强
	143	3801.71	0.70	0.083	61.29	中等偏强
	197	3804.24	1.69	0.617	64.62	中等偏强
	115	3804.65	0.97	0.161	59.15	中等偏强
碱敏	219	3805.87	0.40	0.040	42.78	中等偏弱
	180	3803.35	1.12	0.217	44.06	中等偏弱
	28	3795.25	0.28	0.051	51.25	中等偏弱
	131	3801.15	0.94	0.134	37.75	中等偏弱
酸敏	131	3801.15	0.94	0.153	增29.02	弱
	14	3794.69	0.30	0.050	减0.02	无
	194	3803.97	0.40	0.084	增11.41	弱
	180	3803.35	1.12	0.232	增20.02	弱

2.5 水平井合理部署方法

水平井与直井相比具有接触油层多、泄油面积大的特点，利用水平井有效开发低渗透油藏是众多专家推荐井型的首选。大港油田的低渗透油层发育情况不尽相同，既有单层又有多层、既有薄层又有厚层，为了优选出更加合适的井型，建立不同机理模型分别研究直井、多层水平井及水平井的适应性。实践证明渗透率越低、油层厚度越小，水平井的开发优势越明显；将 10m 厚油层平均分为 5 层，层间没有隔夹层，渗透率分别按正韵律、反韵律和复合韵律设置，对比水平井和直井的开发效果，层内非均质且不同韵律时，增产倍数均大于 1，水平井具有开发优势，并且在反韵律时优势更大；将 10m 厚油层平均分为 5 层，层之间有隔层，渗透率分别按正韵律、反韵律和复合韵律设置，对比层间非均质条件下多层水平井和直井的开发效果，层间非均质且不同韵律条件下，增产倍数均大于 1，说明多层水平井好于直井的开发效果。同样在多层非均质油藏中对比水平井和多层水平井的效果，结果水平井好于多层水平井开发，厚度有其合理范围，厚度越薄，渗透率越低，水平井的开发优势越明显。根据现场实际经验得出，油层单一的油藏部署水平井开发，油层发育中等（5 个油层及以下）考虑实施多层水平井，油层发育较多的油藏（5 个油层以上）考虑实施直井开发，降低后期储层改造难度。

在渗透率为 0.5mD、5mD、20mD 的基础上，对比不同水平段长度（300m、400m、500m、600m、700m、800m、900m、1000m）的开发效果，在同一渗透下，随着水平段长度的增加，水平井相对于直井的增产倍数增大，但是上升趋势变缓，每米累计产量下降，因此水平段长并非越长越好，500m 左右出现拐点。从不同工作制度下水平井的累计产油来看，水平生产井井底流压定的越低，生产压差越大，井筒里流量越高，摩阻损失越大，累产增加趋势越平缓，因此在压裂注水较高速度开采的情况下更需要控制水平井的长度。同时，为了提高单井控制面积，水平井最好与最大主应力方向夹角在 60°~120°之间。

2.6 压裂增产技术

低渗透油气藏由于孔喉细小、毛细管现象突出、油气流动阻力大，对入井液要求较高。应具有清洁、低伤害、易于返排的特点，尽可能减少入井液对地层的伤害。为了降低对油层伤害，提高压裂改造效果，针对目标区块的储层特点，优化低伤害易返排压裂液体系，残渣含量为 181mg/L，表面张力 24.1mN/m,，界面张力 0.79mN/m，有效提高了压裂液返排性能。

在低渗透率油气藏中，由于储层基质向裂缝的供油能力较差，仅靠传统的单一压裂的主裂缝很难取得预期的增产效果，水力压裂后只有在主裂缝邻近的区域油气可以流入主裂缝产出，而离主裂缝较远的油气仍然很难采出。通过对低渗透油气藏实施体积压裂改造，形成网络裂缝才能使流体从基质向裂缝实现"最短距离"的渗流，从而实现低渗透油气藏的高效开发。在体积压裂过程中，由于地应力分布以及压裂工艺技术等因素的影响，使得体积压裂后形成的裂缝形态极其复杂。2006 年 Mayerhfer 等人在研究 Barnett 页岩的微地震监测技术及压裂情况时首次提出改造的油藏体积 SRV（stimulated reservir vlume）这个概念，针对不同 SRV 研究累计产量的变化，SRV 越大累计产量越高从而提出了增加改造体积的技术思路。长井段薄互层大斜度井具有井段长、油层薄、非均质性强的特点，需要压开所有目的层增大改造体积，提高单井产量，适用多簇射孔+速钻桥塞分段压裂工艺技术。X5-23-1L 井采用

多簇射孔+速钻桥塞分段压裂技术，目的层全部被压开，SRV 大，单井产量高（一年累计产油 4702t）

通过对已实施压裂的水平井效果分析，结合套管固井+滑套分段压裂技术特点，注水开发的低渗透油藏水平井优选套管固井+滑套分段压裂技术。套管固井+滑套压裂工艺可根据压裂层位设计套管固井滑套的位置，套管固井滑套的位置即为压裂层位。该项工艺技术裂缝起裂位置精确可控，只在滑套位置起裂，改造目的针对性强。B23X1 断块沙三段低渗透储层，无自然产能，普遍需压裂改造。Q61-6H 水平井采用分段压裂后，初期日产 56.5t/d，日产为常规井的 2.5~5 倍，稳产期较常规井高 6~8 倍。

对于油层分散、井段较长、非均质性强的砂泥岩薄互层常规直井，优选封隔器分层和直井多簇分层压裂工艺技术。D41-66 井采用直井多簇分层压裂工艺，压后 3mm 自喷生产，日产油 24.2t，是邻井平均单井产量的 1.8 倍。

3 低渗透油藏开发有效增产配套

大港油田低渗透油藏一般具有埋藏深、构造相对简单、油层分布较稳定、储层物性差、原油物性较好、原始地层压力系数高、注水难度大、自然产能低、压裂效果较好等特点。具体各区块油藏又具有各自特殊性，有效增产配套措施的实施是增加最终采收率的关键。

3.1 ZQZ 油田 Es$_3$ 油藏

根据各小层新的测井解释储层孔隙度、渗透率统计数据，目的层段平均孔隙度为 12%；平均渗透率 4.6mD，整体属于低孔低渗透储层。区内 F16 井、QB12 井岩心压汞分析喉道半径平均 0.83μm。原油具有"三低"即原油密度低、黏度低、含蜡量低的特点，原油密度 0.830~0.849g/cm^3，平均 0.8364 g/cm^3，黏度 1.18~3.4mPa·s。Es$_3$ 油藏平均原始地层压力 33.53MPa，平均油层中深 3058.8m，压力系数 1.08~1.12。开发初期地饱压差大，开发效果好，油井自喷能力强，自喷井一般储层物性好较或存在天然裂缝，但能量下降快，产量递减快。压裂油层改造措施效果明显，常规采油井重复压裂，仍然具有好的效果。

注水后见效明显，并且注水受效具方向性。但后期由于注水压力高造成欠（停）注水井高达 60%。其影响因素分析：（1）对比储层物性、注水方位来看，注采井距是影响注水能力与注水效果的主控因素；（2）储层渗透率是影响注水能力的次要因素；（3）增大注水压差对注入能力有改善作用；（4）悬浮固体含量及颗粒直径均超标造成的储层污染；储层存在水敏性伤害的潜在可能性；储层存在比较严重的碳酸钙结垢趋势。综合以上分析，可以判断出周清庄沙三段油藏注水井欠（停）注的主要原因是采井距大，油水井没有建立有效驱替，因储层受到伤害造成憋压。

配套措施：酸化解堵解除地层伤害；充分利用现有井网，遵循储层物性以及井排方向与主应力方向夹角原则，开展注水完善区加密调整，设计新钻油井 14 口，水井 2 口，针对该区油层相对单一的特点，油井主要是部署水平井。实施后，年产油量最高时达到 4.84×10^{4}t，与治理前相比增加 3.76×10^{4}t，增产原油 34.1×10^{4}t，采出程度提高 8.0%，同时挖掘砂体边部剩余油，提高储量控制程度。

3.2 DLB 油田

研究区岩心及测井物性资料统计，油组储集层平均孔隙度 14.5%，主要分布在 11%~

18%，占总数的 83.33%，显示中孔特征；平均渗透率值 17.8 mD，主要分布 5～50mD 的低渗透，占总数的 63.16%，显示低渗透特征；总体显示中孔低渗透储层，物性普遍较差。电镜、X-衍射分析资料表明本区黏土矿物主要类型有高岭石、伊利石、蒙皂石和绿泥石。原油性质较好，地面原油密度 0.869～0.874g/cm³，平均为 0.87g/cm³，原油黏度 29.1～49mPa.s，平均为 43.4mPa.s。油藏原始地层压力 35.14MPa，压力系数 1.09。饱和压力 12.57MPa，地饱压差较大。地层温度平均 119.1℃。

该区初期以 300m 井距、正方形井网投入开发，但油井见效低，注水效果不明显，阶段末油田日产水平仅 73t，采油速度 0.26%。针对这个问题实施了"加密调整、整体压裂、同期注水"等治理措施，井距缩小至 212m，同时配套完善注采井网，实施整体压裂储层改造，实施同步注水实现真正注水开发，油田开发水平得到提高。最高日产油水平达到 659t，平均单井日产油 13t，采油速度 2.5%。后期由于注水压力增高欠注井增多，套损套变井增多及局部注采井网不完善等问题，通过投转注完善局部注采井网，通过增压增注、降压增注等手段提高日注水量，针对套损严重区块通过解卡打捞、找堵漏等修复手段，恢复原注采井网；油田月注采比稳定在 1.4 左右，水驱控制程度由 63.4% 升至 78%，注采对应率由 54.3% 上升到 76.4%。目前油田日产油稳定在 212.7t，综合含水 77.5%，采油速度 0.75%，采出程度 29.06%，自然递减控制在 14.8%。油田日产油始终维持在 200t 以上，预测水驱采收率在 35% 左右，实现了高效开发。

3.3 YSB 油田 Y21 断块

据 73 个样品统计得出，孔隙度范围在 5%～10%、10%～20%、15%～20% 分别占 30.14%、39.73% 与 30.13%。渗透率低于 1mD 占 42.47%，在 1～10mD 样品占 45.21%，储层非均质性极强；孔隙度主要在 0.1%～17.92% 之间变化，渗透率在 0.12～51.4mD 之间变动，综合分析属于中孔—低渗透型储层。工区内油层数量多、叠合面积大，油水关系较为复杂。Y21 井试采静压 35.31MPa，油层中深 3615.9m，压力系数 1.0；压裂后日产油 17.14t，压裂措施后效果较好。

该区块利用原有两口老井，依据低渗透油藏开发规范编制了开发方案，由于该区储层物性较差，该方案部署根据构造形态、走向，考虑到原始应力方向，合理确定井网、井距及井轨迹，保证注水效果。针对 Y21 断块的构造形态，以三角形井网为基础，平均井距 230m 左右，在该块部署了新井 10 口（8 油 2 水），由于纵向上含油层较多，主要考虑直井，个别区域为多层水平井。初期采油速度达 1.78%，后逐渐稳定在 0.91%，已累计产油量 12.85×10⁴t，采出程度 10.41%。实现了孔二段低渗透油藏的有效动用。

4 提高低渗透油藏最终采收率

大港油田低渗透率油藏管理主要遵循新区开发方案规范、老区综合治理配套措施到位及防患措施有效。经过大量的前期试验与攻关，认识到优质储层筛选是基础，井距—井网—井型合理与应力场相应，充分考虑注采合理、储层改造及油层保护等，将这些科研成果推广到现场实施，并完成 BQ、ZQZ、XJ 等低渗透油田开发方案的编制与实施中，大港油田深层低渗透油藏平均采收率水平已达到 25.5%（表3）。

表 3　大港油田深层低渗透油藏采收率数据表

油田（区块）	层位	埋深（m）	渗透率（mD）	含油面积	地质储量（t）	可采储量（t）	采收率（%）
LM	沙河街	3844	2	11.5	487.5	85.0	17.4
LJF	沙河街	3570	0.83	8.34	903.7	122.4	13.5
MX	沙河街	3908	10	8.1	677.8	256.5	37.8
MD	沙河街	3846	8.9	8.51	570.8	66.8	11.7
ZQZ	沙河街	3111	35	19.48	1559.6	265.3	17.0
BS51	沙河街	3715	47	2.8	407.7	68.0	16.7
Y21	孔二段	3700	11	1.44	237.7	35.7	15.0
DLB+XJ	孔二段	3200	17.8	12.27	5726	1967.7	34.4
G28	孔一段	3012	19	1.50	613.8	105.2	17.1
X9-6	孔一段	3032	17	2.14	354.4	60.8	17.2
G106	孔一段	3556	14.1	0.80	153.4	27.2	17.8
N12	孔二段	2931	36	3.18	455.2	75.2	16.5
N20	孔二段	3186	11	3.43	556.3	119.3	21.4
N59	孔二段	3150	8.1	3.60	216.0	43.2	20.0
合计（平均）		3412	17.3	87.1	12919.9	3298.3	25.5

参 考 文 献

[1] 胡文瑞. 中国低渗透油气的现状与未来 [J]. 中国工程科学，2009，11（8）：29-37.

[2] 冯文光. 非达西低速渗流的研究的现状与展望 [J]. 石油勘探与开发，1986，3（4）：76-80.

[3] 曾大乾，李淑贞. 中国低渗透砂岩储层类型及地质特征 [J]. 石油学报，1994，15（1）：38-46.

[4] 邹才能，朱如凯，白斌，等. 中国油气储层中纳米孔首次发现及其科学价值 [J]. 岩石学报，2011，27（6）：1857-1864.

[5] 操应长，杨田，王艳忠，等. 济阳坳陷特低渗透油藏地质多因素综合定量分类评价 [J]. 现代地质，2015，29（1）：119-131.

[6] 王学武，杨正明，刘霞霞，等. 榆树林油田特低渗透储层微观孔隙结构 [J]. 石油天然气学报，2008，30（2）：508-510.

[7] 张仲宏，杨正明，刘先贵，等. 低渗透油藏储层分级评价方法与应用 [J]. 石油学报，2012，33（3）：437-441.

[8] 时宇，杨正明，黄延章. 低渗透储层非线性渗流模型研究 [J]. 石油学报，2009，30（5）：731-734.

[9] 王晓冬，郝明强，韩永新. 启动压力梯度的含义与应用 [J]. 石油学报，2013，34（1）：188-191.

[10] 王晓冬，侯晓春，郝明强. 低渗透介质有启动压力梯度的不稳态压力分析 [J]. 石油学报，2011，32（5）：847-851.

[11] 杨正明，于荣泽，苏致新，等. 特低渗透油藏非线性渗流数值模拟 [J]. 石油勘探与开发，2010，37（1）：94-98.

[12] 林玉保，杨清彦，刘先贵. 低渗透储层油、气、水三相渗流特征 [J]. 石油学报，2006，27（增）：124-128.

[13] 杨正明，苗盛，刘先贵，等. 特低渗透油藏可动流体百分数参数及其应用 [J]. 西安石油大学学报（自然科学版），2007，22（2）：96-99.

[14] 王为民，郭和坤，叶朝辉. 利用核磁共振可动流体评价低渗透油田开发潜力 [J]. 石油学报，2001，22（6）：40-44.

[15] 杨正明，李治硕，王学武，等. 特低渗透油田相对渗透率曲线测试新方法 [J]. 石油学报，2010，31（4）：629-632.

[16] 邵维志，丁娱娇，肖斐，等. 利用 T_2 谱形态确定 T_2 截止值的方法探讨 [J]. 测井技术，2009，33（5）：430-435.

[17] 冯程，石玉江，郝建飞，等. 低渗透复杂润湿性储集层核磁共振特征 [J]. 石油勘探与开发，2017，44（2）：252-257.

[18] 彭仕宓，尹旭，张继春，等. 注水开发中黏土矿物及其岩石敏感性的演化模式 [J]. 石油学报，2006，27（4）：71-75.

[19] 熊伟，雷群，刘先贵，等. 低渗透油藏拟启动压力梯度 [J]. 石油勘探与开发，2009，36（2）：232-236.

[20] 王瑞飞，沈平平，宋子齐，等. 特低渗透砂岩油藏储层微观孔喉特征 [J]. 石油学报，2009，30（4）：560-563.

[21] 樊建明，张庆洲，霍明会，等. 超低渗透油藏注 CO_2 开发方式优选及室内实验研究 [J]. 西安石油大学学报（自然科学版），2015，30（5）：37-42.

[22] 王友净，宋新民，田昌炳，等. 动态裂缝是特低渗透油藏注水开发中出现的新的开发地质属性 [J]. 石油勘探与开发，2015，42（3）：222-228.

[23] Zeng Lianbo, Li Xiangyang. Fractures in sandstone reservoirs withultra-low permeability: A case study of the Upper Triassic Yanchang Formation in the Ordos Basin, China [J]. AAPG Bulletin, 2009, 93（4）：461-477.

[24] 曾联波，高春宇，漆家福，等. 鄂尔多斯盆地陇东地区特低渗透砂岩储层裂缝分布规律及其渗流作用 [J]. 中国科学：地球科学，2008，38（增刊 I）：41-47.

[25] Gringarten, A. C., Ramey Jr., H., Unsteady-state pressure distributions created by a well with a single infinite-conductivity vertical fracture [J]. Soc. Pet. Eng. J., 1974, 14（4）：347-360.

深部调驱技术在新疆低渗透砾岩油藏的研究与应用

张芸　陈丽艳　李凯　原风刚　白雷　罗强

(中国石油新疆油田公司实验检测研究院采收率研究所)

摘　要： 新疆油田Ⅱ类低渗透砾岩油藏地质储量 4.2×10^8 t，占目前已动用的砾岩油藏 7.8×10^8 t 的 50% 以上，主要表现为物性差、油层连续性差、油质相对较轻的特点。近年来，由于储层非均质性强，长期水驱后水窜水淹严重，分注、间注等措施效果逐年变差，急需配套相关改善技术。因此，2016 年针对新疆Ⅱ类低渗透砾岩油藏地质、流体特点，以及在二次开发后存在的主要矛盾，在一东区克上组油藏中南部选择 8 注 13 采井网实施深部调驱试验，设计注入 0.1PV，注入周期 705d。针对低渗透储层特点，配方优化确定出一东克上深部调驱试验配方体系应以小剂量高强度定向封堵为主，驱替段塞以小分子量低浓度凝胶+聚表剂为主。采用逐级调驱思路，段塞组合模式设计先用小剂量高强体系封堵大通道，再用凝胶+微球封堵低渗透条带，后用弱凝胶和聚表剂进行驱替。前置段塞采用高强缓膨颗粒+聚合物弱凝胶，主体段塞采用聚合物微球体系。预计该深部调驱试验可提高采收率 3.8%，增产油量为 2.1×10^4 t。

关键词： 低渗透砾岩油藏；深部调驱；配方优化；段塞组合；提高采收率

1　技术特点

深部调驱技术由调剖技术与化学驱技术发展而来，针对传统调剖技术在处理半径和调堵方式上的不足，主要采用具有选择性封堵性能的聚合物凝胶、体膨型凝胶颗粒和微球等堵剂体系，通过将调驱剂注入储层深部而对水相形成封堵，迫使注入水进入原来波及少的区域，从而扩大水驱波及范围、改善驱油效率。该技术实现了调与驱的有机结合，可以改善区块注水开发效果，降低含水上升与产量递减速度，在提高油藏深部波及系数的基础上达到提高最终采收率的作用。目前，深部调驱技术发展迅速，药剂研发、数模技术和施工工艺技术等方面取得了长足的进步，国内砂岩与砾岩油藏均有小规模试验，取得了一定效果[1]。

2　砾岩油藏地质开发特征

2.1　地质特征

新疆油田公司二次开发对象为克拉玛依油田水驱开发砾岩油藏，含油层系包括侏罗系八道湾组、三叠系克拉玛依组和二叠系下乌尔禾组油藏。整体受克—乌逆掩断裂带控制，构造复杂，油藏埋深跨度大。以冲积扇、扇三角洲和砾质辫状河沉积为主，冲积扇储层为块状砂体，隔夹层不发育，岩石相变化快；扇三角洲储层为泥包砂类型，砂体薄，横向变化快（图1）。

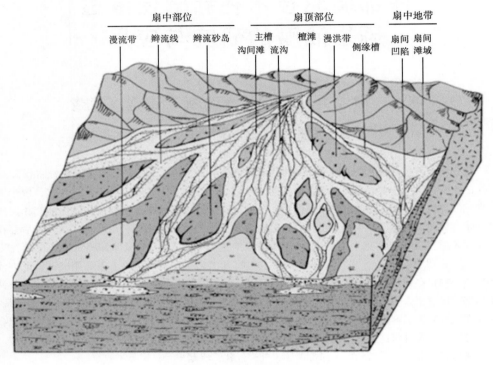

图 1　上盘克拉玛依组沉积模式

2.2　微观孔隙结构与渗流特征

砾岩储层具有典型的复模态孔隙结构特征，易形成水窜通道，开发初期含水上升快，无水采油期明显低于砂岩油藏（图2）。

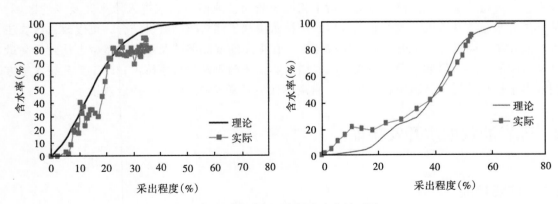

图 2　油藏采出程度与含水率关系图

2.3 开发特征

相比砂岩油藏，砾岩油藏开发前期含水上升快，中后期含水上升缓慢，中高含水期注水效率低，存在大量无效水，产量递减较快，绝大多数可采储量在中高含水期采出（图3）。

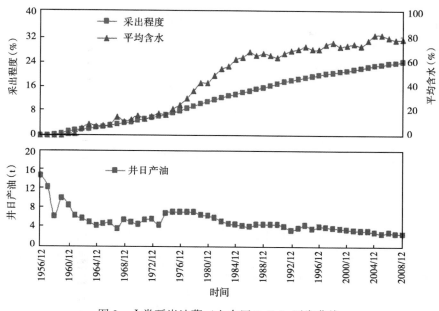

图3 Ⅰ类砾岩油藏（七东区 T_2K_1）开发曲线

3 深部调驱技术应用

克拉玛依砾岩油藏 2006 年投入二次开发，截至目前实施 19 个区块，新钻井 2888 口，建成产能 230.5×10⁴t。截至 2010 年年底，实施区块平均单井日产油 3.9t，综合含水 65%，应用成效显著，老区递减明显减缓。但随着二次开发进一步推进，区块局部区域注入水沿高渗通道窜进明显，严重影响了整体开发效果。因此，为了进一步保障水驱开发效果，2010年开始在六区、七区克下组与七中区八道湾组油藏开展了 83 个井组的深部调驱试验。现场整体效果表明，深部调驱技术可以达到控制含水上升、抑制产量递减、提高试验区采收率的目标。目前，Ⅰ、Ⅱ期深部调驱圆满完成方案预测指标，累计增油 10.4×10⁴t，含水下降 12.5%，提高阶段采出程度 4.4%，效果显著，可以实现提高采收率 3%~5% 的预期目标。

新疆砾岩油藏深部调驱目前已进入现场实施的第 8 年，主要研究形成了深部调驱决策技术、配方个性化研究技术、配液用回注水处理技术、采出液监测技术、方案优化及数值模拟技术、体系的配制及注入技术、水流优势通道识别技术、跟踪评价技术，进一步完善了深部调驱技术应用体系，形成新疆砾岩油藏深部调驱效果评价方法，为深部调驱技术在新疆砾岩油藏的进一步推广应用提供技术支持（图4）。

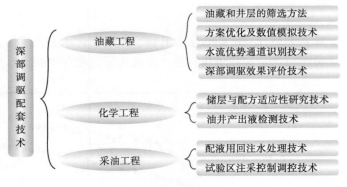

图 4 深部调驱配套技术

4 Ⅱ类低渗透砾岩油藏—东区克上组深部调驱技术应用

4.1 方案要点

针对新疆Ⅱ类砾岩油藏地质、流体特点，以及在二次开发后存在的主要矛盾，在一东区克上组中南部选择 8 注 13 采井网实施深部调驱试验，覆盖地质储量 $56 \times 10^4 t$。设计采用高强弹性缓膨颗粒、聚合物凝胶和微球三种调驱体系段塞组合方式。设计注入 0.1PV，总注入量 $12.75 \times 10^4 m^3$，注入周期 705d。前置段塞采用高强缓膨颗粒+聚合物弱凝胶，主体段塞采用聚合物微球体系。预计该深部调驱试验可提高采收率 3.8%，增产油量为 $2.1 \times 10^4 t$。

4.2 配方体系与低渗透砾岩储层匹配性研究

4.2.1 低渗透砾岩储层水流优势通道描述

克拉玛依低渗透砾岩储层主要以含砾粗砂岩、砾岩、砂砾岩为主，分选性差，孔隙大多数状况以粒间孔、粒内溶孔为主，喉道类型以缩颈状、片状为主，孔隙配位数低，为复模态稀网或非网状结构，存在微观非均质性严重、渗流阻力效应大、水驱可动油饱和度低，驱油效率低，残余油饱和度高等特点。岩心水驱实验结果表明，长期注入水冲刷可使储层大孔喉增多，微观非均质性大幅度增强，优势通道发育明显，驱替效果变差（图 5）。砾岩露头注水试验表明，监测出水界面以条带状为主，出水类型多为流水，存在流速快、流量大的特征（表 1）。因此，多项资料表明克拉玛依低渗透砾岩储层属多重孔隙群介质的渗流系统，其中非粒间孔隙渗流系统占有重要地位，而一般仍以层状系统为主，因此，低渗透砾岩储层应属于非典型的孔隙渗流介质[2,3]。

表 1 克拉玛依北山露头注水试验数据统计表

出水类型	出水点数	占总出水点比例	平均流速（m/h）	平均流量	估算界面高度
裂隙	18	0.130	0.687~1.160	9~23L/h	3~8mm
不整合面	19	0.131	0.477	5.5~9.5L/h	4~9mm
层理面	55	0.379	0.440	6.5L/h	2~5mm
岩性界面	15	0.096	0.221~0.340	2.2~6.5L/h	4~8mm
高渗条带	38	0.262	0.261	0.7~3.5mL/h	渗流

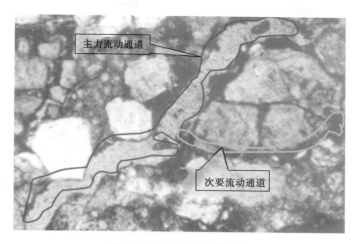

图5 岩心水驱后通道模式

4.2.2 调驱配方设计

针对一东克上属中孔、低渗透、严重非均质的砂砾岩油藏，层间层内非均质严重，水流优势通道发育、水窜突出。调驱方案整体措施意见以驱为主，以调为辅，调驱配方设计指导思想是调剖剂能有效封堵层间、层内水流优势通道、调驱剂能够进入油层深部封堵次生孔道，实现深部液流转向作用。具体设计采取四段式注入方式：第一段塞为聚合物前置段塞，使后续段塞能进入高渗层，提高封堵效果；第二段塞高强度凝胶体系，封堵地层深部大孔道；第三段塞为聚合物微球体系，进一步提高调驱半径，运移到油层深部，达到深部调驱液流改向的目的；第四段塞为强凝胶封口段塞。结合六中东和七中区深部调驱试验效果[1]，本方案设计采取2种配方体系，设计内容见表2。

表2 四段塞注入方式设计

时间段	调驱剂类型	聚合物使用浓度（mg/L）	段塞作用
第一阶段	聚合物	2000~5000	减少中、低渗透地层不被伤害
第二阶段	高强度凝胶	1200~3000	封堵地层水流优势通道
第三阶段	聚合物微球	300~1500	深部液流改向
第四阶段	强凝胶	2000~5000	保护前置段塞的封堵效果

（1）调剖体系确定。

对比之前新疆油田调驱试验区调剖配方（表3），根据一区克上油藏特点，选择抗剪切能力强、封堵性能好的酚醛+体膨颗粒复合体系。第一段塞先用聚合物预处理，清洗地层；第二段塞采用小剂量ASG封堵特高渗层，提高剖面动用程度；第三段塞："体膨颗粒+凝胶"为主，主要改善剖面矛盾，封堵高渗层，提高动用程度[4,5]。

ASG强凝胶性能评价研究。

胶体强度比较：ASG强凝胶调剖剂分子结构采用刚性骨架结合柔性支链的接枝共聚体系，再通过交联剂的交联作用形成立体交联网状大分子共聚体，具有很高的材料强度和封堵性能。

表 3　深部调驱试验区调剖配方及特点

区块	调剖配方体系	针对油藏	配方特点	配方水质要求
六中东克下	颗粒类	大孔—中喉	封堵强度大，运移能力差	无要求
七中区克下	铬凝胶	中孔—中喉	堵剂强度可调、易成胶、抗剪切能力差	对聚合物黏度影响小，具有一定的矿化度
七区八道湾	酚醛凝胶	中孔—小喉	堵剂强度可调、抗剪切能力强	对聚合物黏度影响小
一东克上	酚醛+颗粒	中孔—粗喉	抗剪切性强，封堵性好	酚醛具有一定耐矿化度能力；颗粒对水质无要求

　　将 ASG 强凝胶与目前深部调驱现场常用的铬凝胶和酚醛凝胶的强度进行对比，结果如图 6 所示。可以看出，ASG 强凝胶的强度明显强于另外两种凝胶，而且是数量级的差异，这表明 ASG 强凝胶确实具有很高的材料强度，适用于封堵高渗透水窜通道[6]。

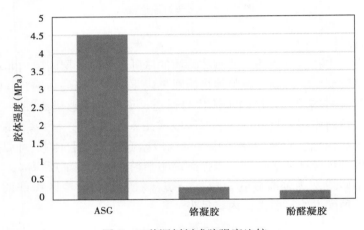

图 6　三种调剖剂成胶强度比较

　　抗剪切性：堵剂在注入地层的过程中会受到管线、机采泵、射孔孔眼等的剪切，在进入地层后同样也会受到地层孔隙的剪切，因此有必要考察剪切作用对配方体系成胶性能的影响。

　　（a）剪切作用对未成胶原液的影响。

　　将未成胶原液用 waring 搅拌器（8000r/min）搅拌 20s 后静置观察，结果如图 7 所示。可以看出，剪切前后体系成胶强度基本不变，表明 waring 搅拌器的高速剪切作用基本没有对配方体系的成胶强度产生影响，这是因为配方原液的组分没有易剪切断裂的大分子物质，高速剪切基本不能破坏其分子结构。

　　（b）剪切作用对成胶后胶体强度的影响。

　　为了进一步考察胶体的抗剪切性能，将经过滤网过滤一次的胶体再次经过滤网过滤测定其强度，同时将常用的聚合物铬凝胶调剖剂与之进行对比实验，结果如图 8 所示。可以看出，新配方的胶体强度超出聚合物铬凝胶强度一个数量级；两种配方成胶后胶体经筛网滤过后强度均有较大幅度下降，其中新配方强度下降 60%，但仍然保持有 2MPa 的滤过压力，而聚合物铬凝胶强度下降 80%。实验表明，新配方体系成胶胶体强度比聚合物铬凝胶强度高得多，且经过强剪切之后仍然具有一定的封堵强度（ASG 堵剂滤过前后胶体形态如图 9 所示）。

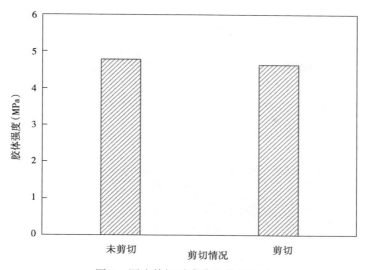

图 7　原液剪切对成胶强度的影响

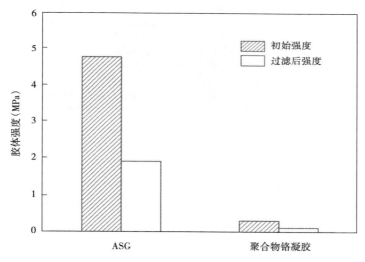

图 8　原液剪切对成胶强度的影响

（a）剪切前

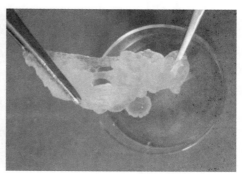

（b）剪切后

图 9　过滤剪切前后胶体形态

从以上实验结果可以看出，ASG 强凝胶具有良好的抗剪切性，能够保证调剖剂进入储层以后不至于因为地层剪切而降解，从而保证调剖剂封堵的成功率。

注入性和封堵强度：注入性的好坏直接决定调剖剂是否能够应用于现场，注入性好的调剖剂能够顺利运移到地层深部成胶封堵水窜通道，而注入性差的调剖剂根本不能发挥调剖封堵效果。

ASG 调剖剂原液均为低分子量物质组成，黏度约为 100mPa·s（图 10），在特高渗透层和窜流通道中的流动阻力较小，易于注入。

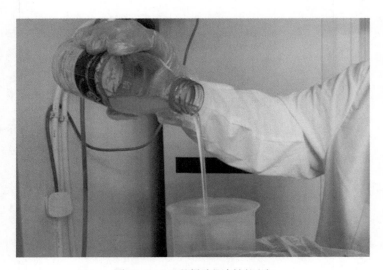

图 10　ASG 强凝胶调剖剂原液

单管填砂管岩心注 ASG 强凝胶调剖剂封堵性实验结果表明（图 11），ASG 强凝胶调剖剂的注入压力非常低，比注水压力略高且压力平稳；候凝成胶后水驱压力较高，突破压力高达 15MPa，这表明 ASG 强凝胶调剖剂具有良好的注入性以及较高的封堵强度。

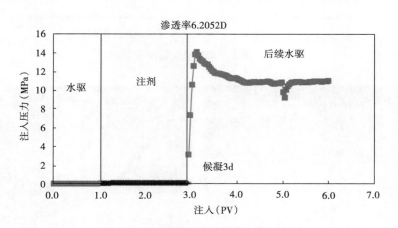

图 11　ASG 强凝胶调剖剂岩心封堵实验

与砂砾的黏附性：调剖剂要想封堵住高渗透、大孔道和裂缝性水窜通道，除了自身要具备较高的封堵强度外，还需要与地层岩石砂砾之间建立较高的流动阻力，即与岩石砂砾的黏附性要好[8]。

为考察 ASG 强凝胶调剖剂对地层环境的适应性，用筛网筛出粗细两种粒径油砂，其中粗油砂加砂方式采用堵剂/油砂的质量比 10:1、5:1、2:1 和 1:1，细油砂采用质量比 10:1，以不同粒径油砂掺入调剖剂原液中，观察成胶情况。成胶情况如图 12 所示。

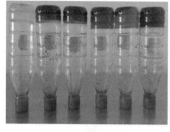

（a）总体成胶情况 　　　　　　　（b）10:1（粗砂） 　　　　　　　（c）1:1（粗砂）

图 12　不同加砂比下体系成胶情况

实验结果表明，不同剂砂比下体系成胶情况良好，均能完全成胶，且将砂粒整体胶结在胶体内部，并具有较强的胶体强度。

同时，物模填砂管岩心封堵实验也表明，ASG 调剖剂能够将砂砾完全紧密的胶结在一起，砂砾间调剖剂胶体丝状物非常密集（图 13），进一步说明 ASG 调剖剂与岩石砂砾间具有良好的黏附性。

图 13　ASG 调剖剂在填砂管中成胶形态

抗盐性：矿化度对传统凝胶类堵剂有较大影响，主要通过静电作用影响水溶液中大分子物质的分子链伸展情况来影响交联反应速度和交联程度，从而影响堵剂成胶时间和胶体强度。试验在配方原液中加入不同量的氯化钠来考察矿化度对体系成胶性能的影响，结果如图 13 所示。

可以看出，在氯化钠含量 20000mg/L 以下范围内，随着氯化钠含量的增加，成胶时间略有缩短，而成胶后胶体强度则基本不变，说明 ASG 堵剂具有良好的抗盐性。

耐酸碱性：适宜的 pH 值有利于聚合反应，pH 值过高或过低时，聚合效果均不理想。

试验利用稀盐酸和氢氧化钠调节原液的 pH 值在 4~10 范围内，考察不同 pH 值环境对成胶性能的影响。

从图 15 中可以看出，pH 值为 4~5 和 pH 值为 10 时体系成胶时间过快，pH 值在 5~10 范围内时，成胶强度随 pH 值增大而降低，在 5~9 范围内能够保持滤过压力在 4MPa 以上。因此，配方体系在 pH 值为 5~9 的范围内均能获得较好的成胶性能。

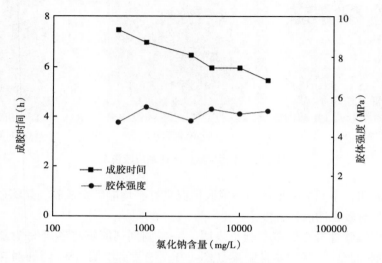

图 14　矿化度对成胶性能的影响

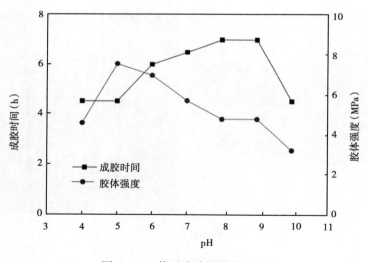

图 15　pH 值对成胶性能的影响

（2）驱替体系确定。

根据区块物性特征（表 4），选择注入性好、抗剪切、适合深部液流改向的聚合物微球/弱凝胶作为驱替体系。注入微球/弱凝胶调驱剂减缓平面矛盾，增加渗流阻力，改变液流方向，扩大波及面积。在传统调驱配方基础上加入聚表剂段塞，可发挥聚表剂洗油效率和乳化能力，在波及系数提高的基础上进一步提高采收率幅度。

表 4 调驱试验区物性对比

区　块	渗透率平均值（mD）	变异系数	突进系数	级差	孔喉类型
六中东调驱试验区	251	227	321	7907	大孔—中喉
七中区克下组调驱试验区	71	144	526	1374	中孔—中喉
七区八道湾调驱试验区	1176	061	224	67	中孔—小喉
一东克上组调驱试验区	47	264	83	134	中孔—中喉

聚表剂。

在传统调驱配方基础上加入聚表剂段塞，可发挥聚表剂洗油效率和乳化能力，在波及系数提高的基础上进一步提高采收率幅度。室内岩心实验表明，活性聚合物阻力系数及残余阻力系数比普通分子量聚丙烯酰胺大幅度提高，可能与其高增黏性及相对地层滞留量较高的特性有关[7,8]。驱油实验（引用大庆油田 AVS45 聚表剂评价试验数据）表明聚驱后注聚表剂可进一步提高采收率8%~15%（图16、表5、表6）。

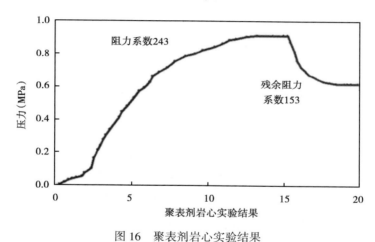

图 16 聚表剂岩心实验结果

表 5 聚表剂性能对比表

聚合物名称	有效渗透率（mD）	阻力系数	残余阻力系数
聚表剂 AVS-45	320	243	153
普通中分子量 HPAM	201.0	28.2	6.1

表 6 驱油试验结果统计表

段塞大小	有效渗透率（mD）	孔隙度（%）	水驱采收率（%）	聚驱阶段采收率提高值（%）	聚驱后阶段采收率提高值（%）	总采收率（%）
0.6PV	561.7	31.34	50.00	9.76	8.53	68.29
0.8PV	605.1	32.97	49.84	9.72	11.11	70.67
1.0PV	754.4	28.54	49.21	9.52	14.28	73.01

5 实施效果

5.1 中高渗油藏 I 、II 期工程增油降水效果显著，已实现预测开发指标

截至 2016 年 12 月， I 、II 期深部调驱圆满完成方案预测指标，累计核实增油 10.9×10^4 t，最大含水下降 12.5%，提高阶段采出程度 4.6%（图 17、图 18、表 7）[9]。

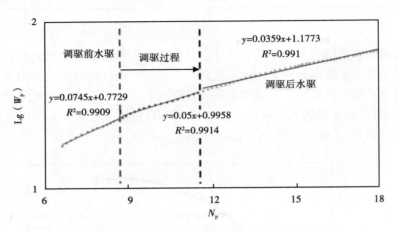

图 17 六区克下组深调试验区水驱特征曲线

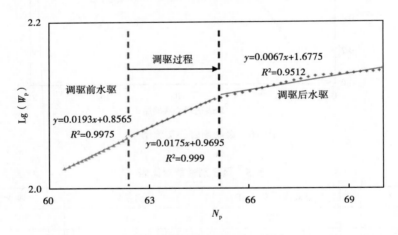

图 18 七区八道湾组深部调驱试验区水驱特征曲线

表 7 砾岩油藏深部调驱试验方案效果统计表

试验区块	预测增油量 (10^4t)	目前实际增油量 (10^4t)	完成指标百分比 （%）	预测最大降水 （%）	实际最大降水 （%）	预测提高采收率 （%）	目前提高采出程度 （%）	实施时间
六中东克下	2.04	2.1	102.9	10.0	7.6	5.0	5.1	2010.1—2011.4
七中区克下	2.30	3.2	139.1	10.6	13.3	3.5	4.4	2010.5—2012.4
七区八道湾	4.31	5.6	118	10.1	16.5	3.7	4.7	2011.11—2014.1
合计	8.7	10.9	129.9	10.2	12.5	4.1	4.6	

Ⅰ期、Ⅱ期工程试验区实际经费支出9293万元，投入产出比分别按石油价格50美元、60美元算为1:2.6与1:3.1，经济效益突出（表8、表9）。

表8　Ⅰ、Ⅱ期工程深部调驱试验区经济评价表

工程期数	区块	总投资（万元）	投入产出比（油价50美元/bbl）	投入产出比（油价60美元/bbl）
Ⅰ期工程	六中区克下	2710	1:1.8	1:2.1
	七中区克下	2691	1:2.8	1:3.4
Ⅱ期工程	七区八道湾	3892	1:3.1	1:3.7
合　计		9293	1:2.6	1:3.1

表9　Ⅰ、Ⅱ期工程深部调驱试验区经费应用状况（单位：万元）

工程期数	区块	地面建设费用		化学剂费用		施工费		测试费		措施与监测费		合计	
		计划	实际	计划	实际	计划	实际	计划	实际	计划	实际	计划	实际
Ⅰ期工程	六中区克下	263	320	1304	1304	275	275	266	266	525	545	2633	2710
	七中区克下	173	152	1208	1208	518	518	140	140	500	673	2539	2691
Ⅱ期工程	七区八道湾	165	165	1600	1600	1535	1727	200	200	200	200	3700	3892
合　计		601	637	4112	4112	2328	2520	606	606	1225	1418	8872	9293

5.2　一东区深部调驱试验效果预测

通过数值模拟对8个井组的调驱效果进行预测，模拟预测时间从2016年6月开始，设计注入量12.75×10⁴m³（0.1PV），注入周期2.5年，注入速度170m³/d。预测结果可以看出，通过深部调驱，试验区含水相比水驱开发明显下降，日产油量下降速度变缓（图19—图20），最大日增油量19.1t，最大降水幅度12%，提高采收率幅度4.0%（表10）。

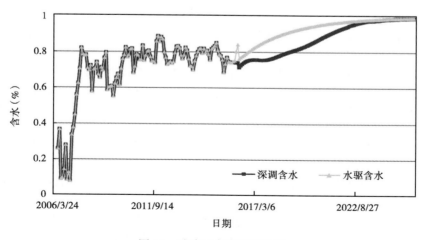

图19　试验区水驱预测曲线

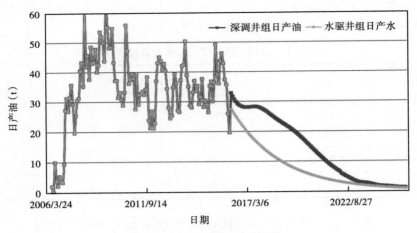

图 20　试验区水驱预测曲线

表 10　试验区效果预测综合数据表

最大日增油量（t）	最大降水幅度（%）	调驱增油量（10⁴t）	调驱提高采收率（%）	吨聚增油量（t/t）	目前采出程度（%）	最终水驱采收率（%）	水驱剩余可采储量（10⁴t）	预测最终调驱采收率（%）
19.1	12	2.25	4.0	89.2	32.2	36.2	2.25	40.2

6　结论

（1）针对一东区低渗透砾岩油藏储层特征，调剖段塞应以小剂量高强度定向封堵为主，驱替段塞以小分子量低浓度凝胶+聚表剂为主；驱替段塞加入适当浓度聚表剂，其增黏性能上与超高分子量 HPAM 相比具有明显优势，能更好地提高驱油效率。

（2）深部调驱技术在低渗透砾岩油藏的应用，完成了该项技术对新疆三类主要砾岩油藏的全覆盖。

参 考 文 献

[1] 李兴训，张胜，尹东迎，等．调驱技术是低渗透油藏稳油控水的重要手段［J］．新疆石油地质，2003，24（2）：141-143．

[2] 胡复唐．克拉玛依油田砾岩储层水驱渗流的基本特征［J］．新疆石油地质，1995，16（1）：43-47．

[3] 王启民，廖广志．聚合物驱技术的实践与认识［J］．大庆石油地质与开发，1999，18（4）：1-5．

[4] 刘玉章，熊春明，罗健辉，等．高含水油田深部液流转向技术研究［J］．油田化学，2006，23（3）：248-251．

[5] 李之燕，陈美华，冈丽荣，等．液流深部转向调驱技术在高含水油田的应用［J］．石油钻采工艺，2009，31（增1）：119-123．

[6] 赵福麟，张贵才，周洪涛，等．调剖堵水的潜力、限度和发展趋势［J］．石油大学学报（自然科学版），1999，23（1）：49-54．

[7] 叶波，等．深部调剖用延迟交联体系研究［J］．钻采工艺，2005，28（3）：104-106．

[8] 胡博仲，刘恒，李林．聚合物驱采油工程［M］．北京：石油工业出版社，1997．

[9] 陈千元．水驱曲线的典型图版及应用［J］．新疆石油地质，1991，12（4）：323-327．

逐级调剖在新疆低渗透油藏百 21 井区 B_1 油藏的研究与应用

扎克坚　孟亚玲　韩彬彬　万青山

向小玲　原风刚　白雷　罗强

（中国石油新疆油田公司实验检测研究院采收率研究所）

摘　要： 新疆油田百 21 井区 B1 油藏属于Ⅱ类低渗透砾岩油藏，该砾岩油藏复杂的山麓洪积沉积体系、储层横向变化大、物性差、非均质性强等地质因素，近年来含水上升速度快，开发形势逐年变差。针对该油藏储层非均质性极强，低渗透且注入水沿高渗带窜流、突进，含水上升快，动用程度低，注水开发效果逐年变差的特性，采用逐级调剖技术来提高注入水的波及体积。针对高温含 H_2S 的注入水特点，研究了适合该油藏的聚合物及复合交联配方体系；形成了逐级调剖配方体系的配制、复合交联剂的稀释注入技术。百 21 井区逐级调剖试验区实施后见效明显，累计增油 5008t。试验区水驱特征曲线斜率变小，开发效果明显变好。实施效果表明，该项技术有效地抑制了试验区的含水上升速度，试验区产油量上升，生产形势变好。

关键词： 逐级调剖；百 21 井区；聚合物凝胶；低渗透砾岩油藏

1　油藏特征

1.1　地质特征

百 21 井区百口泉组油藏位于百口泉油田东北部，构造上位于克—乌断裂带百口泉组下盘与百 19 井断裂的交界部位，为一自西北向东南倾斜的单斜，地层倾角 2°~3°，西部断层附近增至 11°。百口泉组是在二叠系古风化壳上形成的一套不稳定山麓洪积相沉积，沉积厚度 54~189m，平均 161.4m。平均砂砾岩厚度 118.5m，砂砾岩比 73.4%，油层连片分布，平均有效厚度 30.4m。

岩性主要为砂质不等粒砾岩、砂质小砾岩、中粗砾岩和泥岩。岩性中砾级颗粒组分占到了 50% 左右，砂级颗粒以粗、中砂级为主，分选较差。各砂层孔隙度变化不大，主要在 11.7%~13.6% 之间，T_1b_1 层平均渗透率 99.4mD；T_1b_2 层平均渗透率 66.1mD；T_1b_3 层平均渗透率为 64.2mD，属低孔隙度、中低渗透率、非均质严重的储层。

1.2　开发特征

百口泉组油藏 1979 年全面投入开发，历经投产（1979 年 3 月—1980 年 3 月）、高产稳产（1980 年 4 月—1986 年 6 月）、递减（1986 年 7 月—目前）三个开发阶段[1]。

截至 2015 年 9 月，油藏共有油水井总数 249 口（采油井 167 口，注水井 82 口），日产液水平 2402t，日产油水平 285t，含水 90.5%。采液速度 2.44%，采油速度 0.23%，累计采油 1079.5×10⁴t，采出程度 28.6%，可采储量采出程度 84.9%，累计注水 3975.7×10⁴m³，地层压力 20.01MPa，压力保持程度 78.5%。

1.3 存在问题

百 21 井区百口泉组 B1 层油藏于 1977 年投入开发，地质储量 1982.7×10⁴t，截至 2009 年 5 月已累计产油 451×10⁴t，综合含水 89.3%，可采采出程度 86.2%，年含水上升速度由 5.7%上升至 8.9%。

受非均质性影响，纵向上各层动用程度差别大、动用程度低。根据吸水剖面资料统计厚度动用程度维持在 52.2%左右。

2 方案要点及实施情况

百 21 井区 B1 层油藏由于储层物性差异大，非均质性程度较高，使得油藏注水开发后，油井含水上升快，注采矛盾突出，严重影响了水驱开发效果。为了抑制油藏含水上升速度，减缓油田递减，提高水驱动用程度，建议开展深部调驱，以改善油藏水驱开发效果[2,3]。试验区 5 口注水井，对应油井 23 口，累计注入化学剂 3.8×10⁴m³，涉及地质储量 15.65×10⁴t。

试验区于 2009 年 9 月分批次开始施工，于 2010 年 10 月完成现场实施，累计注入化学剂 3.8×10⁴m³（表 1）。从 1432 个化学剂样品监测结果来看，合格率达到 98.6%以上，配方体系成胶及稳定性均较好[4]。由现场跟踪效果来看，试验区开发效果明显改善，水井注水压力提升，水流优势通道得到有效封堵。

表 1　试验区 5 口注水井调剖情况统计表

措施井号	措施日期	调剖方式	总注入量（10⁴m³）	措施前压力（MPa）	措施后压力（MPa）	注入压力升幅（MPa）
1018	2009/9/15—2010/1/21	笼统调剖	0.47	8.6	9.8	1
1019	2009/9/15—2009/12/16	笼统调剖	0.49	8.5	9.5	0.9
1029	2009/9/14—2010/3/9	分层调剖	0.53	6.5	7.8	1.1
1102	2009/9/11—2010/5/13	分层调剖	0.78	3.5	4.2	1.1
1131	2009/9/11—2010/9/18	分层调剖	1.50	5.1	6.4	2
合计/平均			3.8	6.5	7.6	1.1

3 逐级调剖技术研究

3.1 逐级调剖段塞设计

逐级调剖就是针对百 21 井区 B₁ 油藏油层厚、非均质性强特点开展的体系由强到弱多段塞式，且每一段塞体系强度由弱到强的一种调剖方式。目的是充分降低强吸水层的吸液能力，增大中低渗透层的吸液能力，从而扩大水驱波及体积，提高水驱采收率。

个性化单井设计是根据试验井组中每口注水井渗透率解释结果、注水压力、视注水指数、井口压降曲线（PI 值和 FD 值）、吸水剖面、管柱结构以及在这个区块的调剖经验等多种因素综合考虑而制订的逐级调剖方案设计。

从表 2 来看，1018 井和 1029 井渗透率较低，平均渗透率在 20mD 以下。1019 井平均渗透率为 250mD，1102 井和 1131 井相邻，平均渗透率在 200mD 左右。但 5 口井的变异系数都大于 0.5，非均质性较强。

表 2　试验井组 5 口注水井基础资料表

井号	射孔厚度（m）	渗透率（mD）				日配水（m³）	井口压力（MPa）	备注
		最小值	最大值	平均值	变异系数			
1018	32.1	1.49	60.19	9.96	1.494			合注
1019	30.4	94.96	513.31	250	0.571			合注
1029	31.4	2.74	41.9	18.3	0.660			两级三层
1131		20.52	563.36	208.7	0.748			两级三层
1102	29.7	44.69	520.41	187.3	0.662	30/30	2.8/4.6	油套分注

从注水指示曲线图 1 来看，相同的注入速度（100m³/d）下，1102 井的注入压力最低，井口注入压力仅为 3.4MPa，1018 井的注入压力最高为 8.3MPa。1029 和 1102 的注入压力基本相等。除 1029 井外，井口注入压力大小与平均渗透率值基本吻合。

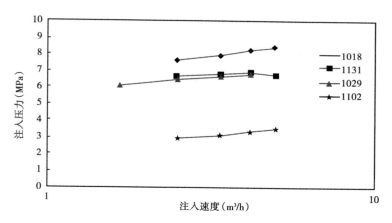

图 1　试验区注水井注水指示曲线

从表 3 井口压降曲线测试及充满度 FD 计算结果来看，1131 井的 FD 值最低为 0.506；其次是 1018 井。

表 3　试验区 5 口注水井措施前的压降指数和充满度

注水井	1018 井	1019 井	1029 井	1131 井	1102 井
注入强度 PI	6.934	8.090	6.685	3.545	4.312
充满度 FD	0.889	0.930	0.941	0.506	0.958

进一步结合注水井在近几年的吸水剖面来看（图 2 至图 6），1018 井吸水层位主要集中在 2180～2191m 之间；1019 井的吸水剖面主要集中在 2173～2192m；1029 井的吸水剖面主要

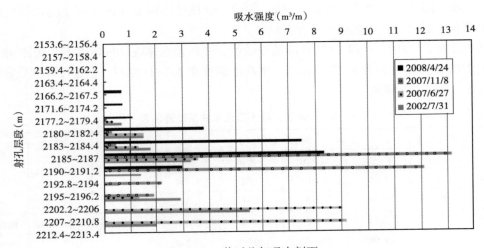

图 2　1018 井近几年吸水剖面

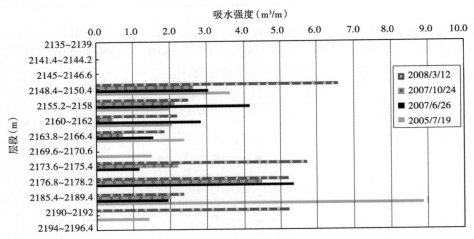

图 3　1019 井近几年吸水剖面

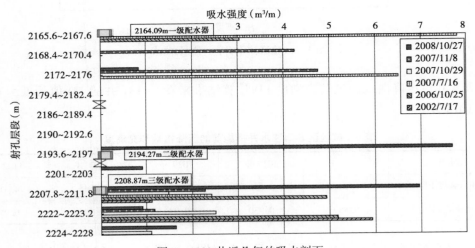

图 4　1029 井近几年的吸水剖面

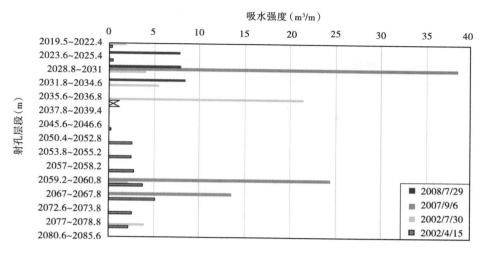

图 5　1102 井近几年吸水剖面

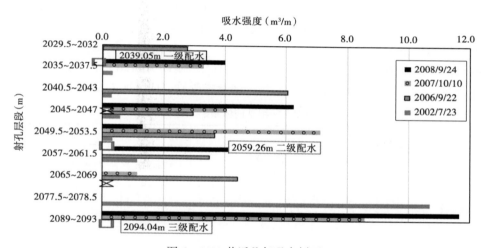

图 6　1131 井近几年吸水剖面

集中在中下层；1102 主要集中在上部的 2028～2031m 和下部的 2059～2067m；而 1131 井主要集中在下层 2089～2095m。而吸水强度比较明显的是 1102 井和 1018 井，吸水强度超过 35m³/m。

综上所述，试验区 5 口注入井均存在不同程度的非均质性。

结合注水井渗透率解释结果、注水压力、视注水指数、PI 值和 FD 值、吸水剖面、管柱结构以及在这个区块的调剖经验，1102 井先套管后油管的逐级调剖；1311 井措施前捞出各级配水芯子，上、中层下死芯子，先对下部强吸水层进行笼统调剖、封堵高吸水层。然后捞出全部死芯子，进行全层笼统调剖、降低其他吸水层段的渗流能力，启动未吸水层段；1029 井措施前捞出各级配水芯子，上层下死芯子，对下部两强吸水层进行笼统调剖、封堵这两个高吸水层；然后捞出上部死芯子，进行全层笼统调剖、降低目前其他吸水层段的渗流能力，启动未吸水层段。1018 井和 1019 井采用全层笼统逐级调剖。段塞注入方式设计见表 4。

表4 试验区5口注水井不同段塞注入方式设计

段塞类型 时间段	1102井	1029井	1018井	1131井	1019井
第一阶段	前置段塞	前置段塞	前置段塞	前置段塞	前置段塞
第二阶段	弱凝胶	弱凝胶	弱凝胶	中凝胶	弱凝胶
第三阶段	中凝胶	中凝胶	中凝胶	强凝胶	中凝胶
第四阶段	强凝胶	强凝胶	强凝胶	GPAM体系	顶替段塞
第五阶段	顶替段塞	顶替段塞	顶替段塞		

此次措施拟对强吸水层段用中高强度凝胶进行封堵、对中等吸水强度层用中弱强度凝胶进行封堵、弱吸水层段用弱凝胶调剖，调整各层的吸水能力，改善吸水剖面，提高水驱效果。

3.2 配方体系设计

根据百21井区油藏特点研究了多种配方体系，目的是满足试验方案配方段塞设计要求及调整要求。研究内容主要是针对Ⅱ类砾岩油藏百21井区的特点研究出与之匹配的配方体系复合交联凝胶体系。

根据逐级调剖配方设计原则结合油藏温度、注入水水质分析结果，通过室内筛选评价，优选出了三种适合试验区的配方体系：颗粒、聚合物凝胶、GPAM（表5）。

表5 三种不同体系的用途

配方体系	特　性	应用范围
颗粒	吸水膨胀速度缓慢，体膨后为高强度的弹性体，具有良好的形变及封堵能力	封堵高强度聚合物凝胶不能封堵的大孔道
聚合物凝胶	采用复合交联剂将聚合物交联生成稳定的网状立体结构的凝胶	用于逐级调剖段塞中不同强度的组合。封堵高、中、低渗透储层
GPAM	在多孔介质中渗流时能产生比聚丙烯酰胺溶液更大的流动阻力的一种功能性聚合物	用于逐级调剖后期调整低渗透储层

室内物模和以往现场施工经验表明，在凝胶段塞注入之前注入聚合物段塞，由于保护段塞对中、低渗透层的保护，使后续的凝胶段塞更多进入高渗层。除了对中低渗透层的保护外，试验中发现另一个现象就是，前置段塞的注入会导致部分注水井的注入压力下降。

从1018井和1131井前置段塞注入情况可见，当注入速度为60m³/d时，1018井最初注水压力为7.5MPa，而浓度为3000mg/L的聚合物的注入压力最初维持在8 MPa，中间突降到7 MPa，而后再缓慢上升到8 MPa。最为明显的是1131井，其最初的注水压力为6.5 MPa，注入浓度为3000mg/L聚合物段塞后，压力一路下降，最后降到6.0 MPa（图7）。

从措施前两口井的井口压降曲线来看，两者的FD值相对较低（0.889和0.506），可能与两者近井地带污染较严重导致。但随着聚合物前置段塞的注入，聚合物携带近井地带伤害进入地层，从而导致井口注入压力的降低。另一方面，从平均渗透率解释，1108井的渗透率低，近井地带解除后，压力最初下降，但随着聚合物的进一步注入，压力缓慢上升；而1131井的渗透率较高，吸液能力较强，近井地带的伤害解除后吸液能力进一步增强，导致

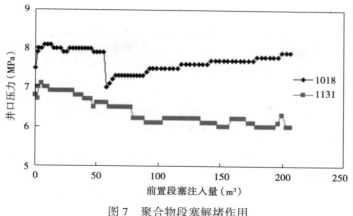

图 7　聚合物段塞解堵作用

注入压力下降。因此，聚合物前置段塞具有解除近井地带伤害的作用。

对近井地带伤害的消除有利于得到注水井真实的吸液能力，避免因为近井地带压力上升快造成误判，从而为配方和方案的及时调整做出指导。

4　现场实施效果

试验区于 2009 年 9 月分批次开始施工，于 2010 年 10 月完成现场实施，累计注入化学剂 $3.8×10^4 m^3$。

4.1　生产形势明显变好

试验区至 2011 年 11 月核实累计增油 5008t（图 8），提高阶段采收率 3.2%，与全区对比，日产液量上升 1.7t，含水下降 2.2 个百分点，生产形势明显变好（图 9）。

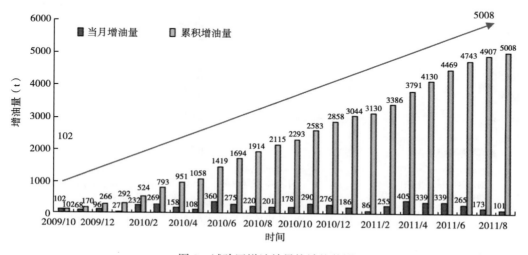

图 8　试验区增油效果统计柱状图

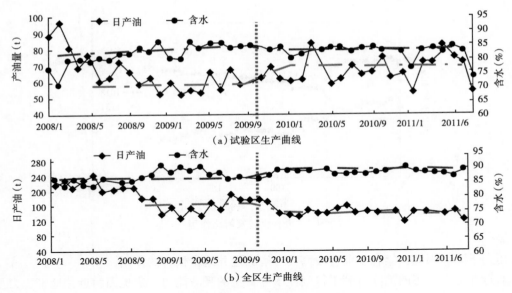

(a) 试验区生产曲线

(b) 全区生产曲线

图 9　试验区与全区生产曲线对比图

4.2　水井剖面动用程度大幅度提高，注采矛盾得到缓解

从调剖前后的测试资料来看，吸水剖面得到改善，高渗层被有效封堵，同时提高了低渗透层的动用程度。1029 井从调剖前后的吸水剖面来看（图 10），第一阶段的调剖导致剖面发生了较大的变化。动用程度从最初的 41.1%降为 29.9%。为了进一步改善吸水剖面，经过随后的调剖，剖面发生了较大的变化。强吸水层 2207.8～2211.8m 段的吸收强度减弱。新增加了 6 个吸水层位，动用程度大幅提高到 58.9%。

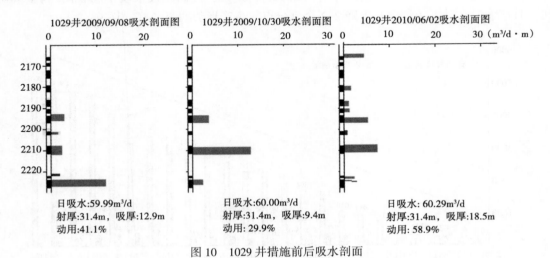

图 10　1029 井措施前后吸水剖面

4.3　水流优势通道得到有效封堵

从试验区调驱前与调驱后所测压降曲线测试结果对比来看，调驱井压力指数和充满度（判定调剖是否充分的一个指标）明显提升，表明注水井调剖后单位时间压力下降的速度明

显减缓，且调剖充分。一般认为调剖后充满度在 0.70~0.95 的范围内且高于调剖前的 FD 即认为调剖比较充分，水流优势通道得到了有效地封堵（图 11）。

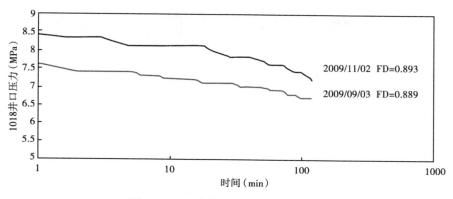

图 11 1018 井措施前后井口压降曲线

5 结论

（1）逐级调剖技术的应用在百 21 井区 B1 油藏的现场应用表明，通过变强度段塞式配方体系设计的方式，逐级调剖实现了应用不同强度体系对不同级别优势通道进行调堵，单井吸水剖面改善，实施效果明显；

（2）现场效果评价表明，5 井组试验区累计增油可以达到 5000t 以上，逐级调剖技术可以提高低渗透储层阶段采收率 3.2%，前景非常广阔。

参 考 文 献

[1] 准噶尔盆地油气田开发的回顾与思考（1950—2000），石油出版社.2006 年 6 月第一版.
[2] 宫兆波.滴 12 井区八道湾组油藏深部调驱技术早期应用效果［J］.新疆石油地质，2011，32（4）：406-408.
[3] 江厚顺，叶翠，才程.新疆油田六中东区砾岩油藏深部调驱先导试验.
[4] 张丽娟，岳湘安，丁名臣，等.冻胶溶液在多孔介质中成胶性能的影响因素分析［J］.油田化学，2012，29（3）：293-298.

七东 1 区聚合物驱聚窜方向识别及封堵对策

唐可 罗强 白雷 原凤刚 向小玲 李凯 王凤清

（中国石油新疆油田公司实验检测研究院）

摘　要：针对新疆油田七东 1 区 $30×10^4$t 聚合物驱试验区由于油水井网连通复杂，井间裂缝发育较强，在注聚过程中表现出区域整体见聚、见聚时间短、见聚浓度高、调剖效果差的特点，提出了采用示踪剂快速识别聚窜方向，在此基础上利用小剂量地下成胶刚性凝胶进行定向封堵的技术路线。通过室内试验研制了具有良好运移性、抗剪切性、成胶强度高的 ASG 凝胶，34℃成胶时间在 4~26h，岩心物模试验突破压力超过 15MPa，且与砂粒间有较强的黏结作用，在地层中有较好的滞留能力。现场试验 2 井组，首先利用示踪剂检测快速确定油水井裂缝通道方向和大小，随后在水井注入高强凝胶堵剂进行定向封堵，单井平均注剂 $50m^3$。措施后井组油井动态明显好转，产聚浓度明显下降，日产油平均增加 2t，含水平均降低 5%，取得了较好的效果。

关键词：聚驱调剖；裂缝封堵；示踪剂；高强凝胶

七东 1 区克下组砾岩油藏为封闭断块油藏，构造为一倾向东南的单斜，地层倾角为 5°~20°，油层平均孔隙度 17.4%，平均渗透率为 597.7mD。1958 年开始注水开发，随着开采程度加深，地下油水关系、剩余油分布越来越复杂，层内层间非均质性严重，产量递减加快。2012 年在该区部署了 $30×10^4$t 聚合物驱扩大化试验项目方案，设计总井数 277 口，其中采油井 156 口。方案设计注入 0.7PV 聚合物，预测累计增油 $96.1×10^4$t，提高采收率 11.7%，吨聚增油 46.0t/t。

1　目前存在的问题

1.1　试验区聚窜严重

试验区从 2014 年 9 月开始全面注聚，初期见聚主要集中在 9 注 16 采先导试验区周围；2015 年见聚范围开始逐渐扩大，其中 I 区见聚浓度较高；进入 2016 年以后全区油井见聚呈快速上升趋势（图 1），见聚浓度和井数持续增加（表 1）。

表 1　试验区油井产聚情况

时间	见聚井数	平均见聚浓度（mg/L）
2014/11	58	153.4
2015/1	88	169.4
2015/9	128	351.2
2016/1	142	473.4

1.2　常规调剖工艺适应性变差

2014—2015 年现场实施调剖 59 井次,通过多轮次、全方位调剖,已实现对全区注入压力低、见聚浓度高区域全覆盖。但目前 I 区北出现区域整体见聚,平均见聚浓度为575.2mg/L,500mg/L 以上井占 55.4%,聚窜情况没有得到有效抑制。针对目前调剖效果不理想的情况进行了分析。

(1) 由于老井网油水井对应关系复杂,在区域整体聚窜的情况下仅凭油藏动静态资料无法及时有效的判别聚窜方向,造成调剖选井及参数设计的局限性。

(2) 高产聚突出区域 I 区北渗透率高、非均质性强、井距短,并且存在大量压裂后的油井转注井,油水井双向压裂造成的裂缝型聚窜通道治理难度大。目前现场主要采用的酚醛凝胶和体膨颗粒的组合。其中酚醛凝胶强度较弱无法有效封堵裂缝型通道,体膨颗粒注入性和运移性较差无法深入地层深部封堵,造成后续流体在地层深部继续窜流。

2　调剖新技术的研究

针对聚窜方向识别困难以及现有调剖配方对裂缝型通道封堵强度不足,难以深入地层深处封堵等问题,通过分析提出了采用示踪剂快速识别聚窜方向,进而采用注入性好封堵强度大的刚性凝胶进行定向封堵的思路[1-4]。

2.1　ASG 刚性凝胶配方组成

ASG 刚性凝胶是以改性大分子和丙烯酰胺为主剂,在交联剂和引发剂的作用下,在地层深部交联成胶,形成刚性网络状结构,有效封堵裂缝型通道。根据正交实验结果,并综合考虑成胶性能和成本因素,得到各组分的最佳加量为:改性大分子 2%~4%、丙烯酰胺 5%~6%、交联剂 0.01%~0.03% 和引发剂 0.05%~0.6%,其在七东 1 区油藏温度 34℃下的静态成胶时间约为 4~26h 可调(图 1),以满足不同储层条件的需要。

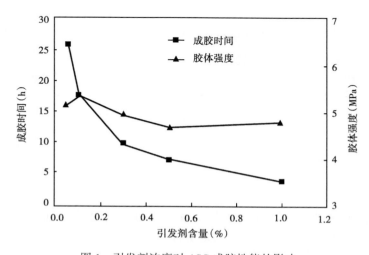

图 1　引发剂浓度对 ASG 成胶性能的影响

2.2 ASG 刚性凝胶性能评价

2.2.1 抗剪切性

化学剂在注入地层的过程中会受到管线、机泵、射孔孔眼等的剪切，在进入地层后会受到地层孔隙的剪切，强度损失率可达 40%。ASG 与酚醛冻胶未成胶原液剪切前后的成胶强度见表 2。由表可见，酚醛冻胶剪切后的成胶强度保留率仅为 12.0%。搅拌器的高速剪切作用对 ASG 体系成胶强度的影响较小。这是由于 ASG 的组分中没有易剪切断裂的高分子物质，高速剪切基本不能破坏其分子结构，因此该体系具有较强的抗剪切性。

表 2　剪切对铬冻胶和 ASG 成胶强度的影响

调剖剂	成胶强度		强度保留率
	剪切前	剪切后	（%）
酚醛冻胶	2430mPa·s	290.6mPa·s	12.0
ASG	4.4MPa	4.2MPa	95.5

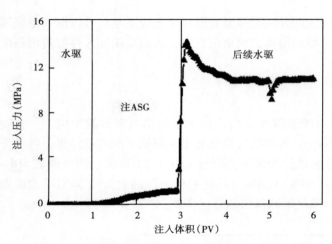

图 2　岩心封堵实验中注入压力随注入量的变化曲线

2.2.2 注入性与封堵强度

对人造砾岩岩心抽真空、饱和模拟地层水，水测渗透率（6140mD）；在 1mL/min 的流速下注入 1PV 清水、2PV ASG 调剖剂，在 34℃下静置候凝 3d 后水驱 3PV。岩心封堵实验中注入压力随注入体积的变化曲线如图 2 所示。由图 2 可见，注 ASG 阶段注入压力较低且呈缓慢上升趋势，说明该剂具有较好的注入性及运移性。由于 ASG 原液由小分子物质组成，未成胶时黏度较低，因此能在多孔介质中保持良好的运移能力；候凝成胶后水驱压力陡升，突破压力高达 15 MPa，且突破后水驱压力仍维持较高水平，说明调剖剂封堵强度较高，水驱突破后破碎的胶体在后续运移过程中仍有较强的封堵效果。

3　现场应用

3.1　试验井组筛选

以高产聚高含水的"双高"油井为基础，综合成本控制和便于分析，优先考虑对应水井数较少的油井，最终确定在 I 区北 T7 井组和 I 区南 T8 井组进行注示踪剂判断聚窜通道方向以及强凝胶定向封堵聚窜通道的先导试验。

3.1.1　T7 井组概况

T7 井组位于七东 1 区北部区域，对应 3 口注水井，分别为 T7−1 井、T7−2 井、T7−3

井。截至 2016 年 5 月，该井平均日产液 41.31t，日产油 0.7t，综合含水达到 98.32%。T7 井产聚浓度持续上升，最高达到 1871.8mg/L，目前见聚浓度 1095.7mg/L（图 3）。

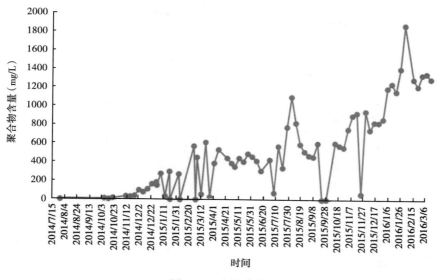

图 3　T7 产聚曲线

由于 T7-3 井为转注井，且在 2008 年 11 月进行了压裂，而 T7-3 井为压裂后投产的油井，两者之间可能存在裂缝，导致调剖效果不理想。所以，为确认 T7 井的高浓度聚合物来自 T7-3 井，需要进行示踪剂测试。根据剂窜速度确定两者的关系，同时以 T7-2 井为对照，对比压裂和不压裂对聚窜的影响。

3.1.2　T8 井组概况

T8 井组位于七东 1 区东南部区域，对应 2 口注水井，分别为 T8-1 井、T8-2 井。截至 2016 年 5 月，该井平均日产液 27t，日产油 0.6t，综合含水达到 97.61%。目前见聚浓度达到 835.2mg/L（图 4）。

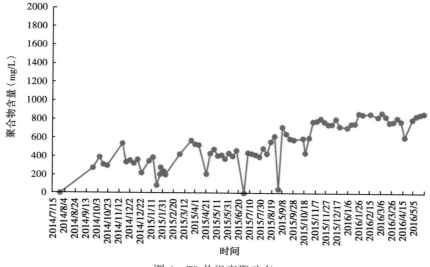

图 4　T8 井组产聚动态

从 T8 井组连通图（图 5）可以看出，其 S_7^{2-3} 层为主要产液层，对应的 T8-1 井吸水剖面较均匀，而 T8-2 井强吸液层在 S_7^{3-3} 和 S_7^{4-1}。同时，T8-1 井和 T8 井位于断层的两边。示踪剂的目的，一是确定 T8 井组的产聚方向，二是判断断层是否有阻隔作用。

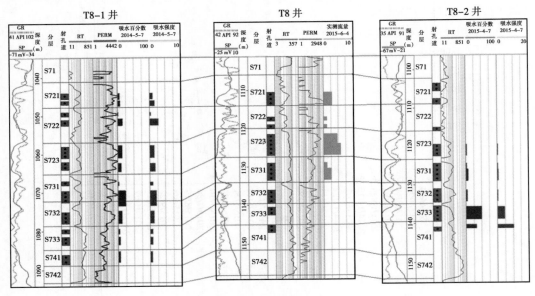

图 5　T8 井组连通图

3.2　示踪剂用量计算

示踪剂的注入量，从根本上来讲，取决于被跟踪储层的体积和分析仪器的最低检测限，当本底数值较大时，示踪剂的注入量主要由能否掩盖本底数值来决定。

首先计算注入地层的最大稀释体积：

$$V_p = \pi r^2 h \phi S_w \tag{1}$$

式中　V_p——最大稀释体积，m^3；

　　　r——注入井与观察井间的距离，m；

　　　h——注入井有效厚度，m；

　　　S_w——砂层含水饱和度，%；

　　　ϕ——孔隙度，%。

其次，计算示踪剂投加量：

$$A = \mu MDL V_p \tag{2}$$

式中　A——微量物质用量，g。

　　MDL——最低检测浓度，可以是仪器的分析检测限，也可以是最大本底浓度的 4 倍，一般取两者中的最大值；

　　　μ——保障系数，其目的是消除各种天然和人工不利因素的影响。一般取 50~100，特殊情况下可取至 500，以保障注入的示踪剂可以被检测到，保障足够高的峰值浓度。

根据上述示踪剂用量计算公式，采用 $A = \mu MDL V_p$ 计算用量，MDL 为 1ng/g，μ 取 400，设计示踪剂用量 40kg（表 3）。

表 3 示踪剂用量计算

井号	油藏厚度（m）	井距（m）	含水饱和度（%）	孔隙度（%）	示踪剂类型	示踪剂用量（kg）
T7-2	22	142	56.5	16.4	Er	40
T7-3	16.5	142	51.1	16.9	Yb	40
T8-2	20.5	125	63.4	15	Er	40
T8-1	22.5	125	49.5	19.1	Yb	40

为了尽可能准确识别聚窜通道，方案设计示踪剂采用与聚合物驱浓度一致的聚合物溶液携带注入，设计注入速度与单井日配注量相当，使示踪剂能够最大限度模拟聚合物在聚窜通道的流动状况。

3.3 ASG 刚性凝胶注入参数

以示踪剂分析结果为基础，结合前期 ASG 强凝胶现场注入试验结果，确定 ASG 段塞注入量为 50~100m³，为确保施工顺利，采用两段式注入，首先注入 50m³，候凝 7d，根据后期注入情况，再注入 50m³。ASG 段塞注完后续注入 20m³ 浓度为 0.15% 的聚合物溶液。

室内实验和现场注入表明，堵剂注入速度过快，会伤害低渗透层。为避免强凝胶对中低渗透层造成伤害，堵剂采用单井日配注量注入。

强凝胶调剖前后，测试注入井井口压降各一次。调剖结束，油井洗井，然后油水井同时关井候凝 7d。油水井同时开井，注聚井按低于调剖前的注入速度注聚 1 个月后正常注聚。

3.4 现场试验

2016 年 6 月和 7 月，分别对 T7 井、T8 井进行示踪剂测试，示踪剂测试结果见图 6、图 7。

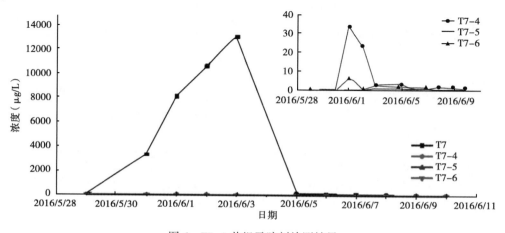

图 6 T7-3 井组示踪剂检测结果

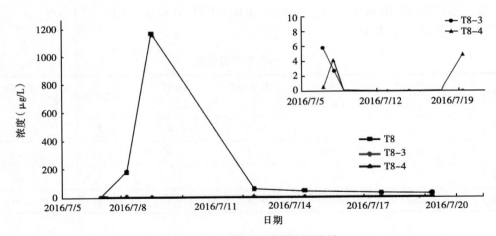

图 7　T8-2 井组示踪剂检测结果

根据示踪剂解释结果显示，T7-3 井组中 T7 井与 T7-3 井之间存在明显的聚窜通道，而 T8-2 井组中存在 T8 与 T8-2 之间的聚窜通道。随后采用小剂量 ASG 强凝胶对 T7-3 井和 T8-2 井的窜流通道进行封堵，达到改变液流方向，扩大聚驱波及体积的目的。

T7-3 井注入封堵剂后，油井 T7 井产出液聚合物浓度从 800mg/L 降为 400mg/L；含水从 99% 降为 94%，含水率最低为 84%；氯离子含量从 500mg/L 上升到 2000mg/L；日产油从 0.4t 升为 2.0t，最高为 6.9t（图 8）。

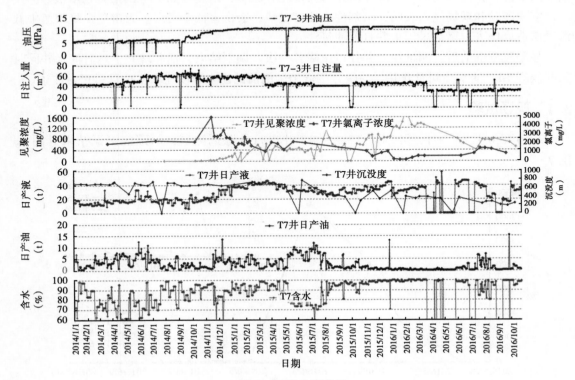

图 8　T7 井生产曲线

324

T8-2 井封堵后，注入压力由调剖前的 9.9MPa 上升为 10.7MPa，上升了 0.8MPa，目前为 10.7MPa；油井 T8 井的含水略有下降，最低为 74%；日产油从 0.4t 最高升为 3.0t；产出液聚合物浓度从 850mg/L 降为 422mg/L；氯离子含量从 700mg/L 上升到 1616mg/L（图 9）。

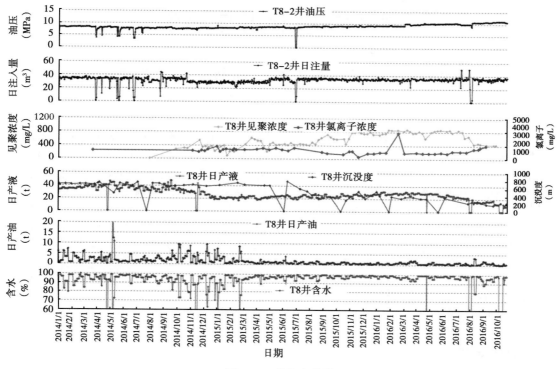

图 9　T8 井生产曲线

4　结论

针对七东 1 区克上组砾岩油藏油水井网连通复杂、储层裂缝发育的特点造成的聚窜方向识别困难以及现有调剖配方对裂缝型通道封堵强度不足，难以深入地层深处封堵等问题，提出的示踪剂快速识别聚窜通道及 ASG 刚性凝胶定向封堵的方法，现场应用效果较好，能够为目前聚窜治理提供技术支持。

参 考 文 献

[1] 宋子齐, 杨立雷, 程英, 等. 非均质砾岩储层综合评价方法——以克拉玛依油田七中、东区砾岩储层为例 [J]. 石油实验地质, 2007, 29（4）：11-15.

[2] 熊春明, 唐孝芬. 国内外堵水调剖技术最新进展及发展趋势 [J]. 石油勘探与开发, 2007, 34（1）：83-88.

[3] 王健, 黄云, 顾鸿君, 等. 砾岩油藏弱凝胶调驱的注入参数优选 [J]. 油气地质与采收率, 2006, 13（1）：90-91.

[4] 李宏岭, 侯吉瑞, 岳湘安, 等. 地下成胶的淀粉—聚丙烯酰胺水基凝胶调堵剂性能研究 [J]. 油田化学, 2005, 22（4）：358-361.

沙 102 井区梧桐沟组油藏深部调驱技术应用与评价

肖磊[1] 文洋[1] 肖显云[1] 汪利红[2] 靳红博[2]

(1. 中国石油新疆油田公司准东采油厂; 2. 克拉玛依国勘石油技术有限公司)

摘　要: 沙南油田沙 102 井区块区域构造处于准噶尔盆地东部隆起北三台凸起北部, 沙丘古构造南坡。整体为受岩性控制的北高南低的单斜构造岩性油藏。储层岩性为细—中砂岩、砂砾岩, 孔隙类型主要为粒间溶孔, 胶结类型为孔隙型, 油层孔隙度为 19.0%, 渗透率为 2.68mD, 属中低孔隙度、低渗透率、非均质性较强的储层。随着油田不断注水开发, 受层内、平面非均质等因素影响, 注水沿着层内高渗透层突进, 低效、无效注水循环严重, 导致油井含水上升速度快, 产量递减幅度大, 注水开发效率低。针对区块存在的问题, 2015 年采用 "聚合物微球+柔性转向剂 SR-3" 的组合段塞对注水井进行调驱施工。措施后注水压力上升, 吸水状况得到改善, 增油降水效果显著, 取得了较好的现场应用效果。实践证明, "聚合物微球+柔性转向剂 SR-3" 的组合段塞设计体系可以有效封堵低渗透油藏水流优势通道, 提高油层动用程度, 扩大注水波及体积, 提升水驱开发效果。

关键词: 深部调驱; 优势通道; 含水上升; 低渗透; 波及体积

1 区块概况

沙南油田沙 102 井区块区域构造处于准噶尔盆地东部隆起北三台凸起北部, 沙丘古构造南坡。整体为受岩性控制的北高南低的单斜构造岩性油藏, 可分为两个油藏, 油层向北部和东部变差尖灭, 西南部发育 2 条断裂。地层自下而上划分为梧一段 (P_3wt_1) 和梧二段 (P_3wt_2), 梧一段 (P_3wt_1) 自上而下再分为 $P_3wt_1^1$、$P_3wt_1^2$、$P_3wt_1^3$、$P_3wt_1^4$ 4 个砂层组。该区梧桐沟组主力油层为 $P_3wt_1^2$, 可细分为上下两段 $P_3wt_1^{2-1}$、$P_3wt_1^{2-2}$。

储层岩性以细—中砂岩、砂砾岩为主。岩石颗粒成分以碎屑为主, 其次为长石和石英, 岩石成分成熟度很低, 颗粒磨圆度为次棱—次圆状, 分选较差。填隙物以高岭石为主, 胶结物主要为方解石, 黏土矿物主要以不规则状伊蒙混层和粒间书页状高岭石为主, 孔隙类型主要为粒间溶孔, 胶结类型为孔隙型。油层孔隙度为 19.0%, 渗透率为 2.68mD, 属中低孔隙度、低渗透率、非均质性较强的储集层。

沙 102 井区梧桐沟组油藏中部埋深 2260m, 原始地层压力为 27.51MPa, 饱和压力为 5.81MPa, 压力系数为 1.21, 饱和程度为 21%, 属于饱和程度较低的未饱和油藏。油藏平均地层温度为 72℃, 地层水水型为 $CaCl_2$ 型, 平均 Cl^- 含量为 4200mg/L, 平均总矿化度为 19648mg/L, 地层原油黏度为 2.304mPa·s。

2 存在问题及技术对策

随着油田不断注水开发, 受层内、平面非均质等因素影响, 注水沿着层内高渗透优势通道突进，低效、无效注水循环严重，导致纵向吸水剖面不均匀、油层动用程度低，对应油井含水上升速度快，产量递减幅度大，注水开发效率降低。为了控制井组的含水上升速度，提高油层动用程度，于 2013 年和 2014 年分别采用树脂冻胶体系和 H/D 系列高分子微球对区块注水井实施了调驱施工，对比措施前后井组的产出状况，采用单一的调驱段塞不能有效封堵高渗透优势通道，调驱后增油降水效果差。

针对区块存在的问题，为了封堵高渗透水窜优势通道，扩大注水波及体积，提高中低渗透油层动用程度，同时为了克服单一调驱体系封堵效果差的缺点，2015 年采用了注入性能好的"聚合物微球+柔性转向剂 SR‑3"复合调驱体系对区块 6 口注水井进行了深部调驱[1-3]。

3　调驱体系可行性研究

3.1　聚合物微球技术原理及特点

聚合物微球最小尺寸可以实现纳米级[4]，在水中可以膨胀，在油中不会膨胀。通过控制其成分和结构，可以控制其在水中膨胀速度；通过控制其原始尺寸和有效成分含量，可以控制其最大膨胀体积，解决以往调堵材料中存在的注入能力与堵水强度之间的矛盾，也解决了颗粒型调驱剂在水中容易沉淀，不可深入地层，形成地层永久伤害等问题。同时，由于微球在水中分散后变成溶胶，在水中稳定性与溶液一样，不会产生沉淀现象，提高进入油藏深部的能力。

在注入初期，由于微球的最小原始尺寸只有纳米级，远远小于地层孔喉的微米级以上尺寸，因此可以顺利地随着注入水进入到地层深部，随着注入时间的不断延长，微球不断水化膨胀，直到膨胀到最大体积后，依靠单个或多个架桥作用在地层孔喉处进行堵塞，从而实现注入水微观改向。由于微球是一个弹性球体[5]，在一定压力下会突破，逐级逐步使液流改向，从而实现深部调驱，最大限度提高注入液的波及体积（图 1）。

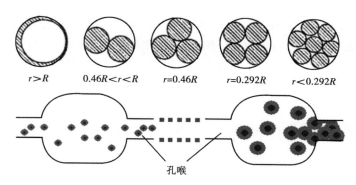

$r>R$　　$0.46R<r<R$　　$r=0.46R$　　$r=0.292R$　　$r<0.292R$

孔喉

图 1　聚合物微球调驱封堵原理示意图

聚合物微球调驱技术主要有以下特点：一是粒径可变，可以根据油层孔喉等发育状况合理选择所需聚合物微球的粒径大小；二是注入性能好，聚合物微球可以与水互溶且黏度低，可以进入地层深部，实现深部调驱；三是稳定性能好，具有很好的耐温抗盐性[6]，能够适应不同油藏调驱需求；四是封堵效果好，聚合物微球抗剪切能力强[6]，可以实现逐级深入调驱。

3.2 柔性转向剂 SR-3 技术原理及特点

柔性转向剂 SR-3[3-6] 是以含芳香烃单体为原料合成的新型聚合体,具有黏弹性特点和蠕变行为。在高于临界压差条件下,能够有效适应地层的孔隙变化,自身形变通过地层喉道;在低于临界压差条件下,同样能够有效适应地层的孔隙变化,自身形变堵住喉道。

在高渗透区的沿程运移过程中,由于多孔介质的非均质性,其沿程运移阻力不同,大量柔性转向剂 SR-3 颗粒在多孔介质中交替运移,并通过叠加原理形成柔性转向剂 SR-3 "暂堵蠕动带"[2,3]。根据柔性转向剂 SR-3 "暂堵蠕动带"的形成、整体运移、局部突破、再次形成新的 "暂堵蠕动带"、运移、局部突破……循环过程不断向地层深部运移,产生一定的动态沿程流动阻力,注入水从其他孔隙绕流,从而改变水驱通道,提高波及体积,达到驱替低渗透区剩余油的目的(图 2)。

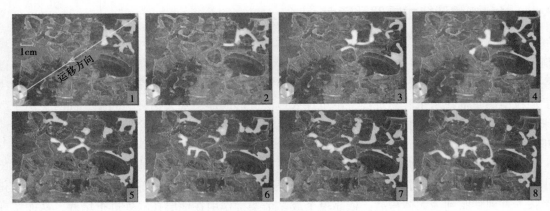

图 2　柔性转向剂 SR-3 调驱封堵原理示意图

柔性转向剂 SR-3 深部调驱技术主要有以下特点:

(1)粒径可变,可做成不同的粒径,以适应不同的地层,粒径范围 1~9mm;

(2)弹性性能好,在 0.1~10000Pa 的拉伸应力范围内,未出现拉断现象;

(3)稳定性好,模拟不同地层水条件下,超过 1 年时间不变化;

(4)吸附性能及自黏结性能好,能吸附于大孔道或裂缝壁,通过自身的黏结作用聚集成团,堵塞大孔道;

(5)移动堵塞,堵而不死。由于流动性能好,能发生形变通过小孔道,像蚯蚓一样向前蠕动运移。

综上所述,"聚合物微球+柔性转向剂 SR-3"的组合调驱体系注入性能好、稳定性强、封堵效果好,能够满足沙 102 井区梧桐沟组油藏的调驱需求。

4　调驱方案设计

根据以往区块的调驱经验,单一的段塞设计很难取得较好的增油效果。因此,本次调驱主要采用"聚合物微球+柔性转向剂 SR-3+聚合物微球"的组合段塞设计思路。

（1）前置段塞：注入浓度为0.3%、粒径为800nm的聚合物微球，对高渗透通道进行预堵塞，抑制注入液高速窜流，减缓后续段塞的流速，建立流动阻力，为后续段塞驻留提供保证。

（2）封堵段塞：注入浓度为0.4%、粒径为1~3mm的柔性转向剂SR-3，利用其强形变和粘连性能，沿程调堵高渗透通道，迫使液流转向，扩大注水波及体积。

（3）保护段塞：注入浓度为0.5%、粒径为500nm的聚合物微球，目的是封堵残余高渗透水窜通道，加强近井地带的封堵，为后续注水建立足够的阻力，同时有效保护已进入中、深部的调驱剂，提高整个调驱体系的稳定性。

本次采用大剂量深部调驱，可以尽可能减小水窜距离，使后续注入水不易绕流，扩大水驱波及体积。

5 措施效果评价

为了封堵沙102井区梧桐沟组油藏水窜优势通道，控制油井含水上升速度，2015年4月开始现场调驱作业施工，6口注水井累计注入调驱剂用量13300m³，平均单井用量2217m³。调驱前6口井平均油压10.2MPa，调驱后平均油压11.6MPa，平均单井油压上升1.4MPa；视吸水指数较调驱前下降了0.4m³/（d·MPa）（表1）。调驱后注水井油压上升、吸水能力下降，说明高渗透水窜通道得到了有效封堵。

表1 沙102井区注水井调驱前后注入状况对比表

井号	调驱剂用量（m³）	调驱前			调驱后		
		日注水量（m³）	油压（MPa）	视吸水指数[m³/（d·MPa）]	日注水量（m³）	油压（MPa）	视吸水指数[m³/（d·MPa）]
SQ3106	2400	20	12.0	1.7	20	14.3	1.4
SQ3110	2500	20	14.5	1.4	20	16.0	1.3
SQ3213	1900	30	9.5	3.2	30	11.0	2.7
SQ3221	2800	30	13.5	2.2	23	15.2	1.5
SQ3224	2100	30	7.0	4.3	30	7.5	4.0
SQ3232	1600	30	4.5	6.7	30	5.8	5.2
平均值	2217	27	10.2	2.6	26	11.6	2.2

调驱后油井增油降水效果明显，6口注水井组全部见效，周围对应25口采油井，见效油井19口，油井见效率为76.0%。调驱后井组日产油85.1t，较调驱前上升16.4t；含水61.5%，较调驱前下降了6.1个百分点。截至2016年12月，累计增油5040t，平均单井组增油840t，平均单井油井有效期340d。从调驱井组的综合开采曲线看（图3），调驱前井组含水上升速度快，产量递减幅度大，调驱后含水明显下降、井组日产油量上升，并且有效时间长，产量保持稳定，达到了调驱增油降水的目的。

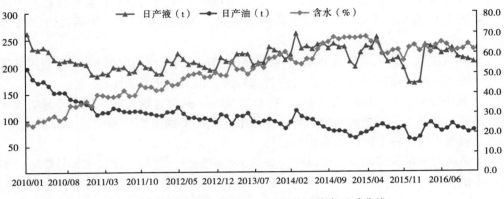

图 3 　2015 年沙 102 井区 6 口调驱井组综合开采曲线

6 结论与认识

（1）调驱后注水井油压上升、吸水能力下降，对应油井含水下降、日产油量上升，说明注水井深部调驱是目前提升水驱开发效果的有效途径。

（2）聚合物微球和柔性转向剂 SR-3 调驱剂稳定性能好，封堵强度大，调驱后油井增油降水效果明显，见效比例高且有效期长。

（3）实践证明，"聚合物微球+柔性转向剂 SR-3"的组合段塞体系能够适应低渗透油藏的调驱要求，并且可以有效封堵高渗透水流优势通道，扩大注水波及体积，提升水驱开发效果。

参 考 文 献

[1] 马涛，王强，王海波，等．深部调剖体系研究及应用现状［J］．应用化工，2011，40（7）：1271-1274.

[2] 刘玉章，熊春明，罗健辉，等．高含水油田深部液流转向技术研究［J］．油田化学，2006，23（3）：248-251.

[3] 马红卫，李宜坤，朱怀江，等．柔性转向剂作用机理及其先导试验［J］．大庆石油地质与开发，2008，27（4）：92-94.

[4] 王国锋．纳微米聚合物调驱渗流理论模型研究及其应用［J］．水动力学研究与进展，2011，26（4）：393-398.

[5] 朱伟民，崔永亮，俞力．聚合物微球调剖研究与应用［J］．化工管理，2015（7）：213-214.

[6] 付欣，刘月亮，李光辉，等．中低渗油藏调驱用纳米聚合物微球的稳定性能评价［J］．油田化学，2013，30（2）：193-197.

蠡县斜坡低渗透油田改善水驱
开发效果与实践认识

王宏涛　　谢世建　　颜勇　　李建青　　赵伟峰　　刘祥

(中国石油华北油田分公司第一采油厂)

摘　要： 在低渗透油田的开发治理过程中，通常会出现注不进、采不出、注入水沿压裂缝水窜严重、水驱波及体积小等问题。因此，建立一套低渗透油田扩大波及体积的配套技术，是实现低渗透油田高效开发的关键。本文以冀中坳陷饶阳凹陷蠡县斜坡低渗透油田为例，建立了一套低渗透油田改善水驱的配套方法。针对低渗透油田压裂后，注入水沿压裂缝水窜严重的问题，精细刻画水窜通道，建立了凝胶微球复合调驱、精细分注技术和微球调驱相结合的配套改善水驱技术。针对特低渗透油田注不进、采不出的问题，建立了水井多氢酸分层酸化与油井配套分层重复压裂的改善水驱技术，大幅提升了低渗透油田的水驱开发水平。

关键词： 低渗透；凝胶微球复合调驱；精细分注；多氢酸增注；蠡县斜坡

冀中坳陷饶阳凹陷蠡县斜坡低渗透油田由于储层物性差，油藏多为整体压裂投产，水驱波及范围小，导致油田自然递减大、采收率低。本次为了提高低渗透油藏的开发水平，针对蠡县斜坡油田开展了改善水驱工作。

1　地质背景

蠡县斜坡构造上位于饶阳凹陷西部，该地区地层总体表现为由西南向东北倾的缓坡，断层相对不发育。主要含油层系为沙三段和沙一段，油藏类型多为低渗透岩性—构造油藏。通过不断深化地质认识，钻探扩边井，目前已累计探明石油地质储量 4225.95×10^4 t。但是由于储层物性差，非均质性强等因素，严重制约了油田的开发效果。

2　技术难点及攻关思路

2.1　地质条件

蠡县斜坡主要含油层位为沙一段和沙三段，埋深在 3000m 左右，发育多期的三角洲分流河道与河口坝为有利储集体。砂体厚度范围主要集中在 3—6m，渗透率在 8—15mD。油藏具有埋藏深、物性差、砂体变化快的特点。

2.2　难点与对策

针对油藏埋藏深、砂体变化快的特点，通过地震—地质—油藏一体化单砂体刻画技术，确定油藏油水井各单砂层地下注采连通关系[1]。针对低渗透油田油井压裂后，注入水沿压裂缝水窜严重的问题，首先建立以采定注的分层动态调配方法，缓解油藏的层间矛盾和平面矛盾。其次，将分注和调驱技术相融合，改善低渗透整体压裂油藏的平面、层内矛盾。针对特低渗透油田注不进、采不出的问题，通过室内实验优选配伍性较好的酸液体系，实施水井酸化增注，同时油井实施配套增产措施，以达到改善油田水驱开发效果的目的。

3 技术实现及效果评价

3.1 地震—地质—油藏一体化单砂体注采连通关系刻画技术

3.1.1 利用地震反演技术预测井间砂体连通关系

针对蠡县斜坡岩性—构造油藏井间砂体变化大、注采连通关系复杂问题，首先将地层对比精细到单砂层，其次进行地震资料反演，结合生产动态资料，确定油水井各单砂层地下注采连通关系。例如西柳 10-121 和 10-96 井之间预测砂体不连通（图 1、图 2），动态资料证实无注采见效反应。

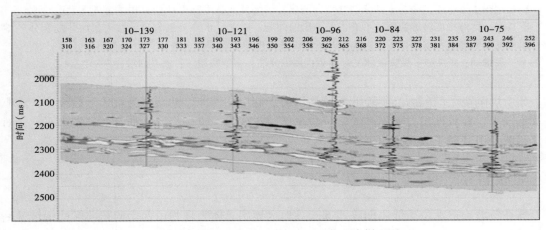

图 1　西柳 10-139—西柳 10-75 井反演剖面图

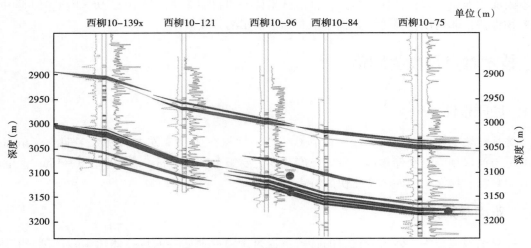

图 2　西柳 10-139—西柳 10-75 井油藏剖面图

332

3.1.2 建立单砂体三维地质模型

结合测井及油藏监测资料编制单砂层沉积微相图，利用确定性建模技术建立单砂层地质模型。在此基础上，利用地震、地质、测井、油藏生产动态多信息融合，确定油水井各单砂层地下注采连通关系，为精细注水奠定基础。

3.2 建立以采定注的分层动态调水方法

分注井动态调配技术：包括四个步骤，即：产量劈分、确定层段性质、确定合理注采比、周期性验封测调。

3.2.1 产量劈分

针对多层合采的单井进行产量劈分，首先必须选定合理的总产量。在此基础上，根据该井各层物性、流体性质和生产测试资料等参数确定各单层的产量。

（1）单井总产量的确定：已投产或达到方案配产的井，取正常且相对稳定时的产量；未投产或未达到方案配产的井，依据储层物性差异及邻井产量考虑取值。

（2）分层日产量的确定：可根据地层系数法确定。具体方法如下：

$$单层地上产液量 = Q \times h_1K_1/(h_1K_1 + h_2K_2 + \cdots + h_iK_i)（i = 1，2，3，\cdots）$$

式中　　Q——单井总产量，m^3；

　　　　h_i——第 i 层有效厚度，m；

　　　　K_i——第 i 层渗透率，mD。

3.2.2 层段划分与层段性质的确定

层段划分原则：运用数理统计方法统计分析，确定分注段数、段内层数、层内厚度、层间非均质性与动用状况的关系，并以此为依据，得出蠡县斜坡油田"2287"标准，即层段内小层数不小于 2 层，渗透率级差大于等于 2，段内砂岩厚度大于等于 8m，段内有效厚度大于等于 7m。运用"2287"标准合理设计分注层段，目前平均分注段数为 3.3 段（表1）。

表 1　蠡县斜坡油田细分注水标准

因素	分段数	段内小层数	渗透率级差	变异系数	段内砂岩厚度（m）	段内有效厚度（m）	吸水厚度比例
标准	≥3	≤2	≤2	≤0.3	≤8	≤7	80%

层段性质确定：根据分注前注水井吸水剖面及对应油井的生产情况，动静态结合对层段进行性质划分，分为加强层、稳定层、控制层。加强层主要有三类：一是不吸水而油井对应射开的层；二是吸水量小于对应油井劈分到该井组采出量的层；三是对应油井该层段高产液，但不受本井效果的层。稳定层主要有：吸水和产出状况好、吸水和产出基本平衡的层。控制层主要有三类：一是注水井射开，但对应油井未射的层；二是对应油井高含水，且是主要来水方向的层；三是吸水量远大于对应油井劈分到该井组产出量的层。

3.2.3 确定合理注采比

建立各井区以采定注、保持和逐步恢复地层压力，协调平面、层间矛盾的配注基本原则，根据油藏动态分析法和物质平衡法，对各井区合理注采比进行研究。例如雁 63 断块根据注采比与含水上升速度及采出程度的关系曲线，可以确定该井区合理注采比在 1.2 左右（图3、图4）。

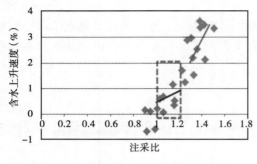

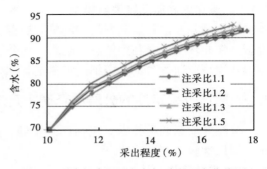

图 3　注采比与含水上升速度关系图　　　图 4　不同注采比下含水与采出程度曲线图

单井配注的确定：将井组相互连通的同一小层单向日产液（地下体积）相加，得出各小层日产液量。

$$\sum q_i = q_1 + q_2 + \cdots + q_i \qquad (i=1,\ 2,\ 3,\ \cdots)$$

根据各小层确定的注采比，得出某小层的理论配水量。

$$q_{wi} = \sum q_i \times I_i \qquad (i=1,\ 2,\ 3,\ \cdots)$$

将各层理论配注量根据各层动态特征进行动态调整，按层段划分的注水层进行求和，得层段配注量。

$$Q_{wi} = \sum q_{wi} \pm D_i \qquad (i=1,\ 2,\ 3,\ \cdots)$$

全井注水量：

$$Q_w = \sum Q_{wi} \qquad (i=1,\ 2,\ 3,\ \cdots)$$

式中　q_i——单井单层产液量，m；

　　　I_i——注采比；

　　　D_i——动态调整注水量，m^3。

3.2.4　周期性验封测调

根据井组见效时间确定动态调配的周期，注水见效时间平均为 2—3 个月，因此油井生产较稳定情况下，分注井动态调配的周期一般为 3 个月左右，个别注水见效快的分注井相应缩短周期。由于某层段注水导致油井生产情况突然发生变化，则根据动静态分析，对相应水井及时进行层段注水量调整。

3.3　利用凝胶微球复合驱技术扩大水驱波及体积

蠡县斜坡由于储层物性差，油井均压裂投产，人工裂缝分布复杂，开发过程中暴露出平面、层内矛盾突出，优势注水方向明显等问题。井区内单井最高日产液量为 18.55m³，含水为 90.24%；最低日产液量为 2.63m³，含水为 84.41%。针对平面非均质性强，油井含水上升速度快等问题，提出了凝胶微球复合驱的调驱模式，凝胶为连续相流体，黏度大，侧重于层内和近井地带的非均质性调整和改善流度比，难于深入地层，驱替能力差，高温条件下热稳定性差。微球为分散相流体，黏度低，靠微球的堆积起封堵作用，对剖面、高渗条带的封堵能力略差，可以深入地层，侧重于层内非均质性的调整。因此，对于具备注入能力，已经形成优势水流通道的注水井，实施"前置可动凝胶段塞封堵大孔道+后续聚合物微球扩大微观波及效率"的调驱方式，能够取得较好的增油降水效果。

3.4 创新分注微球调驱融合技术扩大水驱波及体积

根据示踪剂资料、氯根资料及动态分析精细刻画各小层水驱优势通道平面图（图5）。结合分注管柱，对主力生产的6号、7号小层实施分层调驱，其他小层水嘴关闭，缓解层间、层内及平面矛盾，扩大水驱波及体积，提高水驱动用程度。由于分注管柱水嘴较小，凝胶封堵性虽然强，但流动性差，易被剪切失效，而微球抗剪切能力强，具备一定的封堵能力，因此分注微球调驱融合技术，在分注的基础上可以进一步扩大水驱波及体积。

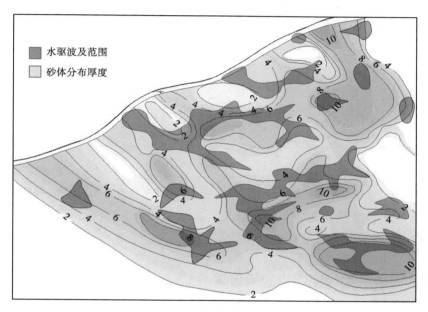

图5 蠡县斜坡雁63断块Es3段6号小层水驱优势通道平面图

3.5 建立多氢酸增注配套技术，实现特低渗油藏新突破

针对蠡县斜坡西柳油田储层物性差，注水井高压注不进的现象，通过室内实验优选配伍性较好的酸液体系，实施水井酸化增注，同时油井实施配套增产措施，以达到改善油田开发效果的目的。研发了多氢酸深部酸化配方体系，解决了特低渗砂岩油藏水井增注的技术瓶颈。形成了多氢酸降压增注技术选井选层标准，明确了特低渗油藏水井的治理目标。形成多氢酸增注后配套油井增产技术，改善了低渗透油井低产低效的现状。

3.5.1 优选多氢酸深部酸化配方体系

选取目标油藏主力生产层的岩心，通过开展岩心溶蚀实验，优选出与目标油藏配伍性较好的多氢酸酸液体系。西柳油田配伍性实验证明，溶蚀率为57.98%，空气渗透率由通酸前的53mD提高到通酸后的352.5mD，提高了5.65倍（表2）。

表 2 蠡县斜坡多氢酸配方配伍性实验表

井号	层位	储层矿物			配 方				溶蚀率（%）	酸前空气渗透率（mD）	酸前空气渗透率（mD）	提高倍数
		石英及长石（%）	黏土矿物（%）	碳酸盐（%）	多氢酸浓度（%）	黏土稳定剂浓度（%）	盐酸浓度（%）	酸化强度（m³/m）				
西柳10-142	沙三段	80~90	6	16	8	3	10~12	3~4	57.98	53	352.5	5.65

3.5.2 多氢酸选井选层标准

储层分布稳定、油水井连通程度高；低孔低渗透砂岩、砂砾岩油藏注水井；电测解释孔隙度大于10%；电测渗透率低于10mD；强水敏、酸敏储层优先选用多氢酸酸化；目标层泥质含量低于15%、孔喉半径大于0.1μm，酸化效果较优[2]（图6、图7）。

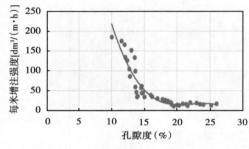

图 6 孔隙度与每米增注强度关系曲线

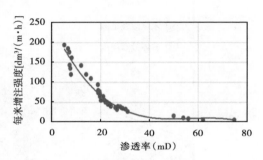

图 7 渗透率与每米增注强度关系曲线

4 应用效果

4.1 精细动态调水和深部调驱应用效果

通过分注井精细动态调水和深部调驱的实施，油田综合含水趋势由快速上升转变为缓慢下降，油田水驱开发效果得到明显改善（图8）。

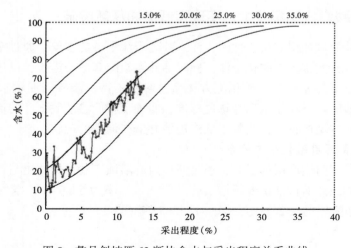

图 8 蠡县斜坡雁63断块含水与采出程度关系曲线

4.2 多氢酸增注应用效果

在蠡县斜坡优选 22 口注水井实施多氢酸酸化增注，注水压力下降 6MPa，平均单井日增注 20m³，有效期目前已超过 28 个月。水驱动用程度由酸化前的 51% 上升至目前的 68.3%。对应一线油井 48 口，不同程度见效井 39 口，见效率为 81.25%。见效高峰期平均单井日增液 1.4m³，增幅为 26%；日增油 1.3t，增幅为 68%；累计增油 23629t，目前持续有效。

5 结论与认识

通过新建立的低渗透油田改善水驱配套技术，蠡县斜坡油田水驱波及体积、动用程度明显提高，产油量由快速递减转变为稳步回升，大幅提升了低渗透岩性油田开发水平，同时也为其他低渗透油藏开发提供了可借鉴的成功经验。

以上研究应用结果表明：上述配套技术对蠡县斜坡低渗透油田改善水驱效果是有效可行的。该套技术的建立为低渗透油田改善水驱效果提供了可靠的技术支撑，并取得以下 5 点认识：

（1）以储层预测技术为基础，结合生产动态测资料，搞清井间单砂体的连通关系及展布特征，建立单砂体三维地质模型是搞好改善低渗透油田水驱开发效果的基础。

（2）建立的以采定注的分层动态调水方法，包含精细产量劈分、确定层段性质、确定合理注采比、周期性验封测调，是改善低渗透油田水驱开发效果的关键。

（3）针对形成优势水流通道的问题，利用凝胶微球复合驱技术，实施"前置可动凝胶段塞封堵大孔道+后续聚合物微球扩大微观波及效率"的调驱方式，能够扩大水驱波及体积，取得较好的增油降水效果。

（4）微球抗剪切能力强，具备一定的封堵能力，可以利用分注管柱和微球调驱融合技术，在分注的基础上可以进一步扩大水驱波及体积。

（5）针对特低渗油田注不进、采不出的问题，可以通过室内实验优选配伍性较好的酸液体系，实施水井多氢酸酸化增注，改善油田开发的效果。

参 考 文 献

［1］王宏涛．西柳 10 断块井间砂体预测技术［M］//王元基，张勇，孙福街．精细油藏描述技术文集．北京：石油工业出版社，2013.

［2］颜勇．多氢酸增注技术在西柳 10 断块的应用［M］//古潜山勘探开发文集．北京：石油工业出版社，2015.

安塞油田长6油藏堵水调剖技术研究与应用

易永根　申坤　毕台飞　田永达　王学生　师现云

（中国石油长庆油田公司第一采油厂）

摘　要： 安塞油田构造为一平缓西倾单斜，主力油层为延长组长6油层组。根据物性数据统计，长6储层各小层的平均孔隙度在9.6%至14.3%之间，平均空气渗透率为$0.26\sim3.24\times10^{-3}$ μm^2，属于低孔低渗透裂缝发育砂岩油藏，储层非均质性强、天然裂缝发育。经过30多年的注水开发，主力区块已进入中高含水开发阶段，油藏剖面、平面矛盾日趋突出，含水上升速度快，自然递减加大，水驱效果变差。自1997年开展注水井调剖以来，已累计实施714井次。近几年随着调剖工作量逐年增多，多轮次调剖井增加，提压空间受限，常规调剖效果逐次变差。通过对油藏渗流规律的深化认识，不断优化调剖工艺体系，探索聚合物微球改善水驱技术试验，注水井调剖调驱适用性不断提高，已成为老油田控水稳油的主体技术。

关键词： 安塞油田；长6油藏；堵水调剖；技术研究

安塞油田目前主力开发长6油藏，区块综合含水为59.0%，采出程度为10.28%。进入中高含水期后，油藏平面、剖面矛盾集中，含水上升加快、递减增大。2016年自然递减14.9%、含水上升率为2.3%，常规注水调整的作用越来越弱。随着开发的深入，水驱不均导致的开发矛盾日益突出，注水开发30年优势通道逐年延伸。动态结合试井解释显示，跨2个注采井距的优势通道有135条，主要分布在坪桥、王窑等区块，急需开展堵水调剖控水稳油治理。

1　渗流特征规律研究

研究不同区块水驱渗流规律，是选择堵剂类型及用量设计的基础，也是开展堵水调剖的前提[1]。针对油藏水驱规律复杂、分布广的特点，主要通过"动态验证识别法"、示踪剂监测、水驱前缘测试、数值模拟等手段，将高含水油井窜流通道类型分为裂缝型、孔隙—裂缝型、孔隙型三类，根据渗流通道类型确定堵剂体系。安塞油田渗流通道识别标准见表1。

其中裂缝型渗流动态表现为主向油井无水采油期短，油井暴性水淹，见水周期在300d以内，水线推进速度大于1m/d；侧向油井地层能量得不到补充，处于低能开采，平均地层压力保持水平低于80%；注水井吸水剖面反映为高渗透层存在尖峰状或指状吸水，低渗透层吸水量较少。

孔隙—裂缝型渗流动态表现为介于孔隙与裂缝之间，水线推进速度为$0.62\sim1.96$m/d，见水周期为254d，油井见水以北东32°为主，兼有北东60°和北东90°。油井见效稳产半年后含水台呈阶式上升，部分井暴性水淹。

孔隙型渗流动态表现为平面水驱均匀，剖面动用程度高，水线推进速度小于 0.5m/d，油井见效后稳产期平均为 4~8 年。

表 1 安塞油田渗流通道识别标准

渗透类型	平面受效模型	水驱前缘	见效过程	判定参数
孔隙型				主向见水周期：≥8年 面积波及系数：≥0.87 见水时采出程度：≥8%
孔隙裂缝型				主向见水周期：3~8年 面积波及系数：0.57~0.87 见水时采出程度：4%~8%
裂缝型				主向见水周期：≤3年 面积波及系数：≤0.57 见水时采出程度：≤4%

2 堵剂体系及工艺优化完善

安塞油田 2008 年开始探索攻关堵水调剖技术试验，过程中结合实施效果不断改进优化调剖堵剂的体系及配方。经过现场实施效果分析，逐步形成了以弱凝胶为主的常规调剖堵剂体系。在 2015 年自主研发出污泥调剖冻胶体系，同时开始试验聚合物微球调驱堵剂体系。

2.1 常规调剖堵剂体系

2013 年开始形成的以弱凝胶为主的调剖体系主要包含有："弱凝胶+颗粒"或"弱凝胶+无机凝胶+颗粒"调剖堵剂体系。其中的弱凝胶性能见表 2、表 3[2,3]。

表 2 聚丙烯酰胺技术要求

序号	项目	指标
1	溶解时间（h）	≤2
2	固含量	≥88%
3	水解度	20%~30%
4	黏均分子量（$\times 10^6$）	≥17.0

表 3 铬型交联剂及弱凝胶技术要求

名称	项目	指标
铬型交联剂	Cr^{3+} 含量	≥2.5%
	凝固点（℃）	≤-10

名称	项目	指标
弱凝胶	初始成胶黏度（20℃）（mPa·s）	≤1000
	成胶时间（20℃）（h）	≤72
	终成胶黏度（20℃）（mPa·s）	≥10000
	脱水率（60℃、120h）	≤1.0%

2.2 污泥调剖冻胶体系

2015 年，结合现场污泥组分性能，自主研发出"污泥冻胶调剖"体系，注水井单井调剖污泥使用量由 40m³ 提升至 400m³，调剖后单井组年增油量达到 170t。污泥冻胶调剖体系主要的成分为：聚合物+交联剂+油泥+分散剂+稳定剂。成胶后黏度达 30000mPa·s，有效期长达 8 个月。

2.3 聚合物微球调驱体系

2016 年，安塞油田开始试验聚合物微球调驱。聚合物微球是一种分散凝胶体系，根据合成和封堵的机理不同，分为原始尺寸不同的纳米级和微米级。可分离固形物含量、原始粒径、膨胀倍数等其性能见表 4。

表 4 单一组分凝胶技术性能指标

序号	参数性能	指标
1	可分离固形含量（%）	6.8~22.9
2	原始粒径（nm）	100~10000
3	膨胀倍数	3.6~15.4

2.4 堵水调剖工艺优化

在施工工艺上，针对三种见水类型，不断优化工艺参数，以"等配注"为方向，不断调整适应于满足堵剂性能的注入参数，形成了"一大（剂量）、一小（排量）、一低（压力）、一多（段塞）"的施工工艺参数，推行"四个转变"，不断提升调剖效果及效益，保障注水井措施有效率。

在调剖设备上，研究应用一体化橇装施工设备，实现污泥不落地、密闭处理。在设备处理前端增加污泥装卸、储存、配液、施工一体化处理装置，在污泥配液罐前端增加除杂装置，同时更换注入能力强的液压式调剖泵、计量准确的磁电式流量计。2016 年 4 月开始，实施 2 口井，累计处理污泥 1698m³。

3 堵水调剖技术应用效果[4]

3.1 裂缝型油藏

近几年，该技术主要在坪桥油藏、塞 130 区和杏河油藏实施，实施比例达到 51.8%。典型油藏坪桥区属于特低渗透油藏，经过 20 余年的注水开发，贯通 1km 以上的裂缝达 13 条，受最大主应力、天然缝及动态缝影响，老区主向水淹比例为 81.0%，侧向井受沉积微相影响，含水上升速度快，见水比例为 32.2%。

从 2009 年开始，在坪桥老区及坪南区沿裂缝线整体调剖 78 井次，对应油井 447 口，见效比为 44.3%，累计增油 $1.1×10^4$t，累计降水 $1.3×10^4$m³，平均井组增油 169t。坪桥区历年水驱动用程度对比图和堵水井产油量归一曲线图如图 1、图 2 所示。

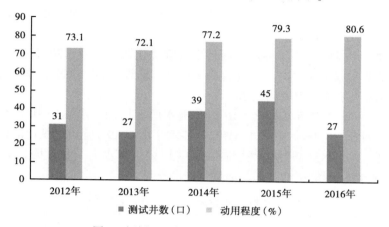

图 1 坪桥区历年水驱动用程度对比图

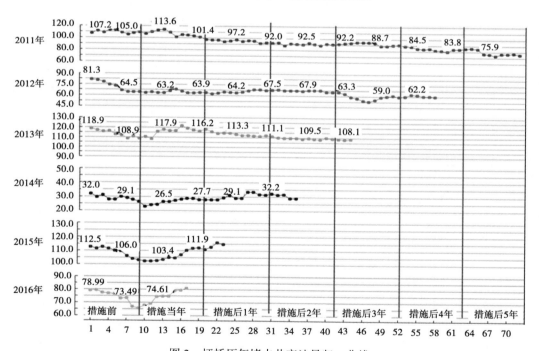

图 2 坪桥历年堵水井产油量归一曲线

一是水驱效率提高。调剖后注水压力上升 1.2MPa，平均单井吸水厚度增加了 2.4m，存水率由 0.80 升至 0.82，水驱指数由 3.0 升至 3.2。这表明调剖后，注水波及体积增大。

二是区块递减下降。调剖当年负递减，平均有效周期为 18 个月。2016 年，实施 28 口井，见效率为46.2%，平均井组增油量131t，累计增油3655t，标定递减下降5.1%，含水上升率下降1.1%。

3.2 孔隙—裂缝型油藏

杏河油藏开发已进入中高含水期，自然递减保持在13%以上。西部主要表现为油井多方向见水，见水方向有北东32°、北东60°和北东90°。东北部主要表现为剖面单层不吸水比例为30.0%，水驱动用程度为69.6%，平面多方向见水，表现为孔隙—裂缝型渗流特征，通过常规注水调整控水难度大。

针对多方向见水及层间矛盾特征，近年来持续优化调剖体系。2014年—2016年主要在杏河西及东北部共实施123井次，对应油井900口，见效比为36.8%，累计增油3.2×10⁴t，累降水5.4×10⁴m³，平均井组增油253t。

调剖后21口井吸水剖面可对比，16口井吸水厚度增加，水驱动用程度由74.1%升至86.0%；27口可对比井，PI值上升1.3MPa；存水率由0.79升至0.85，水驱指数稳定。通过连片调剖治理，调剖区域自然递减控制在10%以内，含水上升速度明显减缓，有效期达到8~13个月。孔隙—裂缝型油藏调剖前后生产动态见表5。

表5 孔隙—裂缝型油藏调剖前后生产动态

年份	工作量（口）	对应油井（口）	见效比（%）	措施前动态			措施后年底动态			累计增油（t）	累计降水（m³）
				日产液（m³）	日产油（t）	含水（%）	日产液（m³）	日产油（t）	含水（%）		
2014年	44	321	41.4	1239	636.4	38.8	1257	614.7	41.8	11335	12286
2015年	44	335	33.7	1309	591	46.2	1232	568.8	45.0	11724	19281
2016年	36	250	37.2	942.1	360.2	54.5	880	344.7	53.4	9177	22291
合计/平均	124	906	37.4	3490	1588	45.8	3369	1528	46.0	32236	53858

3.3 孔隙型油藏

为提高水驱效率，在孔隙型油藏主要开展聚合物微球调驱试验，重点在杏北、侯市以及塞169油藏开展试验井45口的试验效果见表6。目前初步见效比为40.9%，对应193口采油井，动态整体保持稳定，含水下降1.5%。

表6 2016年聚合物微球试验效果统计表

区块	实施井数（口）	储层参数		效果统计			
		渗透率（mD）	孔喉半径（μm）	对应油井总数（口）	见效比（%）	含水下降（%）	平均单井组累计增油（t）
杏河北部	29	0.69	0.3	111	45.9	1.2%	215
侯市	14	7.39	2.5	72	44.4	1.3%	204
塞169区	2	12.75	11.6	10	60.0	2.9%	215
合计/平均	45			193	40.9	1.5%	211

孔隙型油藏实施聚合物微球调驱后，井组递减及含水上升趋势明显减缓，实施井组动态保持平稳，水驱状况得到改善，同时解决了压力提升空间受限井无法调剖的问题。微球调驱与常规调驱注水压力对比如图 3 所示，微球调驱注水井指标对比图如图 4 所示。

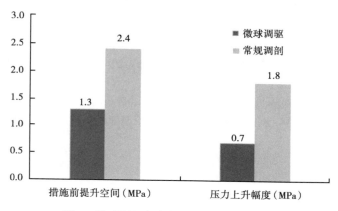

图 3　微球调驱与常规调剖注水压力对比

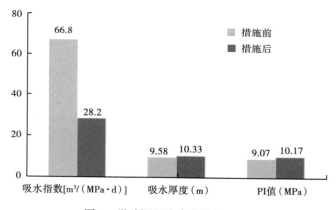

图 4　微球调驱注水井指标对比

4　取得的认识及下步方向

（1）裂缝型油藏采用"颗粒+冻胶"调剖体系、施工排量为 2.0~2.5m³/h，实施后效果较好，下步可推广实施。

（2）孔隙——裂缝型油藏主向井含水上升后采取控制注水势必会影响周围井动态。在裂缝未贯通前通过堵水调剖，改变优势水驱方向，通过早期调剖可以延长低含水采油期，降低主向井含水。

（3）孔隙型油藏由于孔喉半径小，开展聚合物微球调驱后，井组动态保持平稳，递减及含水上升率减缓，效果较好。

（4）聚合物微球调驱可以改善水驱状况，同时解决由于压力提升空间受限导致井无法调剖的问题。

（5）下步可在孔隙——裂缝型油藏试验"堵水+微球"连作工艺，首先采用常规调剖段塞对裂缝及高渗带进行封堵，提高注水压力，然后注入聚合物微球进行调驱，对微裂缝及孔隙进行封堵，提高整体调剖效果。

参 考 文 献

［1］全永旺．低渗透储层裂缝及其对油田后期开发的影响［J］．内江科技，2006（1）：176.

［2］赵晓非，于庆龙，晏凤，等．有机铬弱凝胶深部调剖体系的研究及性能评价［J］．特种油气藏，2013（3）：114-117.

［3］展金城，李春涛．高含水期堵水调剖工艺技术探讨［J］．胜利油田职工大学学报，2007（1）：37-39.

［4］曲庆，赵福麟，王业飞，等．油井深部堵水技术的研究与应用［J］．钻采工艺，2007，30（2）：85-87.

低渗透油藏裂缝对油田注水开发的影响

易红　杨红梅　李海龙　张莲忠　李春娟　卫嘉鑫

(中国石油长庆油田公司第二采油厂)

摘　要：西峰油田西 41 区长 8 油藏属特低渗透裂缝性油藏，2009 年起采用 480m×160m 井网进行开发。投入开发以来，油藏表现出含水上升快、单井产能低等矛盾，整体水驱效果较差。本文结合区域裂缝发育特征，研究该区天然、人工裂缝展布规律，探讨储层裂缝对注水开发的影响，并总结合理的治理对策，为后期提高油藏水驱效率提供依据。

关键词：裂缝；见效；见水；注水

1　区域裂缝发育特征

1.1　区域地应力特征

区域现今应力场的分布以北东东—南西西方向水平挤压和北北西—南南东方向水平拉张为特征，在此作用基础上形成两组裂缝，主要为北东向，其次为北西向。根据邻近的安塞、靖安和华池油田的地应力及裂缝方位测试结果，认为该区最大主应力及裂缝方位为北东70°~80°[1]，一般为北东 75°。

1.2　西 41 区裂缝发育特征

从西 41 区岩心薄片（图 1）、成像测井（图 2）等资料可以看出，西 41 区天然裂缝发育，主要为水平缝和高角度裂缝。

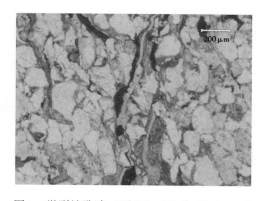

图 1　微裂缝孔隙（西 351–348 井 2082.22m）

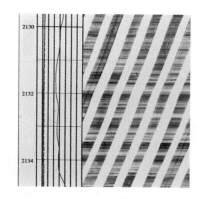

图 2　西 103 井声电成像测井裂缝特征

西 41 区油井投产均经过压裂改造，通过对部分井开展试井解释分析，80%的井存在压裂后的两翼缝特征，而且两翼缝走向都为南西—北东走向，与区域地应力方向一致。如西

337-370 井（图3）附近的原始测井解释渗透率较低，通过数值试井解释后发现两翼渗透率增大，存在明显的两翼缝。

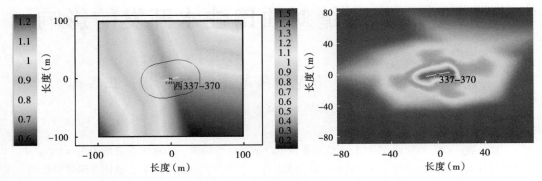

图 3　西 337-370 井初始渗透率与解释后渗透率分布图

从水驱前缘测试（图4）、示踪剂测试（图5）、区域动态响应等资料可以看出，西 41 区存在裂缝特征井 118 口，展布方向为北东 70°~80°，以北东 75°左右为主，与区域地应力方向基本一致（图6）。

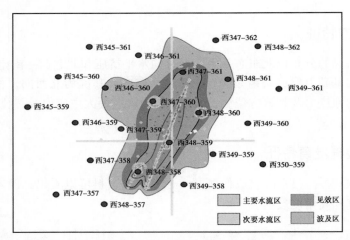

图 4　西 348-359 井水驱前缘测试

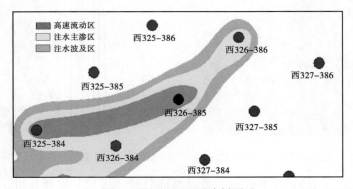

图 5　西 326-385 示踪剂测试

346

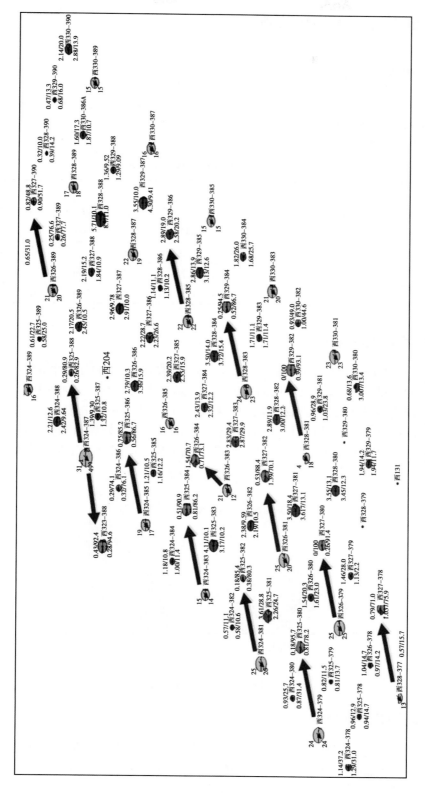

图 6 西 41 区西 131 区域见水方向示意图

347

2　储层裂缝对注水开发的影响

2.1　储层裂缝对见效的影响

西 131 至西 41 区长 8 油藏区块内油井 327 口，已见效 283 口，见效率为 86.5%，平均见效周期为 469d。其中主向井与裂缝方向一致，见效周期短（261d），侧向井见效周期长（572d）。主向向见效状况见表 1。

表 1　西 41 区主侧向见效特征统计表

主侧向	总井数（口）	见效井数（口）	见效比例（%）	见效周期（d）	见效前			见效后		
					日产液（m³）	日产油（t）	含水（%）	日产液（m³）	日产油（t）	含水（%）
主向	238	201	84.5	572	2.19	1.3	30.3	2.86	1.70	30.0
侧向	89	82	92.1	261	2.39	1.27	37.4	2.86	1.37	43.7
合计	327	283	86.5	469	2.30	1.30	32.0	2.86	1.60	34.0

2.2　储层裂缝对见水影响

西 41 区目前油井见注入水井 158 口，从见水井网位置看，主向井见水 67 口，见水比例为 75.2%；侧向井见水 91 口，见水比例为 38.2%。从见水类型看，主向井见水受孔隙及裂缝双重影响，裂缝型见水比例达 52.2%，见水周期为 179d；侧向井见水主要受基质影响，裂缝型见水比例达 19.8%，见水周期为 378d（图 7、图 8）。裂缝展布对见水特征影响整体表现出沿方向的主向井见水比例及裂缝见水比例较高、见水周期短、含水上升快的特点。

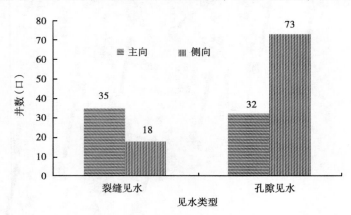

图 7　主侧向见水类型对比柱状图

2.3　储层裂缝对产能的影响

在低渗透油藏中，储层物性差，单井控制面积小，通过压裂增产措施，在地层中形成两翼缝，增加单井控制面积，减小流动阻力，能够增加产能。不同测试井测试段米产液指数与裂缝半长关系呈现出正相关关系（图 9）。裂缝长度越大，对产液量贡献越大。西 41 区生产

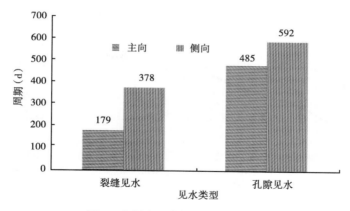

图 8　主侧向见水周期对比柱状图

井初期压裂改造裂缝半长 130m，但经过压裂措施后的生产井在开发过程中裂缝长度是动态变化的，一般会随着生产时间的增加。地层压力的降低，有效裂缝长度减小，井的生产能力逐渐降低。根据试井解释结果发现，裂缝有效长度较小，平均裂缝半长仅为 20m，反映开发过程中裂缝失效情况比较严重。

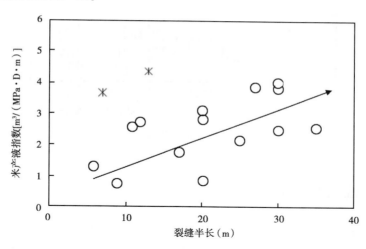

图 9　裂缝长度与产能相关性图

2.4　储层裂缝对注水的影响

　　注水开发过程中，如果注水井井底附近本身存在闭合裂缝，当注水压力达到或超过裂缝开启压力时，裂缝重新张开或延伸扩大。而当注水井周围本身不存在裂缝或裂缝不发育，注水压力达到或超过破裂压力时，会形成新的水力诱导缝。如西 348-359 井，该井平均井底流压大于 35MPa，从试井双对数曲线发现裂缝特征。2015 年 7 月，测试解释裂缝长度 40m。2016 年 3 月，测试解释裂缝 52m，裂缝长度增大（图 10），井底流压油从 28.5MPa 下降至26.4MPa（图 11）。表明长期注水开发，西 348-359 井附近裂缝逐渐扩展，地层吸水能力变强。

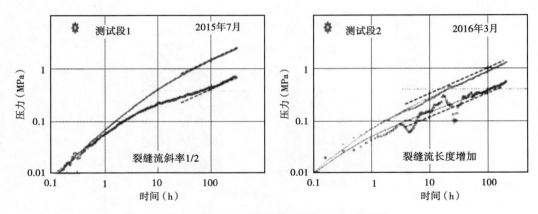

图 10　西 348-359 不同测试时间双对数曲线

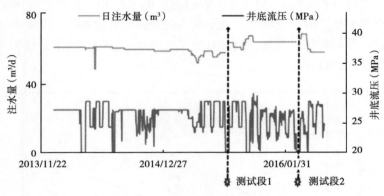

图 11　西 348-359 注水曲线

3　改善开发效果技术探讨

综上所述，储层裂缝对区块注水开发的影响主要表现为提高油井见效程度、加快主向井见水、提高单井产能以及容易造成水窜，开发过程中要重点从均衡平面见效、改善基质渗流、优化油水井附近裂缝长度等方面进行治理，改善区块的开发效果，提高水驱波及程度。

3.1　主侧向流压优化

针对西 41 区储层裂缝发育导致的主向见效见水快、侧向逐步见效的特点，以"控制含水上升、均衡平面均匀见效"为目的，历年实施主向流压优化 84 口，主向流压由 6.0~7.0MPa 增大至 9.0~10.0MPa，主侧向流压差为 2.0~3.0MPa，油藏递减及含水上升均得到有效控制。

3.2　周期注水

针对常规注水开发沿裂缝水窜、主向油井暴性水淹严重的问题，通过开展周期注水在裂缝与基质间产生压力扰动效应，充分发挥裂缝系统作为供水通道和油通道的有利因素，利用驱替压差、基质岩块压缩和流体膨胀、毛细管渗吸作用，促使原油从基质岩块流向裂缝系统，可在一定程度上减缓因连续注水产生的裂缝水窜和基质原油水封问题，扩大基质岩块的波及体积，提高驱油效率[2]。西41区对裂缝发育的区域实施周期注水36口井，实施后区域含水上升趋势得到控制，见效油井41口，单井日增油0.27t，累计增油1850t。

3.3　重复改造

针对开发时间延长、人工压裂缝逐渐闭合、有效长度减小导致单井产能降低的矛盾，对裂缝长度短且生产能力较差或裂缝明显闭合的井进行重复压裂，增加单井控制面积，减小流动阻力，提高单井产能。如油井西331-341井于2015年6月试井解释裂缝不发育。2016年2月，日产液由4.5m³下降至1.77m³。2016年3月，对该井实施压裂，日产液上升至5.84m³。

3.4　堵水调剖

对注水压力升高导致的天然裂缝开启或形成新的压裂缝的问题，采取水井堵水调剖的方式有效封堵裂缝、大孔喉，达到降水稳油目的。历年针对裂缝发育的区域实施堵水调剖51井次，油井累计见效135井次，含水由45.5%下降至43.7%，达到了控水稳油作用，极大地改善了区域开发效果。

4　结论与认识

（1）西41区储层裂缝发育，裂缝延伸方向与区域地应力方向基本一致。

（2）储层裂缝对注水开发具有提高油井见效程度、提高单井产能、容易造成水窜、加快油井见水等特点，对注水开发影响利弊共存。

（3）实施主侧向流压优化、周期注水、重复改造、堵水调剖等措施，有助于改善区块开发效果，提高注水波及程度。

参 考 文 献

[1] 曲良超，崔刚，卞昌蓉. 西峰油田白马中区长8段储层裂缝发育特点及水淹预测 [J]. 石油地质与工程，2006，20（5）：32-35.

[2] 袁士义，宋新民，冉启全. 裂缝性油藏开发技术 [M]. 北京：石油工业出版社，2004.

J油田特低渗透油藏空气泡沫驱技术现场应用效果

沈焕文　　饶天利　　陈建宏　　张鹏　　王碧涛　　江涛

（中国石油长庆油田公司第三采油厂）

摘　要：J油田特低渗透W区块C6油藏历经21年开发，目前已进入中含水开发阶段，随采出程度的增加，平面、剖面矛盾加剧，油藏水驱状况变差，平面水驱波及半径已达油井，水驱油效率下降，剩余油分布日趋复杂，一次井网改善水驱、控水稳油技术瓶颈日益突出。空气泡沫驱技术具有"封堵调剖、提高驱油效率、提高油层能量"的特性，因此在东部油田成功案例基础上，根据特低渗透储层特征结合室内实验评价，通过对15注63采井组现场先导试验到扩大试验为期7年的矿场试验效果表明，空气泡沫驱技术在改善水驱、扩大水驱波及体积，提高采收率方面效果明显，预测采收率提高5.0%以上，且现场试验安全顺利进行，具有较好的技术适应性。本文重点从空气泡沫驱机理入手，采取机理与动态特征、油藏工程、数值模拟相结合的方式，综合分析空气泡沫驱试验效果和合理的注入参数，评价特低渗油藏空气泡沫驱技术的适应性和推广应用前景，进一步完善丰富特低渗油藏提高采收率稳产技术体系。

关键词：特低渗透油藏；空气泡沫驱；改善水驱；扩大波及体积；提高采收率

J油田特低渗透油藏是典型的"三低油藏"。随着采出程度的增加，水驱状况变差，水驱油效率降低，含水上升速度加快，调驱或三次采油技术储备不足，油藏持续稳产形势加剧。寻求适合于特低渗透油藏持续高效开发的稳产技术是开发面临的主要课题。空气泡沫驱技术综合了空气驱油和泡沫驱油的双重优势，本着"边调边驱"的原则，具有调剖和驱油的双重功能和传统的低温氧化与流度控制作用，适合于储层非均质性强的油藏，可以有效提高水驱油效率。通过在J油田特低渗透油藏为期7年的矿场试验效果表明，空气泡沫驱技术在改善水驱、扩大水驱波及体积，提高采收率方面效果显著，丰富了特低渗透油藏提高采收率技术体系。

1　空气泡沫驱技术特点

1.1　调驱机理

空气泡沫驱技术具有"封堵调剖、提高驱油效率、提高油层能量"的技术特性[1]。当泡沫进入地层时，先进入高渗透层，由于贾敏效应，流动阻力将逐渐增加，主要表现为降低注入流体的流度、改善流度比、降低流体的相对渗透率、延缓注入流体的突破时间、封堵高渗层的大孔道、改变液流的方向，可较好地实现封堵作用。所以，随着注入压力的变大，泡沫可依次进入低渗透层，提高波及系数。同时，泡沫中的气泡形状是可变的，因而可以进入和填塞各种结构的孔隙，把不连续的残余油驱出，从而提高微观波及效率（图1）。

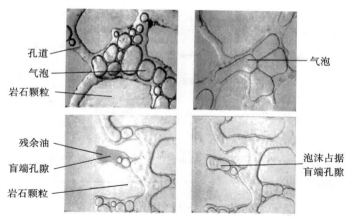

图1 泡沫在岩石中封堵大孔道、驱油机理图

发泡剂本身是一种表面活性剂，能大幅度降低油水界面张力，增加油对岩石表面的润湿角，有利于提高驱油效率。注入的气体能够补充地层能量，提高油层压力[2]。

1.2 驱油特征

根据空气泡沫驱的封堵调驱机理，通过室内岩心驱替实验表明：空气泡沫驱有效封堵高渗透层段，增大了平面波及体积[4]（图2）。

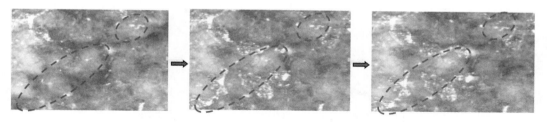

图2 真实岩心空气泡沫驱微观驱油特征（泡沫通过膨胀作用进入油滴中，使油滴变成油膜）

室内驱油试验说明：水驱见水后转入空气泡沫驱提高水驱油效率18.75%～29.96%（图3），平均为23.84%；空气泡沫驱对低渗岩心驱油效率提高幅度更大，含水降幅大（图4）。

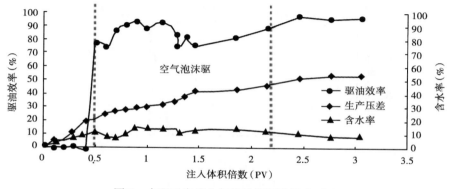

图3 水驱后实施空气泡沫驱驱油效率对比

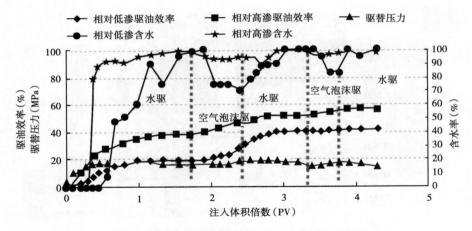

图 4　不同渗透率水驱后实施泡沫驱驱油效率对比

2　空气泡沫驱技术参数

2.1　注入方式

根据油藏工程研究（图 5、图 6）可知，气液同注可有效形成泡沫，不容易发生气窜，

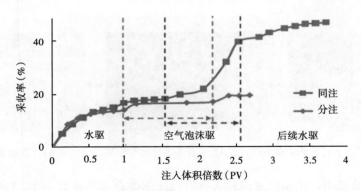

图 5　空气泡沫驱不同注入方式下的采收率对比

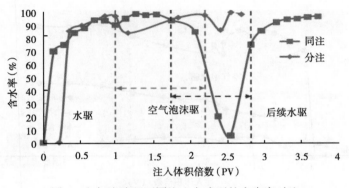

图 6　空气泡沫驱不同注入方式下的含水率对比

较气液分注可大幅提高采收率。气液同注和分注最终采收率分别为 45.1% 和 21.0%，因此注入参数设计分三个段塞空气、泡沫交替注入[3]。

2.2 注入参数

根据油藏工程研究结合现场实际，制订了空气泡沫驱注入参数（图7、表1），设计总注入量为 0.25PV，气液比从 1.3:1 试注，逐步增大到 1.5:1，注入速度为日注发泡液 20~25m³，地面日最大注气量 6600m³，注入井口压力控制在 20MPa 以内[5]。

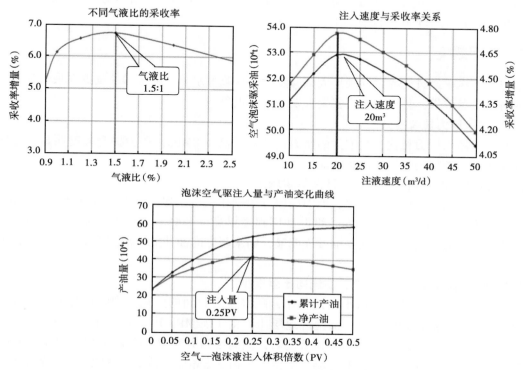

图 7　空气泡沫驱各项注入参数与采收率关系曲线
（自左向右依次为气液比、注入速度、注入量）

表 1　空气泡沫驱试验注入参数表

方案	前置段塞（PV）	发泡剂浓度（mg/L）	气液比	注入速度（m³/d）	注采比	总注入量（PV）
先导试验推荐	0.03	3000	1.2:1~1.5:1	20~30	1.1:1~1.3:1	0.25
数值模拟优化	0.025	4000	1.3:1~1.5:1	19~22	1.1:1~1.2:1	0.25
扩大试验参数	0.03	4000	1.2:1~1.5:1	20~30	1.1:1~1.2:1	0.25

3 现场应用效果

3.1 注入进展

J油田特低渗透 W 区块 C6 油藏空气泡沫驱自 2009 年 12 月开展单井组先导试验以来，先后经历了单井组先导试验、井组先导试验和扩大试验三个阶段，形成了 15 注 63 采的注采格局，初具 $5×10^4t$ 的试验规模，累计注入气和泡沫液 0.1056PV，完成设计的 42.2%，气液比逐步由 1:1~1.3:1 升至目前的 1.58:1。

3.2 应用效果

空气泡沫驱经过先导试验到扩大试验阶段，在改善水驱、降水增油及提高采收率等方面均取得了显著效果，且现场运行安全未发生气串现象。

3.2.1 注入压力显著提升

与正常注水压力相比，注泡沫的压力比注水提高 1.8MPa，压力提升幅度明显，说明空气泡沫驱具有较好的封堵作用和适应性。

3.2.2 水驱状况得到有效改善，波及体积增大

纵向上，高渗层段得到封堵，低渗层段开始动用，吸水厚度由 9.96m 升至 11.98m，水驱动用程度由 53.4% 升至 67.1%，纵向动用程度提高。平面上，有效改善了原水驱优势通道，原水驱优势方向油井控水稳油效果明显，弱水驱方向油井见效范围逐步扩大，平面调驱效果明显。

3.2.3 地层能量得到快速补充，主侧向压差缩小

由于泡沫具有"堵大不堵小"的作用，随着注入时间的延长，裂缝优势方向大孔道被泡沫充填，侧向油井开始见效，试验区地层压力由 13.2MPa 升至 14.7MPa，压力保持水平由 107.7% 升至 119.8%。侧向压力显著提高，侧向 8 口井可对比井压力保持水平由 96% 提高到 104.7%，主侧向压力趋于均衡，压力差异由 3.8MPa 下降到 2.5MPa，平面分布趋于均匀，压力驱替系统有效建立。

3.2.4 控水增油效果显著，提高采收率态势良好

通过不断优化注入参数，气液比由 1:1~1.3:1 升至 1.6:1。主向井控水、侧向井见效明显，平面波及体积增大。见效范围由主向井向侧向井逐步扩大，油井见效率为 45.2%，累计增油 $3.07×10^4t$。试验区含水上升趋势得到控制，阶段递减由整体注入前的 23.15% 下降到目前的 5.01%（图 8）。根据试验区含水与采出程度曲线发展趋势，预测采收率将提高 5.0% 以上，增加可采储量 $20.5×10^4t$（图 9）。

3.2.5 现场试验合理安全受控运行

地面注入工艺采取模块化橇装注入，减少了占地面积，缩短了注入管道，降低了沿程安全风险，实现了低成本。同时通过地面减氧装置减氧后，气体中氧气含量为 6.5% 左右（低于安全值 10%）。应用 SCADA 含氧在线系统监控平台，实现了注入过程监控、油井伴生气安全防控与自动报警，注入过程未发生气窜现象，确保注入安全运行。

图 8　空气泡沫驱注入前后阶段递减对比图

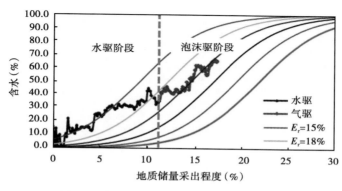

图 9　空气泡沫驱含水与采出程度关系曲线

4　结论及认识

（1）空气泡沫驱后地层压力逐步上升，压力保持水平为 119.8%，主侧向压差、注采压差逐步缩小，说明高渗带得到有效封堵，有效压力驱替系统逐步建立。

（2）空气泡沫驱纵向调剖、平面调驱效果显著。纵向上，高渗层段得到封堵，低渗层段开始动用，水驱动用程度由 53.4% 升至 67.1%。平面上，有效改善了原水驱优势通道，原水驱优势方向油井控水稳油效果明显，弱水驱方向油井见效范围逐步扩大，平面调驱效果明显。

（3）通过不断优化注入参数，气液比由 1:1 升至 1.6:1，控水稳油效果明显，井组见效比例达 45.2%，累计增油 $3.07×10^4$t。试验区含水上升趋势得到控制，阶段递减由整体注入前的 23.15% 下降到 5.01%，提高采收率态势良好，预测采收率将提高 5.0% 以上，增加可采储量 $20.5×10^4$t。

（4）模块化橇装注入工艺及封堵气窜的化学体系保证了试验顺利进行，安全预案、实时监控确保了试验安全可控，减氧后气体中氧气含量为 6.5% 左右（低于安全值 10%），同时实现了低成本。

（5）通过为期 7 年的矿场试验效果表明，空气泡沫驱技术在特低渗透油藏具有较强的技术适应性，能够有效改善水驱、扩大波及体积和提高采收率，具有进一步推广应用前景。

参 考 文 献

[1] 任韶然，于洪敏，左景栾，等 . 中原油田空气泡沫调驱提高采收率技术 [J]. 石油学报，2009，30（3）：414-416.

[2] 王杰祥，李娜，孙红国，等 . 非均质油藏空气泡沫驱提高采收率技术 [J]. 石油钻探技术，2008，36（2）：4-6.

[3] 黄建东，孙守港，陈宗义，等 . 低渗透油田注空气提高采收率技术 [J]. 油气地质与采收率，2001，08（3）：79-81.

[4] 孙渊娟，许耀波，曹晶，等 . 低渗透油藏空气泡沫复合驱油室内实验研究 [J]. 特种油气藏，2009，16（5）：79-81+109.

[5] 杨国红，刘建仪，张广东，等 . 续水驱后空气泡沫驱提高采收率实验研究 [J]. 吐哈油田，2008，13（2）：134-136.

靖安油田 C_1 油藏重复调剖技术优化及认识

刘建升　　田育红　　张红岗　　海金龙

（中国石油长庆油田分公司第三采油厂）

摘　要： 针对 C_1 油藏化学调剖次数增加后，部分注水井压力上升空间变小、调剖效果逐次变差的问题，在分析历年深部调剖矿场试验的基础上，明确了堵剂失效、治理方向、渗流通道改变、堵剂适应性变差是油藏多轮次调剖效果变差的原因，并对重复调剖下的堵剂体系、堵剂用量、段塞组合等施工参数提出了新的设计方法。现场多轮次调剖效果表明：对于水驱优势通道发生变化的孔隙—裂缝性见水区域，等效剂量法能够科学计算重复调剖堵剂用量，同时采用铝铬交联凝胶+无机凝胶以小段塞交替注入，可以有效控制压力上升幅度，提高堵剂注入性；对于堵剂失效、裂缝性见水的重复治理区域，改变堵剂类型，采用比前一轮封堵能力强的堵剂，简化段塞组合，分段塞计算堵剂用量，提高封堵强度，调剖效果较好。现场优化设计 18 井次，压力上升 1.4MPa，当年累计增油 3551.19t，累计降水 7923.41m³，井组含水率由 29.7% 降至 25.7%，投入产出比为 1:1.78，取得了很好的经济和社会效益。

关键词： 重复调剖；失效原因；堵剂体系；堵剂用量

注水井深部调剖技术已成为低渗透油藏控水稳油、提高水驱效率的重要技术手段[1-4]。C_1 油藏非均质性强，油藏东北部和西南部裂缝发育，注入水沿高渗透裂缝发育段突进，主向井普遍水淹、关井，侧向井压力保持水平低，长期注水不见效。自 2005 年以来试验化学调剖技术，随着油藏开发时间的延长，近年来调剖失效井增多，调剖后高压欠注现象严重，且有效期逐年变短，效果逐轮次变差。近三年来，在油藏西南部、中部 23 井组共完成重复调剖 41 井次，与第一次调剖相比，二次、三次调剖平均见效周期由 64d 升至 117d，有效期由 418d 降至 223d。因此，如何优化多轮次调剖井堵剂体系、堵剂用量、调剖时机等工艺参数，提高多轮次调剖实施效果，延长调剖有效期，是目前 C_1 油藏提高注水开发效果急需解决的问题。

1　油藏概况

C_1 油藏位于陕北斜坡带，为西倾单斜鼻状隆起，三角洲前缘沉积。平均渗透率为 1.49mD，菱形反九点井网开发，井排距为 350/280m，采出程度为 13.75%，地层水矿化度为 86260mg/L。目前开井 349 口，日产油水平 949t，单井日产油 2.72t，综合含水 31.4%。油藏西南部有高角度裂缝发育，主向井水淹关井，侧向井长期不见效，油藏中部非均质性强，平面水驱不均，油井见水类型以孔隙—裂缝性为主，水驱状况复杂。

2 效果变差原因分析

2.1 堵剂失效

目前 C_1 油藏历次化堵所用堵剂主要为凝胶颗粒、聚合物凝胶等有机类体系，室内实验表明，此类堵剂在清水中有效期在 6 个月左右（表1），在地层水中，堵剂进入地层后运移至大孔道深处，经过地层剪切、地层水冲刷后，稳定性变差，堵剂失效后封堵性能变差，导致注入水突破后化堵失效[5,6]。

表1 C_1 油藏用凝胶颗粒、凝胶主要性能统计表

类别	稳定性（月）	耐温性（℃）	拉长率（%）
弱凝胶	6	60	300
凝胶颗粒	7	60	—

2.2 重复调剖治理方向发生变化

随着油藏开发阶段的推进，井组进行多轮次调剖时，主向井已水淹关井，井组进入中含水开发阶段，水驱前缘推进，井组呈现面积见水。较前一次调剖相比，水驱状况更为复杂。治理对策由裂缝线"堵水"向"孔隙+裂缝"区域"调+驱"转变，调剖后井组开发动态也由"降水增油"变为控制含水上升速度、均衡平面采液为主的控水稳油。

2.3 重复调剖堵剂体系适应性变差

油藏历次化堵用堵剂体系差异小，且重复调剖堵剂用量基本不变，注入地层液量为 1700~1900m³，干剂用量为 34~42t，处理半径相同。随着井组采出程度提高，等量堵剂较前一轮调剖所能够驱替的原油减少，作用半径逐次递减，导致堵剂封堵强度变弱，堵剂体系适应性变差[7,8]。

2.4 渗流优势通道发生变化

初次调剖后堵剂在地层残留封堵近井地带，导致重复调剖时堵剂注入性变差（图1），

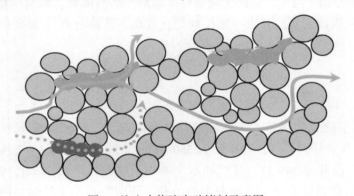

图1 注入水绕流突破堵剂示意图

一方面注入水绕流突破后，会在地层深部形成新的渗流通道，后续堵剂如何绕过残留堵剂进入地层深部，实现对优势通道的封堵难度较大。另一方面，堵剂经注入水长期冲刷、运移，初次调剖后导致水驱优势方向发生偏转，重复调剖封堵二次形成的窜流通道较为困难。

3　重复调剖工艺优化

3.1　堵剂体系

坚持"差异化调剖"原则，对于油藏西南部裂缝性见水井，由于堵剂失效、注入水绕流导致的失效井，采用"凝胶颗粒+复合无机类堵剂"封堵裂缝，提高封堵强度，简化段塞组合注入（图2）。此类井在井组动态上表现为化堵失效后，主向水淹井含水回升，侧向油井液量下降，含水保持稳定。

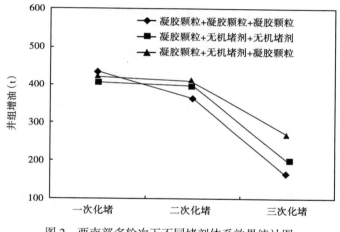

图2　西南部多轮次下不同堵剂体系效果统计图

对于油藏中部孔隙+裂缝性见水井、三次以上调剖井，采用聚合物微球+聚合物凝胶+无机凝胶类堵剂，弱化封堵强度，以小段塞交替重复注入，增加注入地层液量（图3）。此类

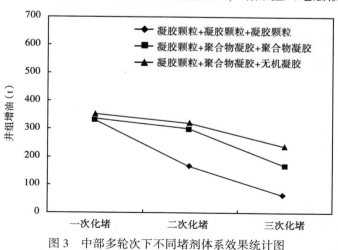

图3　中部多轮次下不同堵剂体系效果统计图

井在井组动态表现为化堵失效后，边井、角井油井含水上升，主向油井稳定，侧向井液量稳定或下降，井组水驱不均，水驱优势通道与初次化堵时有明显不同。

3.2 堵剂用量计算

堵剂用量常见的计算方法有经验公式法、吸水指数法、用量系数法等[9-11]，但对于重复调剖尚未有准确科学的计算依据。结合不同油藏部位不同见水类型井，针对不同化堵失效原因，分别提出分段塞计算法、等效剂量法。

3.2.1 分段塞计算法

郭健等人根据不同类型堵剂材料的封堵机理，建立相应的数学模型[9]，得到了不同段塞下的堵剂用量计算方法（表2）。对于西南部裂缝性见水井、堵剂失效井，此类井与初次化堵相比，渗流优势通道未发生明显变化，因此可利用分段塞计算法得到堵剂用量，同时，封堵机理、堵剂用量可借鉴前一次化堵。

表 2 分段塞计算法原理模型表

堵剂类型	作 用	模型
凝胶颗粒、无机颗粒	膨胀、填充，封堵裂缝	线性
无机凝胶	沿窜流通道运移，封堵孔隙	扇形
有机弱凝胶	成胶后整体封堵孔隙	圆形

3.2.2 等效剂量法

主要针对油藏中部"孔隙+裂缝性"见水井，注入水绕流、形成二次渗流通道井。此类井水驱不均严重，地层深部窜流通道复杂。考虑重复调剖期间井组累计注水量、累计产液量所带来的地层烃类孔隙体积的变化，提出等效剂量法。即二次调剖能驱替到的原油与一次调剖相同时所用堵剂为重复调剖堵剂用量。

$$\frac{V_0}{V_\varphi \times (1 - S_o)} = \frac{V}{V_\varphi \times (1 - S_{or}) + W_{inj} \times B_w - W_p} \qquad (1)$$

式中　V_0——初次调剖堵剂用量，m^3；

　　　V_φ——井组地层孔隙体积，m^3；

　　　S_o——初次调剖时地层平均含油饱和度，%；

　　　S_{or}——重复调剖时地层平均含油饱和度，%；

　　　W_{inj}——两次调剖期间累计注水量，m^3；

　　　B_w——注入水体积系数；

　　　W_p——两次调剖期间累计产水量，m^3；

　　　V——重复调剖堵剂用量，m^3。

3.3 段塞组合

对于油藏中部三轮次以上调剖井，由于堵剂在地层残留，注水井井口压力较高，堵剂难以有效进入地层深部。在段塞组合上，将前期的大段塞分解成多个小段塞实行强弱反复交替注入（表3），同时在前置段塞增加表活剂清洗近井地带，提高堵剂注入性能，实现了施工过程中压力平稳缓慢上升。

表3 小段塞多轮次注入表

前一次调剖			重复调剖		
段塞设计	堵剂类型	用量（m³）	段塞设计	堵剂类型	用量（m³）
预处理段塞	—	—	预处理段塞	表活剂+弱凝胶	150~200
前置段塞	凝胶颗粒	80~100	前置段塞	凝胶颗粒	200~240
	有机弱凝胶	100~150		有机弱凝胶	200~240
主体段塞	凝胶颗粒	200~300	主体段塞1	凝胶颗粒	100~150
				聚合物弱凝胶	200~250
	弱凝胶	300~400		凝胶颗粒	100~150
				无机硅酸凝胶	100~200
	无机颗粒	300~400	主体段塞2	凝胶颗粒	100~150
				聚合物弱凝胶	200~250
				凝胶颗粒	100~150
				无机硅酸凝胶	100~200
封口段塞	无机硅酸凝胶	100~200	封口段塞	聚合物强凝胶	100~200
合计		1080~1550	合计		1650~2380

4 实施效果

4.1 整体效果

共优化重复调剖井 18 井次，措施后平均注水压力由 11.3MPa 升至 13.0MPa，对应油井 106 口，见效率为 38.7%，累计增油 3551.19t，含水由 30.1% 降至 28.0%，累计降水 7923.41m³，措施效果明显向好。

4.2 典型井组分析

P_1 井位于 C_1 油藏中部，孔隙度为 11.21%、渗透率为 3.42mD。P_1 井于 2001 年投注，井组于 2005 年见水。为缓解井组开发矛盾，分别于 2006 年、2010 年、2014 年实施化学调剖。第一次调剖：主向井 P_5、P_3 裂缝性水淹，2006 年 6 月份化学调剖，聚合物+凝胶颗粒堵剂，入地液量 1500m³（表4），措施后侧向井增油明显，目标井 P_5 无效，P_3 含水率由 74% 降至 46%，井组含水率由 21.4% 降至 10.7%（图4），累计增油 319.56t，效果明显。第二次调剖：主向井 P_3 调剖失效，属于裂缝性失效井，2010 年 7 月份化堵单点治理，改变堵剂类型采用复合无机堵剂，注入地层液量 1600m³，措施后高含水井 P_3 未见效，累计增油 116.2t，效果不理想。第三次调剖：2014 年，P_4、P_3 含水再次上升，认为注入水绕流，且边井含水上升，地层水驱优势通道发生改变，复合颗粒+耐盐性凝胶，采用等效剂量法计算堵剂用量为 2050m³，2014 年化堵后 P_3 含水率由 56.9%降至 39.8%，P_4 含水率上升得到控制，井组含水率由 42.4%降至 24.9%，井组累计增油 237.28t。

表 4　P_1 井历次调剖施工参数对比表

化堵日期（年）	调剖次数（次）	段塞数量（个）	入地液量（m³）	施工前压力（MPa）	施工后压力（MPa）	聚合物凝胶（t）	复合无机堵剂（t）	凝胶颗粒（t）	无机凝胶（t）	合计
2006	1	4	1500	5	6.5	2.6		16.2		18.8
2010	2	4	1600	9	11	0.8	41.2	5.5		47.5
2014	3	8	2050	10.4	11.6	3.4	8	19.5	5	35.9

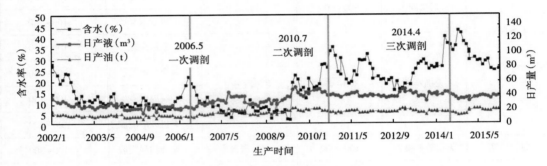

图 4　P_1 井组历次调剖生产曲线

5　结论

（1）C_1 油藏化学调剖效果变差的主要原因：重复调剖后堵剂体系适应性变差、封堵强度变弱、治理方向变化、水驱渗流通道发生改变。

（2）考虑重复调剖期间井组累计注水量、累计产液量所带来的地层烃类孔隙体积的变化，采用等效剂量法可以科学准确地计算重复调剖所需堵剂用量。

（3）针对孔隙—裂缝性、裂缝性见水区域，重复调剖时应分析水驱优势通道变化情况，分别采用不同的治理手段和对策，以提高技术针对性。

参 考 文 献

[1] 张兵，蒲春生，于浩然. 缝性油藏多段塞凝胶调剖技术研究及应用 [J]. 油田化学，2016，33（1）：47-51.

[2] 丁玉敬. 调剖技术优化设计 [D]. 大庆：大庆石油学院，2005：3-7.

[3] 黄远，安塞低渗透油田裂缝发育区深部调剖技术研究 [D]. 西安：西安石油大学，2007.

[4] 梁守成，吕鑫，李强，等. 渤海 S 油田窜流通道封堵技术 [J]. 油田化学，2017，34（1）：53-57.

[5] 李宪文，郭方元，黎晓茸，等. 陕北低渗透裂缝性油藏调剖试验研究 [J]. 石油钻采工艺，2011，33（6）：95-98.

［6］尹文军，王青青，王业飞．多轮次调剖效果逐次递减机理研究［J］．油气地质与采收率，2004，11（2）：49-52.

［7］张桂意，高国强，唐洪涛，等．胜坨油田多轮次调剖效果分析与技术对策精细石油化工进展［J］．精细石油化工进展，2006，7（10）：15-19.

［8］袁谋，王业飞，赵福麟．多轮次调剖的室内实验研究与现场应用［J］．油田化学，2005，22（2）：143-146.

［9］郭健，西峰油田长油藏堵水调剖技术研究［D］．西安：西北大学，2013.

［10］SYDANSKRD. A new conformance-inprovement treatment chromium gel technology［R］.SPE 17329，1988.

［11］袁谋，王业飞，赵福麟．多轮次调剖的室内实验研究与现场应用［J］．油田化学，2005，22（2）：143-146.

新安边油田安 83 区长 7 致密油藏空气泡沫驱数值模拟研究和试验效果评价

路向伟　杨晋玉　郑奎　张换果　尹红佳　郑礼鹏

（中国石油长庆油田公司第六采油厂）

摘　要： 空气泡沫驱是一项重要的三次采油技术，在封堵优势渗流通道，提高水驱波及效率方面具有较大的潜力。新安边油田安 83 区长 7 油藏平均渗透率为 0.2mD，且储层天然微裂缝发育，属于典型的非均质性较强的致密油藏。该油藏在注水开发过程中，油井含水上升速度加快，呈现裂缝性见水特征，注入水沿储层微裂缝突进，水驱油效率变差。为了进一步提高安 83 区长 7 致密油藏的开发效果，通过室内实验，对泡沫剂的发泡性和稳泡性进行了评价和优选。利用油藏数值模拟技术，优化了空气泡沫驱的注入方式、注入速度、气液比和注入周期等参数，并对空气泡沫驱的各项开发指标进行了预测分析。模拟结果表明：对于裂缝性致密油藏，采用空气泡沫驱能有效地改善水驱效果，降低油井含水，达到控水稳油和提高原油采收率的目的。在室内实验评价和油藏数值模拟的基础上，针对安 83 区长 7 致密油藏的高含水井组开展了矿场试验评价，取得了较好的试验效果，对同类裂缝性致密油藏改善水驱效果和提高原油采收率研究具有一定的指导和借鉴意义。

关键词： 致密油藏；空气泡沫驱；水驱效率；数值模拟；矿场试验

新安边油田安 83 区 7 油藏试验区位于陕北斜坡西南部，构造比校简单，整体呈向西倾斜的单斜构造，在这一构造背景上发育一系列由东向西倾没的小型鼻状隆起。油藏类型单一，为岩性油藏，构造对油气圈闭控制作用较小，主要受岩相变化和储层物性变化控制[1]。主要层位为长 7_1、长 7_2 和长 7_3。其中长 7_2 是该区的主力含油层，平均油层厚度为 15.3m，平均渗透率为 0.19mD，平均孔隙度为 8.9%。安 83 长 7 裂缝性致密油藏属于低压油藏，天然能量以弹性溶解气驱动为主，无边底水，天然能量匮乏，注水开发过程中地层压力保持水平低、油井见效缓慢，并且裂缝见水情况严重，单井产量低[2]，因此迫切需要进行开发试验以探索适合长 7 致密油藏的开发方式。空气泡沫驱作为一种提高油藏采收率方式，能有效地补充致密油藏的地层能量，提高驱油效率，对提高该油藏的开发水平和持续稳产具有重大意义。

1　致密油藏空气泡沫驱增油机理

空气泡沫驱综合泡沫驱和空气驱的优点[4,5]，以泡沫为调驱剂，空气为驱油剂，不但具有泡沫驱和空气驱的特点，而且还具有低温氧化驱油机理[3]。

1.1　泡沫调驱作用

1.1.1　气阻效应

空气泡沫驱通过贾敏效应的叠加，提高驱替体系的波及系数。进入地层的泡沫首先窜入大孔道，将大孔道堵塞，迫使泡沫依次进入较小空隙中驱油。泡沫的这种"堵大不堵小"的作用，能有效地扩大波及体积，提高洗油效率，有利于致密油藏采收率的提高。

1.1.2 改善流度比

在多孔介质中流动的泡沫能快速降低气相的流度，削弱黏性指进现象，提高波及系数。如果在油层中注入一定体积的泡沫段塞，可以降低其后注入介质（水或气）与地层油的流度比，从而达到提高原油采收率的目的。

1.1.3 选择性堵水

泡沫具有"遇油消泡、遇水稳定"的选择性堵水特性。在高含水部位，泡沫大量存在，阻止了注入水的进一步流动。而在含油饱和度较高的部位，泡沫容易破裂，消泡后流体黏度降低，阻力减小，流动能力增强，从而达到扩大波及体积的目的。

1.2 空气驱油作用

1.2.1 补充地层能量

注入的空气可以补充地层能量，增加油藏弹性能量，在油藏开发过程中，延缓油藏压力下降速度，延长油藏稳产期，提高油藏最终采收率。

1.2.2 烟道气驱及热效应

空气注入油层后，空气中的氧气与地层原油接触，在油藏条件下可以发生高温氧化（HTO）和低温氧化（LTO）两种反应，生成烟道气，在地层中发挥烟道气驱的作用。此外，该反应为放热反应，产生的热量可以加热油层，降低原油黏度，减小原油和地层水的黏度比。

2 空气泡沫驱室内实验评价

2.1 发泡剂评价

空气泡沫驱另一关键技术就是选择适合储层的发泡剂和稳定剂，安 83 区长 7 致密油藏地层矿化度高，且储层裂缝发育常规的发泡体系适应性有限，针对上述问题，本文通过对市场应用较好的不同类型的发泡剂进行了对比评价，开展了与地层水配伍性、发泡率、排液半衰期、耐油性、抗吸附性和洗油效率等室内实验评价，筛选出了与油藏适应性良好的发泡剂[6]。

2.1.1 配伍性评价

利用试验区地层水配制质量浓度为 0.4% 的发泡剂溶液，在 50℃ 下放置 24h 后，观察溶液的配伍性。不同类型发泡剂与试验区地层水配伍性评价结果见表 1，结果显示，1#—5# 发泡剂在地层水中溶解性良好，油藏温度下放置 30d 后溶液均匀透明，无沉淀，说明 1#—5# 发泡剂与研究区地层水配伍性良好。

表 1　发泡剂与试验区地层水配伍性评价

放置时间 (d)	实验现象（试验区地层水配制，50℃）				
	1#	2#	3#	4#	5#
0	易溶，透明状	易溶，透明状	易溶，透明状	易溶，透明状	易溶，透明状
1	均匀	均匀	均匀	均匀	均匀

放置时间 （d）	实验现象（试验区地层水配制，50℃）				
	1#	2#	3#	4#	5#
3	均匀	均匀	均匀	均匀	均匀
7	均匀	均匀	均匀	均匀	均匀
15	均匀	均匀	均匀	均匀	均匀
30	均匀	均匀	均匀	均匀	均匀

2.1.2　发泡剂起泡稳泡性能评价

采用试验区地层水配制质量浓度为 0.4% 的发泡剂溶液 200g，用 WARING 搅拌器（转速为 7000r/min）搅拌 1min，立即倒入 2000mL 量筒中，开始计时，记录停止搅拌时泡沫的体积 V（泡沫发泡体积），以及从泡沫中分离出 100mL 液体所需的时间 t。t 被称为泡沫排液半衰期，发泡率［$\propto = （V/200）\times 100\%$］表示发泡能力，用 t 表示泡沫的稳定性。发泡剂起泡稳泡性能评价结果见表 2。在地层 50℃下，1#—5# 发泡剂发泡率均大于 465%，半衰期大于 210s，对试验区具有较好的发泡和稳泡性能。

表 2　发泡剂发泡率、半衰期评价

发泡剂	1#	2#	3#	4#	5#
发泡率（%）	475	470	485	470	465
半衰期（s）	210	220	210	372	376

2.1.3　原油对发泡剂的影响

配制发泡剂质量浓度为 0.4%、原油浓度为 10% 的发泡剂溶液 200g，按照 2.1.2 方法测定泡沫发泡率和排液半衰期，实验结果见表 3。可以看出，1#—4# 发泡剂在遇油后发泡能力有一定的减弱，但是幅度较小，排液半衰期在遇油后都有了明显的增加。而 5# 发泡剂在遇油后不起油，说明其耐油性差，不适合做试验区空气泡沫驱发泡剂。

表 3　发泡剂耐油性评价

发泡剂 编号	发泡率（%）		排液半衰期（s）	
	不含油	含油	不含油	含油
1#	475	460	210	342
2#	470	455	220	360
3#	485	465	210	380
4#	470	430	372	370
5#	465	不起泡	376	不起泡

2.1.4　发泡剂洗油效率

发泡剂洗油效率测定方法遵照 Q/SY 1583—2013。对 1#—4# 发泡剂进行了洗油效率评价，实验结果见表 4，可以看出 1#—3# 发泡剂洗油效率较好，而 4# 发泡剂洗油效率不理想，不适合做试验区的发泡剂。

表 4 发泡剂洗油效率评价

发泡剂	1#	2#	3#	4#
洗油效率（%）	61.59	48.09	56.19	1.54

2.1.5 岩心驱替实验评价

对前面筛选出的 1#—3# 发泡剂进行岩心驱替实验，考察其提高采收率的能力。岩心为试验区天然岩心，长度为 15cm，空气泡沫气液比为 1:1，注入速度为 0.1mL/min。实验结果见表 5。可看出发泡剂 1#—3# 均能在一定程度上提高试验区原油采收率，其中 3# 提高采收率最大，达到 10.3%，因此最终选择聚氧乙烯醚盐类发泡剂——3# 发泡剂作为试验区发泡剂。

表 5 发泡剂提高采收率能力评价

发泡剂	岩心编号	渗透率（mD）	孔隙度（%）	水驱油效率（%）	泡沫驱效率（%）	提高驱油效率（%）
1#	1	0.16	8.6	22.1	24.2	2.1
2#	2	0.19	9.0	26.3	32.6	6.3
3#	3	0.15	8.7	24.5	34.8	10.3

2.2 稳定剂评价

针对试验区油藏低孔低渗、高矿化度地层水的特点，稳定剂选择具有良好抗盐性和分散性的高分子化合物[7]。从实验结果来看，稳泡剂具有良好的稳泡作用，在地层水条件下，半衰期为原来的 161%~179%。同时，加入的浓度越大，稳泡效果越好，但加入量过大，会对起泡量具有一定副作用。因此，稳泡剂加入量优化控制在 0.05%~0.25%。

3 空气泡沫驱开发方案优化

数值模拟模型的建立以黑油模型和化学驱模型为基础，在根据对安 83 区长 7 油藏基础资料的分析，通过应用地质模型研究成果，利用 Petrel 软件建立油藏的构造、沉积相和属性模型，完成地质模型的设计[8]。利用 CMG 在 STARS 模块自带的注空气低温氧化模型，对试验区开展空气泡沫驱数值模拟研究。该次模拟研究的基础开发方案为常规水驱，区块当前注水速度为 15m³/d。根据试验区实际情况，选取安 231-45 井作为空气泡沫驱注入井，进行注入方式和注入参数优化。

3.1 注入方式优化

该方案共涉及两种注入方式：空气、起泡剂溶液交替注入和同时注入。优化结果如图 1 所示。空气、起泡剂溶液交替注入和同时注入的开发效果都比常规水驱效果好，而且交替注入的效果好于同时注入的效果。

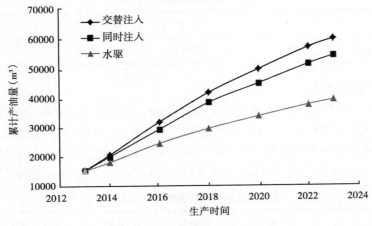

图 1　注入方式优化累计产油曲线

3.2　注入参数优化

3.2.1　空气注入速度优化

　　采用空气、起泡剂溶液交替注入，改变工期注入速度（地层条件下），分别为 $6m^3/d$、$9m^3/d$、$12m^3/d$、$15m^3/d$、和 $18m^3/d$，模拟结果如图 2 所示。结果表明，累计产油量随注入速度的增大而增加。但注气速度大于 $15m^3/d$ 时，累计产油量增加幅度明显变小。这是由于注气速度过大会导致气体过早突破，影响开发效果。因此选取注气速度为 $15m^3/d$。

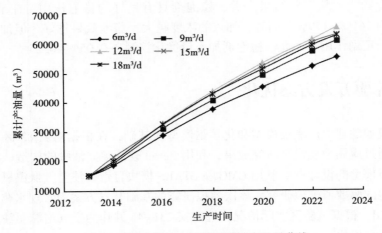

图 2　不同空气注入速度下累计产油量曲线

3.2.2　起泡剂溶液注入速度优化

　　改变起泡剂溶液的注入速度，分别为 $9m^3/d$、$12m^3/d$、$15m^3/d$、$18m^3/d$ 和 $21m^3/d$，模拟结果如图 3 所示。累计产油量随起泡剂溶液注入速度的增加呈现下降趋势。当起泡剂溶液的注入速度由 $9m^3/d$ 增加至 $15m^3/d$ 时，累计产油量相差不大，下降幅度不明显。考虑矿产实施中的泡沫质量，选取试验区的起泡剂溶液的注入速度为 $15m^3/d$。

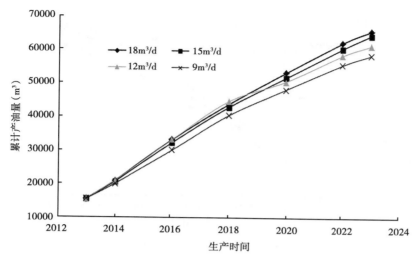

图 3 不同泡沫剂溶液注入速度下累计产油量曲线

3.2.3 注入周期优化

改变气液交替注入时起泡剂溶液的注入周期，分别是 15d、30d 和 60d，模拟结果如图 4 所示。当起泡剂溶液的注入周期由 15d 增加至 30d 时，累计产油量降幅不大。当注入周期由 30d 增加至 60d 时，累计产油量大幅降低。选取试验区的起泡剂溶液的注入周期为 30d。

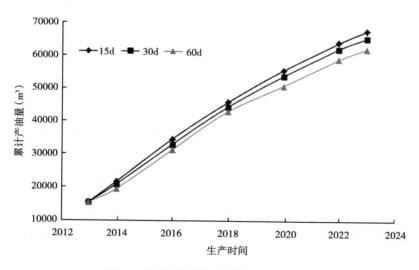

图 4 不同注入周期下累计产油量曲线

3.2.4 气液比优化

改变气液比，分别为 1.0:0.8，1.0:1.0，1.0:1.5 和 1.0:2.0，模拟结果如图 5 所示。当气液比由 1.0:0.8 变化至 1.0:1.0 时，累计产油量增幅明显。当气液比由 1.0:1.0 变化至 1.0:2.0 时，累计产油量增幅减小。因此，该区最佳气液比为 1.0:1.0。

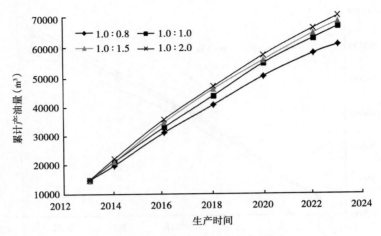

图5 不同气液比条件下累计产油量曲线

4 现场试验及效果评价

4.1 试验进展

2013 年 4 月，优选试验区安 231-45 井组开展空气泡沫驱先导试验，已完成三阶段的注入，累计注入 13293kg 活性剂+泡沫稳定剂、泡沫液液量 3631m³、地下空气体积 4813m³。对应的油井见效明显。

4.2 试验效果

4.2.1 地层压力上升

试验井组地层压力上升，补充了地层能量，试验井组地层压力由 13.2MPa 上升到 16.2MPa，压力保持水平由 78.6% 上升到 96.4%。主向 4 口可对比井压力由 14.6MPa 上升至 17.3MPa，侧向 4 口可对比井压力由 13.5MPa 上升至 15.6MPa。

4.2.2 剖面吸水状况改善

纵向上调剖作用明显，改善了吸水状况，提高了纵向动用程度，先导试验井的可对比吸水厚度由注入前的 9.31m 上升至 11.65m，水驱动用程度由 50.24% 上升到 66.31%，剖面吸水状态变好。

4.2.3 降水增油效果明显

目前，试验井组对应的 8 口油井有 6 口见效，平均日增油 6.04t，增油有效期为 192d，累计增油 1159.68t。空气泡沫驱期间，试验井组含水上升幅度由 2.65% 下降至−1.37%。

5 结论及认识

（1）适合安 83 区长 7 致密油藏的发泡体系：聚氧乙烯醚盐类发泡剂（质量浓度为 0.3%~0.5%）、泡沫稳定剂（质量浓度为 0.05%~0.25%）。

（2）数值模拟研究表明，在安83区长7致密油藏采用空气、起泡剂溶液交替注入方式进行空气泡沫驱开采，开发效果较好。注入参数为起泡剂溶液日注入量15m³，空气在地层条件下日注入量为15m³，最优气液比为1∶1，最优注入周期为30天。

（3）根据矿产试验效果，空气泡沫驱能有效地补充地层能量、改善剖面吸水状况和提高波及体积系数。达到降水增油，提高致密油藏最终采收率的目的。

参 考 文 献

[1] 田虓丰，程林松，薛永超．鄂尔多斯盆地陇东地区长7致密油藏储层特征 [J]．科学技术与工程，2014，14（12）：61-63．

[2] 魏登峰．鄂尔多斯盆地P地区延长组长7致密油藏形成机制与富集规律 [D]．成都：西南石油大学，2015．

[3] 张建丽．空气泡沫驱微观驱油机理实验研究 [D]．北京：中国石油大学，2011．

[4] 黄海．低渗透油藏空气泡沫驱提高采收率实验及应用研究 [D]．西安：西北大学，2012．

[5] 张慧．华庆油田元248区空气泡沫驱提高采收率实验研究 [D]．西安：西安石油大学，2014．

[6] 孙渊娟，许耀波，曹晶，等．低渗透油藏空气泡沫复合驱驱油室内实验研究 [J]．特种油气藏，2009，16（5）：79-81+109．

[7] 黄建东，孙守港，陈宗义，等．低渗透油田注空气提高采收率技术 [J]．油气地质与采收率，2001，8（3）：79-81．

[8] 付美龙，黄俊．裂缝性低渗透油藏空气泡沫驱方案优化 [J]．石油天然气学报（江汉石油学院学报），2003，35（11）：120-123．

G271 长 8 油藏改善水驱效果技术研究

吉子翔　　王文刚　　胡方芳　　王舟洋　　陈晨　　宋焕琪

(中国石油长庆油田分公司第九采油厂)

摘　要：随着勘探开发的不断深入，超低渗透油藏产量比例逐步增加，并占据了主导地位。注水开发过程中，油藏受储层非均质性强、裂缝发育等特征影响，注入水沿裂缝和高渗条带等优势渗流通道窜流和突进，水驱波及体积低，有效驱替压力系统难以建立。探索有效的水驱治理技术，对于油藏稳产具有重要意义。本文以姬塬油田 G271 长 8 油藏为对象，开展了深部调剖、聚合物微球驱、空气泡沫驱等三项主要水驱治理技术研究，以扩大水驱波及体积，促进有效驱替压力系统建立。通过现场实施，油藏水驱治理技术体系逐步完善，油藏含水上升率大幅下降，在超低渗透油藏水驱治理方面具有重要的指导意义。

关键词：超低渗透油藏；水驱治理技术；深部调剖；聚合物微球驱；空气泡沫驱

1　G271 区基本概况

1.1　地质概况

G271 区域构造位于陕北斜坡中段西部，属于三角洲前缘亚相沉积，为湖盆缓慢凹陷期，物源方向为北西方向。砂体由北向南厚度逐渐变薄，连续性变差，主要分布在 5m 至 10m 的范围。主力含油层为长 8_1，油藏埋深 2600m，有效厚度为 9.0m，孔隙度为 8.6%，渗透率为 0.38mD。原始地层压力为 18.7MPa，地层原油黏度为 0.626mPa·s，地层原油密度为 0.707g/cm³，原始气油比为 119.78m³/t，地面原油相对密度为 0.839，地面原油黏度为 6.57mPa·s，属于典型的超低渗透油藏。原始驱动类型为弹性溶解气驱，地层水矿化度为 13.29g/L，水型为 $CaCl_2$ 型。

目前区块共开油井 421 口，单井日产油 1.01t，综合含水 38.5%，地质储量采油速度为 0.59%，采出程度为 4.25%。注水井单井日注 17m³，月注采比为 1.94，累计注采比为 2.01。

1.2　开发矛盾

（1）含水上升快，整体采油速度低。治理前含水上升率逐年增大，采油速度低，含水与采出程度关系曲线向左偏移。

（2）平面水驱不均，主侧向矛盾日益加剧。受裂缝发育影响，平面水驱不均，造成主侧向生产压差较大，主向井见水，侧向井液量下降。

（3）剖面吸水状况差，水驱效果变差。受层内高渗段影响，剖面吸水以尖峰，指状吸水为主，注入水沿高渗段突进，导致油井见水。

2 改善水驱效果技术研究

2.1 开展精细油藏描述研究

以油藏精细描述研究技术为主要手段，在精细地质研究的基础上，通过井数据整理、数据分析、相控建模的方法建立 G271 区相模型和孔隙度、渗透率等属性的三维地质模型，重新认识油藏储层非均质性等基础特征，量化剩余油分布，为水驱治理奠定基础。

2.1.1 储层特征和连通性研究

G271 区长 8_1 储层相对发育，主力层长 8_1^{21} 与长 8_1^{22} 砂体连通性较好，但渗透率差异较大、垂直物源方向，砂体横向连续性相对较差，储层非均质性更强，如图 1、图 2 所示。

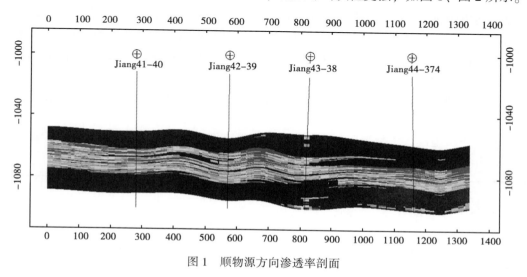

图 1　顺物源方向渗透率剖面

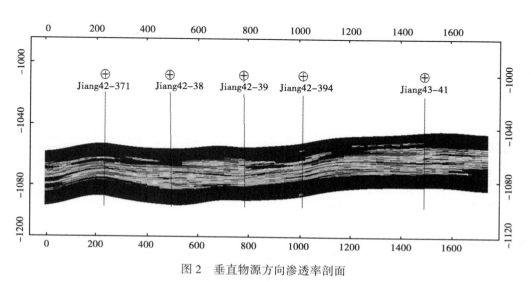

图 2　垂直物源方向渗透率剖面

2.1.2 砂体非均质性研究

G271 区砂体由北向南厚度逐渐变薄，主力层长 8_1^{21} 和长 8_1^{22} 砂体厚度大，各小层之间可分性强，隔层厚度主要分布在大于 4m 的范围。

2.1.3 剩余油分布规律研究

平面上主力层长 8_1^{21} 与长 8_1^{22} 整体采出程度较低，剩余油饱和度较高，非主力层储层连续性较差，剩余油呈零星分布。孔隙渗流区：油井间剩余油富集程度较高。裂缝窜流区：采油井与注水井连通，裂缝侧向驱替范围有限，剩余油主要分布于裂缝侧向。

剖面上，剩余油呈"互层式"分布，主要分布于物性相对较差、注入水仍未波及区域和油井射开程度低、水驱储量动用程度较低的区域。

2.2 裂缝分布规律研究

充分利用动静态资料，结合测井和试井结果分析，综合运用油水井动态分析、微裂缝监测、示踪剂等手段，定量描述裂缝方向和长度。G271 区长 8_1^{21} 小层孔隙型见水线 23 条，裂缝线 9 条；长 8_1^{22} 小层孔隙见水线 33 条，裂缝型见水线 18 条。裂缝走向为北东 108°的有 12 条、北东 42°的有 9 条，北西 15°的有 6 条。

（1）天然裂缝具有多向性，油层段上部主要裂缝方向为北西向，与油藏注采反应见水方向较一致。

（2）井下微地震人工裂缝监测显示区块压裂缝有两组，见表 1。

表 1　G271 区微地震检测统计表

| 井号 | 裂缝带参数 | | | | | 监测井 | 测试时间 | 备注 |
	压裂位置（m）	长度（m）	宽度（m）	高度（m）	方位（°）			
J44-371	2649~2654	120.23	26.42	30	北东 49°	J44-392	2014/9	
J43-371	2634~2636 2637~2641	132.00	42	32	北东 35°	J45-36	2015/9	重复压裂
J 加 50-356	2787~2793	120.00	31	20	北东 48°	J 加 50-355	2015/9	
J 加 48-355（一次）	2590~2593 2596~2598	172.00	30	22	北西 71°	J 加 48-351	2015/8	
J 加 48-355（二次）	2590~2593 2596~2598	175.00	32	14	北西 68°	J 加 48-351	2015/9	
J 加 48-354	2661~2667	173.00	24	10	北西 70°	J49-34	2015/9	

（3）通过示踪剂等动态监测等资料验证，油藏水驱优势方向以北东 108°为主。

2.3 改善水驱效果技术及应用

2.3.1 深部调剖

以"提水驱，控含水"为目的，坚持提前预防，防治结合，按照"连片调剖、多轮次治理"的原则，坚持实施区块整体治理。2014—2017 年，累计实施 57 井次，初步形成一套较为有效的技术体系，现场实施由先导试验逐步发展到规模化应用。

（1）依据渗流参数，结合见水见效规律、动态响应特征、测试资料，将渗流通道分为三类：裂缝型、孔隙裂缝型、孔隙型。并制订了 G271 长 8 油藏渗流通道识别标准。

（2）针对不同开发单元、不同开发矛盾，调剖体系逐步完善。（表 2）

表 2　G271 区堵水调剖堵剂体系

油藏矛盾	技术体系	段塞设计
注水存在优势通道，井组存在高含水井，吸水剖面不均	预聚体	预聚体，质量浓度逐级增加，2~4m³/h，用量为 1800~2100m³
加密区，吸水剖面不均，井组高含水	PPS 堵剂+酚醛树脂	PPS 凝胶+酚醛树脂，2~3m³/h，用量为 1600m³
吸水剖面不均，井组高含水，注水压力低	聚丙烯酰胺酚醛树脂冻胶+颗粒	弱凝胶+颗粒，2~3m³/h，用量为 1800m³
加密区，递减快		弱凝胶+颗粒，2~3m³/h，用量为 1300~1800m³

（3）取得的效果：

①调剖后区域整体注水压力上升，压降曲线变缓，调剖井组水驱指数由 4.18t/m³ 降至 4.04t/m³。

②吸水剖面得到改善，15 口对比井平均吸水厚度由 9.8m 升至 10.2m，水驱动用由 70.5% 升至 75.0%，但剖面吸水状况仍以尖峰和指状吸水为主。

③G271 油藏调剖组含水整体有下降趋势，2016—2017 年，调剖对应井中 17 口井含水下降幅度大于 20%，综合含水由 62.3% 降至 30.8%，平均单井日增油 0.35t，未见水井整体生产稳定，调剖在一定程度上改善了平面水驱状况。

2.3.2　聚合物微球驱

聚合物微球初始粒径小，能进入地层深部，遇水会膨胀，对孔喉能封堵且不堵死，能突破，会运移，不会造成地层伤害，能够实现连续封堵[1]。针对油藏平面水驱不均，常规堵水调剖效果不明显，2015 年 4 月起，在 G271 区油藏中部开展微球调驱试验，目前已扩大至 17 个井组。

（1）开展微球粒径优化，提高调驱适应性。通过理论结合现场经验的方式，选用不同粒径微球进行试验：①运用 K-Z 方程，对孔隙型见水油藏进行粒径匹配；②根据微球粒径—裂缝宽度匹配经验公式，对裂缝性油藏进行粒径匹配。微球粒径—裂缝宽度拟合曲线图如图 3 所示，油藏微球粒径选择见表 3。

表 3　G271 油藏微球粒径选择

优势通道孔喉直径（μm）	匹配微球原始粒径（μm）	理　论　计　算	动态及试验经验	粒径选择 nm
1.4	0.1~0.8	通过微球膨胀倍数（5~10 倍）和微球粒径（膨胀后）与孔喉直径匹配系数（1.2~1.5），计算得到本区微球粒径（膨胀后）：1.7~2.1μm，微球粒径（膨胀前）：0.17~0.42μm。因此，原始粒径为 170~420nm。	参考前期微球试验经验，要达到封堵优势水驱窜流通道，有效动用剩余油的目的。	300

（2）取得的效果：

①试验区含水上升率由 1.8 降至 1.1，含水上升趋势得到控制。微球区标定自然递减较

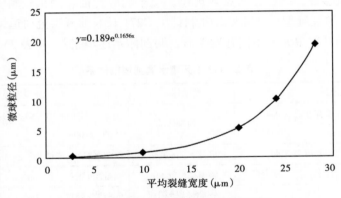

图 3　微球粒径—裂缝宽度拟合曲线图

去年同期由 2.6% 降至 2.4%，如图 4 所示。

②试验区 4 口可对比井吸水厚度由 12.0m 升至 14.1m，水驱动用提高了 12.9%，尖峰状、不均衡吸水状况得到改善。21 口见水井平均含水由 55.4% 降至 48.2%，液量由 4.65m³ 降至 4.18m³，58 口未见水井生产稳定，如图 5 所示。

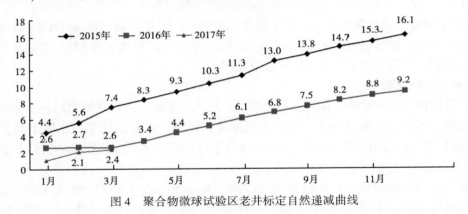

图 4　聚合物微球试验区老井标定自然递减曲线

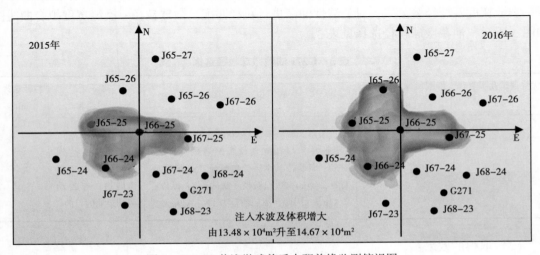

图 5　J66-25 井注微球前后水驱前缘监测俯视图

378

2.3.3 空气泡沫驱

空气泡沫驱兼具气驱和泡沫驱的优点，可边调边驱，空气补充地层能量。发泡剂界面活性提高驱油效率。泡沫封堵作用扩大波及体积[2]。2016年7月，在G271长8油藏裂缝发育区开展了空气泡沫驱先导性试验2个井组（J42-39、J41-38），对应油井12口，评价超低渗透长8油藏的空气泡沫驱适应性。

（1）试验区注入参数确定。

①通过数值模拟研究确定注采参数。针对试验区储层特征，通过数值模拟研究，确定各项试验参数，前置段塞大小为0.02~0.03PV，注入方式交替注入效果最好，最佳的空气泡沫注入总量为0.2PV，最佳气液比为1:1~1.5:1，最佳注入速度为15~20m³/d。

②结合油藏特征确定注入段塞。在储层裂缝较发育、区块注水压力较高的情况下，优化段塞设计，确定了降压段塞、前置段塞、粗调大裂缝段塞、空气泡沫段塞、深部调堵微裂缝段塞、后置段塞的顺序，确保试验安全顺利实施。

③结合现场动态不断进行优化。为达到最佳的驱油效果和安全生产，对J42-39注气时间、压力进行摸索，确定最佳气液比为1:1。

（2）安全防控体系建立。

①针对安全隐患优化工艺流程。根据空气泡沫驱地面工艺特性及注入介质特点，在整个工艺流程中查找4处主要风险点，即压缩机、注入井、生产井、地面集输过程均存在油气与氧气混合在一定条件下爆炸的安全隐患，并制订了相应安全措施。

②加强现场管控，确保试验安全平稳运行。一是引入数字化监控，实现参数监控及预警管理。在施工过程中，按照注入端、采出端进行分类，将各类参数引入数字化系统，实现参数监控及预警管理。二是开展油井分类监控。根据油水井对应关系及油井生产动态，对分裂缝线、侧向井、角井，分类监控油/套压、含水、液面、套气含氧量、油气水组分等参数，对可能见氧油井及时预警。

（3）取得的效果。

试验区对应油井含水由57.8%下降至52.4%，主向见水井J43-39含水逐步下降，J42-393等6口井单井产量开始回升，试验初见成效。

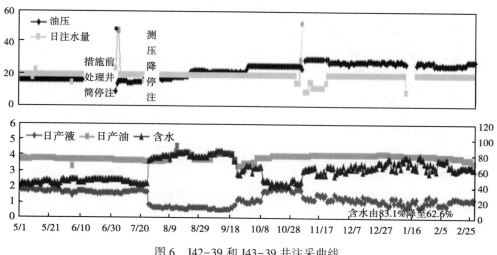

图6　J42-39和J43-39井注采曲线

①裂缝主向采油井含水下降。前期试注过程中，J43-39 含水上升，空气泡沫驱正常注气后，含水逐步由 83.1% 下降至 62.6%，动液面由 1746m 下降至 1813m，液量略有下降，北东 108°方向水驱效果得到改善。如图 6 所示。

②侧向井地层能量恢复速度加快。对比功图、动液面变化，裂缝侧向井 J42-393 等 4 口井动液面上升，地层能量恢复速度加快。主向见水井 J41-39、J43-39 动液面下降。能量分布进一步合理。如图 7 所示。

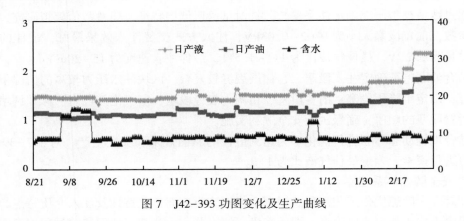

图 7　J42-393 功图变化及生产曲线

③试验井组递减逐步下降。空气泡沫驱井组于 2016 年下半年月度递减由 0.47% 降至 0.12%，标定自然递减曲线斜率降低，井组生产态势变好。

3　总体效果分析

2016 年指标对比去年同期长 8 油藏含水上升率由 4.3 降至 1.9，区域含水上升趋势得到控制，含水与采出程度关系曲线左偏趋势得到控制，地层能量逐步回升，水驱动用稳定，开发形势向好，如图 8、图 9 所示。

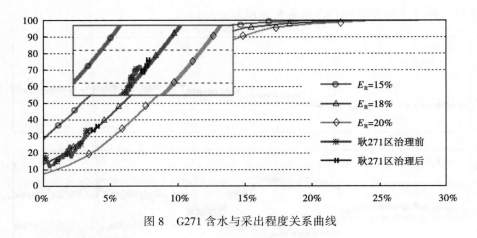

图 8　G271 含水与采出程度关系曲线

图 9　G271 区含水变化曲线

4　结论与认识

（1）精细油藏描述是水驱治理的基础，对储层连通性、砂体非均质性、剩余油分布情况的认识更加深入，制订的治理措施更加具有针对性。

（2）通过坚持整体连片深部调剖，初步形成一套较为有效的技术体系，成为油藏控水稳油的主体技术。

（3）首次在超低渗透油藏顺利地开展了聚合物微球驱、空气泡沫驱试验。注微球对剖面水驱、平面水驱效果改善效果较好，下步能够继续扩大试验。空气泡沫驱经过半年的试验，注入压力总体平稳，目前未发生气窜情况，空气泡沫驱在超低渗透油藏具有一定的可行性。

王窑加密区深部调驱试验进展及阶段效果

吴天江[1]　刘新菊[2]　高月刚[2]　刘保彻[1]　刘晓锋[2]

（1. 中国石油长庆油田公司油气工艺研究院；2. 中国石油长庆油田公司第一采油厂）

摘　要：安塞油田是中国陆上开发最早的特低渗透亿吨级整装油田。近年，随着开发时间延长，地下渗流场日趋复杂，含水上升速度加快，平面剖面水驱不均，开发效果变差。以探索形成特低渗油藏加密区、提高采收率主体技术为目标，在王窑加密区开辟了 23 个井组深部调驱试验区。目前现场注入进度过半，平均单井注水井注入压力为 0.17MPa/1000m³，远低于常规调剖的 2.2MPa/2000m³ 的水平，为调驱剂深部运移和油层深部动用提供了有利条件。试验区总体见效较好，含水上升速度得到明显控制，自然递减由 11.7% 下降至 3.7%，含水上升率由 2.9 下降至 1.4。油藏平面水驱改善，剖面动用程度提高，开发形势变好。

关键词：中高含水期；聚合物微球；调驱；特低渗

1　基本概况

安塞油田是中国陆上开发最早的特低渗透亿吨级整装油田。2010 年以来，在王窑老区开展了以加密调整为主的二次开发实践，并取得了良好效果。目前，安塞油田主力油藏已进入中高含水开发期[1]，采出程度为 10.5%，近 1/2 的储量要在高含水及特高含水期采出。油田进入高含水期开发后，储层非均质性日益增强，注入水沿高渗透条带窜流严重，导致单元含水上升快，产量递减大，油田采油速度低，开发难度增大（图 1、图 2）。

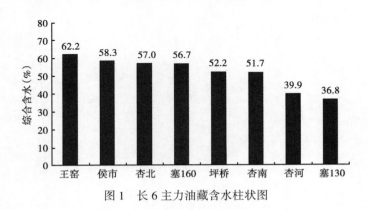

图 1　长 6 主力油藏含水柱状图

常规调剖在该区面临三个主要问题[2,3]：一是调剖半径短，动用油层区域有限，不能达到油层潜力有效挖潜；二是受注水压力、井筒状况、分注井影响，30% 的注水井无法实施调剖；三是常规调剖大排量注入，易导致高渗区含水上升，开发效果变差。2015 年以来，依

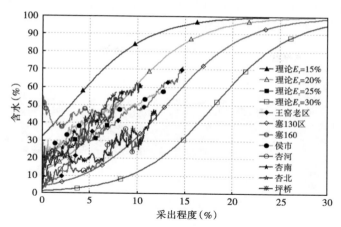

图 2　长 6 主力油藏含水与采出程度关系

托中国石油天然气股份有限公司二次开发深部调驱专项，以探索形成特低渗透油藏加密区、提高采收率主体技术为目标，在王窑加密区开展了 23 个井组聚合物微球深部调驱试验。

2　微球的调驱机理及参数确定

聚合物微球作为一种新型调剖材料在国内逐年受到关注和研究。近年来，各相关院所、油田生产单位针对该材料特性在室内和现场都相继开展了一些研究与试验，并取得了一定成果，反映出聚合物微球作为调剖新材料具有一定的应用前景。

2.1　微球主要技术参数及技术特点

目前聚合的微球粒径在 100nm 至 20μm 之间，主要有 5μm（乳液）、5~10μm（乳液）、大于 10μm（核壳高强微球）三类 WQH 系列聚合物微球，黏度为 5~30mPa·s，膨胀系数为 10~30 倍，最高可在 110℃ 保证稳定。

与传统凝胶调剖体系相比，聚合物微球深部调驱主要技术特点有：

（1）封堵性能。可进入油层深部，在一定条件下发生膨胀，可相互胶结，地层抗剪切性好，适合对抗剪切性要求较高的低渗透地层。

（2）深部驱油。纳米级微粒膨胀胶结，抗剪切。

（3）施工简便。直接通过注水管线注入。

（4）质量可控。工厂化预制。

（5）爬坡压力。每注 1000m³ 微球溶液压力上升幅度不高于 0.5MPa。

2.2　微球调驱机理

聚合物微球是一种新型的深部调驱材料，体系结构分为内层和外层。内层为有机高分子材料，其链条上带有一定量的阳离子；外层也为有机高分子材料，其链条上则带有一定量的阴离子。在一定温度和时间下，交联微球逐渐水化膨胀。由于内部核位的材料膨胀速度较快，因此内层带有阳离子链接的高分子体系会随着膨胀时间的延长逐渐显露到外面。由于每个微球均有两部分组成，其中一个微球的核部暴露出来后就会与另外的微球壳部产生相互吸引，核壳微球之间会逐渐相互粘连，形成较大的高分子线团（图3），从而使粒径迅速增大，在地层运移时必然产生较强的封堵调剖作用。

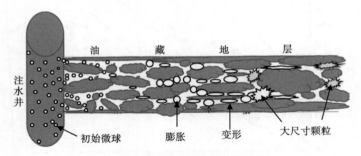

图3　聚合物微球调驱机理示意图

2.3　调驱注入参数设计

2.3.1　微球粒径匹配

针对孔隙性不同水洗程度油层的调驱，采用 K–Z 方程计算孔喉直径进行微球粒径匹配：

$$R = (8K/\phi)^{1/2} \tag{1}$$

式中　ϕ——孔隙度，%；

　　　K——渗透率，mD；

　　　R——孔喉半径，μm。

依据粒径（膨胀后）与孔喉直径匹配系数 1.2~1.5，进行粒径匹配。匹配粒径范围为 1.2~4.2μm（膨胀后），原始粒径为 100~800nm。

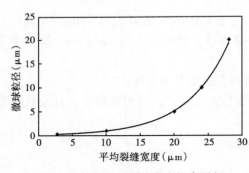

图4　微球粒径—裂缝宽度拟合图版

针对王窑天然微裂缝发育，探索了以封堵裂缝为目标的粒径匹配方法。根据王窑区 40 多口井岩心观察，有 1/3 的井存在天然裂缝，开启缝缝宽为 0.3~1mm。相对高渗部位长期注水冲刷。优势通道可能由天然裂缝和强水洗层"单层突进"共同作用形成。通过室内模拟试验，以封堵率达到 85% 为目标，针对王窑储层存在 0.3~1mm 裂缝匹配原始粒径 5~20μm 的微球（膨胀倍数为 5~10 倍）。同时引入 WK 长效颗粒作为前置和保护体系，以提升封堵性能和延长有效期。

2.3.2　注入量及注入速度

以对"天然裂缝—强水洗段—中水洗段"逐级调驱为技术思路，选择微球为主段塞、长效颗粒为前置及保护段塞，以动用侧向 60~80m 剩余油为目标，设计用量 0.04~0.1PV，以小排量、深部运移为目的，设计注入速度为等倍日注水量。

随着聚合物微球浓度的增加，阻力因子和残余阻力因子逐渐均变大（图5）。注入浓度大于 5000mg/L 时残余阻力因子增加幅度明显变小，初步选择微球注入浓度为 5000mg/L。

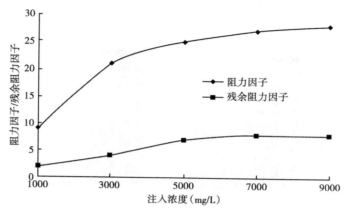

图 5　聚合物微球注入浓度的优化

3　微球现场应用

3.1　区块概况

王窑加密区主要含油层系为长 6_1^{1-2}、长 6_1^{1-3}，油层厚度为 13.3m，原始地层压力为 9.13MPa，油层温度为 44.2℃，孔隙度为 13.7%，渗透率为 2.29mD，地下原油黏度为 1.91mPa·s，地层水矿化度为 65.8g/L，水型为 $CaCl_2$ 型，标定采收率为 25.9%。

从动态上分析，试验区含水上升速度加快，日产油水平快速下降。2010 年加密调整后，2011—2012 年通过配套堵水调剖有效遏制了含水上升态势，产油量保持稳定。2013 年，含水上升速度明显加快。2015 年，含水达到 65.6%。

2013—2014 年共测试 26 井次吸水剖面，其中 5 井次存在局部不吸水，13 井次表现为尖峰状吸水，占总测试井数的 69.2%。注入水延裂缝水窜，2014 年，共下调配注 22 个井组后含水仍上升，注采比由 1.82 降至 1.58，存水率下降速度加快，水驱指数明显增大。

区域 31 口采油井 35 井次剩余油测试表明主力长 6_1^{1-2} 层开发 15 年左右仍以中低水淹为主，厚度比例占 75.3%，平均含油饱和度为 39.4%（原始为 52.8%），剩余油仍然较为富集。总体看来，2010—2012 年通过开展井网加密，试验区提高了采油速度，提升了采收率[4]。2013 年，重点开展了以补孔及重复改造为主的油井措施，进一步释放了油井产能。2014 年，加密区含水加快上升，产量下降，平面及纵向矛盾日益突出，有必要开展深部调驱试验进一步改善开发效果。

3.2　调驱注入情况

2015 年，先期实施 9 个井组。2016 年，扩大实施 14 个井组，累计实施 23 个井组，覆盖储量 240 余万吨。试验以"大剂量、多段塞、长周期"为技术模式，主体段塞为聚合物微球，平均单井设计注入量为 9000m³，注入速度为等倍注水井日注水量。2015 年 12 月—2016 年 3 月开注 9 口井，已注入 47587m³，完成总设计的 59%。平均单井日注 13m³，累计注入 5287m³。2016 年 6 月—7 月开注 14 口井，已注入 60030m³，完成总设计的 41%。平均单井日注 14m³，累计注入 4288m³。

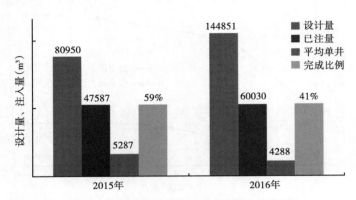

图 6　王窑加密区深部调驱试验注入柱状图

　　与同区未实施深部调驱相比，深部调驱试验区自然递减和含水上升率指标分别低 2.6 个百分点和 3.1 个百分点。3 口可对比井平均单井吸水厚度增加 1.1m，水驱动用程度提高 15.3%。可对比侧向井的压力保持水平大幅提高。王 20-08 对应的侧向油井王 20-081 地层压力由 6.14MPa 升至 7.53MPa，压力保持水平提高 15.2%。王窑加密区深部调驱试验取得初步成效。

　　见效井表现为先降水后提液：实施 3 个月后含水下降，调驱 5 个月后液量上升。注水井压力呈上升趋势，平均单井注入压力由 9.8MPa 上升至 10.1MPa，上升 0.3MPa。与调驱前相比，7 口井实施后压力上升，1 口井平稳，1 口井下降。注水井压力变化呈 "几" 字形、阶梯形两种形态（图 7、图 8），与微球堵水过程 "注入运移—膨胀突破—突破运移—再封堵" 调驱机理相符，两种压力变化形态均有效。目前注入阶段，"阶梯型" 压力变化井组增油降水效果略好。其中见效比提高 10.1%，液量上升 0.41m³，含水下降幅度为 0.2%（图 9）。

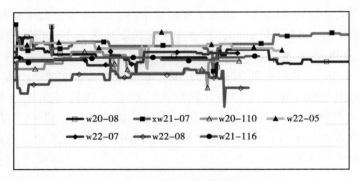

图 7　"几" 字形压力曲线（7 口）

　　实施较早 3 个井组吸水剖面测试结果显示吸水得到改善，有 2 口井吸水厚度增加，1 口井吸水变均匀。平均吸水厚度由原来的 9.83m 增加到 10.97m，吸水厚度增加 1.14m，水驱动用程度由 74.7% 提高至 87.5%（图 10、图 11、图 12）。

　　典型井组 w20-08 分析：w20-08 井 2006 年采取爆燃压裂投注，2007 年、2013 年酸化增注。2015 年 12 月 25 日开始注入，压力下降 2.3MPa，分析近井地带存在裂缝，后期呈现

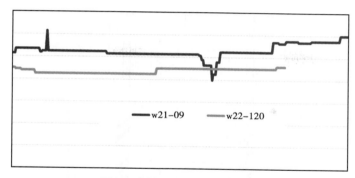

图 8 阶梯形压力曲线（2 口）

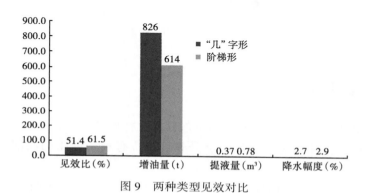

图 9 两种类型见效对比

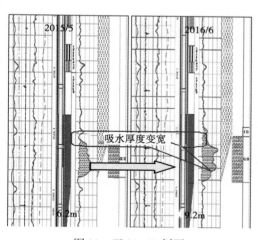

图 10 新王 21-07 剖面   图 11 王 21-09 剖面

"几"形波动，有一定封堵效果。吸水剖面变均匀，对应 5 口井含水下降，侧向油井 w20-081 压力恢复。水淹井王加 22-073 复产后，调驱 50d，含水从 100% 下降至 85.7%，产能得到恢复，对应 2 口深部调驱井。该井位于主向，井距 150m，说明主向裂缝得到有效封堵。

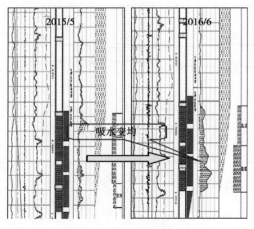

图 12　王 20-08 剖面

4　结论与下步建议

（1）聚合物微球作为新型的单液法调驱剂，具有初始粒径小，注入工艺简单、施工质量可控性好等特点，在注入过程中压力上升幅度小，有利于调驱的深部运移和油层深部动用。

（2）王窑加密区深部调驱阶段降低自然递减和含水上升率等效果明显，5 口水淹井相继复产，部分油井实现了净增油。阶段效果总体符合方案预期，表明其技术思路是可行的。

（3）通过一年多以来的研究与试验，对窜流通道识别与量化、深部调驱机理、调驱剂研发、工艺匹配等进行了探索，初步搭建了安塞低渗透油藏深部调驱技术体系。

参 考 文 献

[1] 杨海恩，张荣. 长庆油田堵水调剖技术进展及下步研究设想 [J]. 低渗透油田堵水调剖技术研讨会论文集，2016.

[2] 刘新菊，高月刚，张洪军，等. 安塞特低渗油藏堵水调剖决策技术研究与应用 [J]. 低渗透油田堵水调剖技术研讨会论文集，2016.

[3] 吴天江，杨海恩，陈荣环，等. 基于 R/S 分析法的调剖注入压力动态变化特征量化评价 [J]. 西安石油大学学报自然科学版，2016.

[4] 易永根，申坤，贺琦，等. 安塞油田裂缝性油藏深部调剖技术评价 [J]. 石油化工应用，2014.

现河油区低渗透油藏超前注水研究与应用

赵学峰　吕志强　赵国良　朱桂平　邢振华　李真

（中国石化胜利油田分公司现河采油厂）

摘　要：低渗透油藏在注水开发过程中存在渗流阻力增大、单井产量降低，递减速度加快、稳产难度加大的现象，最终采收率较低。超前注水可提高驱动压差，减小压敏效应对低渗透油藏开发的不利影响。超前注水时渗透率低的油井产能下降幅度小，具有较好的增油效果。超前注水需选择合理的注采井距，井距过大、过小都不能取得最佳的驱油效果。超前注水需计算水井累计注水量及水驱波及半径，油井选择合理的补孔时机，才能取得最佳的开发效果。正常压力和异常低压油藏适合超前注水，异常高压低渗透油藏建议采用滞后注水开采。该技术在现河油区应用 38 井次，取得较好的开发效果，提高单井产量 15%~20%。

关键词：低渗油藏；超前注水；启动压力；波及半径；合理地层压力

特低渗透油藏指渗透率介于 1~10mD 的油藏。由于油藏岩性致密、渗流阻力大、压力传导能力差，启动压力梯度和介质变形特征成为特低渗透油藏最显著的特征。同时天然能量不足、油井自然产能低，造成了在油井投产后，地层压力下降快，产量递减大，采收率很低，而且压力、产能恢复难度大[1]。超前注水是指注水井在采油井投产前投注，注水一段时间后使地层压力高于原始地层压力，然后油井再投产的开发方式。由于超前注水具有能够建立有效压力系统、降低应力敏感性损害、抑制原油物性变差、提高波及效率等特点，因此被广泛运用到特低渗透油藏的开发中。

现河油区浊积砂岩特低渗透油藏地质储量 1.05×10^8t，储层认识难度大、丰度低、物性差，常规开发产能低、效益差。储层平均孔隙度为 16.5%，有效渗透率为 1~45.3mD，平均渗透率为 6.52mD，地层压力系数为 0.66，是典型的低渗透油藏，因此适合超前注水开发方式。为了更好地指导油层的开发，重点研究了合理地层压力保持水平、渗透率、应力敏感性和启动压力梯度对超前注水的影响，对现河油区特低渗透油藏的开发动用具有实际意义，对特低渗透砂岩油藏中进行超前注水开发方式的推广应用具有借鉴意义。

1　低渗透油藏渗流特征

在低渗透油藏开发实践中，超前注水可以在一定程度上补充地层能量，提高地层压力，防止地层应力造成的储层物性变差，提高注入水波及体积，提高单井产量，实现良好的综合效益。但是目前对超前注水的注水强度、采油前注入时间、超前注水量的大小，以及开始采油后地层压力的最优保持水平尚未有深入报道[2]。

低渗透油藏物性差，存在启动压力。由于界面流的作用，原油流入井的压力损失大，在生产井近井地带压力下降最快，压力损失最大。分析认为低渗透油藏一方面由于地层压力下降，产生压敏效应，渗流阻力增大，造成低产。另外近井地带油层压力降低到泡点压力以下，原油脱气，单相渗流变为气液两相渗流，游离气在孔隙吼道处存在贾敏效应，更增大了渗流阻力。原油脱气后黏度变大，降低了原油的流度，从而使原油生产变得愈加困难[3]。

2　超前注水时机及合理注入量的确定

油藏合理的注水时间和压力保持水平是低渗透油藏开发的基本条件之一。对不同类型的油藏，在开发的不同阶段进行注水，对油藏开发过程的影响是不同的，其开发效果有较大差别。开发低渗透油藏的超前注水时间由所需要累计注入的水量和注入速度决定，而累计注入的水量由需要达到的地层压力水平和地层孔隙结构和规模决定。

2.1　超前注水时机的确定

大多数低渗透油藏裂缝发育。油层的压力敏感性又比较强，如果注水压力过大，就会导致油层过早水淹。油井合理地层压力的确定，是整个压力系统的关键。它一方面决定了注水井的注入压力和地层压力，另一方面又制约油井的流动条件，保持合理的地层压力是实现油田稳产的基础[4]。

从理论上说，油田投入开发与投入注水同步进行是可行的，但在常规油藏开发中注水总有一个滞后的时间。对于欠饱和油藏来说，因为有一个弹性驱动的阶段，在地层压力降至饱和压力以前注水不会有什么问题。而对于那些油藏压力接近或等于饱和压力的油藏，一旦油藏开始开发，溶解气就在油藏中分离出来。在这种情况下，只有在储层中的含气饱和度还低于气体开始流动的饱和度以前进行注水，地下原油不会流入已被气体占据的孔隙空间，才可得到很好的效果。这一饱和度可以作为开始注水的界限，也可以作为保持油藏压力的下限[5]。

压力保持水平的计算公式为：

$$\eta_s = 130.4 K_0^{-0.125} \tag{1}$$

式中　η_s——地层压力保持水平，%；

K_0——油藏平均渗透率，mD。

2.2　累计注入量的确定

地层压力保持水平是由注水量来维持的，确定了所需的地层压力保持水平，利用物质平衡方程的方法就可以计算超前注水的累计注入量。

无气顶的有天然水源的未饱和油藏，在 p_i（原始地层压力）$>p_b$（饱和地层压力）时，有天然水驱和人工注水开发阶段的物质平衡方程为：

$$N = \frac{N_p B_o - [W_e + (W_i - W_p) B_w]}{B_{oi} C_t^* \Delta p}$$

式中　N——原油的原始地质储量（地面标准条件）；

N_p——地面的累计产油量，m^3；

B_o——p 压力下的地层原油体积系数；

W_e——累计天然水侵量，m^3；

W_i——累计人工注水量，m^3；

W_p——地面的累计产水量，m^3；

B_w——p 压力下地层水的体积系数；

B_{ot}——原始地层原油体积系数；

Δp——压降，MPa。

其中

$$C_t^* = C_o + \frac{C_w S_{wi} + C_f}{1 - S_{wi}} \Delta p \qquad (2)$$

式中　C_t^*——综合压缩系数，MPa^{-1}；

C_o——地层原油的有效压缩系数，MPa^{-1}；

C_w——地层水的压缩系数，MPa^{-1}；

C_f——地层岩石的有效压缩系数，MPa^{-1}；

S_{wi}——束缚水饱和度，%。

超前注水开发时注水阶段的物质平衡方程为：

$$N = \frac{-W_i B_w}{B_{oi} C_t^* \Delta p} \qquad (3)$$

累计超前注水量为：

$$W_i = -N \frac{B_{oi}}{B_w} C_t^* \Delta p \qquad (4)$$

3　应用实例

3.1　超前注水井组选择

现河油区浊积砂岩特低渗透油藏储层丰度低、物性差，通过储层和构造对比对地质体重新进行认识，对区块只注不采层进行重新调查，分析剩余油潜力，最终确定补孔时机。人为地进行超前注水潜力培养，然后选择合理的补孔时机进行补孔挖潜。超前注水井组选择条件：（1）地层天然能量较弱的油藏；（2）剩余油比较分散；（3）历史上存在只注不采层。

（1）超前注水后剩余油重新聚集，如图1所示。

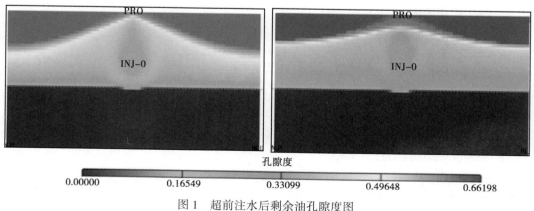

图1　超前注水后剩余油孔隙度图

（2）超前注水后地层能量得到有效补充，如图2所示。

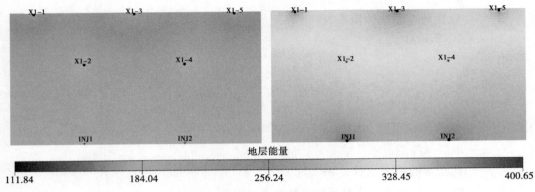

图2 超前注水后地层能量图

剩余油富集速度计算公式：

垂向：

$$v_\perp = \frac{k_\perp}{\mu_o} K_{ro} \left[(\rho_w - \rho_o)g + \frac{p_{c\perp}}{\Delta h} \right] + \frac{k_\perp}{\mu_w} K_{rw} (\rho_w - \frac{\rho_o S_o}{S_w})g + \frac{\Delta p}{\Delta l} \frac{k_\perp}{\mu_w} K_{rw} \left[\frac{K_{ro}\mu_w}{K_{rw}\mu_o} - 1 \right] \cdot \sin\alpha \quad (5)$$

平面：

$$v = \frac{kK_{rw}}{\mu_w} \left[(\rho_w - \frac{\rho_o S_o}{S_w})g + \frac{kK_{ro}}{\mu_o} (\rho_w - \rho_o)g \right] \cdot \sin\alpha + \frac{\Delta p}{\Delta l} \left(\frac{kK_{ro}}{\mu_o} - \frac{kK_{rw}}{\mu_w} \right) + \frac{kK_{ro}}{\mu_o} \frac{p_c}{\Delta h} \quad (6)$$

式中 $v_\perp$——（垂向）纵向上的剩余油富集速度；

v——平面上的剩余油富集速度；

$k_\perp$——垂向上的渗透率，mD；

k——水平方向的渗透率，mD；

K_{ro}——油相相对渗透率，mD；

K_{rw}——水相相对渗透率，mD；

g——重力加速度，m/s²；

μ_o——油相的黏度，mPa·s；

μ_w——水相的黏度，mPa·s；

ρ_w——水相的密度，g/cm³；

ρ_o——油相的密度，g/cm³；

S_w——含水饱和度，%；

S_o——含油饱和度，%；

Δp——压差，MPa；

Δl——注入水水平移动的距离；

Δh——注入水垂向移动的距离；

p_c——合理地层压力，MPa；

α——地层倾角，（°）。

2014年以来，共实施超前注水优化增产39井次，平均单井初增4.3t/d，累计增油1.7×10⁴t，增加可采储量4.43×10⁴t，增加效益1769万元。

392

3.2 只注不采层实例

史南油田史深 100 区块经过前期调查，只注不采层有 11 井次、例如史 3-6-10 井组，井组面积 0.48km², 地质储量 31.1×10⁴t, 采出程度为 9.45%。水井史 3-6-10 井超前注水沙三中 1⁴ 层，该层累计注水 4.3×10⁴m³, 油井该层未打开，分析认为地层能量得到了有效补充，2015 年 10 月份补孔，获得 10t/d 的高产，且动液面保持在 900m 左右。目前累计增油 657t, 效益增加 62.3 万元，增加可采储量 0.72×10⁴t（图 3）。

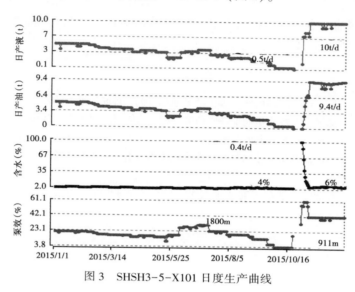

图 3 SHSH3-5-X101 日度生产曲线

3.3 主动培养潜力实例

河 68-20 断块为封闭小断块，潜力层沙二 5⁴ 能量差，水井河 68—斜 59 补孔超前注水 1.3×10⁴m³, 油井 1 月份补孔改层沙二 5⁴ 生产，初期日产液 36.4t, 日产油 4.5t, 含水为 87.5%，动液面 747m，至目前生产 328d，累计增油 672t（图 4）。

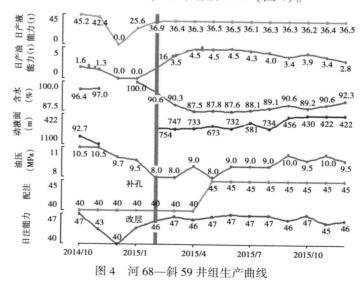

图 4 河 68—斜 59 井组生产曲线

4 总结

合理的地层压力保持水平可以由油藏物性条件求得，进而求得合理的超前注水量。目标研究油藏的合理的地层压力保持水平为 1.065 倍原始地层压力，合理的超前注水量为 $1.3449×10^4 m^3$。

现场实践证明，超前注水有利于建立有效的驱替压力系统，提高单井产量，而且降低递减速率。合理的超前注水参数将直接决定低渗透油藏的开发效果，通过合理的超前注水，目标油藏的原油采收率提高了 7%。

参 考 文 献

[1] 王道富，李中兴. 低渗透油藏超前注水理论及其应用 [J]. 石油学报，2007，28（6）：78-81.

[2] 寇显明，李治平. 低渗透油藏定量超前注水研究 [J]. 油气田地面工程，2010，29（10）：24-26.

[3] 张承丽. 低渗透油田超前注水对开发效果的影响 [J]. 大庆石油学院学报，2011，3（35）：45-49.

[4] 罗晓义，杨钊. 低渗透油藏超前注水单井产能影响因素 [J]. 大庆石油学院学报，2008，6（32）：43-45.

[5] 陶建文，宋考平. 特低渗透油藏超前注水效果影响因素实验 [J]. 大庆石油地质与开发，2015，34（3）：65-71.

现河低渗透油藏油水联动
调流线做法及效果

李真　吕志强　张戈　全宏　焦红岩　刘中伟

（中国石化胜利油田现河采油厂）

摘　要：目前低渗透注水开发油藏普遍进入中高含水期，现河庄油田河＊＊单元以三角洲前缘滑塌浊积砂体为主，储层物性差异大，非均质性较强，使得井组出现油井供液不足与水淹水窜共存的注采不均衡现象。为缓解这一矛盾，在了解井区剩余油分布的基础上，通过日常单元、井组动态分析，结合动态监测结果，分清井组主、次流线，提出了油水联动调流线的做法，并总结出多种油水井联调注采技术管理模式，实施了以"油水联动、流线调整、均衡驱替"为技术理念的配产配注方式。针对每个井区的开发特点选定合适的油水联动调流线模式，结合达西公式进行试凑，并利用油藏数值模拟技术进行多套调参调配方案的模拟计算，从中选出最优方案。通过调节油水井参数使其交替变化，主流线方向降参控流线，次流线方向提参引流线，不断扩大水驱波及，最终实现剩余油的均衡驱替。该项低成本技术率先在河＊＊单元多个注采井组实施，在弱化主流线、强化次流线方面实现了有效治理，取得了较好的效果，带动了低渗透油藏开发管理水平的不断提升，并得到了明显的经济效益及社会效益。

关键词：低渗透；非均质性；油水联动；均衡驱替

面对石油勘探开发的"极寒期"，油价持续低迷，开发效益难以提升，在增产稳产的同时，如何有效降低吨油成本也是目前的重点。因此，在日常开发工作中就要努力打破常规思路，探索实施低成本、零成本的治理方法，不断提升开发效益[1,2]。为此，在老油田注水开发油藏中高含水期，通过日常的基础调查以及油水联动分析中，创新实践了以低渗透油藏为典型的"油水联动，流线调整，均衡驱替"的注采技术，从而实现了现河低渗透油田浊积砂岩体的高效动用，有效提升了低渗透油藏的开发水平。

1　"油水联动，流线调整，均衡驱替"技术的提出

现河庄油田河＊＊单元为现河厂低渗透油藏的典型代表，该单元主要含油层系为沙三中2-5，埋深为2950～3500m，以三角洲前缘滑塌浊积砂体为主。储层纵向上各小层渗透率差异较大：12.6～81.6mD，平均渗透率为37.9mD，层间突进系数为2.24，渗透率级差为6.48，渗透率变异系数为0.47，层间非均质性较强。同时，现河低渗透油藏地层压力普遍较高，其中异常高压油藏占86.5%，压力系数为1.2～1.75。通过室内试验和动态分析，该地区低渗透油藏具有易伤害、压敏性强、初期产能高、递减快、后期提液难等开发特征[3]。

针对目前现河低渗透油藏开发中存在的主要矛盾，以低渗透油藏河＊＊沙三中单元为典型示范，创新实施"油水联动、均衡注采"低成本技术。其动因包括两个方面。

1.1 受平面非均质性影响，水淹水窜与低能低效现象严重

区块注水开发后，在物性好的砂体核部出现水淹水窜现象，而砂体边部物性较差，油井普遍供液不足。近年来，统计区块 19 个注采井组中有 11 个井组发生水淹水窜，占井组数的 57.9%。16 口油井含水上升，占总井数的 32%，平均含水达到 74%，阶段含水上升率达到 25.4。

1.2 合理优化油水单井注采参数

按照"三线四区"效益评价原则，在当前低油价形态下，部分油井经济效益较差，仅能满足运行成本下维持生产，若再投入一定操作成本后会变为无效开发。因此如果能尽量保持单井不增加额外操作成本，同时能有效提高单井开发效果，将会大幅度提高单井开发效益。在这样的思路下，进行调参调配不额外增加任何成本，而且有很多成功实例，可以既"不花钱"又能改善开发效果，应重点加大单井配产配注优化工作。

为此，近年以来在现河低渗透油藏河**单元创新实施了以"油水联动，流线调整，均衡驱替"为技术理念的配产配注管理模式，在多个井组实施取得了较好的效果，在弱化主流线、强化次流线方面实现了有效治理，带动了油藏开发管理水平的不断提升。

2 "油水联动，流线调整，均衡驱替"技术调整对策及实施步骤

针对低渗透油藏岩性复杂、渗透率差异大、含水上升快、开采不均衡等特点，创新实施了以"油水联动，流线调整，均衡驱替"为技术理念的管理方法，通过调节势差使其交替变化，不断扩大流线波及，最终实现剩余油的均衡驱替。近两年，在河**等单元开发管理上，通过现场实践应用，逐步发展提出了"油水联动，流线调整，均衡驱替"的单井配产配注优化技术理念，总结形成了适用于低渗透油藏中高含水期调流线扩波及的技术模式，取得较好效果。

2.1 "油水联动，流线调整，均衡驱替"的调整对策

流线强弱可以用流速大小来表示。流速越大，流线越强；流速越小，流线越弱。在一般注水井组中，假设井组一注多采，由于受储层非均质性及井距等的影响，油水井间注采不均衡，井组内出现主流线、次流线。对于任一注采关系中，存在一油一水两口井，油水联动调流线有增强弱势流线、减弱强势流线两种形式：

（1）增强弱势流线的调节方式包括水井上调配，油井上调参、水井上调配，油井不调参、水井不调配，油井上调参、水井上调配，油井下调参五种。

（2）减弱强势流线的调节方式包括水井下调配，油井下调参、水井下调配，油井不调参、水井不调配，油井下调参、水井下调配，油井上调参五种。

而油水联动调流线的目的，就是通过对水井调配注、油井调参数来双向调节油水井间的流线，控制主流线、扩大次流线，从而扩大水驱波及，提高井区采收率。

2.2 "油水联动，流线调整，均衡驱替"的实施步骤

如图 1 所示，在了解井组剩余油分布的基础上，通过日常单元、井组动态分析，结合动

态监测结果，分清主、次流线。针对每个井区的开发特点选定合适的油水联动调流线模式，结合达西公式进行试凑，并利用油藏数值模拟技术进行多套调参调配方案的模拟计算，从中选出最优方案。通过调节油水井参数使其交替变化，主流线方向降参控流线，次流线方向提参引流线，不断扩大水驱波及，最终实现剩余油的均衡驱替。

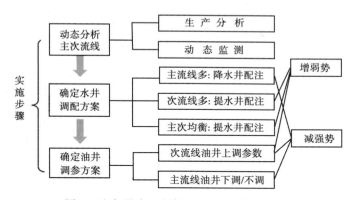

图 1   油水联动，流线调整实施步骤示意图

第一步，通过日常单元、井组动态分析，结合动态监测结果，分清井组主、次流线。

第二步，确定水井调配方案。对于主流线多的井组，说明井组能量充沛，需要降低水井配注来控制井组整体含水上升速度。对于次流线多的井组，说明井组能量整体供应不足，需要提高水井配注来补充地层能量。对于主流线、次流线一样多的井组，说明井组相对注采均衡，考虑低渗透油藏注水实际情况，则可以缓提水井配注来增能。

第三步，确定了井组水井的调配方案后，最后判定油井调参方案。对于次流线方向油井，上调参数提高液量来增强弱势流线，对于主流线方向油井下调参数控制液量或者暂时维持目前生产来减弱强势流线，从而实现井组的均衡驱替。

3   "油水联动，流线调整，均衡驱替"技术典型应用及效果

3.1   典型井组应用

该技术在现＊＊油田河＊＊单元的几个井组中，应用后取得较好效果。

针对每一个井组选定合适的治理模式。对于河＊＊×-斜35井组，该井组一注三采，调整前日产液29.3t，日产油7.5t，含水为74.3%，平均动液面1323m，日注23m³。如图2所示。通过数值模拟技术、生产数据及日常动态分析可知，河＊＊-斜27、河＊＊-斜19井位于主流线方向，目前高液高含水，下步需要控制主流线。河＊＊-斜50井位于次流线方向，低液低含水。若单纯提配注，则井组含水上升快；若单纯降配注，则井组能量下降快。利用数值模拟技术分别对井组不做任何调整、只对水井实施周期注水、油水联动调流线3种方案进行了模拟预测，图3结果显示方案三油水联动调流线

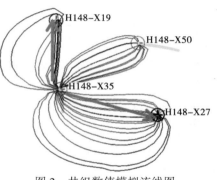

图 2   井组数值模拟流线图

累计增油最高。

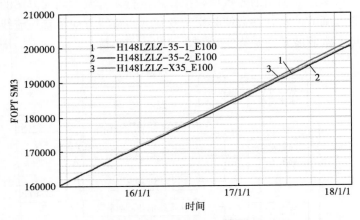

图 3   数值模拟三种不同调整方案累计增油预测图

因此，利用"油水联动，流线调整，均衡驱替"技术来进行井组治理，根据文中介绍的对策及实施步骤，分清主、次流线后，明确该井组整体含水较高，能量充足，主流线井多于次流线井，因此确定出水井需要下调配注抑制井组水淹水窜速度，而后对两口主流线方向井降参控液抑制含水上升速度。

自 2016 年以来，水井配注由 30m³/d 下调至 20m³/d，主流线方向两口油井冲次分别由 1.4 次/min 降至 1.1 次/min、2 次/min 降至 1.5 次/min。实施以后井组月度曲线如图 4 所

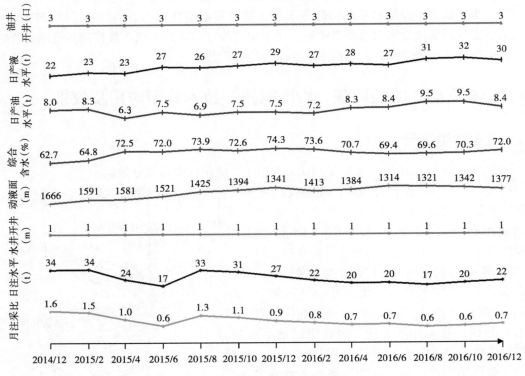

图 4   河 ∗∗−斜 35 井组月度曲线

398

示。在无措施的情况下，一年内累计增油457t，预计增加可采储量0.2×10⁴t，提高效益91.4万元。

河＊＊-47井组开油井3口，开水井1口。井组流线不均衡，1口水窜，2口供液不足，主流线少于次流线，整体能量较差，如图5所示。同样利用数值模拟技术进行了不调整、关停高含水井、水井周期注水、油水联调等4种调整方案的效果预测，图6模拟结果显示，油水联调三年后累计增油94t，关停高含水油井累计增油37t，水井周期注水累计增油42t。

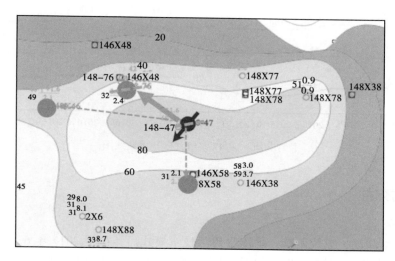

图5　河＊＊-47井组数值模拟剩余油饱和度图

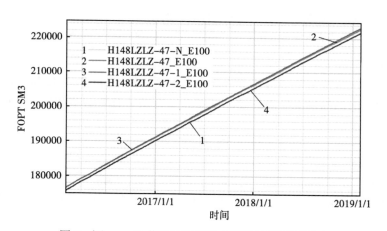

图6　河＊＊-47井组不同调整方案累计增油预测图

因此，最终对井组实施了油水联动调流线治理方案，即水井提高配注由20m³/d提高至40m³/d；主流线高含水油井降参控液，冲次由1.1次/min降至1.4次/min；次流线油井提参升液，冲次由0.6次/min提高至1.2次/min。实施见效后初期井组日增油1.4t，如图7所示。

在仅依靠调参调配的情况下，井组中的低效单井分别见效，井组累计增油673t。

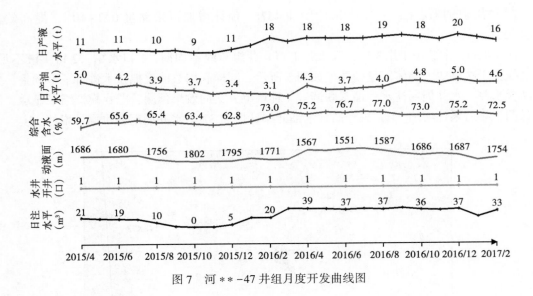

图 7 河 ＊＊–47 井组月度开发曲线图

3.2 实施后效益

（1）经济效益。

实施"油水联动，流线调整，均衡驱替"技术模式后，截至 2017 年 6 月底现河庄油田河＊＊单元几个井组累计增油 773t，累计增产液量 1051t，累计增加注水量 577m³。按照污水处理单价 7 元/t，注水单价 7 元/m³ 计算：

$$效益 = 增油量 × 吨油单价 - 污水处理费用 - 注水费用$$
$$= 773 × 0.2 - 1051 × 0.0007 - 557 × 0.0007 ≈ 153.5（万元）$$

（2）社会效益。

通过该种方法，为现河低渗透油藏中高含水期区块近 4000×10⁴t 储量提供了调整思路与方向，同时更为当前低油价下低渗透油藏效益开发提供了有效借鉴和技术支撑。

参 考 文 献

［1］高博，游艳. 低渗注水油藏动态连通性研究 ［J］. 工程技术，2016，6：7.
［2］黄延章. 低渗透油层渗流机理 ［M］. 北京：石油工业出版社，1998.
［3］吕成远，王建，孙志刚. 低渗透砂岩油藏渗流启动压力梯度实验研究 ［J］. 石油勘探与开发，2002，29（2）：86-89.

凝胶微球调驱技术在复杂断块
油藏的矿场实践认识

李飞鹏[1]　陈渊[1]　王孟江[1]　孙迎胜[1]　杜雪花[2]

（1. 中国石化河南油田石油工程技术研究院；2. 中国石化河南油田采油二厂）

摘　要：论文探讨了聚合物凝胶微球在王集油田东区复杂断块油藏调驱矿场试验及取得的认识。根据复杂断块油藏特点及水窜大孔道的认识，开展了聚合物微球尺寸设计、段塞设计、用量设计，并配套设计应用了橇装式在线注入设备。从调驱剂注入压力、地层充满度、油层吸水剖面改善以及油层平面液流转向四个方面分析了试验井效果。矿场试验结果表明，聚合物微球能够实现"注得进、堵得住、可移动"的目的，有效减缓了油藏平剖面矛盾，改善了中低渗透油藏水驱开发效果。配套设计应用的橇装式在线注入设备，能够有效降低调驱技术施工成本，满足了低油价期油藏对低成本调驱工艺技术的需求。

关键词：调驱；聚合物微球；矿场试验；在线注入

王集油田属于复杂断块油藏，油层平面渗透率级差大，纵向含油小层多，层间非均质性强。随着注水开发的不断深入，平面水窜优势方向明显，层间干扰严重，各层采出程度差异大。为了改善该类油藏的开发效果，近年来科研工作者研制合成了聚合物凝胶微球深部调驱剂。该调驱剂是在聚合物凝胶技术基础上发展的一种新型材料，克服了传统聚合物凝胶技术地层交联可控性差，受地层水稀释影响大的缺点。该调驱剂具有初始尺寸小、水中分散稳定性好等特点，能够实现油层的深部注入。在进入油层深部后，可缓慢发生水化膨胀，使自身尺寸增大，能够通过架桥、吸附捕集封堵优势大孔道。同时该微球水化膨胀后柔韧性好，能够在水驱压力上升后继续向前移动，驱出孔道中的剩余油[1-5]。为了研究聚合物微球调驱技术在断块油藏的适应性及技术经济效益，该技术在王集油田东区开展了矿场试验。

1　王集油田开发中存在的问题

1.1　王集油田概况

王集油田构造位置位于泌阳凹陷北部斜坡带东北部，断层发育，是一被北北东向断层复杂化的向东南倾没的宽缓鼻状构造，整体上地层自南向北抬起，倾向南东，呈现北高南低的趋势。王集东区位于断块的东南部，主要受北东、北东东走向的 4 条正断层控制。油藏构造如图 1 所示。目前王集油田分为王集东区、王集西区、柴庄区、泌 242 块四个开发单元，含油面积为 20.16km²。

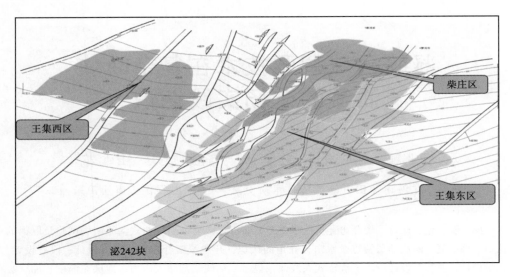

图 1 王集油田油藏构造图

1.2 储层特征

王集油田物源多样，主要受侯庄三角洲物源、张厂物源、王集物源、杨楼物源影响。物源特征明显，呈现平行物源方向以水下分流河道微相群、三角洲前缘微相群、席状砂为分布规律。王集油田平均孔隙度为 22.2%，平均渗透率 0.620×10³mD，各区块物性差异大，柴庄区物性较好，泌 242 块物性稍差。油层平面渗透率级差大，纵向含油小层多，层间非均质性强。王集油田东区含油小层物性统计见表 1。

表 1　王集油田东区含油小层物性统计表

小层	砂厚 （m）	有效厚度 （m）	孔隙度 （%）	渗透率 （10³mD）	平面渗透率级差	变异系数	平面突进系数
$II 1^2$	3.3	2.1	21.3	0.497	12.48	0.37	2.8
$II 2^{1-2}$	2.4	2.4	20.58	0.4978	3.48	0.25	1.72
$III 1^2$	2.8	2.2	14.4	0.1329	44.36	0.56	9.34
$III 2^1$	3.7	2.9	17.09	0.1902	31.16	0.54	4.92
$III 2^2$	2.5	1.6	18.7	0.1992	45.05	0.63	4.07
$III 4^{1-2}$	2	1.2	17.62	0.1347	11.29	0.23	2.26
$III 5^1$	3.7	2.7	17.37	0.2027	21.68	0.28	1.54
$III 6^1$	2.9	2.6	17.47	0.2102	21.88	0.41	1.77
$III 6^2$	2.7	2.2	17.4	0.2328	31.67	0.36	2.45
平均	2.9	2.2	17.99	0.2553	24.78	0.4	3.43

1.3 开发中存在的主要问题

王集油田东区受地质构造和储层特征影响，平面上注水方向性强，油井受效不均匀，注入水沿一定方向舌进。经统计，王集油田东区共 17 口油井存在窜流，占油井总井数的

24.6%，其中以单向窜流为主。纵向上多层段开采，注入水沿高渗透层段突进，油井含水上升快，构造上倾部位油井受效差，注入水波及效果差。经统计，王集油田东区不吸水层数为12层，占总层数的28%。王集油田东区油井窜流情况统计见表2。

表2　王集油田东区油井窜流情况统计表

区块	层位	历史生产井数（口）	窜流井数（口）	窜流井比例（%）	单向窜（口）	双向窜（口）	多向窜（口）
王集东区	II 1	6	1	16.7	1		
	III 1	12	3	25	3		
	III 2	20	7	35	6	1	
	III 5	10	2	20	2		
	III 6	21	4	19	4		
	5 层	69	17	24.6	16	1	

2　聚合物凝胶微球调驱工艺设计

聚合物凝胶微球调驱技术利用聚合物凝胶微球尺寸和水化膨胀特性实现油层的深部注入，进入地层的微球能够利用吸附捕集和架桥封堵机理实现对地层相对大孔道的封堵，促使注入水转向相对低渗层，当水驱压力继续上升后，聚合物凝胶微球可利用自身弹性变形能力，突破喉道继续前进，直至在下一个较窄的喉道出实现滞留封堵，从而实现深部逐级调驱的目的。

2.1　微球粒径选择

根据孔隙度—渗透率经验公式计算，并结合压汞实验检测资料，王32井地层平均孔喉分布为 $2 \sim 5 \mu m$，王32井小层及东区孔喉半径计算结果见表3。为了确保聚合物凝胶微球顺利注入地层深部，依据"三分之一架桥"理论，要求聚合物凝胶微球粒径必须小于 $0.6 \mu m$，因此我们选取了粒度中值为 $0.2 \mu m$ 的聚合物凝胶微球。室内试验表明，其在地层温度环境下，水化膨胀30d后的平均粒径尺寸在 $32 \mu m$ 左右，能够满足封堵大孔道要求。

表3　王32井小层及东区孔喉半径计算结果

层位	孔隙度（%）	渗透率（10^3 mD）	平均孔喉半径（μm）
III 2^1	15.775	0.098	2.23
III $6^{1,2}$	20.36	0.296	3.41
东区平均	0.799	0.185	5.87

2.2　调驱工艺参数设计

2.2.1　调驱段塞设计

根据王32井水窜优势通道分析，考虑采取两段塞设计。前置段塞采用小剂量高浓度的聚合物凝胶微球，主要目的是封堵水窜优势通道或高渗层。后置段塞采用大剂量低浓度的聚合物凝胶微球，目的是使其有效进入地层深部，实现深部水驱液流转向，扩大波及体积，改善水驱开发效果。

2.2.2 调驱剂用量设计

堵剂用量设计主要考虑调驱半径、高渗透层厚度占油层厚度比例、平面水窜优势通道方向以及油层有效孔隙度。

2.3 橇装式在线注入设备设计

聚合物凝胶微球受配液水质影响较小，水中分散稳定性好，注入黏度低。结合聚合物凝胶微球性能特点，为了降低调驱施工成本，设计了在线调驱注入工艺。采用计量站内配制高浓度聚合物凝胶微球调驱剂母液，然后经橇装式小排量柱塞泵直接联入注水管线，实现不动管柱在线调驱，不动管柱在线调驱地面工艺流程如图2所示。该工艺不需要拉运清水，无须吊装成套调驱设备到施工井场，且配液劳动强度小，大大降低了调驱措施费用。

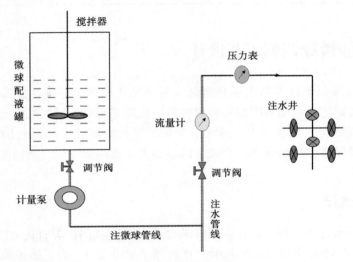

图 2 凝胶微球调驱地面流程图

3 矿场试验及效果分析

3.1 试验井基本情况

典型试验井王 32 井是王集油田东区的一口注水井，投注层位为 $III2^16^{1,2}$。调驱前为一级两段注水，P_1 注水层段为 $III2^1$ 层，P_2 注水层段为 $III6^{1,2}$ 层。该井平面上对应王 28、王 30、王 63 和王 311 井四口油井。结合储层平面物性差异及油水井生产动态，分析认为平面上王 32 井注入水沿 $III2^1$ 层主要向王 28 井、王 30 井两个方向窜流。而王 63 井和王 311 井两个方向则注水受效差，有一定潜力可挖。王 32 井组平面窜流情况如图 3 所示。

结合王 32 井层间物性差异及历次吸水剖面测试结果，分析认为纵向上 $III6^1$ 吸水好，而 $III6^2$ 吸水差，导致纵向上动用程度不均，具有可挖潜力。王 32 井调剖措施前吸水剖面测试结果见表 4。

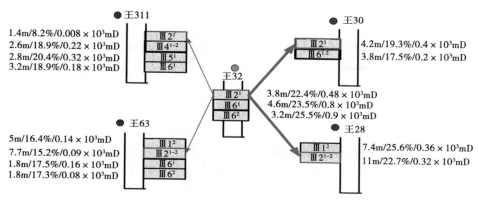

图 3　王 32 井组平面窜流情况

表 4　王 32 井调剖措施前吸水剖面测试成果

王 32 调驱措施前			测量井段		注水层位	水嘴	油压	日注
			1310~1410m		Ⅲ2^1/6^1, 6^2	空/空	6.3MPa	75m³
解释层号	地质层号	起始深度（m）	结束深度（m）	厚度（m）	相对吸水量（%）	每米吸水量（%）	吸水强度[m³/(m·d)]	解释结果
1	Ⅲ2^1	1324.4	1327	2.6	37.9	14.6	10.9	吸水好
2	Ⅲ6^1	1390.4	1393	2.6	58.7	22.6	16.9	吸水好
3	Ⅲ6^2	1393.8	1394.4	0.6	3.4	5.6	4.2	吸水好

3.2　现场试验情况

　　王 32 井采用不动管柱在线注入，2 月 24 日至 4 月 25 日按 3000mg/L 注入凝胶微球 11.47t，注入压力从 6.1MPa 上升至 11.5MPa。4 月 26 日至 8 月 26 日按 2000mg/L 注入凝胶微球 20.45t，注入压力从 11MPa 上升至 13.1MPa。王 32 井注入压力变化曲线如图 4 所示。

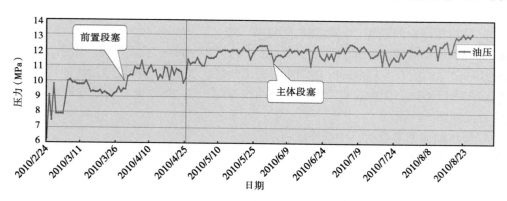

图 4　王 32 井注入压力变化曲线

3.3　试验井效果分析

王 32 井设计注入聚合物微球 30.9t，实际注入聚合物微球 31.9t。通过对该井组进行动态跟踪分析，注入聚合物微球后，井组内油层纵向、平面矛盾得到了一定的改善，主要表现在以下 4 个方面。

（1）注水压力升高，水窜通道有效封堵。

王 32 井于 2 月 24 日至 4 月 25 日注入高浓度聚合物微球段塞，井口注入压力从注入前的 6.1MPa 呈现波动式缓慢上升至 11.5MPa。从压力上升幅度分析来看，主要是高渗透层带得到了一定的封堵，促使注水压力逐步上升。从压力上升过程分析来看，波动式上升主要是水驱压力升高后，在狭窄喉道处堵塞的凝胶微球再次被推动，宏观表现为注入压力上升后又再次回落。从转注水后注入压力变化来看，注水压力依然可以保持在 12MPa 以上。王 32 井注入压力变化曲线如图 5 所示。

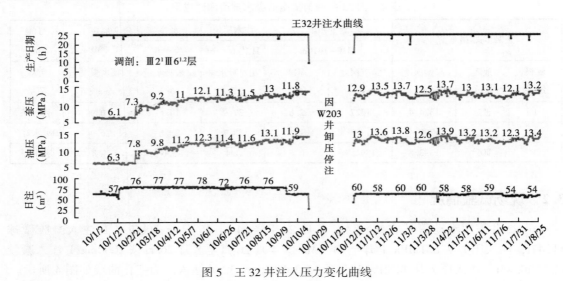

图 5　王 32 井注入压力变化曲线

（2）井口压降曲线趋缓，地层充满度提高。

在注入聚合物微球前后分别测取了王 32 井的井口 90min 压降曲线。由图 7 可以看出，注入聚合物微球前后，井口 90min 压降曲线明显变缓，表明聚合物微球封堵地层高渗透层带后，地层充满度增加，图中表现为井口压降曲线变缓。王 32 井聚合物微球调驱前后井口压降曲线对比如图 6 所示。

（3）吸水剖面明显改善，中低渗层启动。

在注入聚合物微球前主力吸水层为Ⅲ6^1层，Ⅲ2^1层和Ⅲ6^2层为相对低渗透层，吸水较差。从注入聚合物微球后的吸水剖面数据可以看出，强吸水层Ⅲ6^1层的吸水强度得到了一定的抑制，相对低渗层Ⅲ2^1层和Ⅲ6^2层得到了启动，吸水剖面逐渐变好，说明聚合物微球能够起到改善吸水剖面的作用。王 32 井聚合物微球调驱前后吸水剖面测试结果如图 7 所示。

（4）井组平面上实现液流转向。

从王 32 井组调驱措施前后油水井动态变化来看，王 32 井 2 月 24 日开始注入聚合物微球，对应油井王 28 井 4 月 4 日见效，日产液量下降，日产油上升，产出液含水下降。对应

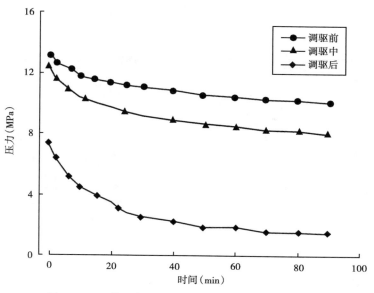

图 6 王 32 井聚合物微球调驱前后井口压降曲线对比

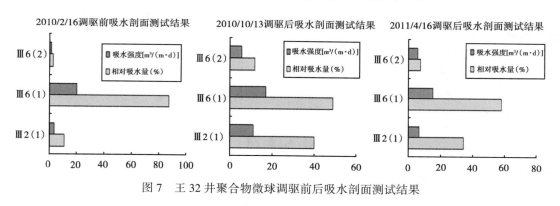

图 7 王 32 井聚合物微球调驱前后吸水剖面测试结果

油井王 63 井 4 月 24 日见效，日产液量上升，日产油上升，产出液含水下降，动液面升高。王 32 井调驱前后对应油井产状对比见表 5。

表 5 王 32 井调驱前后对应油井产状对比统计表

井号	调驱措施前				调驱措施后				累计增油 (t)
	日产液 (t)	日产油 (t)	含水 (%)	动液面 (m)	日产液 (t)	日产油 (t)	含水 (%)	动液面 (m)	
王 28	13.9	0.3	98.1	785	4.2	0.6	84.7	799	271.3
王 30	33.2	1.4	95.8	632	29.9	2.4	92	785	28.2
王 63	27.2	2.9	89.3	1206	35.5	6.7	81.1	1080	138.9
王 311	17.7	1.6	91.2	1193	21.3	2.4	88.7	1246	143.5
合计	92	6.2	93.3		90.9	12.1	86.7		581.9

从井组平面窜流改善情况分析，王 32 井组措施前注入水主要向王 30 井和王 28 井方向窜进明显。实施调驱措施后王 28 井方向水窜得到明显抑制，措施前受效不明显的王 63 井，

措施后地层能量回升，产状变好，说明井组平面上实现了液流转向。油藏平面液流转向分析如图8所示。

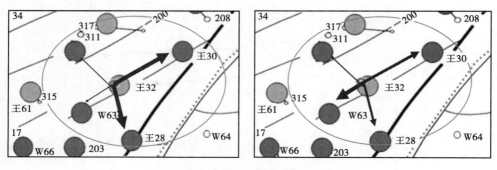

图 8　王 32 井对应油井平面受效对比图

4　结论与认识

（1）凝胶微球调驱剂分散性好，注入黏度低，受配液水质影响小，可在线注入，能够满足油藏对低成本调驱工艺的需求。

（2）凝胶微球调驱剂能够实现"注得进、堵得住、可移动"的目的，有效减缓平剖面矛盾，改善水驱开发效果。

（3）准确识别水窜大孔道，做好微球粒径与大孔道孔径匹配，是有效封堵大孔道，实现深部液流转向的关键。

参 考 文 献

［1］雷光伦.孔喉尺寸度聚合物微球的合成及全程调剖驱油新技术研究［J］.中国石油大学学报（自然科学版），2007，31（1）：87-90.

［2］孙焕泉，王涛，肖建洪，等.新型聚合物微球逐级深部调剖技术［J］.油气地质与采收率，2006，13（4）：78-79.

［3］刘承杰，安俞荣.聚合物微球深部调剖技术研究与矿场实践［J］.钻采工艺，2010，33（5）：62-64.

［4］毛彦一，杨志明，曹敏，等.活性微—纳米颗粒体膨延深调驱技术［J］.石油与天然气化工，2001，30（3）：146-148.